东北大学"双一流"建设研究生教材

先进陶瓷材料科学基础

茹红强　霍　地　张　牧　张翠萍　编著

U0395323

东北大学出版社
·沈　阳·

ⓒ 茹红强 等 2022

图书在版编目（CIP）数据

先进陶瓷材料科学基础 / 茹红强等编著. — 沈阳：
东北大学出版社，2022.10
ISBN 978-7-5517-3154-6

Ⅰ. ①先…　Ⅱ. ① 茹…　Ⅲ. ①陶瓷复合材料　Ⅳ.
①TQ174.75

中国版本图书馆 CIP 数据核字（2022）第 190934 号

内容摘要

本教材包括 8 章：第 1 章介绍了陶瓷中化学键类型、离子晶体结构稳定性影响因素、典型的陶瓷晶体结构以及硅酸盐陶瓷晶体结构等；第 2 章介绍了陶瓷中热缺陷、固溶体和非化学计量缺陷、缺陷布劳沃图、缺陷缔合与沉积以及线缺陷与面缺陷等；第 3 章介绍了陶瓷的表面，固-固、固-液界面等有关概念和知识；第 4 章介绍了相平衡，陶瓷的一元、二元和三元系统相图等；第 5 章介绍了陶瓷中扩散类型、连续扩散方程、原子扩散过程以及陶瓷电传导等；第 6 章介绍了固相反应概念、机理及动力学等；第 7 章介绍了陶瓷固体中相变概念、类型及基本理论；第 8 章介绍了烧结概念、热力学与驱动力、固相烧结理论、液相烧结、热压烧结等内容。

出 版 者：东北大学出版社
　　　　　地址：沈阳市和平区文化路三号巷 11 号
　　　　　邮编：110819
　　　　　电话：024 - 83683655（总编室）　83687331（营销部）
　　　　　传真：024 - 83687332（总编室）　83680180（营销部）
　　　　　网址：http://www.neupress.com
　　　　　E-mail: neuph@ neupress.com
印 刷 者：辽宁一诺广告印务有限公司
发 行 者：东北大学出版社
幅面尺寸：170 mm×240 mm
印　　张：28.25
字　　数：553 千字
出版时间：2022 年 10 月第 1 版　　　　印刷时间：2022 年 10 月第 1 次印刷
策划编辑：孟　颖　　　　　　　　　　责任编辑：郎　坤
责任校对：杨　坤　　　　　　　　　　封面设计：潘正一
责任出版：唐敏志

ISBN 978-7-5517-3154-6　　　　　　　　　　　　定　价：69.00 元

前　言

　　随着先进陶瓷材料研究与生产的不断发展与进步，包括结构陶瓷、功能陶瓷以及纳米陶瓷等在内的先进陶瓷已经成为新材料、新器件领域中关键材料之一。目前，有关陶瓷材料的基础理论知识主要存在于无机非金属材料之中，而已经发行的相关教材主要是供无机非金属材料专业的本科生选择使用，知识安排的内容、侧重点，以及内容的深度尚不能完全满足硕士研究生教学需要。特别是针对在本科阶段没有选修无机非金属材料相关课程，在研究生阶段开展先进陶瓷材料相关研究的学生，有必要编写一部既侧重先进陶瓷材料科学基础理论知识，又具有适当理论深度和相关理论知识新进展的教材。

　　本教材是在东北大学材料科学与工程学院材料学、材料加工与成型以及材料物理化学等专业的硕士研究生课程"无机非金属材料科学基础"，以及材料科学与工程、功能材料等专业本科生课程"陶瓷物理化学"的讲义基础上，结合了先进陶瓷理论、知识内容与体系编写而成的。本教材主要包括陶瓷晶体材料的结构、缺陷、表面与界面、相平衡与相图、陶瓷中扩散、固相反应与陶瓷烧结理论等内容。可以作为硕士研究生以及高年级本科生的专业教材或教学参考书。

　　本教材的编写人员与分工为：茹红强教授组织规划了编写内容并核校全部书稿，霍地负责编写第一、二、五、八章内容，张牧负责编写第六、七章内容，张翠萍负责编写第三、四章内容。教材出版得到了东北大学研究生院研究生精品教材建设计划经费的资助，以及东北大学出版社的支持，在此表示衷心的感谢。

在编写本教材过程中，参考并引用了大量专业教科书、手册与专业论文，作者在此一并表示感谢。限于编著者的专业知识水平以及能力，教材中的错误与不足或不当之处在所难免，还请读者给予批评指正。

编著者

2021 年 3 月 10 日

目　录

第 1 章　化学键与晶体结构

1.1　陶瓷中化学键

1.1.1　化学键

组成物质的质点(原子、分子或离子)间的相互作用力称为化学键。原子对外层电子的亲和能力或电负性的差值是影响化学键类型的关键。晶体中或分子间质点相互作用时，其对电子的吸引和排斥能力不同，从而形成了不同类型的化学键。化学键类型主要有离子键、共价键和金属键。另外，分子之间还普遍存在范德华作用力，以及分子间或分子内的某些 F，O，N 与 H 元素组成的化学基团之间的氢键。一种晶体中可能同时存在几种键合力作用，即混合键作用。陶瓷化合物大部分属于离子键与共价键组成的混合键晶体。

1.1.1.1　离子键

金属原子将其一个或一个以上的外层价电子转移到非金属原子上，形成具有稳定电子组态的正、负离子，两种类型离子通过库仑力作用结合在一起。在吸引力与排斥力达到平衡时形成稳定离子键。对于纯离子键化合物而言，两种离子之间相互作用势能 $E(r)$ 等于吸引与排斥势能的加和。

两个带有相反电荷的离子之间静电吸引势能 $E_a(r)$ 为

$$E_a(r) = \frac{Z_1 Z_2 e^2}{4\pi\varepsilon_0 r} \tag{1.1a}$$

其中，Z_1，Z_2 为离子净电荷数目；r 为离子间距离；e 为电子电荷量；ε_0 为真空介电常数。

当正、负两个离子深度靠近时，正、负离子的电子云发生重叠。因为正、负离子都是稳定的满壳层结构，离子之间的电子倾向于占据高能量的激发态能级，两个离子靠近使得系统能量升高，造成离子之间产生很强的排斥作用。离子之间的排斥作用势能 $E_r(r)$ 为

$$E_r(r) = \frac{b}{r^n} \tag{1.1b}$$

其中，比例系数 $b>0$；n 为玻恩（Born）指数，一般取 7~9。系统总能量 $E(r)$ 为

$$E(r) = \frac{Z_1 Z_2 e^2}{4\pi\varepsilon_0 r} + \frac{b}{r^n} \tag{1.1c}$$

$E(r)$ 与离子间距的关系，如图 1.1 所示。

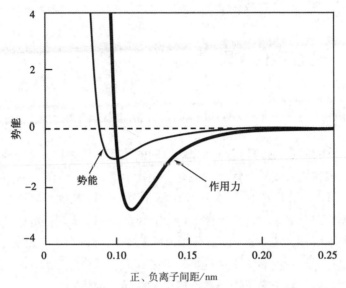

图 1.1 两个离子之间的势能与作用力曲线

根据离子键间相互作用势能，当正、负离子之间相互作用力等于零时势能最低。此时，可以求出两个离子之间的间距：

$$\left.\frac{dE(r)}{dr}\right|_{r=r_0} = -\frac{Z_1 Z_2 e^2}{4\pi\varepsilon_0 r_0^2} - \frac{nb}{r_0^{n+1}} = 0 \tag{1.1d}$$

$$r_0 = \left(\frac{Z_1 Z_2 e^2}{4\pi\varepsilon_0 nb}\right)^{\frac{1}{1-n}} \tag{1.1e}$$

同时，式（1.1d）表示两个离子在平衡距离（r_0）时的净作用力。当其间距大于 r_0 时，二者之间是吸引力，反之则为排斥力。离子间的作用力（F_r）与距离的关系为

$$F_r = -\frac{Z_1 Z_2 e^2}{4\pi\varepsilon_0 r^2} - \frac{nb}{r^{n+1}} \tag{1.1f}$$

所以，通过净作用力-距离的关系可以确定稳定的离子键平衡距离。离子键晶体中离子的核外电子云分布一般是球形对称的，在各个方向上都可以与带

相反电荷的离子键合,因此离子键没有方向性。并且,每个离子可以同时与几个反号离子相键合,离子键也没有饱和性。离子键晶体往往具有较高的配位数、硬度、熔点,熔融后能够导电。

1.1.1.2　共价键

原子间通过共用电子对的方式结合,形成的化学键称为共价键。当电负性相近或相同的两个原子相互接近时,原子之间倾向于各自提供一定数目的电子产生共用电子对,形成稳定的惰性气体电子构型。这些共用电子对同时围绕两个原子核运动,即共用电子同时被两个原子的核所吸引,从而把两个原子结合起来。形成共价键时,两个原子间的电子云在沿着电子云密度最大的方向上产生最大重叠,这样形成的共价键稳定,所以共价键具有方向性。由于每个原子只能提供一定数量的电子与另外的原子形成共用电子对,因此共价键还具有饱和性。共价键晶体中原子配位数较小,晶体的硬度和熔点一般比离子晶体高。例如金刚石中碳原子的外层电子结构属于 $[He]2s^22p^2$,成键时外层电子结构发生 sp^3 电子轨道杂化后形成四个具有相同能态的杂化轨道,其互间以 $109.5°$ 构成正四面体,然后与另一个碳原子形成共价键。由于金刚石中共价键的键合力非常强,因此熔点很高,而且是自然界硬度最高的固体材料。

实际的陶瓷晶体中离子间作用很少是单一化学键,经常是离子键和共价键的混合键作用。按照 Pauling 提出的经验方法,可以通过元素的电负性(E_N)估算化合物键性的比例:

$$离子键性(\%) = (1-e^{-\frac{1}{4}(E_N^A-E_N^B)^2}) \times 100\% \tag{1.2}$$

离子键性与元素间电负性差值呈指数关系。例如分析化合物 ZnSe 和 GaAs 的化学键类型比例,已知元素电负性值:$E_N^{Zn} = 1.6$,$E_N^{Se} = 2.4$;$E_N^{Ga} = 1.6$,$E_N^{As} = 2.0$。分别计算它们的离子键比例:

$$P_{ZnSe} = (1 - e^{-\frac{1}{4} \times (0.8)^2}) \times 100\% = 14.78\%$$

$$P_{GaAs} = (1 - e^{-\frac{1}{4} \times (0.4)^2}) \times 100\% = 3.92\%$$

所以,两个化合物中 ZnSe 的离子键性比例更高一些。

1.1.1.3　金属键

金属原子的外层价电子少,容易失去。当金属原子相互靠近时,其外层的价电子脱离原子成为"自由电子",自由电子在整个晶体内部运动,形成自由电子云为整个金属原子所共有。由于金属正离子和自由电子云之间互相作用而形成金属晶体,此类互相作用称为金属键。金属键没有方向性和饱和性,金属的晶体结构大多具有高的对称性。金属键晶体具有一些特性。例如,金属内原子面之间可以产生相对位移,故金属晶体具有良好的延展性。在一定电位差下,自由电子可以定向运动，形成电流，金属显示出良好的导电性。随温度升高，正离子(或原子)本身振幅增大，阻碍电子通过，使电阻升高，因此金属具有正的电阻温度系数。固态金属中，不仅正离子的振动可传递热能，电子的运动也能传递热能，故比非金属具有更好的导热性。金属中的自由电子可吸收可见光的能量，被激发、跃迁到较高能级，因此金属不透明。当电子跳回到原来能级时，将所吸收的能量重新辐射出来，使金属具有金属光泽。

1.1.1.4 范德华作用力

范德华作用力是分子间普遍存在的相互作用，这种分子间作用相对较弱，原子间没有电子云重叠，没有方向性和饱和性，作用能在几十 kJ/mol 以下，一般比化学键小一两个数量级。即使不存在其他键合力，任何两个原子或分子之间都普遍存在这种吸引力。因为作用力弱，只在没有其他化学键合力时才可以明显观测到。范德华作用势能的表示式

$$E(r) = -\frac{3}{4}\frac{h\nu_0\alpha^2}{r^6} \tag{1.3}$$

其中，α 为极化率；h 为普朗克常数；ν_0 为原子的零点振动频率；r 为分子中心间距。

范德华作用力主要来源于三种作用：① 取向力，也称葛生(Keeson)力或静电力。由于极性分子存在永久偶极矩，取向力是由极性分子永久偶极矩间的静电引力作用引起的。② 诱导力，也称德拜(Debye)力。由于极性分子的永久偶极矩可以诱导邻近非极性分子发生电荷位移，产生诱导偶极矩，因此诱导力是由永久偶极矩和诱导偶极矩间相互作用引起的。③ 色散力，也称伦敦(London)力。非极性分子之间不存在永久偶极矩，但非极性分子中电子和原子核运动时，由于运动方向和位移大小不断变化，可以在瞬时由于正、负电荷中心不重合而形成瞬时偶极矩，它可以诱导另一个分子出现瞬时偶极矩，彼此产生瞬时吸引。三者中，取向力和诱导力只存在于极性分子中，色散力则在极性分子或非极性分子中都普遍存在。这些作用力不仅存在于不同分子之间，还存在于同一分子内不同原子或基团之间。例如石墨材料，在其二维层状与层状之间属于分子间作用力结合，因为作用力较弱，所以石墨易于解理分离。

1.1.1.5 氢键

分子中以共价键与电负性大的原子 X 相连的氢原子还可以与另一个电负性大的原子 Y 形成一种较弱的化学键：X—H ···· YR，这种键合称为氢键。其中的 X，Y 原子可以是 F，O，N 等电负性大、半径小的原子。在 F—H ···· F，O—H ····O，N—H ····N 等结构中的"····"表示氢键。一般认为 X—H 基本上属于共价键，而 H ···· Y 是一种范德华作用力。

氢键发生在极性分子之间，具有方向性。氢键的强弱与 X，Y 的电负性大小有关，电负性越大，氢键越强。同时与 Y 的半径有关，半径越小，氢键越强。

1.1.2 电负性

电负性是各种元素的原子在形成价键时吸引电子的能力，一般用来表示原子形成负离子倾向的大小。元素的电负性值越大，越容易获得电子，即越容易成为负离子。如表 1.1 所示，元素电负性变化的一般规律：① 金属元素电负性较小，非金属元素电负性较大。一般以 $X=2$ 为分界点。② 同一周期从左向右，元素电负性增加，同族元素随周期增加，电负性减小。③ 电负性相差大的元素之间生成离子键的倾向较大，电负性相近的非金属元素之间以共价键结合，金属元素以金属键结合。图 1.2 所示为电负性差值与离子键占比的关系。

表 1.1　元素的电负性

Li	Be											B	C	N	O	F
1.0	1.5											2.0	2.5	3.0	3.5	4.0
Na	Mg											Al	Si	P	S	Cl
0.9	1.2											1.5	1.8	2.1	2.5	3.0
K	Ca	Sc	Ti	V	Cr	Mn	Fe	Co	Ni	Cu	Zn	Ga	Ge	As	Se	Br
0.8	1.0	1.3	1.5	1.6	1.6	1.5	1.8	1.8	1.8	1.9	1.6	1.6	1.8	2.0	2.4	2.8
Rb	Sr	Y	Zr	Nb	Mo	Tc	Ru	Rh	Pd	Ag	Cd	In	Sn	Sb	Te	I
0.8	1.0	1.2	1.4	1.6	1.8	1.9	2.2	2.2	2.2	1.9	1.7	1.7	1.8	1.9	2.1	2.5
Cs	Ba	La-Lu	Hf	Ta	W	Re	Os	Ir	Pt	Au	Hg	Tl	Pb	Bi	Po	At
0.7	0.9	1.2-1.1	1.3	1.5	1.7	1.9	2.2	2.2	2.2	2.4	1.9	1.8	1.8	1.9	2.0	2.2
Fr	Ra	Ac	Th	Pa	U	Np-No										
0.7	0.9	1.1	1.3	1.5	1.7	1.3										

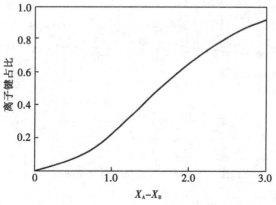

图 1.2　电负性差值与离子键占比的关系

1.1.3 晶格能

离子晶体中离子间作用力的大小或离子键的强弱可以用晶格能的大小表示。晶格能是指在 0K 时，1mol 离子化合物中的正、负离子由相互远离的气态离子结合成离子晶体时所释放的能量。晶格能负值越大，说明离子键越强，晶体越稳定。假设离子晶体完全由离子键构成，则表征离子键强度的晶格能就等于晶体中静电吸引势能和排斥势能之和。

理论上按照库仑作用定律，2 个相距 r 的球形正、负离子的吸引势能与排斥势能见式(1.1a)和式(1.1b)。因为在离子晶体中正、负离子按照一定的点阵结构规律排布，每个离子周围的正、负离子都与之存在相互作用。如图 1.3 所示，以 NaCl 型晶体为例，在 1mol 的 NaCl 型晶体中，当 Na^+ 与 Cl^- 的间距为 r 时，每个 Na^+ 有 6 个距离为 r 的 Cl^-，12 个距离为 $\sqrt{2}r$ 的 Na^+；8 个距离为 $\sqrt{3}r$ 的 Cl^-，6 个距离为 $\sqrt{4}r$ 的 Na^+；……所以对于所考察的 Na^+，其静电势能 E_{Na^+} 为

$$E_{Na^+} = \frac{Z^+ Z^- e^2}{4\pi\varepsilon_0 r}\left(\frac{6}{1} + \frac{12}{\sqrt{2}} + \frac{8}{\sqrt{3}} + \frac{6}{\sqrt{4}} + \cdots\right) \tag{1.4a}$$

在 NaCl 型结构中 $Z^+/Z^- = -1$，所以

$$E_{Na^+} = \frac{Z^+ Z^- e^2}{4\pi\varepsilon_0 r}\left(\frac{6}{1} - \frac{12}{\sqrt{2}} + \frac{8}{\sqrt{3}} - \frac{6}{\sqrt{4}} + \cdots\right) = \frac{Z^+ Z^- e^2}{4\pi\varepsilon_0 r}A \tag{1.4b}$$

其中，$A \approx 1.7476$，代表了 $\frac{6}{1} + \frac{12}{\sqrt{2}} + \frac{8}{\sqrt{3}} + \frac{6}{\sqrt{4}} + \cdots$，称 A 为 Madelung 常数，它随着晶体结构而变化，如表 1.2 所示。

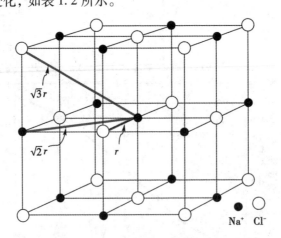

图 1.3　NaCl 晶体结构与离子间距

表 1.2　各种晶体结构的马德隆(Madelung)常数

晶体结构	配位数	晶系	Madelung 常数
盐岩结构 NaCl	6-6	立方	1.7476
氯化铯结构 CsCl	8-8	立方	1.7627
闪锌矿结构 ZnS	4-4	立方	1.6381
铅锌矿结构 ZnS	4-4	六方	1.6413
萤石结构 CaF_2	8-4	立方	2.5194
金红石结构 TiO_2	6-3	四方	2.4080
刚玉结构 Al_2O_3	6-4	三方	4.1719

同理，Cl^- 的静电势能为

$$U_{Cl^-} = \frac{Z^+ Z^- e^2}{4\pi\varepsilon_0 r} A \tag{1.4c}$$

对于 1mol 的 NaCl 型晶体的吸引势能(E_a)为

$$E_a = \frac{N_A}{2}(U_{Na^+} + U_{Cl^-}) = \frac{Z^+ Z^- e^2}{4\pi\varepsilon_0 r} A N_A \tag{1.4d}$$

其中，N_A 为阿伏加德罗常数。

因此晶体总的作用势能 E 为

$$E = E_a + E_r = \frac{Z^+ Z^- e^2 A N_A}{4\pi\varepsilon_0 r} + \frac{b}{r^n} \tag{1.4e}$$

总的作用势能随着间距 r 而变化，正负离子在平衡距离 r_0 时晶体总的势能最低：

$$\left(\frac{dE}{dr}\right)_{r=r_0} = \frac{Z^+ Z^- e^2 A N_A}{4\pi\varepsilon_0 r_0^2} - \frac{nb}{r_0^{n+1}} = 0 \tag{1.4f}$$

由此得

$$b = -\frac{Z^+ Z^- e^2 A N_A}{4\pi n\varepsilon_0} r_0^{n-1} \tag{1.4g}$$

NaCl 型离子晶体晶格能为

$$E = \frac{Z^+ Z^- e^2 A N_A}{4\pi\varepsilon_0 r_0}\left(1 - \frac{1}{n}\right) \tag{1.4h}$$

其中，玻恩指数 n 值随着电子组态而变化。

利用式(1.4h)计算晶格能，对于 NaCl 晶体，$r_0 = 0.28197nm$，$Z_1 = -1$，$Z_2 = 1$，$A = 1.7476$，所以 $E = -753kJ/mol$。对于 MgO 晶体，$r_0 = 0.21nm$，$Z_1 = -2$，$Z_2 = 2$，$A = 1.7476$，所以 $E = -4MJ/mol$。计算 M_aX_b 晶体的晶格能时，由于 a、b

数值不同,式(1.4h)中的 Madelung 常数不同。

精确计算晶格能时,还需要考虑晶体中原子的其他相互作用,例如色散能、零点振动能等,但是这些数值较小。对比 NaCl 与 AgCl 的晶格能的分配,AgCl 晶体的色散能较大,因为 Ag^+ 的极化力强,Cl^- 的极化率较大,二者之间产生极化作用达到一定程度时,外层电子云交叠。原子间不再是简单的静电库仑力作用,化学键的形式或性质发生变化,带有共价键的成分。或者说固体晶体不再是 100% 离子键性质,离子也不能再被看作非压缩、不变形的球体,所以需要考虑这些附加的特性。表 1.3 列出了几个化合物的点阵能及其他作用能。

表1.3　几个化合物的各种作用能　　　　　　　　　　　单位:kJ/mol

晶体	库仑能	排斥能	色散能	零点振动能	晶格能
LiF	−1200	+180	−16	+16	−1020
NaCl	−860	+100	−16	+8	−768
AgCl	−875	+146	−121	+4	−846
MgO	−4634	+699	−6	+18	−3923

晶格能的大小能够反映晶体中原子或离子结合的强度和晶格稳定性,其与材料的基本性能,如硬度、熔点、溶解度和热膨胀系数密切相关。晶格能越大的离子晶体中离子键作用结合力越强,硬度越大,熔点越高,热膨胀系数越小。不同离子晶体间如果其电价数相同,晶体构型相同,则正负离子间距大时,其晶格能较小,熔点较低,热膨胀系数较大。例如,同属 NaCl 结构的 MgO、CaO、SrO、BaO 晶体,随碱土金属离子半径增加,晶格能逐渐降低,硬度和熔点也逐渐降低。

 # 1.2　离子晶体结构稳定性

原子或离子一般可以看作具有一定半径的球体,离子键与金属键都没有方向性和饱和性,在晶体中各原子或离子间的相互结合都可以看作刚性球体的紧密堆积。球体堆积的密度越大,系统的势能越低,晶体越稳定。因此,在没有其他因素影响时,在离子晶体中的离子与金属晶体中原子的排列倾向于服从最紧密堆积规则。

1.2.1　球体的最紧密堆积

根据排列质点(离子或原子)的大小不同,球体最紧密堆积方式分为等径球体和不等径球体两种情况。

　　在等径球体最紧密堆积时，在一个平面上每个球与 6 个球相接触，形成第一层(球心位置标记为 A 或 A 层)，如图 1.4(a)所示。同一层内每 3 个彼此相接触的球体之间形成 1 个弧线三角形空隙，每个球周围有 6 个弧线三角形空隙，其中 3 个空隙的尖角指向图的下方(其中心位置标记为 B)，另外 3 个空隙的尖角指向图的上方(其中心位置标记为 C)，两种类型的空隙间隔分布。为保证最紧密堆积排列，第二层球的位置选择落在 B 或 C 空隙位置上。堆积时第二层球只能置于第一层的相同指向的空隙上，而且仅占用第一层一半的空隙数目。第一层和第二层之间存在两种不同配位体空隙：一种是连续穿透两层的 C 空隙，该空隙被上下两个密排层的 6 个球包围，连接 6 个球体的中心连线形成一个八面体，由此构成一个八面体空隙；另一种是未穿透两层的 B 空隙，由第一层球体中组成 B 空隙周围的 6 个球体与第二层中正好位于这些 B 空隙上(或下)的一个球构成，这 4 个球的中心连线构成一个正四面体，由此形成四面体空隙，如图 1.4(b)所示。

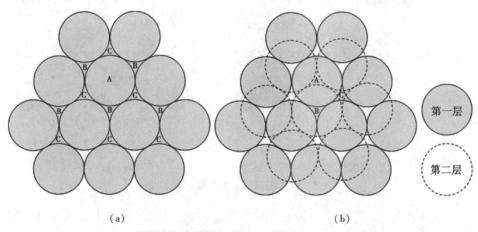

(a)　　　　　　　　　　　　　　　　(b)

第一层

第二层

图 1.4　等径球体的最紧密堆积层结构和两层密排层的堆积

　　在堆积第三层时存在两种不同的排法：一种是每个球堆积在第一层(A 层)位置上面，即第三层与第一层球体排布完全对应，形成 ABABAB…的堆积形式，这种堆积中可取出一个六方晶胞，因此称为六方最紧密堆积，如图 1.5(a)所示。另一种是第一层和第二层球体分别堆积在 A 和 B 位上，第三层球体堆积在 C 位上，第四层与第一层球排布完全对应，形成如图 ABCABC…的堆积方式，这种堆积排列可取出一个面心立方晶胞，因此称为面心立方最紧密堆积。面心立方堆积中，ABCABC…重复层面平行于(111)晶面，如图 1.5(b)所示。两种最紧密堆积中，每个球体周围同种球体的个数均为 12。

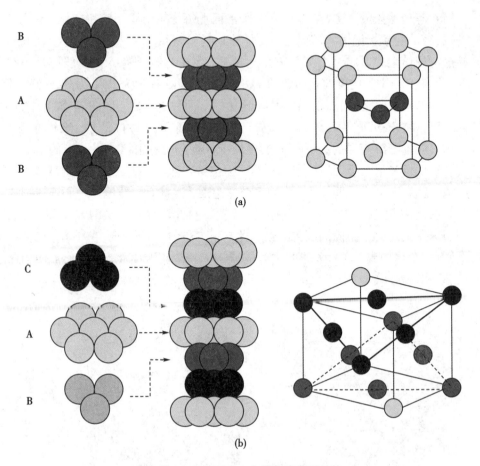

(a)

(b)

图1.5 六方与面心立方最紧密堆积结构

在各种最紧密堆积中，刚性球体之间是点接触堆积，最紧密堆积球体之间仍然存在一定的空隙。以空间利用率，即单位空间中球体所占体积的百分数表示堆积的紧密程度，则面心立方最紧密堆积与六方最紧密堆积的空间利用率均为74.05%，空隙占整个空间的25.95%。

如图1.6(a)和图1.6(b)所示，最紧密堆积球体之间存在两种不同类型的空隙，即4个球体构成的四面体空隙与6个球体构成的八面体空隙。组成紧密堆积的每个球体周围有8个四面体空隙和6个八面体空隙。每个四面体空隙由4个球组成，属于一个球体的四面体空隙为2个$\left(8 \times \frac{1}{4}\right)$。类似地，属于一个球的八面体空隙是1个$\left(6 \times \frac{1}{6}\right)$，如图1.6(c)所示。因此，当$n$个等径球最紧密堆积时，整个系统四面体空隙数为$2n$个，八面体空隙数为$n$个。例如1mol的$Al_2O_3$

陶瓷化合物，结构中有 3 个八面体空隙，6 个四面体空隙，Al^{3+} 占据了 2/3 八面体空隙，四面体空隙全空。

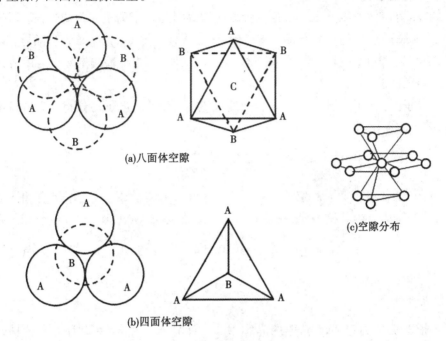

(a)八面体空隙

(c)空隙分布

(b)四面体空隙

图 1.6　紧密堆积球体的空隙

不等径球进行紧密堆积时，通常看作较大球体作紧密堆积，较小的球填充在大球紧密堆积形成的空隙中。其中稍小的球体填充在四面体空隙，稍大的则填充在八面体空隙。如果八面体间隙仍不够大，则稍加改变大球的最紧密堆积方式，可以产生更大的空隙以满足填充的要求。

1. 2. 2　原子半径与离子半径

根据波动力学，原子或离子中围绕原子核运动的电子在空间形成一个球形电磁场。严格意义上的原子半径或离子半径应该是这个核外电子作用范围的球体半径。一般孤立态原子半径是指从原子核中心到核外电子的概率密度趋向于零处的距离，亦称为范德华半径。结合态原子半径是指当原子处于结合状态时，根据 X 射线衍射可以测出相邻原子面间的距离。在金属晶体中，金属原子半径为相邻两原子面间距离的一半。

在离子晶体中，正、负离子的吸引力与排斥力达到平衡时，离子间稳定保持在一定的接触距离，离子可以看作具有一定半径的弹性球体，两个互相接触的球形离子的半径之和等于核间的平衡距离。利用 X 射线衍射法可以测定正负离子间的平衡距离。利用此平衡距离确定单个离子半径时，需要确定每个离子分别对离子半径贡献多少，据此划分出正、负离子的接触距离为两个离子半径。在前人研究的基础上，1927 年，Goldschmidt 采用 $r_{F^-}= 0.133\ nm$，$r_{O^{2-}}=0.132nm$ 的离子半径数据，根据实验测定的离子晶体中离子间距的数值，得出 80 余种离子的半径，称为 Goldschmidt 半径。同期，Pauling 根据 5 个晶体，即 NaF，KCl，RbBr，CsI，Li_2O 的离子核间距离数据，用半经验法推导出大量的离子半径数据。

离子的大小由其最外层电子分布所决定，而最外层电子的分布与有效核电荷(Z^*)成反比，即

$$r = \frac{C_n}{Z - \sigma} = \frac{C_n}{Z^*} \tag{1.5}$$

其中，C_n 为由量子数 n 决定的常数，对于等电子的离子或原子，C_n 具有相同数值；σ 为屏蔽常数。按照 Slater 规则估算屏蔽常数 σ，Ne 型离子的 $\sigma = 4.52$。则

$$r_{Na^+} = \frac{C_n}{11 - 4.52} \tag{1.5a}$$

$$r_{F^-} = \frac{C_n}{9 - 4.52} \tag{1.5b}$$

根据实验测定 NaF 晶体的晶胞参数，计算 $r_{Na^+} + r_{F^-} = 231pm$。利用式(1.5a)与式(1.5b)，可以计算出 $r_{Na^+} = 95pm$，$r_{F^-} = 136pm$，$C_n = 615$。

利用 C_n 计算各种 Ne 型离子的一价离子的半径，例如 O^{2-} 的 $r_1 = 615/Z^* = 176pm$。其他 Ne 型离子也可用 $r_1 = 615/Z^*$ 求算，其数值如表 1.4 所示。

表 1.4　Ne 型离子的一价离子半径　　　　　　　　　单位: pm

离子	C^{4-}	N^{3-}	O^{2-}	F^-	Ne	Na^+
离子半径	414	247	176	136	112	95
离子	Mg^{2+}	Al^{3+}	Si^{4+}	P^{5+}	S^{6+}	Cl^{7+}
离子半径	82	72	65	59	53	49

MgO 晶体中，Mg^{2+} 和 O^{2-} 是二价离子，晶体晶格常数(a)的一半等于 210pm，小于二价离子的半径之和(82+176 = 258pm)。因为在相同距离条件下，二价正、负离子间的引力是单价离子的 4 倍。根据前面晶格能计算式(1.4h)，当 $|Z^+| = |Z^-| = Z$ 时

$$\frac{Z^2 e^2 N_A}{4\pi\varepsilon_0} r_c^{n-1} = - nB \tag{1.6}$$

设定 Z 价和 1 价的平衡距离的比值近似地等于 Z 价与 1 价离子半径之比，且式(1.6)的右侧是常数，则有 $Z^2 r_Z^{n-1} = 1^2 r_1^{n-1}$，即 $r_Z = r_1(Z)^{-2/(n-1)}$。

对于 Ne 型离子，$n = 7$，二价离子 $Z = 2$，则 $r_2 = r_1 (2)^{-\frac{1}{3}}$，即 $r_2 = 0.794r_1$。以此计算，O^{2-} 的离子半径为 $0.794 \times 176 = 140 \text{pm}$，$Mg^{2+}$ 为 $0.794 \times 82 = 65 \text{pm}$。同理可以计算出其他各种离子半径，也称为 Pauling 离子半径。

以 Pauling 的配位数为 6 的 O^{2-} 半径为 140pm，F^- 半径为 133pm 为基础，综合考虑配位数、电子自旋状况，配位多面体等对离子半径的影响，修正后的离子半径数据称为"有效离子半径"。所谓有效，是指这些数据是由实验测定的数据推定，离子半径之和与实验测定的离子间距相比符合良好。

在元素周期表上，离子半径的变化趋势：① 在 s 区和 p 区各族元素，同族元素的离子半径随着原子序数增加而增加；② 每一个周期中，核外电子数相同的正离子的半径随着正电荷数的增加而下降；③ 具有不同价态的同一个离子，电子数越多离子半径越大；④ 镧系稀土元素三价离子的半径随原子序数增加而减小。

1.2.3　配位数和配位多面体

一个原子（或离子）周围同种原子（或异号离子）的数目称为原子（或离子）的配位数，用 CN 来表示。例如，NaCl 晶体中，每个 Cl^- 周围有 6 个 Na^+，则 Cl^- 的配位数为 6；同时每个 Na^+ 周围也有 6 个 Cl^-，故 Na^+ 的配位数也为 6。

配位多面体是指晶体结构中，与某一个阳离子直接相邻，形成配位关系的各个阴离子的中心连线所构成的多面体。阳离子位于配位多面体的中心，各个配位阴离子（或原子）处于配位多面体的顶角上。

具有惰性气体电子组态的离子呈球形，其与异号离子的作用力各向同性。从离子晶体势能最低角度考虑，假设球形离子 M^+ 和 X^- 形成密堆积结构，方式如图 1.7 所示。在配位数为 6 的八面体排列的三种形式中，当正、负离子互相都接触时，半径比的临界值 $r^- = (r^- + r^+)/\sqrt{2}$；$r^+/r^- = \sqrt{2} - 1 = 0.414$。当正、

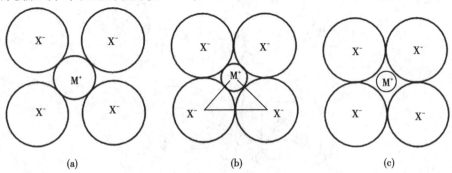

(a)　　　　　　　　(b)　　　　　　　　(c)

图 1.7　八面体中正、负离子分布关系

负离子半径比大于或等于 0.414 时，正、负离子接触，静电吸引力大，负离子间排斥力小，晶体结构稳定。所以在离子半径比大于临界值 0.414 时，配位数为 6 的密堆积结构稳定。

所以，晶体结构中正、负离子的配位数主要由结构中正、负离子半径的比值来决定，阴离子作最紧密堆积时，根据几何关系可以计算出正离子配位数与正、负离子半径比之间的关系，其值列于表 1.5。因此，如果已知晶体结构是由何种离子构成的，则从 r^+/r^- 比值就可以确定正离子的配位数及其配位多面体的结构。图 1.8 给出阳离子常见配位方式及其配位多面体形式。

表 1.5 正离子配位数与正、负离子半径比之间的关系

$\dfrac{r^+}{r^-}$	正离子配位数	配位多面体形状	实例
$0.000 < \dfrac{r^+}{r^-} \leqslant 0.155$	2	哑铃形	干冰 CO_2
$0.155 < \dfrac{r^+}{r^-} \leqslant 0.225$	3	平面三角形	B_2O_3，CdI_2
$0.225 < \dfrac{r^+}{r^-} \leqslant 0.414$	4	四面体形	SiO_2，GeO_2
$0.414 < \dfrac{r^+}{r^-} \leqslant 0.732$	6	八面体形	$NaCl$，MgO，TiO_2
$0.732 < \dfrac{r^+}{r^-} \leqslant 1.000$	8	立方体形	$CsCl$，ZrO_2，CaF_2
$\dfrac{r^+}{r^-} > 1.000$	12	立方八面体形	Cu，Cs

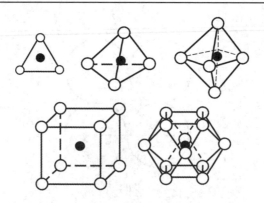

图 1.8 常见阳离子配位多面体

影响配位数的因素除正、负离子半径比以外，还有温度、压力、正离子类型以及极化性能等。对于典型的离子晶体而言，在常温常压条件下，如果正离子不发生变形或者变形很小时，其配位情况主要取决于正、负离子半径比，否则，应该考虑离子极化对晶体结构的影响。如果已知晶体组成离子类型，从 r^+/r^- 就可以确定正离子的配位数和配位多面体的结构。但在许多硅酸盐陶瓷中，配位多面体的几何形状不是理想的那样有规则，甚至在有些情况下可能会出现较大的偏差。在有些晶体中，每个离子周围的环境也不一定完全相同，所受的键力也可能不均衡，因而会出现一些特殊的配位情况，表 1.6 给出了一些正离子与 O^{2-} 结合时常见的配位数。

表 1.6　正离子与 O^{2-} 结合时常见的配位数

配位数	正离子
3	B^{3+}
4	Be^{2+}, Ni^{2+}, Zn^{2+}, Cu^{2+}, Al^{3+}, Ti^{4+}, Si^{4+}, P^{5+}
6	Na^+, Mg^{2+}, Ca^{2+}, Fe^{2+}, Mn^{2+}, Al^{3+}, Fe^{3+}, Cr^{3+}, Ti^{4+}, Nb^{5+}, Ta^{5+}
8	Ca^{2+}, Zr^{4+}, Th^{4+}, U^{4+}, Ti^{3+}
12	K^+, Na^+, Ba^{2+}, Ti^{3+}

1.2.4　离子的极化

前文将离子晶体中的离子都看作刚性球体，把离子作为点电荷处理，并认为离子的正、负电荷中心重合且位于离子中心。但是，实际上在紧密堆积的离子晶体中，带电荷的离子所产生的电场必然要对另一个离子的外层电子产生吸引或排斥作用，离子的正、负电荷中心不再重合，因此产生偶极距。离子的形状和大小将发生变化，即产生离子的极化现象。

在离子晶体中，每个正、负离子都具有自身被极化和极化周围其他离子的双重作用。前者用极化率（α）来表示，后者用极化力（β）来表示。极化率定义为单位有效电场强度（E）下所产生的电偶极矩（μ）的大小，即 $\alpha = \mu/E$。极化率反映了离子被极化的难易程度，即变形性的大小。极化力与离子的有效电荷数（W）成正比，与离子半径（r）的平方成反比，即 $\beta = W/r^2$。极化力反映了正、负离子极化周围其他离子的能力。

离子同时存在自身被极化和极化周围其他离子两个作用。一般正离子半径较小，电价较高，极化力表现明显，不易被极化。负离子与之相反，十分容易被极化，对于电价小而半径较大的负离子（如 I^-，Br^- 等）尤为显著。因此，考虑离子间相互极化作用时，一般只考虑正离子对负离子的极化作用，但当正离子为 18 电子构型时，必须考虑负离子对正离子的极化作用，以及由此产生的诱导偶极矩所引起的附加极化效应。

极化会对晶体结构产生显著影响，主要表现为极化会导致离子间距离缩短，离子配位数降低；同时变形的电子云相互重叠，使键性由离子键向共价键过渡，最终使晶体结构类型发生变化。以比较典型的金属银卤化物 AgCl，AgBr 和 AgI 为例，按正负离子半径比预测，Ag^+ 的配位数都是 6，属于 NaCl 型结构，但实际上 AgI 晶体属于配位数为 4 的立方 ZnS 型结构，见表 1.7。原因是离子间很强的极化作用，使离子间强烈靠近，配位数降低，结构类型发生变化。由于极化使离子的电子云变形失去球形对称，相互重叠，导致键性由离子键过渡为共价键。

表 1.7 离子极化对卤化银晶体结构的影响

卤化银	AgCl	AgBr	AgI
Ag^+ 与 X^- 半径之和/nm	0.296(0.115+0.181)	0.311(0.115+0.196)	0.335(0.115+0.220)
Ag^+ 与 X^- 中心距/nm	0.227	0.288	0.299
极化靠近值/nm	0.019	0.023	0.036
r^+/r^-	0.635	0.587	0.523
理论结构类型	NaCl	NaCl	NaCl
实际结构类型	NaCl	NaCl	立方 ZnS
实际配位数	6	6	4

1.2.5 Pauling 规则

1928 年，Pauling 根据测定的晶体结构数据以及离子晶体点阵能公式体现的原则，在结晶化学定律基础上总结了五条经验性规则，即关于离子晶体结构稳定性的 Pauling 规则。此规则主要适用于离子键晶体或共价键成分不显著的离子晶体。

1.2.5.1 负离子配位多面体规则

在离子晶体结构中，正离子的周围形成一个负离子配位多面体，正、负离子间的平衡距离取决于离子半径之和，而正离子的配位数则取决于正、负离子的半径比。稳定的离子晶体结构内能最低，正、负离子趋向于形成尽可能紧密的堆积，因此，一个最稳定的晶体结构的配位数应尽可能大。离子晶体中，正离子的配位数通常为 4 和 6，但是也有少数为 3，8，12。

1.2.5.2 离子电价规则

在稳定的离子晶体结构中，每个负离子的电价 Z^- 等于或近似等于从与之相邻的各正离子至该负离子的静电键强度 S 的总和。

　　在一个离子晶体结构中，位于负离子配位多面体内的正离子价电荷，平均地分给它周围的配位负离子。静电键强度 $S = Z^+/n$，n 是正离子配位数，Z^+ 是正离子电荷数，S 是正离子平均分配给它周围每个配位负离子的价电荷数，有

$$Z^- = \sum_i S_i = \sum_i \frac{Z_i^+}{n_i} \tag{1.7}$$

其中，S_i 为第 i 种正离子的静电键强度；Z_i^+ 为第 i 种正离子的电价；n_i 为第 i 种正离子的配位数。

　　如果每个负离子所得到的静电键强度的总和等于其电价，表明电价平衡，结构稳定。例如：MgO 晶体结构，Mg^{2+} 的 $CN = 6$，$S = 2/6 = 1/3$，即 Mg^{2+} 给每个周围 O^{2-} 1/3 价，因为 O^{2-} 与 6 个 Mg^{2+} 键合，所以 $Z_{O^{2-}} = 1/3 \times 6 = 2$，与氧的负 2 价相同。

　　NaCl 晶体结构中，Na^+ 位于 6 个 Cl^- 构成的八面体中，每个 Cl^- 从 Na^+ 得到静电键强度为 1/6，每个 Cl^- 与 6 个 Na^+ 配位，最后每个 Cl^- 获得总静电强度是 $6 \times 1/6 = 1$，与其电价相同，晶体结构稳定。在镁橄榄石结构中，O^{2-} 与一个四面体的 Si^{4+} 和三个八面体的 Mg^{2+} 键合，总静电键强度 $\sum S = 4/4 + (2/6 \times 3) = 2$，与氧的负 2 价相同，晶体结构稳定。

1.2.5.3　负离子多面体共用顶、棱和面的规则

　　在离子晶体结构中，配位多面体之间共用棱，特别是具有共用面时会使结构的静电稳定性降低。这对于电价高，配位数低的正离子来说尤为明显。

　　每个负离子多面体中，两个负离子多面体共用一个顶点（共顶）、两个顶点（共棱）或三个顶点（共面）。两个多面体的中心阳离子之间库仑排斥力会随着它们之间共用顶点数的增加而增加。随着两个配位体共顶→共棱→共面的演变，多面体中心的两个正离子间距不断缩短。如果设两个四面体中心距离共顶时为 1，则共棱为 0.58，共面为 0.33；或者设两个八面体中心距离共顶为 1，则共棱为 0.71，共面为 0.58。随着共顶→共棱→共面，两个正离子间距离缩短，正离子间的静电排斥力增加，结构稳定性降低。这种效应在四面体连接时比八面体连接更突出。例如，[SiO_4] 四面体之间只能以共顶点连接，而 [AlO_6] 八面体之间则可以共棱连接。

1.2.5.4　不同种类正离子配位多面体间尽量互不结合规则

　　在含有一种以上正离子的离子晶体中，一些电价较高、配位数较低的正离子配位多面体之间，有尽量互不结合的趋势。

　　在 Me_mSiO_n 硅酸盐中，假设 O，Si 之比为 n，如果 $n = 4$（正硅酸盐），或大于 4，硅氧四面体则形成没有共用顶点的岛状结构。Mg_2SiO_4 硅酸盐晶体中，存在

［MgO_6］八面体，［SiO_4］四面体。因为 Si^{4+}—Si^{4+} 斥力大于 Mg^{2+}—Mg^{2+}，［SiO_4］呈孤立存在，［SiO_4］与［MgO_6］共顶、共棱相连接。

在硅酸盐和多元离子化合物中，正离子的种类往往不止一种，可能形成一种以上的配位多面体。配位多面体中心阳离子之间的静电排斥力会随着配位多面体之间距离减小而增大。所以电价高、配位数低的阳离子配位多面体之间尽量互不连接，有利于结构稳定。

1.2.5.5 节约规则

在同一晶体中，同种正离子与同种负离子的结合方式应最大限度地趋于一致。因为在一个均匀的结构中，不同形状的配位多面体很难有效地堆积在一起。

同一个晶体中，种类根本不同的结构组元、单元数量一般趋向于最少数目。说明参与组成晶体结构的正、负离子种类尽可能少，否则多种配位多面体难以规则排布；另外，结构中化学性质相近的原子的环境尽可能相同。

🔲 1.3 典型的陶瓷晶体结构

1.3.1 以立方密堆积为基的结构

典型的陶瓷化合物晶体结构可以通过晶胞的大小、形状、离子紧密堆积方式、离子填充空隙的类型和位置、配位数和配位多面体的配置方式及其他相关结构参数多方面进行描述。下面介绍一些典型的陶瓷化合物晶体结构。

1.3.1.1 NaCl 型结构

NaCl 的晶体结构属于立方晶系，空间群 $Fm3m$。$a_0 = 0.563nm$。在 NaCl 型晶体结构中，负离子按面心立方最紧密堆积排列，正离子填充于全部的八面体空隙中。正、负离子的配位数都是 6，每个 NaCl 晶胞中，分子数为 4。如图 1.9 所示。

常见的 NaCl 盐岩结构陶瓷化合物有 Mg，Ca，Sr，Ba，Ti，Zr，Hf，V，Nb，Mn，Fe，Co，Ni，Cd 等金属的一氧化物，其他化合物有 TiC，ZrC，HfC，VC，NbC，TaC，ThC，ZrN，VN，NbN，CrN，InP，InAs，等等。具有 NaCl 型结构的化合物的键性可以从典型的离子键过渡到共价键和金属键，而且它们的电性、磁性和力学性能变化很大。

碱土金属氧化物晶体结构都属于 NaCl 型结构。MgO 的熔点达 2800℃，是碱性耐火材料镁砖的主要晶相，镁砖用作炼钢高炉耐火材料。由于 Sr^{2+}，Ba^{2+} 与 O^{2-} 的离子半径比大于 0.732，因此氧离子的密堆积畸变，化合物结构较开

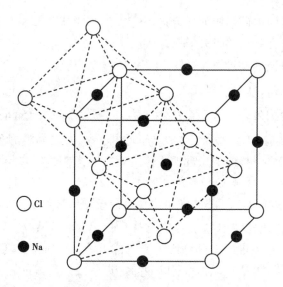

图 1.9　NaCl 型晶体结构与八面体空隙的分布

放，容易进入水分子。由于 Ca^{2+} 的半径比 Mg^{2+} 的半径大得多，因而 CaO 的结构不如 MgO 的结构稳定。CaO，BaO 等游离存在会使陶瓷原料水化而形成 $Ca(OH)_2$。

1.3.1.2　闪锌矿(ZnS)型结构

闪锌矿晶体结构属立方晶系，空间群 $F\bar{4}3m$，晶胞常数 $a_0 = 0.540nm$，$Z = 4$。在闪锌矿中 S^{2-} 按面心立方排列，即 S^{2-} 分布于 8 个角顶，6 个面心。结构中 Zn^{2+} 填充于四面体空隙，填充率为 1/2，分别占据面心立方晶胞 8 个顶角部位的 4 个四面体空隙。$r^+/r^- = 0.436$，理论上 Zn^{2+} 的配位数为 6，由于 Zn^{2+} 具有 18 电子构型，而 S^{2-} 半径大，易于变形，Zn—S 化学键性质偏向于共价键，具有一定方向性，因此，Zn^{2+} 的实际配位数为 4。如图 1.10 所示。

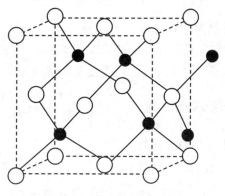

图 1.10　闪锌矿型晶体结构

具有 ZnS 型闪锌矿结构的化合物还包括 β-SiC，Be，Cd，Zn，Hg 的硫化物、硒化物、碲化物及 InP，GaSb，GaAs，AgI，CuI，CuCl 等。其中 β-SiC 由于质点间的化学键为较强的共价键，故晶体硬度大、熔点高、热稳定性好。

1.3.1.3　萤石(CaF_2)型结构

萤石晶体结构属于立方晶系，空间群 $Fm3m$，$a_0 = 0.545nm$，$Z = 4$。CaF_2型晶体结构中，正离子 Ca^{2+} 按面心立方分布，即 Ca^{2+} 占据晶胞的 8 个角顶和 6 个面心。F^- 填充于 Ca^{2+} 构成的全部四面体空隙之中，如图 1.11 所示。Ca^{2+} 与 Ca^{2+} 的间距 0.380nm，远大于 Ca^{2+} 半径之和（0.1022nm）。Ca^{2+} 的配位数为 8，Ca^{2+} 位于 F^- 构成的立方体中心。F^- 的配位数为 4，若将晶胞看成［CaF_8］多面体的堆积，可以看出晶胞中仅一半立方体空隙被 Ca^{2+} 填充，这些立方体空隙为负离子 F^- 以空隙方式扩散提供了空间。因为所有的 Ca^{2+} 堆积成的八面体空隙都没有被离子填充，所以在 CaF_2 晶体中，F^- 的弗伦克尔缺陷形成能较低，存在阴离子空隙扩散机制。

属于萤石型结构的晶体有 BaF_2，PbF_2，SnF_2，ThO_2，CeO_2，UO_2，VO_2，ZrO_2 等。萤石可在水泥、玻璃、陶瓷等工业生产中作为矿化剂和助熔剂。

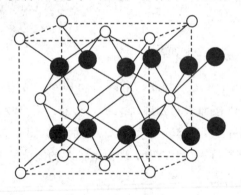

图 1.11　萤石晶体结构

部分离子型化合物例如碱金属氧化物 Li_2O，Na_2O，K_2O，RbO_2 等晶体结构中正、负离子的占位与萤石型晶体结构相反，即负离子按照面心立方紧密堆积，正离子占据全部的四面体空隙位置，称为反萤石型晶体结构。

1.3.2　以六方密堆积为基的结构

1.3.2.1　纤锌矿(ZnS)型结构

如图 1.12 所示，纤锌矿晶体结构属六方晶系，空间群 $P6_3mc$，晶胞参数 $a_0 = 0.382nm$，$c_0 = 0.625nm$，$Z = 6$。S^{2-} 按六方紧密堆积形式排列，Zn^{2+} 填充在一

半的四面体空隙中，S^{2-} 和 Zn^{2+} 的配位数都是 4。晶体结构中 S^{2-} 位于整个六方柱状晶胞的各个顶角和底心，以及由六方柱划分出的 6 个三方柱中相间的 3 个三方柱的体中心位置；Zn^{2+} 位于每个三方柱的棱上以及相同的 3 个三方柱的轴线上。闪锌矿与纤锌矿晶体结构的区别主要在于二者的 $[ZnS_4]$ 四面体层的配置情况不同，闪锌矿是 ABCABC…堆积，而纤锌矿是 ABAB…堆积。

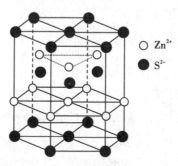

图 1.12　纤锌矿晶体结构示意图

属于纤锌矿型晶体结构的化合物有 BeO，ZnO，GaN，InN，NbN，TaN，CdS，ZnS，CdSe，ZnTe，ZnSe，MgTe，MnTe 等。

1.3.2.2　NiAs 型结构

NiAs 型晶体结构属六方晶系，空间群 $P6_3/mmc$，一个原子位置为 $(0, 0, 0)$ 和 $(0, 0, 1/2)$，另一个在 $(2/3, 1/3, 1/4)$ 和 $(1/3, 2/3, 3/4)$。结构中 Ni 原子作（ABAB…）六方密堆积，Ni 原子处在 6 个 As 原子形成的八面体中，As 原子处在由 6 个 Ni 原子排列形成的三棱柱中，如图 1.13 所示。Ni 和 As 的配位数

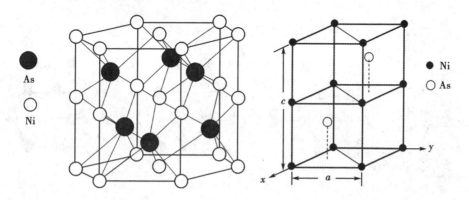

图 1.13　NiAs 晶体结构示意图

均为 6，但是配位多面体形式不同。在 $[NiAs_6]$ 八面体中，Ni—As 距离 0.243nm。结构中相邻的两个 Ni 原子的配位八面体共面连接，这些共面的八面

体连接成柱状。每个 Ni 原子与相邻八面体中 Ni 原子距离较近，Ni—Ni 距离是 0.252nm。在 NiAs 晶体中，金属原子间有一定成键作用，表现出明显的金属键特性，例如不透明，金属光泽，一定的导电性。许多过渡金属和非金属（如 As, Sb, Bi, S, Se, Te, Sn 等）的化合物具有 NiAs 型晶体结构，且一般金属原子处在 Ni 的位置。典型化合物有 TiS, TiSe, TiTe, ZrTe, VS, VSe, VTe, CoS, CoSe, CoTe, CoSb, NiS, NiSe, NiTe 等。

1.3.2.3　刚玉型结构

α-Al_2O_3刚玉晶体结构如图 1.14(a)所示，属三方晶系，空间群 $R\bar{3}c$，晶胞常数 $a_0=0.514nm$，$\alpha=55°17'$，$Z=2$。若用六方晶胞表示，则 $a_0=0.475nm$，$c_0=1.297nm$，$Z=6$。α-Al_2O_3晶体结构中，O^{2-} 近似地作六方密堆积排列。Al^{3+} 与 O^{2-} 比例为 2∶3，n 个 O^{2-} 作六方最紧密堆积可形成 n 个八面体空隙和 $2n$ 个八面体空隙，故 Al^{3+} 只填充了 2/3 八面体空隙，其余的 1/3 间隙是空着的，即每 3 个相邻的八面体空隙（垂直和水平方向）中的一个空位按照规则分布，这样 Al^{3+} 在间隙中就可能有三种排法，称为 Al_D，Al_E，Al_F，如图 1.14(b)所示。O^{2-} 按六方 ABAB…排列，阳离子按顺序插入其层间且叠起来，总堆层按 $O_A Al_D O_B Al_E O_A$ $Al_F O_B Al_D O_A Al_E O_B Al_F O_A$…重复，第十三层与第一层重复。每个晶胞中有 4 个 Al^{3+} 和 6 个 O^{2-}。要使结构稳定，排列必须使 Al^{3+} 间距最大。按电价规则，每个 O^{2-} 可与 4 个 Al^{3+} 键合，即每一个 O^{2-} 同时被 4 个 $[AlO_6]$ 八面体所共有。其中，Al^{3+} 与 6 个 O^{2-} 的距离有区别，3 个距离较近，为 0.189nm；3 个距离较远，为 0.193nm。$[AlO_6]$ 八面体可以有共顶角、棱、面连接的方式。

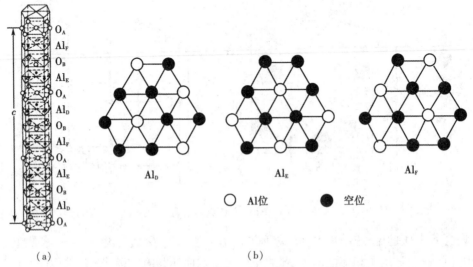

（a）　　　　　　　　　　　　　　（b）

图 1.14　α-Al_2O_3的晶格结构、密堆积模型与 Al^{3+} 的排列方式

属于刚玉型结构的有 $\alpha-Fe_2O_3$，Cr_2O_3，Ti_2O_3，V_2O_3，$FeTiO_3$，$LiNbO_3$等。$\alpha-Al_2O_3$刚玉的熔点高（2050℃），硬度大（莫氏 9 级），静电键强度较大，晶格能大，是高温耐火材料和高温无线电陶瓷中的主要矿相，另外 $\alpha-Al_2O_3$白宝石、掺铬红宝石、掺 $Cu(OH)_2$ 的蓝宝石可作激光基质材料。

钛铁矿（$FeTiO_3$）形式为 ABO_3，但是晶体结构与钙钛矿不同，由于 Fe^{2+} 的离子半径较小，不能与氧离子共同进行密堆积，只能由 O^{2-} 单独密堆积，而 A，B 离子占据密堆积的八面体间隙。在钛铁矿结构中，Fe，Ti 离子规律性交替占据 O^{2-} 的八面体间隙，结构与刚玉相似。铌酸锂（$LiNbO_3$）晶体结构中，Li 和 Nb 原子分布在六方密堆积的相同八面体层内，$LiNbO_3$晶体也可以看作理想钙钛矿结构的畸变形式。

1.3.2.4　碘化镉（CdI_2）型结构

CdI_2晶体结构属三方晶系，空间群 $P\bar{3}m$ 。$a_0 = 0.424nm$，$c_0 = 0.684nm$，$Z = 1$。在 CdI_2晶体结构中，I^-作六方最紧密堆积排列，Cd^{2+} 填充于半数的八面体空隙之中，I^- 的配位数为 3，Cd^{2+} 的配位数为 6。如图 1.15 所示。在 0，100 高度，Cd^{2+} 填充在八面体间隙中。将八面体间隙中 Cd^{2+} 连起来，Cd^{2+} 构成六方原始晶格，I^-交替地分布于三个 Cd^{2+} 连成的三角形重心的上方和下方构成层状。由于极化作用，层内 Cd^{2+} 与 I^- 之间存在部分共价键性质，键合力较强。八面体层与层之间靠范德华力结合，作用力较弱，晶体容易沿平行（0001）晶面发生解理。

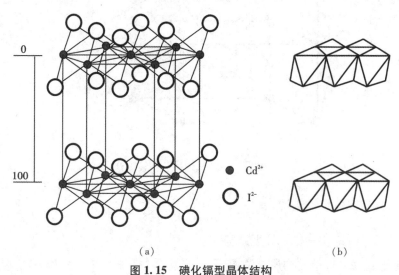

（a）　　　　　　　　　　　　（b）

图 1.15　碘化镉型晶体结构

属于 CdI_2 型晶体结构的化合物有 $Ca(OH)_2$，$Mg(OH)_2$，CaI_2，MgI_2，ZnI_2，CoI_2，MnI_2，FeI_2，$CoTe_2$，$NiTe_2$，$PdTe_2$，$SnSe_2$，$ZrTe_2$等。

1.3.2.5 金红石（TiO_2）型结构

金红石晶体结构属四方晶系，空间群 $P4_2/mnm$。$a_0 = 0.459nm$，$c_0 = 0.296nm$，$Z = 2$。在金红石晶体结构中，O^{2-} 作近似的六方紧密堆积排列。Ti^{4+} 与之配位的 4 个 O^{2-} 键长为 0.1944nm，而与之配位的 2 个 O^{2-} 键长为 0.1988nm。$r^+/r^- = 0.522$，Ti^{4+} 的配位数为 6，Ti^{4+} 填充一半的八面体空隙，如图 1.16 所示。可以看出，在 Ti^{4+} 构成的四方点阵结构中，存在两套四方格子，一套由 8 个顶角 Ti^{4+} 组成，另一套由晶胞中心的 Ti^{4+} 组成。从结构上看配位的多面体连接时，每个 $[TiO_6]$ 八面体与相邻 2 个八面体共棱连接成链状，链与链之间沿着垂直方向共用顶点连接成三维骨架。

属于金红石型晶体结构的化合物有 CrO_2，GeO_2，IrO_2，$\beta-MnO_2$，NbO_2，SnO_2，TeO_2，MoO_2，WO_2，CoO_2，MnF_2，MgF_2等。

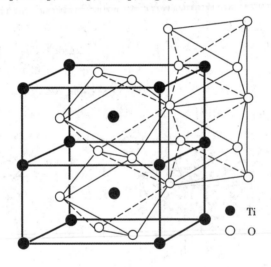

Ti
O

图 1.16 金红石晶体结构与八面体连接形式

1.3.3 其他晶体结构类型

1.3.3.1 氯化铯（CsCl）型结构

氯化铯（CsCl）型结构属立方晶系，简单立方格子，空间群 $Pm3m$，晶胞常数 $a = 0.411nm$，如图 1.17 所示。每个晶胞只有一个 CsCl 分子。Cl^- 和 Cs^+ 各自构成立方点阵，相互占据对方的六面体空隙，配位数均为 8，原子坐标为 Cl^-：000，Cs^+：1/2 1/2 1/2。

属于这种类型的化合物有 RbCl, RbBr, RbI, CsI 等。

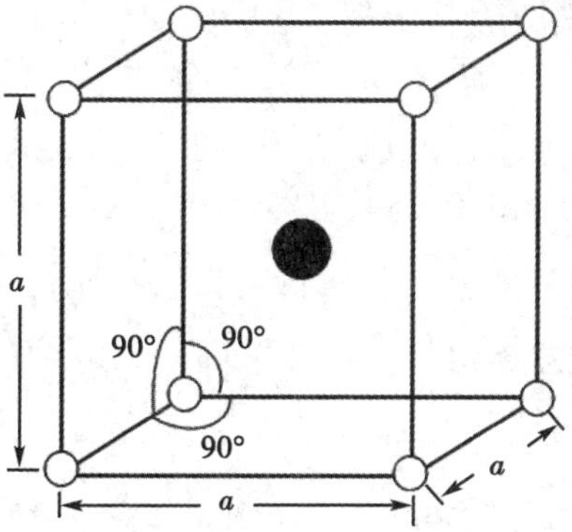

图 1.17　CsCl 型晶体结构

1.3.3.2　方解石(CaCO$_3$)型结构

CaCO$_3$化合物中的 C 原子的半径很小, 不能与 O^{2-}按照八面体形式配位, 所以不会构成钙钛矿型结构。方解石(CaCO$_3$)结构可以看作从 NaCl 岩盐结构演变而来。如图 1.18 所示, 把 Ca 替换成 Na, CO$_3$替换成 Cl, 将 NaCl 结构沿着

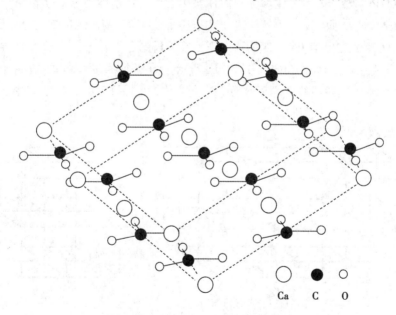

Ca　C　O

图 1.18　方解石(CaCO$_3$)晶体结构

[111]体对角线方向压缩成三方晶系的菱形晶胞, 直到轴间夹角从原来的90°变为 101.89°, 得到含有 4 个分子单位(Z = 4)方解石的双倍初胞, 晶胞参数 a =

1.2828nm, $\alpha = 101.89°$。晶胞沿着$\{100\}$面解理即得到方解石结构，其中 CO_3 基团呈三角形，C 在三角形中心，而且 CO_3 平面三角形与三重轴方向垂直。方解石的单位晶胞包括 2 个 $CaCO_3$($Z = 2$)，结构中 Ca^{2+} 的配位数为 6，Ca—O 距离为 0.237nm。Ca 离子位置为($0, 0, 0$)和($1/2, 1/2, 1/2$)，CO_3^{2-} 的中心在 $\pm(u, u, u)$，在方解石中 $u = 0.259$。

1.3.3.3　尖晶石($MgAl_2O_4$)型结构

尖晶石晶体结构属立方晶系，空间群 $Fd3m$，$a_0 = 0.808$nm，$Z = 8$。$MgAl_2O_4$ 型尖晶石结构通式为 AB_2O_4，通式中 A 为二价阳离子，可以是 Mg^{2+}，Fe^{2+}，Mn^{2+}，Co^{2+}，Ni^{2+}，Zn^{2+}。B 为三价阴离子，可以是 O^{2-}，S^{2-}，Se^{2-}，F^-，CN^- 等。$MgAl_2O_4$ 晶体的基本结构基元为 A，B 块，单位晶胞由 4 个 A，B 块拼合而成，晶胞化学式 $A_8B_{16}O_{32}$，如图 1.19(a)所示。在标准正 $MgAl_2O_4$ 晶胞中，O^{2-} 作面心立方紧密排列，Mg^{2+} 进入四面体空隙，占有四面体空隙的 1/8；Al^{3+} 进入八面体空隙，占有八面体空隙的 1/2。不论是四面体空隙还是八面体空隙都没有填满。如果按照正、负离子半径比与配位数的关系，Al^{3+} 与 Mg^{2+} 的配位数都为 6，都应该填入八面体空隙。但是，根据 Pauling 第三规则，高电价离子填充于低配位的四面体空隙，排斥力比填充八面体空隙要大，稳定性要差。所以 Al^{3+} 填充了八面体空隙，而 Mg^{2+} 填充了四面体空隙。尖晶石晶胞有 8 个"分子"，即 $Mg_8Al_{16}O_{32}$，其中共有 64 个四面体空隙，Mg^{2+} 只占有了 8 个；有 32 个八面体空隙，Al^{3+} 只占有了 16 个。如图 1.19(b)所示分为 8 个立方体单体，在每个单位中交替放置 AO_4 四面体(A)和 B_4O_4(B)立方体，交替排列的结构堆砌形成尖晶石结构。

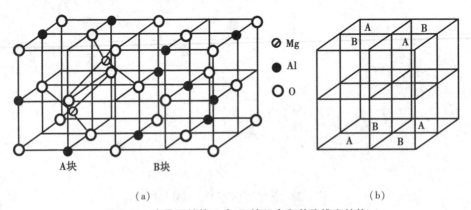

(a)　　　　　　　　　　　　　(b)

图 1.19　尖晶石结构 A 与 B 块组合和单胞堆砌结构

尖晶石晶体中 Al—O 和 Mg—O 之间都是强的离子键，晶体满足 Pauling 静电价规则，结构稳定。尖晶石晶体的熔点高、硬度大，化学稳定性好，透光率高。

在某些特定尖晶石结构中，A 位正离子可以和 B 位正离子之间转换，形成所谓反尖晶石结构。反尖晶石的化学通式为 $B(AB)O_4$，其中 A 和一半 B 在八面体空隙，一半 B 在四面体空隙。许多铁磁体和磁性记忆介质等功能陶瓷材料具有反尖晶石型结构，例如：$MgO \cdot Fe_2O_3 = FeMgFeO_4$，$NiO \cdot Fe_2O_3 = FeNiFeO_4$，$CoO \cdot Fe_2O_3 = FeCoFeO_4$，$FeO \cdot Fe_2O_3 = FeFeFeO_4 = Fe_3O_4$，$Fe_3O_4 = Fe^{3+}(Fe^{2+}Fe^{3+})O_4$。另外，不同成分可以构成混合尖晶石结构，其中 A 与 B 分别占据部分八面体与四面体间隙，常用表达式：$(A_{1-x}B_y)(A_xB_{2-y})O_4$。

1.3.3.4　钙钛矿($CaTiO_3$)型结构

钙钛矿型结构如图 1.20 所示，化学通式为 ABO_3 型，其中 A 代表二价或一价阳离子，B 代表四价或五价阳离子。在 $CaTiO_3$ 晶胞中，因 O^{2-} 和 Ca^{2+} 的半径相近，共同构成面心立方紧密堆积，Ca^{2+} 占据晶胞 8 个顶角的位置，O^{2-} 占据 6 个面心的位置。Ti^{4+} 填充于八面体空隙，Ti^{4+} 配位数为 6。这些 $[TiO_6]$ 八面体顶角相互连接形成三维空间结构，Ca^{2+} 填充在八面体形成的空隙中，配位数为 12。结构满足 Pauling 的静电价平衡规则，不形成络合离子。原子晶体学位置：Ca^{2+}：000；Ti^{4+}：$\frac{1}{2}\frac{1}{2}\frac{1}{2}$；$3O^{2-}$：$\frac{1}{2}\frac{1}{2}0$，$\frac{1}{2}0\frac{1}{2}$，$0\frac{1}{2}\frac{1}{2}$。

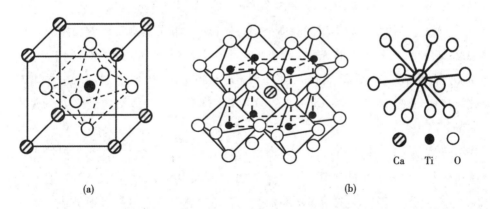

图 1.20　钙钛矿晶体结构与 Ca^{2+}，Ti^{4+} 配位关系

在 ABO_3 型结构中，半径较大的 A 离子的半径 r_A，半径较小的 B 离子半径

r_B 和 O^{2-} 半径 r_0 之间的关系：

$$r_A + r_0 = t\sqrt{2}(r_B + r_0) \tag{1.8}$$

其中，t 是容许因子，当 t 为 $0.77 \sim 1.1$ 时，钙钛矿结构稳定。但从几何关系上看，只要离子尺寸满足上面的条件，而且 A 和 B 离子的电价总和等于 6，使得晶体保持电中性，就可能具有钙钛矿结构。

钙钛矿有立方晶系和正交晶系两种变体，在 900℃ 以上时为立方晶系，空间群 $Pm\overline{3}m$，晶胞常数 $a_0 = 0.385$nm，$Z = 1$；在室温时为正交晶系，$Pnma$ 空间群，$a_0 = 0.537$nm，$b_0 = 0.764$nm，$c_0 = 0.544$nm，$Z = 4$。许多重要固体器件材料都属于畸变的钙钛矿结构，例如室温下 $BaTiO_3$（$P4mm$）四方晶系，高温时成为立方晶系（$Pm\overline{3}m$）。属于这种结构的化合物具有铁电性质的主要有钛酸钡（$BaTiO_3$）、钛酸铅（$PbTiO_3$）、锆酸铅（$PbZrO_3$）等，以及 $KNbO_3$，$KTaO_3$ 晶体等。理想的钙钛矿结构稍有变形，结构的对称性降低。晶体由于对称性改变，性质也发生变化。钛酸钡晶体是重要的铁电材料，有 5 种晶型，其中低温的 3 种具有铁电性。钛酸钡各种晶型稳定存在的温度范围如下：

三方晶系 $\xrightarrow{}$ $-80℃$ $\xleftarrow{正交晶系}$ $5℃$ $\xrightarrow{四方晶系}$ $120℃$（居里点）$\xleftarrow{立方晶系}$ $1460℃$ $\xrightarrow{六方晶系}$ $1612℃$（熔点）

在钛酸钡中，如果 Ba 被 Sr 置换，Ti 被 Zr 和 Sn 置换，则居里点降低。但若有部分 Ba 被 Pb 置换，形成（Ba，Pb）TiO_3，则居里点升高。

1.3.3.5 与钙钛矿相关的晶体结构

一些超导体氧化物陶瓷的晶体结构与钙钛矿结构直接相关。例如超导临界温度（T_c）在约 1K 以下的 $SrTiO_3$ 陶瓷，以及另外 2 个钙钛矿结构化合物 $BaPb_{1-x}Bi_xO_3$（$T_c \approx 13K$，$x = 0.25$）和 $Ba_{1-x}K_xBiO_3$（$T_c \approx 30K$，$x = 0.4$）。在众多超导体氧化物中，高温超导体 $YBa_2Cu_3O_{7-x}$ 的最高 T_c 约 93K，其晶体结构是三重高度的 $YCuO_3$ 钙钛矿晶胞，如图 1.21（a）所示。如果将 $YCuO_3$ 结构中 3 个 Y^{3+} 中的 2 个用 Ba^{2+} 置换，即可得到 $YBa_2Cu_3O_8$（YBCO），如图 1.21（b）所示。为了保持化合物电中性，需要每个晶胞中移出一个氧离子，同时在结构中心的 Y^{3+} 周围产生一个氧空位。YBCO 与其他多数铜基氧化物超导体的一个显著区别是结构中部分 Cu 离子呈现 Cu^{3+} 价态。在 YBCO 化合物中接近 1/3 的 Cu 离子是 Cu^{3+}。在标准计量 $Y_3Cu_3O_9$ 化合物中减少氧含量，即转变为 $YBa_2Cu_2^{2+}Cu^{3+}O_7$，在晶胞的最上和最下的 Cu 平面内产生新的氧空位，结构如图 1.21（c）所示。

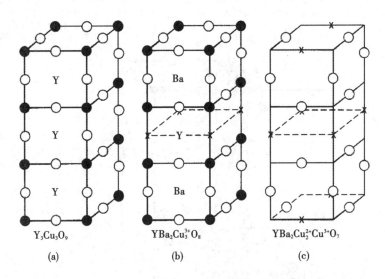

Y₃Cu₃O₉ 的图注：$Y_3Cu_3O_9$

(a)　(b)　(c)

$YBa_2Cu_3^{3+}O_8$

$YBa_2Cu_2^{2+}Cu^{3+}O_7$

图 1.21　$YBaCu_3O_{7-x}$ 的原始结构与演化结构

在 $YBa_2Cu_3O_{7-x}$ 结构中 Cu 离子存在 2 个不等效位置，其中一个是在[100]方向上呈平面 4 配位，形成 Cu—O 链；另一个是形成 5 配位的金字塔锥形，锥形体互相共顶连接构成锥形层，如图 1.22 所示。化合物中氧的化学计量对于温度与氧偏压十分敏感。依据退火条件，氧的计量为 $O_6 \sim O_7$，一般在氧气中低温退火(约 500℃)得到最佳超导性能的化学成分中，氧的计量大约是 $O_{6.72}$。

如果氧空位沿着[100]方向呈有序状态排列，晶体对称性从四方晶系转变为正交晶系。将结构中的 Y 离子和 Ba 离子作一系列等价元素置换，可以改变超导性能。通常最主要的还是置换其中的 Cu 离子。

另外，其他许多铜基超导体氧化物属于钙钛矿和岩盐结构的组合型结构，其中最典型的是 La_2CuO_4，其晶体结构属于 K_2NiF_4 类型。La_2CuO_4 化合物自身不具有超导性，但是采用部分碱土金属离子(Ca，Sr，Ba)置换 La 后，化合物转变为超导体。以 Sr 置换 La 后，化合物 $La_{1.85}Sr_{0.15}CuO_4$ 的最高 T_c 约为 35K。

La_2CuO_4($LaO \cdot LaCuO_3$)化学式可以反映其岩盐和钙钛矿晶体结构的组合形式。从 2 个分开的 $LaCuO_3$ 单胞可以构建 La_2CuO_4 的结构，如图 1.23 所示，其中一个钙钛矿晶胞移动 1/2<110>，然后将其与另一钙钛矿晶胞组合起来，就得到 La_2CuO_4 晶胞结构。这种操作的结果是在 2 个 Cu—O 层之间引入一个附加的 La—O 层，其类似一半的岩盐结构。此面内氧离子或负离子按照面心立方排列，沿着[001]晶体方向，负离子配位遵照 A_4O—AO_4—A_4O 顺序堆垛。在 La_2CuO_4 结构中可以看到，在 Cu—O 层之间相同的 LaO_4—La_4O 堆垛顺序，如图 1.24 所示。结构中 Cu 离子保持 6 配位，而 La 离子一侧是岩盐结构的 6 配

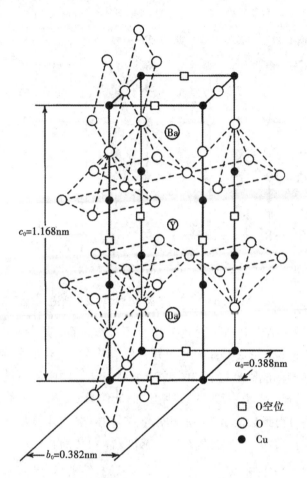

图 1.22　YBa$_2$Cu$_3$O$_{7-x}$ 结构中 Cu—O 链上 4 配位铜和 Cu—O 层中 5 配位铜

位，另一侧是钙钛矿结构的 12 配位，总体是 9 配位。

　　一些更复杂的铜基氧化物超导体晶体结构中组合了多层的岩盐和钙钛矿层，这些化合物的分子式可以写成 $mAO-nABO_3$，其中典型的化合物是 Bi-Sr-Ca-Cu-O 族化合物。在 Bi$_2$Sr$_2$CaCu$_2$O$_{8-\delta}$($T_c \approx 85$K)结构中 $m=3$，$n=2$，单位晶胞包括 2 个分子($Z=2$)，如图 1.25 所示。在整个单位晶胞的中间存在一个双钙钛矿晶胞，其中 Sr 和 Ca 占据晶胞中心的 A 位，Cu 占据 B 位。在整个晶胞的最上和最下处各有一个单钙钛矿晶胞。如果计入相邻晶胞中单钙钛矿结构，这些也构成双钙钛矿层。在每一个双钙钛矿单元里，中间钙钛矿层的 A 位阳离子主要是 Ca，上、下钙钛矿层中主要是 Sr，Ca 常常置换 Sr。将一个双钙钛矿单元相对于相邻的另一个双钙钛矿单元层沿着垂直于堆垛方向移动 1/2<110>，可以得到与 La$_2$CuO$_4$ 结构一样的堆积方式。但是，在双钙钛矿两端的 Sr—O 层之

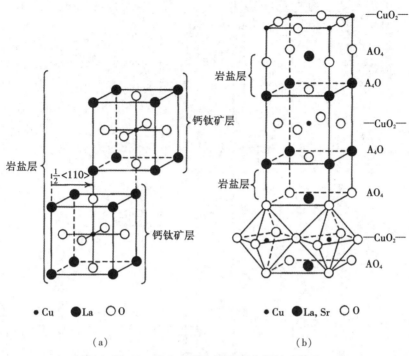

(a) ·Cu ●La ○O

(b) ·Cu ●La, Sr ○O

图 1.23　La_2CuO_4 结构初型和两个钙钛矿单元

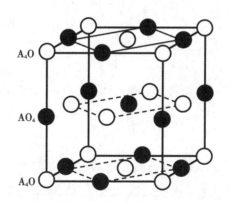

图 1.24　盐岩结构中(001)晶面中交替分布的 A_4O 和 AO_4 单元

间会出现 2 个岩盐结构的 Bi—O 层, 与图 1.24 一样, 岩盐层的重复堆垛顺序是 Sr_4O—BiO_4—Bi_4O—SrO_4。

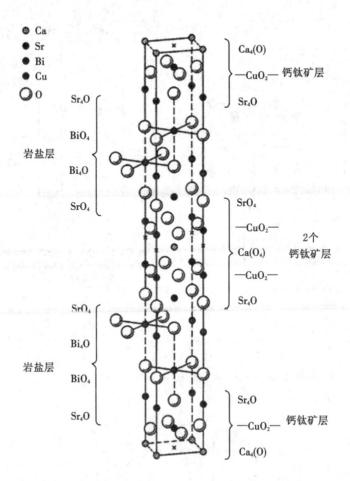

- ⊘ Ca
- ● Sr
- ● Bi
- ● Cu
- ○ O

Ca₄(O)
—CuO₂— 钙钛矿层
Sr₄O

Sr₄O
BiO₄
岩盐层
Bi₄O

SrO₄
SrO₄
—CuO₂— 2个
Ca(O₄) 钙钛矿层
—CuO₂—
Sr₄O

SrO₄
Bi₄O
岩盐层
BiO₄

Sr₄O
Sr₄O
—CuO₂— 钙钛矿层
Ca₄(O)

图 1.25　理想的 $Bi_2Sr_2CaCu_2O_8$ 超导体晶体结构

1.3.4　氮化硅晶体结构

许多超高硬度、高韧性、耐高温陶瓷都是以共价键为主的化合物，例如立方 BN，Si_3N_4，AlN 等陶瓷。一些岩盐结构的 TiN 和 ZrN 共价键陶瓷既导电又具有极高的硬度。

尽管使用"共价键陶瓷"的名称，但是就像离子键陶瓷一样，很少有陶瓷属于完全的共价键性质。氧化物、碳化物和氮化物陶瓷中，如果采用 Pauling 的电负性计算公式进行区分，SiC，B_4C 和 BN 等属于高比例共价键（分别占 12%，6%，22% 离子键成分），氮化物中如 AlN，Si_3N_4 和 TiN 的共价键比例相对较少（分别占 43%、30% 和 43% 离子键成分），SiO_2 的 51% 属于离子键，碱土氧化物 MgO，CaO，BaO 和碱卤化物如 NaCl，KCl，LiF，NaF 都有超过 70% 的离子键成分。许多共价键陶瓷结构是外层价电子轨道发生 sp3 轨道杂化，形成四面体键合构型，例如金刚石结构。对于具有显著共价键与离子键成分的陶瓷，需要同时满足具有共价键方向性和局域电中性，例如 SiO_2。另一个例子是 Si_3N_4 陶瓷固溶体，Si_3N_4 与大量不同氧化物形成固溶体，说明了共价键与离子键并容的结构特点。

在 Si_3N_4 中，N 在 Si 周围配位形成四面体，如图 1.26(a)所示。而且 SiN_4 四面体通过每个 N 被 3 个 Si 原子共用，而互相连接。这样可以满足 N 原子的 sp2 轨道杂化以及 Si 的 sp3 轨道杂化。晶体结构中间有个开放的空隙，离子间的配位也满足 Pauling 的静电平衡规则。晶体中 Si 和 N 的离子电荷比例是 4∶3。Si_3N_4 存在 2 种晶体结构类型，即 α 相和 β 相。二者都属于六方晶体结构，但是在 c 轴方向上 Si—N 层的排布次序不同。$β-Si_3N_4$ 的原子层堆垛排布是 ABAB…次序，单位晶胞化学式为 Si_6N_8，而 $α-Si_3N_4$ 是 ABCD…排布次序，有 2 倍的晶胞化学式 $Si_{12}N_{16}$。

因为在 $α-Si_3N_4$ 结构重复堆垛 2 次，其 c 轴方向的点阵参数是 β 相的近 2 倍（β 相 $c_0 = 0.2909nm$，α 相 $c_0 = 0.5618nm$。但两者比值不等于 2，因为四面体排布存在畸变，α 相和 β 相的 a 轴参数分别是 $a_0 = 0.7606nm$ 和 $a_0 = 0.7753nm$）。图 1.26(b)显示 $β-Si_3N_4$ 中在单个 AB 层上的原子分布。N 原子用实心三角形表示，Si 原子用实心圆形表示，二者形成一个单位晶胞的基面，这个层中 Si 原子处在图 1.26(c)中"0"指示的位置。下一层中的 N 和 Si 原子用空心圆和空心三角形表示，而且处于图 1.26(c)中"1/2"指示的位置。与硅酸盐晶体相类似，在结构中存在一个具有 8 或 12 个元素的 Si-N-Si-N 环状构型。在 $β-Si_3N_4$ 中，相邻 AB 层是直接安放在第一层上面，因此形成一个平行于 c 轴的中间空隙通道。在 $α-Si_3N_4$ 中，CD 层摆放在 AB 层上面，如图 1.26(d)所示。结构中也形成一个孤立的 12 圆环大孔通道。图 1.26(e)显示出 α 相的单位晶胞中 Si 原子在基面以上的高度。在两种类型结构中，都存在大的空隙位置，所以有利于形成氮氧化物固溶体。

两种不同类型结构 Si_3N_4 陶瓷中，$β-Si_3N_4$ 陶瓷高温更稳定，生产时多数目标是获得 $β-Si_3N_4$ 陶瓷。但是，$α-Si_3N_4$ 与 $β-Si_3N_4$ 之间的相变属于重构型相变，转变动力学十分缓慢，除非存在液相才可能有所改善。在常规烧结或热压烧结 Si_3N_4 时，经常使用烧结助剂或者原材料中存在氧杂质，在组织内会产生少量氮氧化物液相。烧结时采用的初始材料是 $α-Si_3N_4$ 相，形成液相后可以促进针状形态的 β 相晶粒形核与生长，进而形成微观晶粒组织结构各向异性的 $β-Si_3N_4$ 陶瓷。

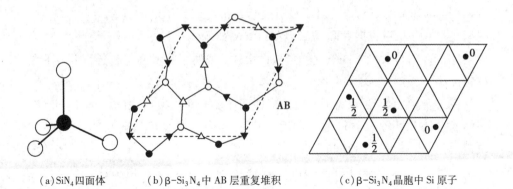

(a)SiN₄四面体　　　　(b)β-Si₃N₄中 AB 层重复堆积　　　　(c)β-Si₃N₄晶胞中 Si 原子

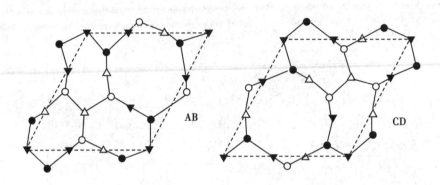

(d)α-Si₃N₄中 AB 层与 CD 层交替堆积

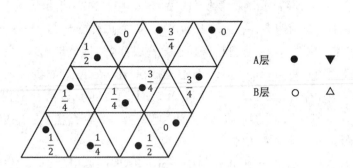

(e)α-Si₃N₄晶胞中 Si 原子

图 1.26　氮化硅晶体结构

🔺 1.4　硅酸盐陶瓷结构

1.4.1　硅酸盐晶体结构特点及分类

硅和铝是地壳中丰度最高的元素，硅酸盐约占地壳质量的 80%。自然形成的各种硅酸盐矿物组成中常伴有其他金属或非金属元素。表征硅酸盐晶体化学式通常有两种方法：一种是所谓氧化物方法，即把构成硅酸盐晶体的所有氧化物按一定的比例和顺序全部写出来，先是 1 价的碱金属氧化物，其次是 2 价、3 价的金属氧化物，最后是 SiO_2。例如，钾长石的化学式写为 $K_2O \cdot Al_2O_3 \cdot 6SiO_2$。另一种是无机络盐表示法，即把构成硅酸盐晶体的所有离子按照一定比例和顺序全部写出来，再把相关的络阴离子用 [ ] 括起来。先是 1 价、2 价的金属离子，其次是 Al^{3+} 和 Si^{4+}，最后是 O^{2-} 或 OH^-。如钾长石为 $K[AlSi_3O_8]$。

在硅酸盐晶体中，Si—O 化学键属于混合键，依据 Pauling 电负性原理与公式计算其离子键约占 51%，共价键约占 49%。硅的最外电子层 $3s^2 3p^2$ 发生 sp3 轨道杂化，这些等值轨道形成的键均匀分布在四面体的 4 个角上，分别与氧键合构成硅氧四面体 $[SiO_4]^{4-}$。如图 1.27 所示，硅氧四面体的顶角是 4 个氧离子，Si^{4+} 离子占据四面体的中心。四面体中 Si—O 离子间的距离为 0.16nm，小于硅原子半径（0.04nm）和氧离子半径（0.14nm）的和。硅氧四面体的棱长（0.26nm）小于氧离子半径的两倍值（0.28nm），说明硅氧四面体中的键合作用力很强。在硅酸盐化合物中，即使存在其他金属离子或四面体之间连接方式不同，$[SiO_4]^{4-}$ 的结构几乎不变。按照 Pauling 规则的第二条等电价原则，硅氧四面体中 Si^{4+} 的静电强度是 $\dfrac{4}{4} = 1$，所以 SiO_2 中氧离子需要 2 个硅氧四面体中 Si^{4+} 共顶连接。硅酸盐陶瓷晶体中以硅氧四面体为基本结构单元通过共用氧离子连接，不再是采用负离子按照 FCC 和 HCP 密堆积方式，因此硅酸盐陶瓷具有更开放的结构。

硅酸盐晶体的另一个特征是其组成中正、负离子都可以被其他离子部分或全部取代。其中，硅氧四面体中的 Si 离子可以部分地被 4 配位或 6 配位的 Al^{3+} 替代，因此产生的电荷不平衡经常被结构中间隙位置的碱金属或碱土金属正离子所平衡（如硅酸盐晶体或玻璃），或者 O^{2-} 被 OH^- 替代所平衡（例如黏土）。

构成硅酸盐的基本结构单元是硅和氧组成的 $[SiO_4]^{4-}$ 四面体，四面体之间 Si—O—Si 键角度在 120°~180° 可以发生旋转而产生大量变形体，所以硅酸盐

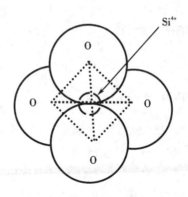

图 1.27　硅氧四面体示意图

晶体结构复杂。其晶体结构的基本特点是：① 构成硅酸盐晶体的基本结构单元是 $[SiO_4]^{4-}$ 四面体。O—Si—O 键角为 $109.5°$，Si—O—Si 键通常是一条夹角不等的折线，一般键角在 $145°$ 左右。② $[SiO_4]^{4-}$ 四面体的每个顶点，即 O^{2-} 离子最多只能为 2 个 $[SiO_4]^{4-}$ 四面体所共用。③ 2 个相邻的 $[SiO_4]^{4-}$ 四面体之间只能共顶连接。④ $[SiO_4]^{4-}$ 四面体中心的 Si^{4+} 可部分地被 Al^{3+} 所置换。Al^{3+} 也可以占据配位八面体位置。Al^{3+} 置换 Si^{4+} 后结构中会进入其他正离子以平衡其过剩负电荷。

　　硅酸盐结构是由 $[SiO_4]^{4-}$ 四面体结构单元以不同方式相互连成的复杂结构，且同一类型硅酸盐中，$[SiO_4]^{4-}$ 四面体间的连接方式一般只有一种。所以，$n(Si)/n(O)$ 或者共用 O^{2-} 的数目可以表示四面体连接程度与方式。硅酸盐结构可以按照 $[SiO_4]^{4-}$ 的不同组合，即按 $[SiO_4]^{4-}$ 四面体在空间发展的维数进行分类。硅酸盐晶体化学式中不同的 $n(Si)/n(O)$ 比对应基本结构单元之间的不同结合方式。X 射线结构分析表明，硅酸盐晶体中 $[SiO_4]^{4-}$ 四面体的结合方式有岛状、组群状、链状、层状和架状等形式。表 1.8 列出了硅酸盐晶体在结构和组成上的特征。

表 1.8　硅酸盐晶体结构类型与 $n(Si)/n(O)$ 的关系

结构类型	$[SiO_4]^{4-}$ 共用 O^{2-} 数	形状	络阴离子	$n(Si)/n(O)$	实例
岛状	0	四面体	$[SiO_4]^{4-}$	1:4	镁橄榄石 $Mg_2[SiO_4]$ 镁铝石榴石 $Al_2Mg_3[SiO_4]_3$

表1.8(续)

结构类型	$[SiO_4]^{4-}$ 共用 O^{2-} 数	形状	络阴离子	$n(Si)/n(O)$	实例
组群状	1	双四面体	$[Si_2O_7]^{6-}$	2:7	硅钙石 $Ca_3[Si_2O_7]$
	2	三节环	$[Si_3O_9]^{6-}$	1:3	蓝锥石 $BaTi[Si_3O_9]$
		四节环	$[Si_4O_{12}]^{8-}$	1:3	斧石 $Ca_2Al_2(Fe,Mn)BO_3[Si_4O_{12}](OH)$
		六节环	$[Si_6O_{18}]^{12-}$	1:3	绿宝石 $Be_3Al_2[Si_6O_{18}]$
链状	2	单链	$[Si_2O_6]^{4-}$	1:3	透辉石 $CaMg[Si_2O_6]$
	2,3	双链	$[Si_4O_{11}]^{6-}$	4:11	透闪石 $Ca_2Mg_5[Si_4O_{11}]_2(OH)_2$
层状	3	平面层	$[Si_4O_{10}]^{4-}$	4:10	滑石 $Mg_3[Si_4O_{10}](OH)_2$
架状	4	骨架	$[SiO_2]^0$	1:2	石英 SiO_2
			$[AlSi_3O_8]^-$		钾长石 $K[AlSi_3O_8]$
			$[AlSiO_4]^-$		方钠石 $Na[AlSiO_4] \cdot 4/3H_2O$

1.4.2　硅酸盐晶体的结构类型

1.4.2.1　岛状结构

在岛状硅酸盐晶体结构中，$[SiO_4]^{4-}$ 四面体是以孤立状态存在，$[SiO_4]^{4-}$ 四面体之间没有共用顶角，各顶点之间并不互相连接，每个 O^{2-} 一侧与 1 个 Si^{4+} 连接，另一侧与其他金属离子如 Mg^{2+}，Ca^{2+}，Fe^{2+}，Mn^{2+} 等金属离子配位而使电价平衡。

属于岛状结构的硅酸盐晶体主要有锆石英 $Zr[SiO_4]$、镁橄榄石 $Mg_2[SiO_4]$、蓝晶石 $Al_2O_3 \cdot SiO_2$、莫来石 $3Al_2O_3 \cdot 2SiO_2$，以及水泥熟料中的 γ-C_2S，β-C_2S 和 C_3S 等。

以镁橄榄石 $Mg_2[SiO_4]$ 结构为例：

镁橄榄石属斜方晶系，空间群 $Pbnm$；晶胞参数 $a=0.476nm$，$b=1.021nm$，$c=0.599nm$；晶胞分子数 $Z=4$。如图 1.28 所示，镁橄榄石结构中，O^{2-} 近似于六方最紧密堆积排列，Si^{4+} 填于四面体间隙的 1/8；Mg^{2+} 填充在八面体间隙的 1/2。每个 $[SiO_4]^{4-}$ 四面体被 $[MgO_6]$ 八面体所隔开，呈孤岛状分布。$[SiO_4]^{4-}$ 四面体通过 Mg^{2+} 联系起来。

镁橄榄石中的 Mg^{2+} 可被 Fe^{2+} 以任意比例取代，形成橄榄石 $(Fe_xMg_{1-x})SiO_4$ 固溶体。如果镁橄榄石中部分 Mg^{2+} 被 Ca^{2+} 取代，则形成钙橄榄石 $(MgCa)SiO_4$。如果 Mg^{2+} 全部被 Ca^{2+} 取代，则形成 γ-Ca_2SiO_4，即 γ-C_2S，其中 Ca^{2+} 的配位数为

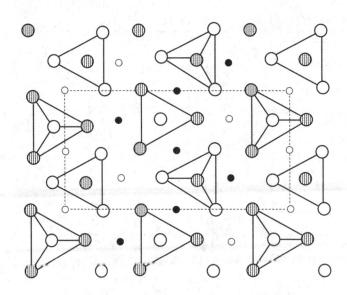

图 1.28　镁橄榄石(001)面上的投影图

6。另一种岛状结构的水泥熟料矿物 β-Ca_2SiO_4，即 β-C_2S 属于单斜晶系，其中 Ca^{2+} 有 8 和 6 两种配位。由于其配位不规则，化学性质活泼，能与水发生水化反应。而 γ-C_2S 由于配位规则，在水中几乎是惰性的。

镁橄榄石结构中每个 O^{2-} 同时和 1 个[SiO_4]和 3 个[MgO_6]相连接，因此，O^{2-} 的电价是平衡的，晶体结构稳定。由于 Mg—O 键和 Si—O 键都比较强，因此，镁橄榄石具有较高的硬度，熔点达到 1890℃，是镁质耐火材料的主要矿物。同时，由于结构中各个方向上键力分布比较均匀，因此，橄榄石结构没有明显的解理，破碎后呈现粒状。

1.4.2.2　组群状结构

组群状结构是指由 2 个、3 个、4 个或 6 个[SiO_4]$^{4-}$ 四面体通过共用氧相互连接形成单独的硅氧络阴离子团，如图 1.29 所示。通过其他金属离子按一定的配位形式将硅氧络阴离子团之间互相连接起来构成硅酸盐晶体。组群状结构也称为孤立的有限硅氧四面体群，其中硅氧四面体群中连接两个 Si^{4+} 的氧称为桥氧，因为这种氧的电价已经饱和，一般不再与其他正离子键合配位，所以桥氧也称为非活性氧。而只有一侧与 Si^{4+} 相连接的氧称为非桥氧或活性氧。组群状结构中 $n(Si)/n(O)$ 为 2∶7 或 1∶3，其中硅钙石 Ca_3[Si_2O_7]、铝方柱石 Ca_2Al[$AlSiO_7$]和镁方柱石 Ca_2Mg[Si_2O_7]等具有双四面体结构，蓝锥矿 $BaTi$[Si_3O_9]具有三节环结构，绿宝石 Be_3Al_2[Si_6O_{18}]具有六节环结构。

以绿宝石 Be_3Al_2[Si_6O_{18}]结构为例：

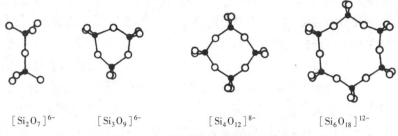

$[Si_2O_7]^{6-}$　　　　$[Si_3O_9]^{6-}$　　　　$[Si_4O_{12}]^{8-}$　　　　$[Si_6O_{18}]^{12-}$

图1.29　硅氧四面体群的不同形状

　　绿宝石属六方晶系，空间群$P6/mcc$，晶胞参数$a=0.921nm$，$c=0.917nm$，晶胞分子数$Z=2$，如图1.30所示。绿宝石的基本结构单元是由6个$[SiO_4]^{4-}$四面体组成的六节环，六节环中的1个Si^{4+}和2个O^{2-}处在同一高度，环与环相叠起来。图中粗黑线的六节环在上面，标高为100，细黑线的六节环在下面，标高为50。上下两层环错开30°，投影方向并不重叠。环与环之间通过$[BeO_4]$四面体中的Be^{2+}和$[AlO_6]$八面体中的Al^{3+}离子连接。图中的Al^{3+}处于以c轴为100等分的75高度，分别与3个处于85高度的O^{2-}和3个处于65高度的O^{2-}构成$[AlO_6]$八面体。Be^{2+}也处于75高度，其分别与2个处于85高度的O^{2-}和2个处

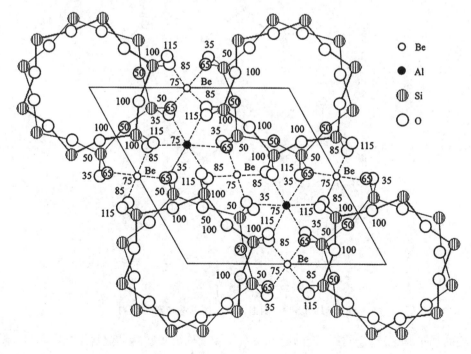

图1.30　绿宝石结构在(0001)面上的投影

于 65 高度的 O^{2-} 构成 $[BeO_4]$ 四面体。与 Al^{3+} 配位的 O^{2-} 同时与 Be^{2+} 配位。

从绿宝石结构上看,在上下叠置的六节环内形成了巨大的通道,使晶体结构中存在大的环形空腔,其中可储有 K^+,Na^+,Cs^+ 及 H_2O 分子。当有电价低、半径小的离子(如 Na^+)存在时,在直流电场中,晶体会表现出显著的离子电导,在交流电场中会有较大的介电损耗;当晶体受热时,质点热振动的振幅增大,大的空腔使晶体不会产生明显的膨胀,因而表现出较小的膨胀系数。

董青石 $Mg_2Al_3[AlSi_5O_{18}]$ 与绿宝石结构相同,但六节环中有一个 Si^{4+} 被 Al^{3+} 取代;同时,环外的正离子由(Be_3Al_2)变为(Mg_2Al_3),使电价得以平衡。此时,正离子在环形空腔迁移阻力增大,故董青石的介电性质较绿宝石有所改善。董青石陶瓷抗热震性能良好,适合于中高温耐热冲击材料,如热交换器、催化剂载体等。

1.4.2.3 链状结构

$[SiO_4]^{4-}$ 四面体通过共用氧连接成在一维方向伸长的链状,按照硅氧四面体共用顶点数目的不同,分为单链和双链两类,如图 1.31 所示。在一维链与链

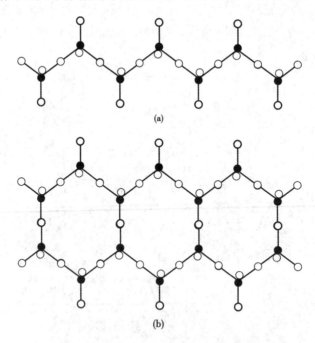

(a)

(b)

图 1.31 $[SiO_4]$ 四面体形成的单链和双链结构

之间通过其他正离子按一定的配位关系连接就构成了链状硅酸盐结构。单链结构单元的分子式为 $[SiO_4]_n^{2n-}$。许多硅酸盐陶瓷具有这种单链结构,如顽辉石 $Mg[SiO_3]$、透辉石 $CaMg[Si_2O_6]$、锂辉石 $LiAl[Si_2O_6]$、顽火辉石 $Mg_2[Si_2O_6]$。

双链结构主要有：① $[Si_2O_5]_n$：如硅线石 $Al[AlSiO_5]$，每个 $[SiO_4]$ 或 $[AlO_4]$ 四面体都共用 3 个顶点。② $[Si_4O_{11}]_n$：如透闪石 $Ca_2Mg_5[Si_4O_{11}]_2(OH)_2$，$[SiO_4]$ 四面体一半共用 2 个顶点，一半共用 3 个顶点。③ $[Si_6O_{17}]_n$：如硬硅钙石 $Ca_6[Si_6O_{17}](OH)_2$，$[SiO_4]$ 四面体有三分之一共用 3 个顶点，三分之二共用 2 个顶点。链状结构中 Si—O 键比链间 M—O(M 是一般配位数是 6 或 8 的正离子)键强很多。因此，链状硅酸盐晶体很容易沿着键间结合较弱处裂开成柱状或纤维状。

如果每个硅氧四面体通过共用 2 个顶点向一维方向无限延伸，则形成单链。单链结构以 $[Si_2O_6]^{4-}$ 为结构单元不断重复，结构单元的化学式为 $[Si_2O_6]$。在单链结构中，按照重复出现与第一个硅氧四面体的空间取向完全一致的周期不等，单链分为 1 节链，2 节链，3 节链，…，7 节链等类型，如图 1.32 所示。

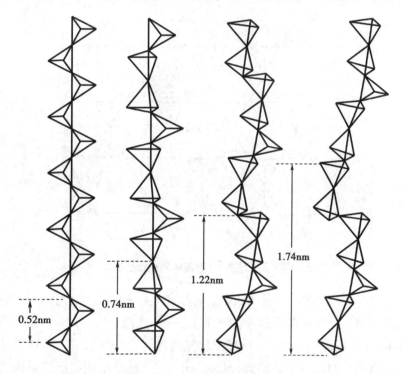

图 1.32　各种链状结构硅酸盐

1.4.2.4　层状结构

层状硅酸盐结构中 $[SiO_4]^{4-}$ 四面体通过共用 3 个顶点氧的方式在二维空间无限延伸形成一个硅氧四面体层，如图 1.33 所示。这种二维层状结构本身具有六方对称性，从中可以取出一个 $a=0.52nm$，$b=0.90nm$ 的矩形单元 $[Si_4O_{10}]^{4-}$。

$[SiO_4]^{4-}$四面体层的一类活性氧都指向同一个方向，另一类活性氧交替指向硅氧层的上方与下方。这些活性氧与处于层间的其他金属离子如 Al^{3+}，Mg^{2+}，Fe^{3+}，Fe^{2+}，Mn^{3+}，Li^+，Na^+，K^+ 等键合，层与层之间通过这些金属离子连接而形成稳定的结构。结构中的 Al^{3+}，Mg^{2+} 等与 O^{2-} 构成 $[AlO_6]$ 八面体和 $[MgO_6]$ 八面体。$[AlO_6]$ 八面体和 $[MgO_6]$ 八面体都以共棱的方式连接。因为 $[AlO_6]$ 八面体中 Al 的静电强度是 $3/6=1/2$，八面体的 O^{2-} 可以与 2 个 Al^{3+} 键合，所以此类八面体称为二八面体。因为 O^{2-} 除了与 2 个 Al^{3+} 连接，还与一个 Si^{4+} 连接，所以满足电平衡规则。同时，$[MgO_6]$ 八面体中 Mg 的静电强度是 $2/6=1/3$，八面体的 O^{2-} 可以与 3 个 Mg^{2+} 键合，因此这类八面体称为三八面体，其同样满足电平衡规则。另外，层状硅酸盐结构中有一些 O^{2-} 不能被 Si^{4+} 所共用，多余的 -1 价需要 H^+ 来平衡，所以层状硅酸盐结构中一般都存在 OH^-。

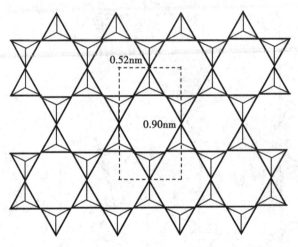

图 1.33　$[SiO_4]$ 四面体的层状结构

层状硅酸盐晶体中，硅氧四面体层与铝氧八面体层或镁氧八面体层的连接又有两种形式。一种是两层 $[SiO_4]$ 四面体层中间夹着一层 $[AlO_4(OH)_2]$ 八面体层或 $[MgO_4(OH)_2]$ 八面体层，构成所谓复网层。另一种是一层硅氧四面体层加一层 $[AlO_4(OH)_2]$ 八面体层或 $[MgO_4(OH)_2]$ 八面体层构成所谓单网层。层与层之间通过分子间作用力或氢键连接，如图 1.34 所示。

层状硅酸盐的层结构存在多种形式；层内离子可以互相置换，化学成分变化范围很大；层与层间的水分子和金属离子可以变化；结构与组成随着外界条件(水分的多少、盐的浓度、机械作用力等)改变而变化，所以其结构与性质变化复杂。但是层状结构的层内 Si—O 键和 Me—O 键要比层与层之间分子键或氢键的作用强。层状硅酸盐晶体容易沿着层间结合力较弱方向解理，颗粒较

（a）　　　　　　　　　　　　　　（b）

图 1.34　单网层与复网层形式的层状硅酸盐结构

小，且都具有柔软、易水合、容易进行离子交换等特性。具有层状结构的硅酸盐矿物以高岭石 $Al_4[Si_4O_{10}](OH)_8$、滑石 $Mg_3[Si_4O_{10}](OH)_2$ 为典型代表，此外还有叶蜡石 $Al_2[Si_4O_{10}](OH)_2$、蒙脱石 $(M_x \cdot nH_2O)(Al_{2-x}Mg_x)[Si_4O_{10}](OH)_2$ 等。

滑石 $Mg_3[Si_4O_{10}](OH)_2$ 结构：滑石结构如图 1.35（a）所示，属于单斜晶系，空间群 $C2/c$，$a = 0.526nm$，$b = 0.910nm$，$c = 1.881nm$，$\beta = 100°$。滑石的复网层由两层 $[SiO_4]$ 四面体层和夹在中间的 $[MgO_4(OH)_2]$ 八面体层构成。复网层呈电中性，层与层之间靠分子间作用力结合。因为层与层之间作用力较弱，所以滑石晶体具有良好的片状解理，有滑腻感。滑石在加热过程中产生脱水效应，变成斜顽火辉石 $\alpha-Mg_2[Si_2O_6]$。

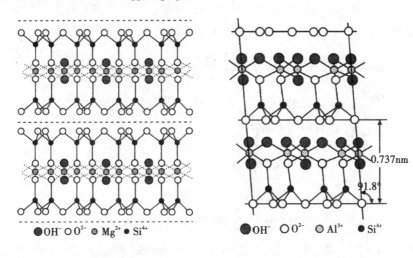

（a）　　　　　　　　　　　　　　（b）

图 1.35　滑石和高岭石结构

高岭石 $Al_4[Si_4O_{10}](OH)_8$ 结构：高岭石结构在（100）面上的投影如图 1.35（b）所示，属三斜晶系，空间群 $C1$，$a = 0.514nm$，$b = 0.893nm$，$c = 0.732nm$，

$\beta = 100°42'$，$\gamma = 90°$。高岭石结构中只有一层［SiO_4］四面体层加上一层［$AlO_4(OH)_2$］八面体层构成的单网层，单网层之间靠氢键连接。同样层与层间结合力较弱，所以高岭土矿物容易解理成片状小晶体。由于 OH—O 之间仍有一定吸引力，单网层之间水分子不易进入，不会因水含量增加而膨胀，可以交换的离子容量也较小。

1.4.2.5 架状结构

架状结构中［SiO_4］$^{4-}$ 的 4 个顶点氧都被共用，［SiO_4］$^{4-}$ 之间以共顶方式连接，形成三维"骨架"结构。结构的重复单元为［SiO_2］，作为骨架的硅氧结构单元的化学式为［SiO_2］$_2$，其中 $n(Si)/n(O)$ 为 1:2。当硅氧骨架中的 Si 被 Al 取代时，结构单元的化学式可以写成［$AlSiO_4$］或［$AlSi_3O_8$］，其中 $n(Al+Si)/n(O)$ 仍为 1:2。此时，由于结构中有剩余负电荷，一些电价低、半径大的正离子（如 K^+，Na^+，Ca^{2+}，Ba^{2+} 等）会进入结构中。

典型的架状结构有石英族晶体，化学式为 SiO_2，以及一些铝硅酸盐矿物，如霞石 Na［$AlSiO_4$］、长石（Na，K）［$AlSi_3O_8$］、方沸石 Na［$AlSi_2O_6$］·H_2O 等沸石型矿物等。

(1) 石英族晶体的结构

液态 SiO_2 结晶比较困难，一般是 SiO_2 熔体直接固化成为石英玻璃。SiO_2 晶体存在多种变体，常压下可分为三个系列：石英、鳞石英和方石英。它们的转变关系如图 1.36 所示。

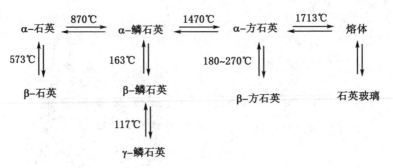

图 1.36 SiO_2 各种变体的转变关系

在上述各变体中，同一系列（即纵向）之间的转变不涉及晶体结构中化学键的破裂和重建，仅是键长、键角的调整，转变迅速且可逆，对应的是位移性转变，一般称为快转变。不同系列（即横向）之间的转变，如 α-石英和 α-鳞石英、α-鳞石英和 α-方石英之间的转变都涉及键的破裂和重建，转变速度缓慢，属于重构性转变。因为这三种石英晶体之间的结构转变困难，所以也称为慢转变。

石英的三个主要变体即 α-石英、α-鳞石英和 α-方石英结构上的主要差别在于硅氧四面体之间的连接方式不同，如图 1.37 所示。在 α-方石英中，两个共顶连接的硅氧四面体以共用 O^{2-} 为中心处于中心对称状态。在 α-鳞石英中，两个共顶的硅氧四面体之间相当于有一对称面。对于 α-石英结构，相当于在 α-方石英结构基础上，使 Si—O—Si 键由 180°转变为 150°。由于这三种石英中硅氧四面体的连接方式不同，因此，它们之间的转变属于重建性转变。

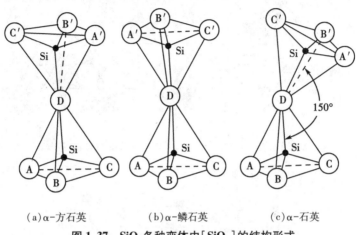

（a）α-方石英　　　　　　（b）α-鳞石英　　　　　　（c）α-石英

图 1.37　SiO_2 各种变体中［SiO_4］的结构形式

① α-方石英结构。

α-方石英属立方晶系，空间群 $Fd3m$，晶胞参数 $a=0.713nm$，晶胞分子数 $Z=8$，结构如图 1.38（a）所示。其中 Si^{4+} 位于晶胞顶点及面心，晶胞内部还有 4 个 Si^{4+}，其位置相当于金刚石结构中 C 原子的位置。它是由交替地指向相反方向的硅氧四面体组成六节环状的硅氧层（不同于层状结构中的硅氧层，该硅氧层内四面体取向是一致的），以 3 层为一个重复周期在平行于（111）面的方向上平行叠放而形成的架状结构。叠放时，如图 1.38（b）所示，两个平行的硅氧层中的四面体相互错开 60°，并以共顶方式对接，共顶的 O^{2-} 形成对称中心。α-方石英冷却到 268℃会转变为四方晶系的 β-方石英，其晶胞参数 $a=0.497nm$，$c=0.692nm$。

② α-鳞石英的结构。

α-鳞石英属六方晶系，空间群 $P6_3/mmc$，晶胞参数 $a=0.504nm$，$c=0.825nm$，晶胞分子数 $Z=4$，其结构如图 1.39 所示。结构由交替指向相反方向的硅氧四面体组成的六节环状的硅氧层平行于（0001）面叠放而形成架状结构。平行叠放时，硅氧层中的四面体共顶连接，并且共顶的 2 个四面体处于镜面对称状态，Si—O—Si 键角是 180°。对于 γ-鳞石英，有观点认为属于斜方晶系，

晶胞参数 $a=0.874$nm，$b=0.504$nm，$c=0.824$nm。也有观点认为其属于单斜晶系，参数为 $a=1.845$nm，$b=0.499$nm，$c=2.383$nm，$\beta=105°39'$。

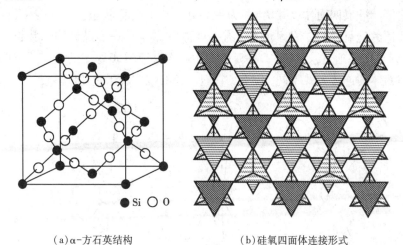

（a）α-方石英结构　　　　　　　　（b）硅氧四面体连接形式

图1.38　α-方石英结构

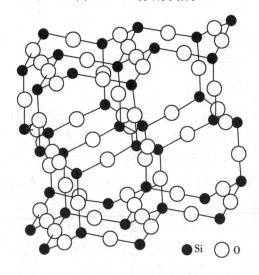

图1.39　α-鳞石英结构

③ α-石英的结构。

α-石英属六方晶系，晶胞参数 $a=0.496$nm，$c=0.545$nm，晶胞分子数 $Z=3$。结构中相邻 2 个[SiO_4]四面体的 Si—O—Si 键角为 150°。每个 Si^{4+} 周围有 4 个 O^{2-}，空间取向是 2 个在 Si^{4+} 上方、2 个在 Si^{4+} 下方。各四面体中的离子排列在高度不同的三层面上。α-石英晶体结构中存在 6 次螺旋轴，围绕螺旋轴

的 Si^{4+} 在 (0001) 面上的投影可连接成正六边形, 如图 1.40 所示。根据螺旋轴的旋转方向不同, α-石英有左旋和右旋两种形态, 其空间群分别为 $P6_4 22$ 和 $P6_2 22$。

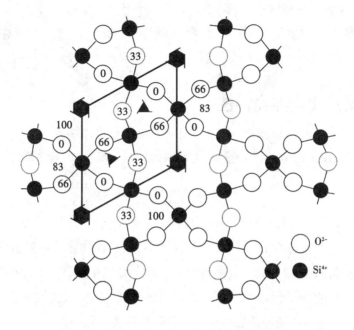

图 1.40　α-石英(左旋)在(0001)面上投影

β-石英属三方晶系, 空间群 $P3_2 2$ 或 $P3_1 2$, 晶胞参数 $a = 0.491$nm, $c = 0.540$nm, 晶胞分子数 $Z = 3$。β-石英是 α-石英的低温变体, 两者之间通过位移性转变完成晶体结构的相互转换。两个结构中的 Si^{4+} 在 (0001) 面上的投影如图 1.41 所示。在 β-石英结构中, Si—O—Si 键角由 α-石英中的 150° 变为 137°, 这一键角变化, 使对称要素从 α-石英中的 6 次螺旋轴转变为 β-石英中的 3 次螺旋轴。围绕 3 次螺旋轴的 Si^{4+} 在 (0001) 面上的投影已不再是正六边形, 而是复三角形。β-石英也有左、右形之分。

SiO_2 结构中 Si—O 键的强度很高, 键合力分布在三维空间比较均匀, 因此 SiO_2 晶体的熔点高、硬度大、化学稳定性好, 无明显解理。

(2) 长石的结构

长石是地壳岩的主要成分, 岩石类的三分之二属于长石类硅酸盐, 例如坚硬的花岗岩就是由长石、石英和云母组成的。长石类硅酸盐分为正长石系和斜长石系两大类。其中有代表性的包括：正长石类, 如钾长石 $K[AlSi_3O_8]$, 钡

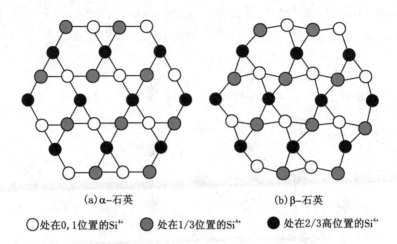

(a)α-石英   (b)β-石英

○处在0,1位置的Si⁴⁺   ◐处在1/3位置的Si⁴⁺   ●处在2/3高位置的Si⁴⁺

图1.41 α-石英与β-石英的关系

长石 $Ba[Al_2Si_2O_8]$；斜长石系，如钠长石 $Na[AlSi_3O_8]$、钙长石 $Ca[Al_2Si_2O_8]$。

长石的基本结构单元由 4 个 $[SiO_4]$ 或 $[AlO_4]$ 四面体连接成四节环，其中 2 个四面体顶角向上、2 个向下，中间的 4 个 O^{2-}（分别在标高 2.1 和 6.3 处）为共用氧，如图 1.42(a)所示；四节环中的四面体通过共顶方式连接成曲轴状的链，如图 1.42(b)所示。链与链之间在三维空间连接成架状结构。

长石结构中发生部分 Si^{4+} 被 Al^{3+} 取代，所以有剩余负电荷存在，为平衡电价，一些金属离子如 Na^+，K^+ 等填充在结构中。如钠长石结构中 Na^+ 填充在空隙中与 6 个 O^{2-} 配位。

钠长石属三斜晶系，空间群 $C1$，晶胞参数 $a = 0.814nm$，$b = 1.279nm$，$c = 0.716nm$，$\alpha = 94°19'$，$\beta = 116°34'$，$\gamma = 87°39'$，其结构如图 1.43 所示。

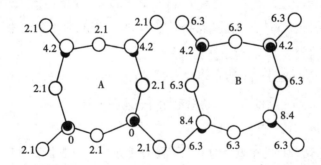

(a)

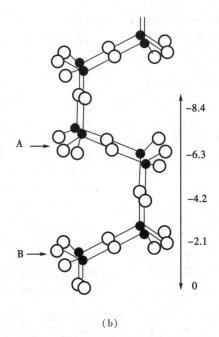

（b）

图 1.42　长石类结构中[SiO₄]连接形式

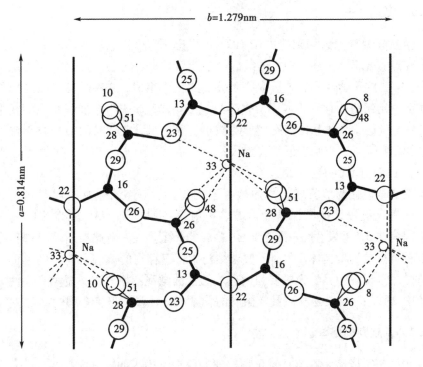

图 1.43　钠长石结构在(001)面上的投影

与钾长石比较，钠长石结构出现轻微的扭曲，左右不再呈现镜面对称。发生扭曲是由于四面体的移动，致使某些 O^{2-} 环绕 Na^+ 更为紧密，而另一些 O^{2-} 更为远离。晶体结构从单斜变为三斜。高温钠长石中 Na^+ 的配位数平均为 8，低温钠长石中 Na^+ 的配位数为 7。

1.5 玻璃的结构

玻璃的结构是指其中质点在空间的几何分布、有序程度以及相互间的结合状态。玻璃或者非晶态固体与晶态固体最大的差别是玻璃中原子排布缺少长程有序与周期性。由于长程无序的特点以及影响玻璃结构的因素众多，不是所有类型的玻璃结构都相同。玻璃结构会随着玻璃的成分、形成条件和热加工过程而显著不同。由于玻璃结构的复杂性，一般分析与测量晶体结构的方法难以全面有效地获得玻璃的微观结构特征。一种方法往往只能从某个方面获得玻璃结构的局部信息。关于玻璃结构的研究已经有较长的时间，但至今还没有一个统一和十分完善的玻璃结构理论。在已经提出的关于玻璃结构的理论中，最主要的是微晶学说与无规则网络学说。

1.5.1 微晶学说

微晶学说首先由列别捷夫于 1921 年提出，后经其他学者不断完善而形成基本观点：玻璃结构是一种不连续的原子集合体，是无数微晶分散在无定形介质中；微晶的化学性质和数量取决于玻璃的化学组成，这些微晶可以是独立原子团或一定组成的化合物或固溶体等微观多相体，形式与该玻璃物系的相平衡有关；这里的微晶是晶格极度变形的微小有序区域，在微晶的中心质点排列较有规律，愈远离中心则变形程度愈大；从微晶部分到非晶部分的过渡是逐渐完成的，两者之间无明显界限。

微晶学说强调了玻璃结构的微观不均匀性、不连续性及短程有序性等特征。该理论能较好地解释硅酸盐玻璃折射率在加热到 573℃ 时发生的突变现象。因为在 573℃ 发生 α-石英到 β-石英的晶型转变，由此推断玻璃中存在高分散石英微晶的聚集体。另外，玻璃结构中普遍存在的微观不均匀性也进一步支持微晶学说。微晶学说主要强调玻璃结构的微观不均匀性和短程有序性。但玻璃中"微晶"的尺寸与数量及微晶的化学成分还没有得到合理的确定。

1.5.2 无规则网络学说

非晶 SiO_2 或熔融石英是氧化物玻璃的原型结构。如同硅酸盐晶体一样，玻璃中原子之间化学键包括具有方向性的共价键和服从 Pauling 规则的离子键，也存在 [SiO$_4$] 四面体结构单元。玻璃的结构与硅酸盐晶体结构相似，可以形成连续的三维空间网络结构。Si 正离子的配位数是 4，[SiO$_4$] 四面体中 O—Si—O 键角是 109.5°，$n(O)/n(Si) = 2$。与 SiO$_2$ 晶体的各种变体一样，非晶 SiO$_2$ 中每个四面体的 4 个顶角互相连接或共用。但是，与固体晶体中原子排列具有有序性和周期性不同，玻璃的结构中原子网络是不规则的、非周期性的。这是 1932 年 Zacharisen 提出的玻璃无规则网络结构的基本观点。如图 1.44 所示为 A$_2$B$_3$ 玻璃的连续无规则网络结构示意图。

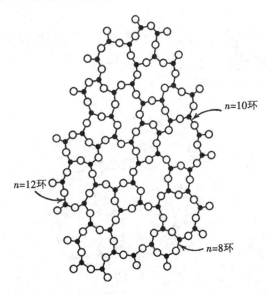

图 1.44　A$_2$B$_3$ 玻璃的连续无规则网络结构示意图

SiO$_2$ 基晶体结构和连续无规则网络结构可以用 3 个结构参量区分：① 四面体间 Si—O—Si 的夹角；② 四面体之间的转动角度；③ 四面体构成的每个单"环形"中 Si—O 键的数目。在 SiO$_2$ 晶体中这 3 个参量都有固定值，但是在非晶 SiO$_2$ 玻璃中，这 3 个参量在一定范围内发生变化。SiO$_2$ 玻璃中四面体内 Si—O—Si 夹角存在一个宽的数值范围，平均值为 150°，上下变化约为 15°，四面体之间转动角是随机的，但是在 SiO$_2$ 晶体中的转动角是 0° 或者 60°。在硅酸盐晶体中形成一个连接环的 Si—O 键数目值 (n) 最小是 12。但是，在非晶 SiO$_2$ 中可以存在 $n = 8$ 和 $n = 10$ 的连接环。对于一些负离子配位数为 4、正离子配位数为 2 的 AB$_2$ 化合物，以及共价键半导体 Si 和 Ge，它们的非晶形式也可以描述成四面体连续无规则网络结构。

类似 Pauling 规则，Zacharisen 首先提出化合物能够形成连续无规则网络氧化物(A_mO_n)玻璃的必要条件：① 网络中每个氧离子最多与两个正离子相连；② 正离子周围氧的数目不能大于4；③ 氧多面体相互连接只能共顶而不能共棱或共面；④ 每个氧多面体至少有3个顶角是与相邻多面体共有以形成连续的无规则空间结构网络。

这些规则准确地预测了 B_2O_3，SiO_2，GeO_2，P_2O_5 和其他一些氧化物玻璃的形成规律。这些氧化物属于玻璃网络形成体组分，单独以这些玻璃形成体组分制造的玻璃用途很少。为改善加工与使用性能，需要向玻璃形成体成分中加入网络中间剂成分以及网络修正剂成分。网络修正剂的作用是可以提供多余的氧离子，而且氧离子不参与形成网络，这样可以提高玻璃的 $n(Si)/n(O)$ 比例。多余的氧离子使2个四面体之间的桥氧被断开，在四面体上产生2个非桥氧。例如，在钠硅酸盐玻璃中，每个 Na_2O 分子在 SiO_2 中产生2个非桥氧，Na^+ 保持了局部位置电中性，如图 1.45 所示。

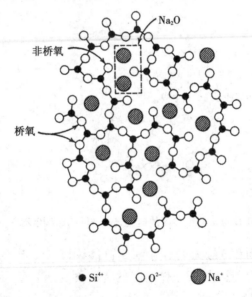

图 1.45 Na 硅酸盐玻璃结构示意图

无规则网络学说强调玻璃中离子与多面体相互间排列的均匀性、连续性及无序性等方面结构特征。例如玻璃的各向同性可以看作由于形成网络的多面体（如[SiO_4]四面体）的取向不规则性导致的。玻璃之所以没有固定的熔点，是由于多面体的取向不同，结构中的键角大小不一，因此加热时弱键先断裂，然后强键才断裂，结构被连续破坏。宏观上表现出玻璃的逐渐软化，随成分改变具有连续性等特性。这些性质表明玻璃中离子总的排列没有规律性。另外，因为网络形成离子之间具有一定共价键与离子键特性，离子的配位与配位多面体之

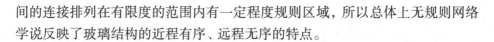

间的连接排列在有限度的范围内有一定程度规则区域,所以总体上无规则网络学说反映了玻璃结构的近程有序、远程无序的特点。

参考文献

[1] 舒尔兹 H.陶瓷物理及化学原理[M].黄照柏,译.北京:中国建筑工业出版社,1983.

[2] Kingery W D,Bowen H K,Uhlmann D R.陶瓷导论[M].清华大学新型陶瓷与精细工艺国家重点实验室,译.北京:高等教育出版社,2010.

[3] Barsoum M W.Fundamental of ceramics[M].Bristol:Institute of Physics Publishing,2003.

[4] 苏勉增.固体化学导论[M].北京:北京大学出版社,1986.

[5] 周公度,段连运.结构化学基础[M].北京:北京大学出版社,1995.

[6] 樊先平,洪樟连,翁文剑.无机非金属材料科学基础[M].杭州:浙江大学出版社,2004.

[7] 梁敬魁.粉末衍射法测定晶体结构:上册[M].北京:科学出版社,2003.

[8] Barry C C,Grant N M.Ceramics materials:science and engineering[M].Berlin:Springer,2007.

[9] 叶瑞伦.无机材料物理化学[M].北京:中国建筑工业出版社,1986.

[10] 陆佩文.无机材料科学基础:硅酸盐物理化学[M].武汉:武汉理工大学出版社,1996.

[11] 王零森.特种陶瓷[M].长沙:中南大学出版社,2005.

[12] Chiang Y M,Birnie D,Kingery W D.Physical ceramics[M].New York:John Wiley and Sons,Inc,1997.

[13] Ruddlesden S N,Popper P.On the crystal structure of the nitrides of silicon and germanium[J].Acta Cryst.,1958(11):465-468.

[14] Zacharisen W H.The atomic arrangement in glass[J].J Am Chem Soc,1932,54:3841-3851.

[15] 干福熹.现代玻璃科学技术[M].上海:上海科学技术出版社,1988.

第2章 陶瓷晶体中缺陷

前面章节介绍的固体晶体被看作具有完整点阵结构的理想晶体，原子或离子在三维空间呈规则、长程有序周期性排列。但是在实际晶体中，原子或离子的排列往往存在着各种各样偏离理想点阵结构的位置，这称为晶体不完整性或晶体缺陷。晶体缺陷破坏了晶体的周期势场，影响晶体材料电子结构、分布和运动，改变了缺陷位置附近的能态分布，对固体晶体的电学、磁学、光学、热学和力学等各种性质有重要影响。

陶瓷晶体中缺陷按照形成原因可分为热缺陷、杂质缺陷、非化学计量缺陷；按照缺陷性质可分为本征缺陷和非本征缺陷；按照缺陷的几何形态可分为点缺陷、线缺陷、面缺陷和体缺陷等。点缺陷是三维方向上尺度很小的缺陷，在点阵位置上发生影响的范围仅限于周围临近的几个原子，例如空位、间隙原子、杂质原子或离子等。线缺陷是偏离理想点阵结构的缺陷在一维方向上延伸，在其他两个方向上较小，例如晶体位错。利用电子显微镜可以直接观察这种线性缺陷。面缺陷是偏离理想点阵结构的缺陷在二维方向上伸展成较大的面，范围较大，例如晶界、相界面、表面等。体缺陷是在晶体中三维尺寸都比较大的缺陷，例如陶瓷中的孔洞、夹杂物、沉淀物等。

陶瓷材料的许多物理与力学性能都与其中的缺陷尤其是点缺陷有关。陶瓷的电导率决定于缺陷的类型和数量，陶瓷的颜色、荧光和激光性能等与缺陷位置电子吸收和辐射过程有关。另外，陶瓷的固相反应、相变、烧结致密化、晶粒长大、蠕变也都与点缺陷的扩散传输相关联。陶瓷中的点缺陷主要通过热激活、添加溶质或杂质、氧化还原引起非化学计量而产生。由于陶瓷化合物的离子键特性，晶体中点缺陷带有净电荷。这些孤立的带电缺陷之间能够相互作用，而且方式类似电解质溶液中不同离子之间或离子-电子之间的作用。陶瓷晶体可以看作一个溶解了带电缺陷的电中性介质，其中的点缺陷类型及其浓度在很大程度上取决于陶瓷晶体结构、化学组分、化学键类型以及晶体所处温度高低。陶瓷的密度、熔点、电导率、扩散速率和光学吸收等性质能够反映出材料中点缺陷的一些信息。

🔺 2.1　本征点缺陷

在完整晶体中形成点缺陷的主要途径之一是热激活。将晶体点阵中格点位置上的原子或离子看作处在势能最低的平衡位置,各个原子在平衡位置附近振动。在较高温度下,升高的振动能量和幅度提高了原子跳出点阵平衡位置的概率,这个过程称为热激活。原子成功跳跃热激活势垒等于缺陷形成能。形成缺陷时,增加的晶体构型熵可以降低系统自由能,从而抵消形成缺陷时系统增加的能量。由于具有相对较高的晶格能,陶瓷材料只有在高于其一半的熔点温度时才会产生显著浓度的缺陷。

离子晶体中普遍的两种点缺陷是弗兰克尔(Frenkel)缺陷和肖脱基(Schottky)缺陷,二者都是通过热激活完整晶体而产生的本征缺陷。由于热量造成晶格原子热振动起伏而产生空位或空隙质点,其浓度依赖于温度,因此二者也属于热缺陷。在金属和共价键晶体中也会产生本征的热缺陷,但是二者的缺陷都不带电荷。

2.1.1　Frenkel 缺陷

离子晶体中正常点阵上的原子离开平衡位置,进入间隙位置,成为填隙离子,原来位置成为离子空位,空位和间隙离子成对产生,如图 2.1(a)所示,此缺陷称作 Frenkel 缺陷。Frenkel 缺陷可以是由正、负离子形成,例如在 AgCl 晶体中 Ag 进入间隙位置,同时在 Ag 格点上留下一个空位而产生的 Frenkel 缺陷。离子晶体中一般形成的正离子缺陷比负离子普遍,但是在萤石型晶体结构中存

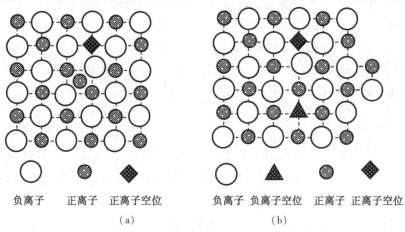

负离子　　正离子　　正离子空位　　　　负离子　负离子空位　　正离子　正离子空位

(a)　　　　　　　　　　　　　　(b)

图 2.1　Frenkel 缺陷和 Schottky 缺陷

在较大间隙，所以容易产生负离子型 Frenkel 缺陷。

由于 Frenkel 缺陷的空位和间隙离子距离很近，当间隙离子获得足够的能量时可能返回空位，此逆过程称为缺陷复合。

2.1.2　Schottky 缺陷

在离子晶体点阵不连续的位置，例如在晶体表面或界面附近，离子热运动迁移到表面或界面上的一个正常晶格位置上去，在原来点阵位置留出空位，空位经过热运动逐步扩散到晶体内部形成内部的空位，这种只有空位没有间隙离子的缺陷称为 Schottky 缺陷，如图 2.1(b) 所示。为保持电中性，离子晶体中 Schottky 缺陷的正离子空位和负离子空位成对产生，可造成晶体体积增大，密度减小。

Schottky 缺陷主要存在于碱金属卤化物中。在高温下，陶瓷氧化物中的 Schottky 缺陷浓度才比较明显。耐高温陶瓷材料的晶格能高、离子之间作用力强，所以形成本征缺陷时活化能很高，本征缺陷浓度很小，本征缺陷特性不显著。例如同属岩盐型结构的 NaCl 和 MgO，二者都形成 Schottky 型缺陷。MgO 的熔点为 2825℃，缺陷形成焓约为 7.7eV；NaCl 的熔点为 801℃，缺陷形成焓约为 2.4eV。在相同温度下 MgO 的本征缺陷比 NaCl 少几个数量级。因为熔点温度差别很大，两个化合物中含有的杂质浓度可以有很大差别。实践中利用区域熔炼纯化后，NaCl 中杂质可以控制在百万分之一。MgO 熔点温度很高，晶体中经常含有异价杂质，非本征缺陷浓度大大高于本征缺陷浓度。含有溶质特别是能形成非本征空位和间隙的异价溶质对缺陷结构起到决定作用，所以通常可以获得本征缺陷结构的 NaCl。但是从室温到熔化温度，MgO 往往都呈非本征缺陷特征。另外，材料的氧化和还原过程也会引入点缺陷，其浓度也可以超过本征离子缺陷。一种陶瓷材料中缺陷结构性质是属于"本征的"或是"非本征的"，决定于二者相对浓度的高低。本征缺陷浓度随温度而升高，而非本征缺陷中除了非化学计量缺陷以外，其余大部分随温度升高而保持恒定。所以高温时本征缺陷特性经常占主导。

2.1.3　本征缺陷浓度平衡

在一定温度下，热激活产生的本征或热缺陷(包括 Frenkel 缺陷和 Schottky 缺陷)处在不断产生和复合的过程中，在单位时间内缺陷产生和复合的数目相等时，系统达到平衡，热缺陷的数目保持不变。所以热缺陷的产生过程可以看作一种化学反应过程，可以利用化学反应平衡的质量作用定律来计算热缺陷的浓度。产生热缺陷的数目越多，所需要的能量越多，内能的增加也越大。因此系统的自由能是热缺陷数目的函数。由平衡时系统的自由能取极小值可求出热缺陷的数目。

假设在组成（M^+X^-）化合物中阳离子产生 Frenkel 缺陷，缺陷反应为

$$M_M + X_X \longleftrightarrow V_M' + M_i' + X_X \tag{2.1a}$$

设产生"n"对 Frenkel 缺陷，每对产生的自由能变化（ΔG_F）为

$$\Delta G_F = \Delta H_F - T\Delta S_F \tag{2.1b}$$

形成 n 对 Frenkel 缺陷时，有 n_i 个缺陷原子分布在缺陷位置，在 N 个原子位置上有 n_v 个原子空位。每个缺陷反应产生的 Frenkel 缺陷对的数目（n）等于间隙数（n_i）和空位数（n_v），即 $n = n_i = n_v$。假设 N 是单位体积正常格点位置数，空位 n_v 的分布方式的数目 W_v 为

$$W_v = \frac{N!}{(N - n_v)! \; n_v!} \tag{2.1c}$$

n_i 个空隙原子的分布方式的数目 W_i 为

$$W_i = \frac{N!}{(N - n_i)! \; n_i!} \tag{2.1d}$$

这些缺陷总的分布方式数 W 是 W_v 和 W_i 的乘积，即 $W = W_v \cdot W_i$。

由于晶体中缺陷的不同分布造成的构型熵 ΔS_F 为

$$\Delta S_F = k\ln W = k\ln(W_v \cdot W_i) \tag{2.1e}$$

$$\Delta S_F = k\ln \left[\frac{N!}{(N - n_v)! \; n_v!} \right] \left[\frac{N!}{(N - n_i)! \; n_i!} \right] \tag{2.1f}$$

因为 $n = n_i = n_v$，所以

$$\Delta S_F = 2k\ln \left[\frac{N!}{(N - n)! \; n!} \right] \tag{2.1g}$$

当 N 很大时，利用 Sterling 近似关系 $\ln N! = N\ln N - N$ 简化后得到构型熵

$$\Delta S_F = 2k[N\ln N - (N - n)\ln(N - n) - n\ln n] \tag{2.1h}$$

全部自由能变化为

$$\Delta G = n\Delta G_F - 2kT[N\ln N - (N - n)\ln(N - n) - n\ln n]$$

$$= n\Delta G_F - 2kT\left(N\ln \frac{N}{N - n} + n\ln \frac{N - n}{n}\right) \tag{2.1i}$$

Frenkel 缺陷达到平衡浓度时，$\Delta G = 0$。同时假设空位数目远小于点阵晶格数目，则形成的空位浓度

$$\frac{n}{N} = \exp\left(-\frac{G_F}{2kT}\right) \tag{2.1j}$$

已知 $\Delta G_F = \Delta H_F - T\Delta S_v$，其中 ΔH_F 是 Frenkel 缺陷形成焓，ΔS_v 是振动熵。浓度公式进一步简化为

$$\frac{n}{N} = \exp\left(-\frac{\Delta H_F}{2kT}\right) \exp\left(\frac{\Delta S_v}{2k}\right) \qquad (2.1k)$$

由于振动熵很小，且 $\exp(\Delta S_v/2kT) \sim 1$。因此

$$\frac{n}{N} = \exp\left(-\frac{\Delta H_F}{2kT}\right) \qquad (2.1l)$$

相似地，可以得出肖脱基缺陷浓度

$$\frac{n}{N} = \exp\left(-\frac{\Delta H_s}{2kT}\right) \qquad (2.1m)$$

其中，ΔH_s 为 Schottky 缺陷形成焓。

2.2　点缺陷的表示与反应方程

2.2.1　点缺陷的表示符号

固体晶体中可能存在各种类型点缺陷。为了方便分析与研究有点缺陷参与的物理化学过程与缺陷反应，需要一整套符号来表示各种点缺陷。

目前广泛采用的表示点缺陷的方法是克罗格-明克（Kröger-Vink）符号。在 Kröger-Vink 符号系统中，用一个主要符号表示缺陷种类，用一个下标表示这个缺陷所处的位置，用一个上标表示这个缺陷所带的净电荷数。在上标符号中使用实心点"·"表示单位正电荷，用单撇号"'"表示单位负电荷，用符号"×"或空白表示电中性。其中的一"撇"或一"点"表示一个净电荷数，两"撇"或两"点"表示两个净电荷数，以此类推。以 MX 型二元化合物为例：

① 空位用 V 来表示，V_M 和 V_X 分别表示 M 原子空位和 X 原子空位。符号中的右下标表示缺陷所在位置，V_M 含义即 M 原子位置是空的。

② 间隙原子也称为填隙原子，用 M_i，X_i 来表示，其含义为 M，X 原子位于晶格间隙位置。

③ 错位原子用 M_X，X_M 等表示，M_X 的含义是 M 原子占据 X 原子的位置，X_M 表示 X 原子占据 M 原子的位置。

④ 溶质 L_M，S_X 分别表示 L 溶质处在 M 位置上，S 溶质处在 X 位置上。

⑤ 自由电子 e（electron）与电子空穴 h（hole）：在强离子晶体中，通常电子是局限在特定的原子位置上，这可以用离子价来表示。但在有些情况下，电子可能不一定属于某一特定位置的原子，它们在某种光、电、热的作用下，可以在晶体中运动，这些电子可用符号 e' 来表示。同样，也可能出现缺少电子，可

用电子空穴符号 h' 表示。它们都可能不局限于特定的原子位置。

⑥ 带电缺陷：这包括离子空位与间隙以及由于不等价离子之间的替代而产生的带电缺陷。在 NaCl 离子晶体中，从正常晶格位置上取出一个 Na^+，这与取走一个 Na 原子相比，少取了一个钠电子，则剩下的空位就会伴随一个带负电荷的过剩电子，这个过剩电子写成 e'，如果这个过剩电子被束缚在 Na 空位上就写成 V'_{Na}，即代表 Na^+ 离子空位，带一个单位负电荷。同样如果取走一个 Cl^-，即相当于取走一个 Cl 原子和一个电子，于是在 Cl 的空位上留下一个电子空穴 h'，Cl^- 空位记为 $V_{Cl}^{\cdot}$，带一个单位正电荷。用反应式表示为 $V'_{Na} = V_{Na} + e'$，$V_{Cl}^{\cdot} = V_{Cl} + h^{\cdot}$。

⑦ 缔合中心：当电性相反的缺陷距离接近到一定程度时，在库仑力作用下发生缔合成为一组或一群，产生一个缔合中心。这种缺陷是把发生缺陷缔合的缺陷放在括号内来表示。例如，V_M 和 V_X 发生缔合，则写作 $(V_M V_X)$。在 NaCl 晶体中，最邻近的钠空位和氯空位就可能缔合成空位对，形成缔合中心。用反应式表示为 $V'_{Na} + V_{Cl}^{\cdot} = (V'_{Na} V_{Cl}^{\cdot})$。

其他带电缺陷可以用类似的方法表示。例如，$CaCl_2$ 加入 NaCl 晶体中，若 Ca^{2+} 替换到 Na^+ 位置上，其缺陷符号为 $Ca_{Na}^{\cdot}$，此符号含义为 Ca^{2+} 占据 Na^+ 位置，带有一个单位正电荷。如果 CaO 在 ZrO_2 中生成固溶体，Ca^{2+} 占据 Zr^{4+} 位置，则写成 Ca_{Zr}''，表示此缺陷带有二个单位负电荷。其余的缺陷 V_M，V_X，M_i，X_i 等都可以加上对应于原阵点位置的有效电荷来表示相应的带电缺陷。

以 $M^{2+}X^{2-}$ 离子晶体为例，采用 Kröger-Vink 符号表示的点缺陷见表 2.1。

表 2.1　Kröger–Vink 缺陷表示符号

缺陷的类型	缺陷符号	缺陷的类型	缺陷符号
填隙阳离子	$M_i^{\cdot\cdot}$	电子	e'
填隙阴离子	X_i''	电子空穴	$h^{\cdot}$
阳离子空位	V_M''	溶质原子 L(置换型)	L_M
阴离子空位	$V_X^{\cdot\cdot}$	溶质原子 L(填隙型)	L_i
填隙金属原子	M_i	L^{3+} 在 M^{2+} 的亚晶格上	$L_M^{\cdot}$
填隙非金属原子	X_i	L^{2+} 在 M^{2+} 的亚晶格上	L_M
金属原子空位	V_M	L^+ 在 M^{2+} 的亚晶格上	L_M'
非金属原子空位	V_X	M 原子在 X 位置	M_X
M^{2+} 在正常结点上	M_M	X 原子在 M 位置	X_M
X^{2-} 在正常结点上	X_X	缔合中心	$(V_M'' V_X^{\cdot\cdot})$
无缺陷状态	0		

2.2.2 点缺陷反应方程式

在离子晶体中，每种点缺陷被当作化学实物进行处理。采取类似普通化学反应表示缺陷反应过程，并采用化学反应平衡、质量作用定律等讨论固体中点缺陷参与的反应。在建立含有点缺陷的缺陷反应方程式时，需要遵循下列基本原则。

① 位置关系：在化合物 M_aX_b 中，无论是否存在缺陷，其正负离子位置数（即格点数）之比始终是一个常数 a/b，即 M 的格点数/X 的格点数 $= a/b$。如 NaCl 结构中，正负离子位置数之比为 1∶1，Al_2O_3 中则为 2∶3。但是，位置关系强调形成缺陷时，基质晶体中正、负离子格点数之比保持不变，并非原子个数比保持不变。例如在 TiO_{2-x} 中，Ti 与 O 位置格点之比为 1∶2，但实际晶体中氧不足，表明晶体中存在氧空位。

② 位置增殖：当晶体中产生缺陷时，可能引入空位，也可能消除空位。这相当于增加或减少点阵位置数。能引起位置增殖的缺陷有 V_M，V_X，M_M，X_N，M_X，X_M 等，不能发生位置增殖的缺陷有 M_i，X_i，e'，$h^·$ 等。例如当晶格中原子从晶体内部迁移到表面，在晶体内部留下空位时，增加了位置数目；当表面原子迁移到晶体内部填补空位时，减少了位置的数目。

③ 质量平衡：与化学反应方程式相同，缺陷反应方程式两边的质量应该相等。需要注意的是缺陷符号的右下标表示缺陷所在的位置，对质量平衡无影响。

④ 电中性：缺陷反应方程式两边的有效电荷数必须相等，但是不一定为 0。

⑤ 表面位置：在缺陷化学反应中表面位置一般不特别表示。当一个 M 原子从晶体内部迁移到表面时，M 位置数增加。例如 MgO 中 Mg 离子从内部迁移到表面，在内部留下空位时，Mg 离子的位置数目增大。

这些规则在描述固溶体中杂质缺陷生成以及非化学计量缺陷生成反应过程时十分重要，下面以 $CaCl_2$ 在 KCl 中的固溶过程为例进一步说明以上规则。

当引入一个 $CaCl_2$ 分子到 KCl 溶剂中时，相当于同时引入两个 Cl 原子和一 Ca 原子。Cl 原子处于 Cl 的位置上，一个 Ca 原子处在 K 位置上。但是 KCl 基体中，$n(K)∶n(Cl) = 1∶1$，因此，根据位置关系，一个 K 位置是空的。如果仅考虑原子的取代时，缺陷反应方程式为

$$CaCl_2(s) \xrightarrow{KCl} Ca_K + V_K + 2Cl_{Cl} \qquad (2.2a)$$

其中，Ca_K，V_K 都不带电。实际上，$CaCl_2$ 和 KCl 都是强离子键性化合物，可以认为置换时原子是完全电离的，所以更实际的溶解过程可能是

$$CaCl_2 \xrightarrow{KCl} Ca^·_K + V'_K + 2Cl_{Cl} \qquad (2.2b)$$

式（2.2b）中保持了电中性、质量平衡和位置关系等原则。

另一种可能是 Ca^{2+} 进入间隙位置，Cl^- 仍在 Cl^- 位置上，为保持缺陷反应原则而产生两个 K^+ 空位

$$CaCl_2 \xrightarrow{KCl} Ca_i^{\cdot\cdot} + 2V_K' + 2Cl_{Cl} \qquad (2.2c)$$

或者 Cl^- 进入间隙位置

$$CaCl_2 \xrightarrow{KCl} Ca_K^{\cdot} + Cl_i' + Cl_{Cl} \qquad (2.2d)$$

上述几种缺陷反应方程都符合前面的基本原则，哪一种是实际存在的，还需要根据固溶体结构、生成条件与实验加以判断和验证。

2.2.3　电子、电子空穴和缺陷电离

在 Kröger-Vink 点缺陷表示系统中，电子、空穴不占点阵位置，本征的电子反应通过电子跃迁带隙，形成电子-电子空穴对。缺陷反应式为 $0 = e' + h^{\cdot}$，此缺陷反应激活能等于材料的带隙宽度。

当电子或电子空穴被某个离子紧束缚或者局域在其点阵位置附近时，整体点缺陷可以看作离子化缺陷，而且这个缺陷的价态是可变的，例如过渡金属离子缺陷（$Fe_{Mg}^{\cdot}$，Fe_{Mg}^{x}）。呈不同价态（$V_O^{\cdot\cdot}$，$V_O^{\cdot}$，V_O^{x}）的氧空位以及 Zn 离子在 ZnO 中形成的间隙离子点缺陷 $Zn_i^{\cdot\cdot}$ 和 $Zn_i^{\cdot}$ 都可以通过电离改变自身价态，例如

$$V_O^{\cdot\cdot} + e' \Longrightarrow V_O^{\cdot} \qquad (2.3a)$$

或

$$Zn_i^{\cdot} + h^{\cdot} \Longrightarrow Zn_i^{\cdot\cdot} \qquad (2.3b)$$

两个反应的平衡常数分别为

$$K_1 = \frac{[V_O^{\cdot}]}{[V_O^{\cdot\cdot}]n} = \exp\left(-\frac{\Delta g_1}{kT}\right) \qquad (2.3c)$$

$$K_2 = \frac{[Zn_i^{\cdot\cdot}]}{[Zn_i^{\cdot}]p} = \exp\left(-\frac{\Delta g_2}{kT}\right) \qquad (2.3d)$$

其中，Δg_1 和 Δg_2 为缺陷电离能。

2.2.4　氧化和还原反应

离子晶体固体与其周围气氛（此气氛是固体的一个组分）的平衡关系是决定缺陷结构的一个重要因素。假设周围气氛是氧，氧化物的还原可以表示为向外排出氧，留下氧空位的过程

$$O_O^{x} = \frac{1}{2}O_2(g) + V_O^{\cdot\cdot} + 2e' \qquad (2.4a)$$

此反应平衡常数

$$K_r = n^2 [V_O^{\cdot\cdot}] p_{O_2}^{1/2} = K_r' \exp\left(-\frac{\Delta g_r}{kT}\right) \tag{2.4b}$$

其中，K_r' 为常数；Δg_r 为还原反应自由能，氧分压等于氧的活度。

反过来，从周围环境中吸收氧是消除氧空位的氧化过程，可以表示为

$$\frac{1}{2}O_2(g) + V_O^{\cdot\cdot} \Longrightarrow O_O^{\times} + 2h^{\cdot} \tag{2.4c}$$

此反应平衡常数

$$K_O = \frac{p^2}{[V_O^{\cdot\cdot}] p_{O_2}^{1/2}} = K_O' \exp\left(-\frac{\Delta g_o}{kT}\right) \tag{2.4d}$$

其中，Δg_o 为氧化反应自由能。

2.3 固溶体

向基体晶体中引入溶质等外来组分，占据部分基体点阵格点或部分间隙位置，不改变基体晶体结构并保持一个均匀的晶相，这种晶体称为固溶体。例如，在 MgO 陶瓷中加入 xFeO 形成固溶体 $(Mg_{1-x}Fe_x)O$。在形成固溶体后，外来组分（溶质）占据基体晶体（溶剂）的一些晶格格点或间隙位置，破坏了基体晶体点阵排列的有序性，引起周期性势场畸变，造成晶体结构不完整，因此将固溶体归为一种杂质缺陷。由于是外来的组分引起的缺陷，因此固溶体缺陷也属于非本征缺陷。

根据外来成分在基体晶体中的位置，将固溶体分为置换固溶体和间隙固溶体。置换固溶体是外来组分进入基体晶体结构中后，置换基体原子（离子）处在正常的晶体格点位置上，绝大多数陶瓷固溶体属于这种类型。在金属氧化物中，主要发生在金属离子位置上的置换，如：MgO-CaO，MgO-CoO，$PbZrO_3$-$PbTiO_3$，Al_2O_3-Cr_2O_3 等。间隙固溶体是外来组分直接进入基体晶体晶格中的间隙位置，容易形成间隙式固溶体的陶瓷晶体中经常存在较大的结构间隙。

按外来组元在主晶相中的溶解度，陶瓷晶体中固溶体也分为无限固溶体和有限固溶体。有限固溶体（不连续固溶体、部分互溶固溶体）指外来组元在基质晶体中溶解度是有限的，其固溶度小于 100%。两种晶体结构不同或相互取代的离子半径差别较大，只能生成有限固溶体。例如 MgO-CaO 系统，虽然二者都是 NaCl 结构，但离子半径相差较大，Mg^{2+} 半径为 0.080nm，Ca^{2+} 半径为 0.1080nm，取代存在一定限度，只能生成有限固溶体。无限固溶体（连续固溶

体、完全互溶固溶体)是指溶质和溶剂两种晶体可按任意比例无限制地相互溶解。主要由两个(或多个)晶体结构相同的组元形成的,任一组元的成分范围均为 0~100%。例如 MgO-CoO 系统,MgO,CoO 都属于 NaCl 型结构,$r_{Co^{2+}}$ = 0.080nm,$r_{Mg^{2+}}$ = 0.080nm,离子半径相同,形成无限固溶体,分子式可写为 $Ni_{1-x}Mg_xO$,x 为 0~1。

2.3.1 置换式固溶体

从热力学观点分析,外来杂质原子进入基体晶格,会使系统熵值增加,并且有可能使自由焓下降。因此,在任何晶体中,外来杂质原子都可能有一定固溶度。按照 Hume-Rothery 提出的理论,影响置换固溶体形成的因素如下。

2.3.1.1 原子或离子尺寸的影响

置换型固溶体中,离子尺寸对形成完全互溶或有限互溶固溶体起关键作用。从晶体结构稳定性上看,置换离子间的半径差越小,固溶体越稳定。以 r_1 和 r_2 分别代表半径大和半径小的溶剂(基体晶相)或溶质(杂质)原子(或离子)的半径,则:

当

$$\Delta r = \frac{r_1 - r_2}{r_1} \times 100\% < 15\%$$

时,溶质与溶剂之间可以形成连续固溶体。例如同样具有 NaCl 结构的 MgO 和 NiO,Mg^{2+} 和 Ni^{2+} 的离子半径差小于 15%,二者能形成完全互溶固溶体,分子式可写为 $Mg_{1-x}Ni_xO$,x 为 0~1。

当

$$\Delta r = \frac{r_1 - r_2}{r_1} \times 100\% = 15\% \sim 30\%$$

时,溶质与溶剂之间只能形成有限型固溶体。

当

$$\Delta r = \frac{r_1 - r_2}{r_1} \times 100\% > 30\%$$

时,溶质与溶剂之间很难形成固溶体或不能形成固溶体,而容易形成中间相或化合物。因此 Δr 愈大,则溶解度愈小。

2.3.1.2 晶体结构类型的影响

溶质与溶剂晶体结构类型相同,是形成连续固溶体的必要条件,不同结构化合物往往生成有限固溶体。同属钙钛矿结构的 $PbTiO_3$ 与 $PbZrO_3$ 可形成无限固溶体,分子式写成 $Pb(Zr_xTi_{1-x})O_3$,x 为 0~1。但是在 MgO-CaO 系统中,虽然二者都是 NaCl 型结构，但阳离子半径相差较大，置换存在一定限度。

2.3.1.3 离子类型和键性

化学键性质相近，即置换前后离子与周围离子间的键性相近，容易形成固溶体。电负性差别大的离子之间，容易形成化合物，不利于形成固溶体。

2.3.1.4 离子价因素

形成固溶体时，固溶体中需保持电价平衡，为保持置换前后电价平衡，离子间可以等价置换也可以不等价置换。在硅酸盐晶体中，常发生复合离子的等价置换，例如钙长石 $Ca[Al_2Si_2O_6]$ 和钠长石 $Na[AlSi_3O_8]$ 形成连续固溶体时，其中一个 Al^{3+} 代替一个 Si^{4+}，同时一个 Ca^{2+} 代替一个 Na^+，使 $Na^+ + Si^{4+} = Ca^{2+} + Al^{3+}$，满足电价平衡。另外，还可以通过形成空位缺陷的方式保持不等价置换固溶体中的电中性，例如，Al_2O_3 溶入 MgO 中形成固溶体。为保持电中性，必须用 2 个 Al^{3+} 置换 3 个 Mg^{2+}，同时在原来一个 Mg^{2+} 的位置留下正离子空位，缺陷反应式为

$$Al_2O_3 \xrightarrow{MgO} 2Al^{\cdot}_{Mg} + V''_{Mg} + 3O_O \tag{2.5}$$

2.3.2 固溶体缺陷效果

对于禁带宽度大和纯度高的陶瓷材料，混入的溶质或掺杂元素是决定其电子载体浓度的主要因素。通常在 Si，Ge，GaAs 和 InSb 等半导体中引入掺杂元素提高电子或者电子空穴浓度，半导体陶瓷也可以采用相同的方法获得 n 型或者 p 型导电性。

溶质离子、空位和间隙等缺陷都在一定程度上改变了禁带结构，破坏了晶体点阵周期性，点缺陷周围的电子能级不同于正常点阵原子处的能级，因而在带隙内产生局域能级。这些点缺陷与能带之间交换电荷后发生电离。能级位于导带底附近的缺陷可以提供导带一个电子，因此成为施主掺杂。例如在 Si 中的施主掺杂可以是 As^{5+}，P^{5+} 或 Sb^{5+} 等 5 价阳离子，它们通过电离提供给导带一个多余电子，如图 2.2 所示。能级在价带附近的缺陷可以接受一个电子，成为受主掺杂。在 Si 中受主杂质包括 B^{3+}，Al^{3+} 等 3 价阳离子。采用缺陷化学反应表示在 Si 中施主与受主掺杂的电离过程

$$As \xrightarrow{Si} As^{\cdot}_{Si} + e' \tag{2.6}$$

$$B \xrightarrow{Si} B'_{Si} + h^{\cdot} \tag{2.7}$$

如果电离能级与 kT 的大小相近，那么杂质发生电离的概率高，这些缺陷都属于浅施主与受主掺杂。在室温（$kT = 0.025\ eV$）时，电离能量不大于 0.05 eV 的杂质属于浅能级，这类掺杂可有效地提高自由电子载体的浓度。深能级施主

与受主是指具有高电离能的溶质。当固体中同时存在施主与受主掺杂，二者产生的缺陷效果可以互相补偿，这时施主掺杂提供其电子给受主掺杂，而不是直接提供给导带。在这种情况下，产生的净掺杂缺陷效果决定于其中掺杂过量的一个。

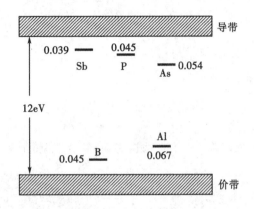

图 2.2 在 Si 中部分掺杂元素的施主与受主能级

在一个离子晶体中，所有带零有效电荷的离子缺陷都可以是施主或者受主掺杂。在式(2.4a)的还原过程中，氧空位发生电离就会产生补偿电荷的电子

$$V_O^{\cdot\cdot} = V_O^{\times} + 2e'$$ (2.8a)

或

$$V_O^{\times} = V_O^{\cdot\cdot} + 2e'$$ (2.8b)

所以，氧空位可看作施主缺陷。与此类似，MgO 的氧化引入 Mg 离子空位和补偿电子空穴。

$$MgO \rightarrow V_{Mg}'' + 2h^{\cdot} + O^{\times}$$ (2.9)

所以，Mg 离子空位属于受主缺陷。

带有正有效电荷的施主缺陷释放出电子，相对于完整点阵位置变为正离子态。相反的，带负有效电荷的受主缺陷接受电子，相对于完整点阵位置变为负的离子态。对于 MgO 陶瓷，掺入的 $Al_{Mg}^{\cdot}$ 和 $Cl_O^{\cdot}$ 是施主溶质，而 Na_{Mg}' 和 N_O' 是受主溶质，$V_O^{\cdot\cdot}$ 和 V_{Mg}'' 分别是施主、受主空位缺陷。在半导体氧化物 TiO_2 中，5 价态溶质 $Nb_{Ti}^{\cdot}$ 和 $Ta_{Ti}^{\cdot}$ 以及 $V_O^{\cdot\cdot}$ 和 $Ti_i^{\cdot\cdot\cdot\cdot}$ 是施主缺陷，而三价态溶质 Al_{Ti}' 和 Ga_{Ti}' 以及 V_{Ti}'''' 和 O_i'' 是受主缺陷。

在三元氧化物 $BaTiO_3$ 中，掺入的阳离子溶质可以置换 Ba 和 Ti。掺杂离子 La^{3+} 置换半径较大的 Ba^{2+} 后形成施主掺杂 $La_{Ba}^{\cdot}$，置换较小半径的 Ti^{4+} 时形成受主 Al_{Ti}' 和 Fe_{Ti}' 掺杂。Y^{3+} 半径在 Ba^{2+} 和 Ti^{4+} 之间，所以 Y^{3+} 可以是施主 $Y_{Ba}^{\cdot}$，也可以是受主 Y_{Ti}'，这决定于置换哪个离子。另外，Y^{3+} 的占位也与整体成分中的 A/B

阳离子比值有关系。

在禁带示意图中,一般以缺陷得到一个电子后的能级表示施主缺陷与受主缺陷的能级水平。对于施主缺陷电离后的电荷状态,图 2.3 所示为 MgO 中不同的缺陷能级,施主$V_O^\times$对应的电离过程

$$V_O^\times \Longrightarrow V_O^\cdot + e'(\Delta h = 0.5\text{eV}) \tag{2.10}$$

$V_O^\cdot$的电离过程

$$V_O^\cdot \Longrightarrow V_O^{\cdot\cdot} + e'(\Delta h \approx 2\text{eV}) \tag{2.11}$$

受主能级V_{Mg}'和V_{Mg}''电离过程

$$V_{Mg}^\times + e' \Longrightarrow V_{Mg}'(\Delta h = 0.5\text{eV}) \tag{2.12}$$

$$V_{Mg}' + e' \Longrightarrow V_{Mg}''(\Delta h \approx 1.5\text{eV}) \tag{2.13}$$

与 Si 中掺杂电离能级比较,上面这些缺陷能级都属于深度掺杂能级。

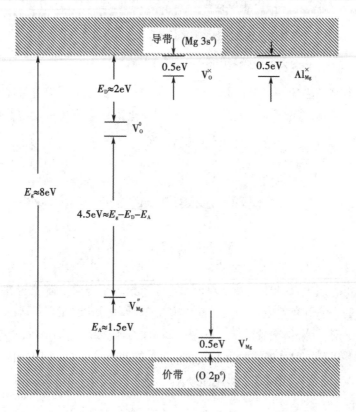

图 2.3 MgO 中缺陷能级

2.3.3　固溶体缺陷补偿机制

离子晶体中,当溶质离子溶解进入溶剂中形成固溶体时,一般遵守正离子替代正离子、负离子替代负离子的规则。当溶质与溶剂的正离子电价相同时,缺陷反应前后没有净电荷变化,例如 Cr_2O_3 溶解进入 Al_2O_3 基体中

$$Cr_2O_3 \xrightarrow{Al_2O_3} 2Cr_{Al}^{\times} + 3O_O^{\times} \tag{2.14}$$

在形成的 $(Cr_xAl_{1-x})_2O_3$ 固溶体中,产生的置换型离子缺陷 $Cr_{Al}^{\times}$ 是无色的刚玉晶体变为红宝石色的原因。

异价溶质阳离子溶解进入基体形成固溶体时,置换或间隙型缺陷产生过剩电荷,需要生成额外的离子缺陷或者电离释放电子和电子空穴进行补偿,即产生离子补偿或电子补偿。以 MgO 掺入 Al_2O_3 中为例说明离子补偿机制。Mg^{2+} 可以占据 Al^{3+} 位置或者进入晶体间隙位置。在满足化合物电中性前提下,可能发生的缺陷反应有

$$2MgO \xrightarrow{Al_2O_3} 2Mg_{Al}' + 2O_O^{\times} + V_O^{\cdot\cdot} \tag{2.15a}$$

或者

$$3MgO \xrightarrow{Al_2O_3} 3Mg_i^{\cdot\cdot} + 3O_O^{\times} + 2V_{Al}''' \tag{2.15b}$$

或者同时形成置换与间隙型缺陷补偿,缺陷反应式为

$$3MgO \xrightarrow{Al_2O_3} 2Mg_{Al}' + Mg_i^{\cdot\cdot} + 3O_O^{\times} \tag{2.15c}$$

式(2.15a)、式(2.15b)、式(2.15c)表明,电荷补偿过程也是完全电离的空位缺陷或间隙缺陷的固溶反应。所以,利用缺陷化学反应式可以很好地描述不同的溶质补偿机制。

陶瓷晶体中可以同时存在几种缺陷平衡关系,所以,添加溶质后其电导性能变化比较复杂。在一定温度下,共价键半导体(例如 Si)中施主缺陷和受主缺陷的掺杂效果完全取决于它们的电离能。但是在半导体氧化物中,掺杂溶质的效果决定于其氧化和还原的程度。晶体中添加异价溶质产生的净电荷需要通过晶体中离子缺陷补偿,或者电子缺陷补偿,或者离子缺陷与电子缺陷的混合补偿。这种缺陷补偿效果对电子陶瓷十分关键,因为在掺杂水平不变情况下,利用缺陷补偿机制的变化,通过改变温度和氧偏压就可以改变陶瓷电导率。

例如,在半导体 TiO_2 中加入 Nb_2O_5 溶质时,可以同时发生离子缺陷补偿和电子缺陷补偿。按照离子补偿机制的缺陷反应

$$2Nb_2O_5 \xrightarrow{TiO_2} 4Nb_{Ti}^{\cdot} + 10O_O^{\times} + V_{Ti}'''' \tag{2.16a}$$

按照电子补偿机制的缺陷反应

$$2Nb_2O_5 \xrightarrow{TiO_2} 4Nb_{Ti}^{\cdot} + 8O_0^{\times} + O_2(g) + 4e' \qquad (2.16b)$$

掺杂 Nb_2O_5 的结果是 1 分子氧气释放出来。从式(2.16a)和式(2.16b)可以得出

$$O_2(g) + 4e' = 2O_0^{\times} + V_{Ti}''' \qquad (2.16c)$$

在上述缺陷反应中,哪一种缺陷补偿机制占主导取决于溶质浓度、氧分压和温度。在高氧压和低温条件下,式(2.16c)中的氧化反应趋于向右。就是说当 Nb 浓度高、温度低与氧分压高时,掺杂溶质 Nb 倾向于被 V_{Ti}''' 空位补偿,或相当于 Nb 施主完全被空位受主补偿。相反在 Nb 浓度低、高温、低氧分压条件下,反应趋于向左,缺陷属于电子补偿机制,这相当于在能带中引入 Nb 施主能级。不过,单独属于式(2.16a)、式(2.16b)中的缺陷反应有限,多数处在这两种补偿机制的中间过渡区,掺入溶质 Nb 的同时被 Ti^{4+} 空位与电子补偿,如 $[Nb_{Ti}^{\cdot}] = n + 4[V_{Ti}''']$。

在陶瓷材料中形成间隙式固溶体的固溶度同样取决于离子尺寸、离子价、电负性、结构等因素。杂质质点大小,即添加的原子愈小,愈易形成间隙型固溶体;晶体(基质)结构离子尺寸是与晶体结构密切相关的,一般晶体中空隙愈大,结构愈疏松,易形成固溶体电价因素;外来杂质原子进入间隙时,必然引起晶体结构中电价的不平衡,这时可以通过生成空位,产生部分置换或离子的价态变化来保持电价平衡。

间隙式固溶体的生成,一般都使晶格常数增大,增加到一定的程度,使固溶体变得不稳定而离解,所以填隙型固溶体不可能是连续的固溶体。晶体中间隙是有限的,容纳杂质质点的能力不大于10%。

在一定程度上来说,形成间隙式固溶体时,溶剂结构中间隙的大小起了决定性的作用。在面心立方结构中,例如 MgO,氧八面体间隙都已被 Mg^{2+} 完全占据,只有氧四面体间隙是空的。在 TiO_2 中,有二分之一的八面体空隙是空的。在萤石结构中,氟离子作简单立方排列,而正离子 Ca^{2+} 只占据了有立方体空隙的一半,在晶胞中有一个较大的间隙位置。在沸石之类的具有网状结构的硅酸盐结构中,间隙就更大,具有隧道型空隙。因此,对于同样的外来杂质原子,可以预料形成填隙式固溶体的可能性或固溶度大小的顺序将是沸石>萤石>TiO_2>MgO。

2.3.4 形成固溶体对晶体性质的影响

杂质原子进入后,使基质晶体的性质,如晶格常数、密度、电学、光学、力学和热学性能等都发生变化,形成固溶体是开发新型陶瓷材料、改善传统陶瓷性能、拓宽陶瓷应用的重要手段。形成固溶体后对陶瓷晶体性质的主要影响如下。

2.3.4.1　稳定晶格，阻止某些晶型转变

例如，ZrO_2是一种高温陶瓷材料，熔点约为 2680℃。但是，加热 ZrO_2 陶瓷时，在 1000℃ 左右发生从单斜晶型向四方晶型相变，同时伴随很大的体积收缩（7%~9%），因此烧结时容易导致制品产生开裂。如果向 ZrO_2 基体中加入如 CaO，MgO 或 Y_2O_3 等形成固溶体，这些氧化物可以稳定 ZrO_2 晶型，减少体积收缩效应，提高了 ZrO_2 陶瓷的制造工艺与使用性能。

2.3.4.2　活化晶格

形成固溶体后，晶格结构产生一定畸变，处于高能量的活化状态，有利于进行烧结致密化过程。例如，Al_2O_3 熔点高（2050℃），不容易烧结致密化，若加入 TiO_2 助剂，可使烧结温度下降到 1600℃。这是因为 Al_2O_3 与 TiO_2 形成固溶体，Ti^{4+} 置换 Al^{3+} 后带正电，为平衡电价，产生了正离子空位，加快扩散，空位浓度增加有利于烧结进行。

2.3.4.3　固溶强化

固溶体的强度与硬度往往高于各单个组元，称此为固溶强化。固溶强化的程度（或效果）不仅取决于它的成分，还取决于固溶体的类型、结构特点、固溶度、组元原子半径差等一系列因素。一般规律是间隙式溶质原子的强化效果要比置换式溶质原子更显著。而且溶质和溶剂原子尺寸相差越大或固溶度越小，固溶强化越显著。

2.3.4.4　对材料物理性质的影响

固溶体的电学、热学、磁学等物理性质也随成分而连续变化。例如 $PbTiO_3$ 是一种铁电体，纯 $PbTiO_3$ 烧结性能极差，居里点为 490℃，发生相变时，晶格常数剧烈变化，晶粒之间结合力很差，在常温下发生开裂。$PbZrO_3$ 是一种反铁电体，居里点为 230℃。两者结构相同，Zr^{4+}，Ti^{4+} 离子尺寸相差不多，能在常温生成连续固溶体 $Pb(Zr_xTi_{1-x})O_3$，x 为 0.1~0.3。在固溶相组成为 $Pb(Zr_{0.54}Ti_{0.46})O_3$ 时，压电性能、介电常数都达到最大值，烧结性能也得以改善。

2.3.5　固溶体研究方法

根据前面所述的固溶体形成条件及影响固溶度的因素，人们可以粗略地估计能否生成固溶体及其类型。但是究竟是完全固溶、部分固溶还是完全不互溶，一般需要采用实验方法获得溶质与溶剂化合物之间的相图进行判定。不过相图仍不能判明所生成的固溶体是置换型还是间隙型，或是两者的混合型。

相对而言，形成间隙型比置换型固溶体的条件苛刻。从晶体结构角度分析，关键是离子尺寸因素以及晶体中是否有足够大的间隙位置。例如在岩盐型结构中，只有四面体空隙是空的，其相对尺寸较小，因此不易形成间隙式固溶体。而在金红石型和萤石型结构中，存在空的八面体空隙和立方体空隙，间隙离子能够填入，类似这样的结构有可能生成间隙型固溶体。但是能否生成还需实验验证。

测定固溶体密度是一种简单的分析固溶体类型的方法。其原理是采用 X 射线衍射技术测定晶胞参数，再通过晶胞参数计算出固溶体的密度，然后与实验测定的固溶体密度数据对比判断固溶体类型。

若以 D_0 表示理论密度值，有

$$D_0 = \sum_{i=1}^{n} g_i / V \tag{2.17}$$

其中，g_i 为单位晶胞内第 i 种原子(离子)质量，g；V 为单位晶胞体积，cm^3。

$$g_i = \frac{(原子数目)_i (占有因子)(原子质量)_i}{N_A}$$

$$\sum_{i=1}^{n} g_i = g_1 + g_2 + \cdots + g_n$$

其中，N_A 为阿伏加德罗常数。

例如 CaO 掺入 ZrO_2 中形成置换固溶体。在 1600℃ 时固溶体属于立方萤石结构。XRD 测定，当溶入 0.15mol CaO 时，ZrO_2 固溶体晶胞参数 $a = 0.513nm$，实验测定的密度值为 $D = 5.447g/cm^3$。

CaO 中 Ca^{2+} 置换 ZrO_2 中 Zr^{4+}，为保持化合物电中性要求，其必须被带有正的有效电荷的缺陷补偿。掺杂后可能发生的两种缺陷反应为

$$CaO(s) \xrightarrow{ZrO_2} Ca''_{Zr} + V_O^{\cdot\cdot} + O_O \qquad (空位型)$$

$$2CaO(s) \xrightarrow{ZrO_2} Ca''_{Zr} + Ca_i^{\cdot\cdot} + 2O_O \qquad (间隙型)$$

通过计算其理论密度并与实验测量值对比，分析其中可能存在的缺陷类型。

已知萤石结构单胞中 $Z = 4$，含 4 个阳离子和 8 个阴离子。假设按照空位型形成氧离子空位缺陷，化学式 $Zr_{1-x}Ca_xO_{2-x}$，x 表示 Ca^{2+} 占据 Zr 位置的分数，则固溶体分子式可以表示为 $Zr_{0.85}Ca_{0.15}O_{1.85}$，可以求出 D_0：

$$\sum_{i=1}^{n} g_i = \frac{4 \times 0.85 \times 91.22 + 4 \times 0.15 \times 40.08 + 8 \times \frac{1.85}{2} \times 16}{6.02 \times 10^{23}}$$

$$= 75.18 \times 10^{-23} g$$

$$V = a^2 = (0.513 \times 10^{-7})^3 = 135.1 \times 10^{-24} cm^3$$

$$D_0 = \frac{75.18 \times 10^{-23}}{135.1 \times 10^{-24}} = 5.564 g/cm^3$$

同样可计算出 $x = 0.15$ 时，CaO 与 ZrO_2 按照间隙型形成阳离子间隙型固溶体的理论密度 $D_0 = 5.979 g/cm^3$。实验测定值 $D = 5.447 g/cm^3$，这与空位型缺陷固溶体的理论密度更接近，说明固溶体的分子式为 $Zr_{0.85}Ca_{0.15}O_{1.85}$ 更合理。

一些氧化物助剂可以稳定 ZrO_2 的高温四方或立方相到室温成为亚稳相，添加的异价溶质离子在 ZrO_2 中产生高浓度带电缺陷，提高了 ZrO_2 高温离子导电率，立方 ZrO_2 固体电解质已经得到许多应用。不同掺杂缺陷模型都引起固溶体陶瓷密度变化。图 2.4 所示为形成空位型和 Zr^{4+} 间隙型固溶体时密度变化的理论计算值与实验测量值。两种缺陷模型计算结果表明，随着 CaO 摩尔分数增

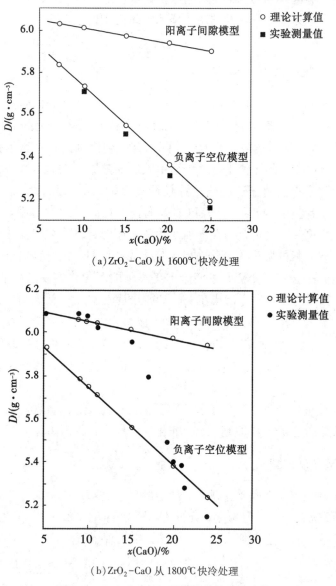

（a）ZrO_2–CaO 从 1600℃ 快冷处理

（b）ZrO_2–CaO 从 1800℃ 快冷处理

图 2.4　CaO 在 ZrO_2 固溶体中的密度变化

加，晶体密度都降低，1600℃淬火样品的测量密度值与氧空位模型计算值相一致。温度升高到 1800℃ 后淬冷时，随着 CaO 摩尔分数的增加，缺陷模型从阳离子间隙逐渐向氧空位缺陷补偿机制变化。实验数据说明缺陷补偿机制随着温度而变化。高温时主导缺陷是氧空位。

以这种简单方法计算固溶体密度时，其中空位或间隙引起的晶胞体积变化存在不确定性。一般认为间隙型缺陷扩大点阵常数，但是空位缺陷可能因失去离子使晶体点阵收缩，也可能因移去一个负离子后造成之前被正离子屏蔽的负离子之间产生静电排斥力，于是发生体积膨胀。空位体积可能比离子体积高或者低，没有明显变化趋势。不过在计算 ZrO_2 密度中此效应影响不大。

2.4 非化学计量缺陷

定比定律是一条基本化学定律，化合物中各元素按一定的简单整数比结合，称此为化学计量化合物。但是，实际上有相当比例的化合物不符合定比定律，负离子与正离子的比值不是一个简单固定的整数比关系，这些化合物称为非化学计量化合物。由于这种化学计量偏离而引入的缺陷称为非化学计量缺陷。高度化学计量的 MgO，Al_2O_3 和 ZrO_2 陶瓷中正离子化学价固定，氧化和还原的自由能很高，这类化合物在单独变化氧分压时，缺陷浓度变化很小。但是含有过渡金属元素的陶瓷化合物在发生氧化或还原时，化合物成分可以发生显著变化。尤其是含有可变价态过渡金属正离子的氧化物容易产生非化学计量。例如 TiO_{2-x} 中 Ti^{4+} 变为 Ti^{3+}，造成在 1% 限度内的氧空位。过渡金属化合物 $Ni_{1-x}O$，$Co_{1-x}O$，$Mn_{1-x}O$，$Fe_{1-x}O$ 等部分二价正离子被氧化成 3 价，造成缺少金属。其中 x 值在 $Ni_{1-x}O$ 中约为 5×10^{-4}、$Co_{1-x}O$ 中约为 1%、$Mn_{1-x}O$ 中约为 0.1、$Fe_{1-x}O$ 中约为 0.15，甚至有人认为 $Fe_{1-x}O$ 始终不符合化学计量比，其中 x 最小值约为 0.05。

非化学计量化合物中正离子和负离子都可能过量，而且伴随每种过量化合物有间隙或空位之分。在原则上，将非化学计量化合物简单地分为 4 种类型。

2.4.1 负离子缺位型

负离子缺位型由于负离子缺位，使金属离子过剩。

TiO_2，ZrO_2 会产生这种缺陷，分子式可写为 TiO_{2-x}，ZrO_{2-x}，产生原因是环境中缺氧，晶格中的氧逸出到大气中，使晶体中出现了氧空位。

缺陷反应方程式为

$$2TiO_2 - \frac{1}{2}O_2 \uparrow = 2Ti'_{Ti} + V_O^{\cdot\cdot} + 3O_O \qquad (2.18a)$$

或

$$2Ti_{Ti} + 4O_O = 2Ti'_{Ti} + V_O^{\cdot\cdot} + 3O_O + \frac{1}{2}O_2(g) \qquad (2.18b)$$

因为 $Ti'_T = Ti_{Ti} + e'$，则

$$2Ti_{Ti} + O_O = 2Ti_{Ti} + 2e' + V_O^{\cdot\cdot} + \frac{1}{2}O_2(g) \qquad (2.18c)$$

等价于

$$O_O = 2e' + V_O^{\cdot\cdot} + \frac{1}{2}O_2(g) \qquad (2.18d)$$

根据质量作用定律，反应平衡常数

$$K = \frac{[V_O^{\cdot\cdot}] P_{O_2}^{\frac{1}{2}} [e']^2}{[O_O]} \qquad (2.18e)$$

反应平衡时，缺陷浓度 $[e'] = 2[V_O^{\cdot\cdot}]$，则

$$[V_O^{\cdot\cdot}] \propto P_{O_2}^{-\frac{1}{6}} \qquad (2.18f)$$

表明氧空位浓度与氧分压的 1/6 次方成反比，随着氧分压升高，缺陷浓度降低，化合物属于 n 型半导体。TiO_2 的非化学计量对氧分压敏感，在还原气氛中形成 TiO_{2-x}。烧结时，因氧分压不足会导致氧空位浓度升高，得到灰黑色的 TiO_{2-x}。

2.4.2　阳离子填隙型

阳离子填隙型由于存在间隙正离子，使金属离子过剩。

Zn_{1+x} 和 $Cd_{1+x}O$ 属于这种类型缺陷。过剩的金属离子进入间隙位置，带正电荷，为了保持电中性，等价的电子被束缚在间隙位置金属离子的周围。例如 ZnO 在锌蒸气中加热，颜色会逐渐加深，缺陷反应为

$$ZnO = Zn_i^{\cdot\cdot} + 2e' + \frac{1}{2}O_2(g) \qquad (2.19a)$$

如果 Zn 离子化程度不足，也可以有

$$ZnO = Zn_i^{\cdot} + e' + \frac{1}{2}O_2(g) \qquad (2.19b)$$

实测 ZnO 电导率与氧分压的关系支持后面的单电荷间隙缺陷模型。

按质量作用定律

$$K = \frac{[Zn_I^{\cdot}][e'] P_{O_2}^{\frac{1}{2}}}{[ZnO]} \tag{2.19c}$$

因此，$[Zn_i^{\cdot}] \propto P_{O_2}^{-\frac{1}{4}}$，锌间隙离子浓度与氧分压的 1/4 次方成反比，随着氧分压增加，缺陷浓度减少。结构中引入自由电子，化合物属于 n 型半导体。

2.4.3 负离子填隙型

负离子填隙型由于存在间隙负离子，使负离子过剩。

目前，只发现 UO_{2+x} 具有这种缺陷结构，它可以看作 U_3O_8 在 UO_2 中形成固溶体，产生这样的缺陷。当在晶格中存在间隙负离子时，为了保持电中性，结构中引入电子空穴，相应的正离子升价，电子空穴在电场下会运动。

UO_{2+x} 中的缺陷反应可以表示为

$$UO_2 + \frac{1}{2}O_2(g) \rightarrow U_U^{\cdot\cdot} + 2O_0 + O_i'' + 2h^{\cdot} \tag{2.20a}$$

或者

$$\frac{1}{2}O_2 \rightarrow 2h^{\cdot} + O_i''$$

根据质量作用定律

$$K = \frac{[O_i''][h^{\cdot}]^2}{P_{O_2}^{\frac{1}{2}}} \tag{2.20b}$$

$$[O_i'] = \frac{1}{2}[h^{\cdot}] \propto P_{O_2}^{\frac{1}{6}} \tag{2.20c}$$

可见，间隙氧离子与氧分压的 1/6 次方成正比。随着氧压力的增大，间隙氧离子或电子空穴的浓度增大，具有这种类型的缺陷化合物属于 p 型半导体。

2.4.4 正离子空位型

由于正离子空位的存在，引起负离子过剩。

$Cu_{2-x}O$，$Fe_{1-x}O$，$Co_{1-x}O$ 等属于这种类型的缺陷。以 $Fe_{1-x}O$ 为例，缺陷的生成反应为

$$2FeO + \frac{1}{2}O_2(g) \rightarrow 2Fe_{Fe}^{\cdot} + 3O_0 + V_{Fe}'' \tag{2.21a}$$

等价于

$$\frac{1}{2}O_2(g) \Leftrightarrow O_0 + 2h^{\cdot} + V_{Fe}''$$

根据质量作用定律

$$K = \frac{[O_O][h^{\cdot}]^2[V_{Fe}'']}{P_{O_2}^{\frac{1}{2}}} \qquad (2.21b)$$

则

$$[V_{Fe}''] = \frac{1}{2}[h^{\cdot}] \propto P_{O_2}^{\frac{1}{6}} \qquad (2.21c)$$

阳离子空位与氧分压的 1/6 次方成正比。随着氧压力的增大,阳离子空位与电子空穴浓度增大,电导率也相应增大。具有这种类型缺陷的化合物属于 p 型半导体。

2.5　缺陷布劳沃图

从前面可以了解到,通过调节环境气氛可以改变或控制晶体缺陷浓度与导电率。反过来,为了获得材料精确的电导率,需要了解化学组分、缺陷种类及其浓度、温度和组分分压之间的关系。布劳沃(Brouwer)首先提出以图形化的形式表示固体中不同类型缺陷浓度与一种组分分压之间的函数关系。在一定温度下,将与电导率相关的缺陷浓度与组分偏压等变量以对数函数关系建立二维图形,即布劳沃图。布劳沃图以简单的图形化方式表示了复杂条件下多个缺陷的平衡关系,十分适用于组分变化很窄的固体化合物。

构建布劳沃图时需要推导一系列基本缺陷反应方程,以最简单的质量作用定律形式表达其平衡常数。假设缺陷之间没有相互作用,而且在一定组分范围内只考虑一个主要的缺陷反应,可以依据体系的化学特性选择这个缺陷反应。下面简述建立布劳沃图的基本步骤。

假设一个含有 M^{2+} 和 X^{2-} 离子的 MX 型非化学计量化合物,其标准化学计量为 $MX_{1.0}$。同时在化合物中:① 仅考虑离子空位缺陷 V_M'' 和 $V_X^{\cdot\cdot}$,忽略间隙型缺陷。当这两种空位缺陷数量相等时(即 Schottky 缺陷),化合物满足化学计量 $MX_{1.0}$。② 两种空位缺陷浓度不相等时,化合物计量成分在 $MX_{1.0}$ 的两侧发生一定偏离。③ 当存在不同浓度的空位缺陷时,固体是非化学计量,MX 化合物中对应出现不同数量的电子(e')或电子空穴($h^{\cdot}$)以保持固体的电中性。$MX_{1.0}$ 成分中,[电子缺陷浓度] = [空位缺陷浓度]。④ 对于氧化物、卤化物、硫化物,主要的气态组分是非金属 X_2(一般假设是 O_2)。化合物计量比的变化与周围氧气氛分压有关,在高氧分压下体系获得氧组分,低氧分压下体系失去氧组分,这分别对应氧化和还原反应过程。

以上假设仅仅需要考虑4种类型缺陷，即电子(e')或电子空穴($h^{\cdot}$)，金属离子空位(V_M'')与负离子空位($V_X^{\cdot\cdot}$)。这4种缺陷之间的平衡用如下方程表示。

(1)Schottky 缺陷平衡

$$0 \longleftrightarrow V_M''+V_X^{\cdot\cdot} \tag{2.22a}$$

$$K_s = \left[V_M'' \right]\left[V_X^{\cdot\cdot} \right] \tag{2.22b}$$

(2)电子缺陷平衡

$$0 \longleftrightarrow e'+h^{\cdot} \tag{2.23a}$$

$$K_e = \left[e' \right]\left[h^{\cdot} \right]=np \tag{2.23b}$$

(3)化合物与环境气氛反应形成正离子空位或负离子空位而引起组分变化

氧化反应方程

$$\frac{1}{2}X_2 \longleftrightarrow X_X+V_M''+2\ h^{\cdot} \tag{2.24a}$$

$$K_O = \left[V_M'' \right]\left[h^{\cdot} \right]^2 P_{X_2}^{-\frac{1}{2}} \tag{2.24b}$$

还原反应方程

$$X_X=\frac{1}{2}X_2(g)+V_X^{\cdot\cdot}+2e' \tag{2.25a}$$

$$K_r = \left[V_X^{\cdot\cdot} \right]\left[e' \right]^2 P_{X_2}^{\frac{1}{2}} \tag{2.25b}$$

设平衡常数 K_r 与各个方程平衡常数之间的关系为

$$K_r = \frac{K_s K_e^2}{K_O} \tag{2.26}$$

(4)整个晶体必须始终保持电中性的状态

根据式(2.24a)和式(2.25a)确定的形成电荷种类，近似电中性方程为

$$2\left[V_M'' \right]+\left[e' \right] = 2\left[V_X^{\cdot\cdot} \right]+\left[h^{\cdot} \right] \tag{2.27}$$

以下分别简要分析离子缺陷占主导和电子缺陷占主导两种情况。

2.5.1　离子缺陷

在绝缘体或宽带隙半导体陶瓷化合物中，离子缺陷(空位)的数量远大于本征电子和电子空穴的数量，即 $K_s \gg K_e$。如果是标准化学计量化合物 $MX_{1.000}$ 组分，其中金属离子空位等于非金属离子空位，同时电子和空穴数量相等，这时化学组分(X)平衡分压 $P_{X_2}=1.01\times10^5$ Pa，则 $\log P_{X_2}=0$。这时相当于图 2.5(a) 中化学计量点 0 的位置，对应的缺陷平衡浓度位置分别在 $K_s^{1/2}$ 和 $K_e^{1/2}$。

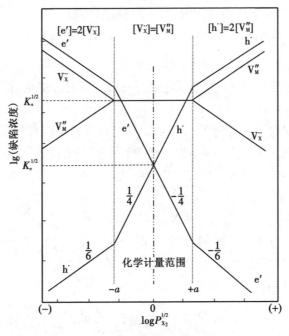

（a）离子缺陷主导的布劳沃图

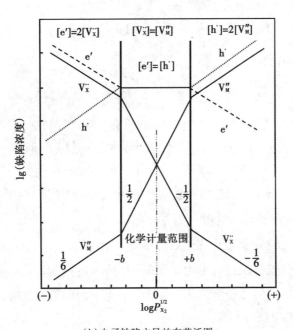

（b）电子缺陷主导的布劳沃图

图 2.5　离子缺陷主导的布劳沃图和电子缺陷主导的布劳沃图

2.5.1.1　在化学计量点附近($-a \sim +a$)缺陷平衡

当 X_2 的分压高于化学计量点 0 对应的分压时，将发生氧化反应。产生正离子空位和电子空穴缺陷，如缺陷反应方程式(2.24a)。同样，当 X_2 的分压低于化学计量点 0 对应的分压时，将发生还原反应。对应产生负离子空位和电子缺陷，如缺陷反应方程式(2.25a)。

在一定的温度下，改变 X_2 分压后，产生的电子缺陷数目是空位浓度的两倍。电子的浓度发生很大变化，而 X_2 改变前后空位浓度变化很少。因为已经假设在此类化合物中 $K_s \gg K_c$ ，所以可以忽略次要的电子缺陷，近似的电中性方程式(2.27)变为

$$[V''_M] = [V^{··}_X] \tag{2.28}$$

将此电中性方程代入式(2.22b)、式(2.24b)、式(2.25b)中，可以分别得到一组确定缺陷浓度的方程，归纳后可以得出：

由式(2.22b)得

$$\log[V''_M] = \log[V^{··}_X] = \frac{1}{2}\log K_s \tag{2.29a}$$

由式(2.24b)得

$$\log[h^·] = \frac{1}{2}\log K_0 - \frac{1}{4}\log K_s + \frac{1}{4}\log P_{X_2} \tag{2.29b}$$

由式(2.25b)得

$$\log[e'] = \frac{1}{2}\log K_r - \frac{1}{4}\log K_s - \frac{1}{4}\log P_{X_2} \tag{2.29c}$$

式(2.29a)与式(2.29b)、式(2.29c)的交会端点分别是 $-a$ 与 $+a$ ，在二者确定的 X_2 偏压范围内，其组分仍符合化学计量关系。氧分压对数与缺陷浓度对数之间成线性关系，如图 2.5(a)所示。可见 $\log[h^·]$ 和 $\log P_{X_2}$ 之间关系为斜率为 1/4 的直线。 $\log[e']$ 和 $\log P_{X_2}$ 之间关系为斜率为 $-(1/4)$ 的直线。两条线的交叉点位置在化学计量点 $[e'] = [h^·]$ 。

2.5.1.2　在化学计量范围外缺陷平衡

非金属 X_2 气氛分压进一步增高很多(大于 $+a$ 的范围)，非金属空位越来越少。在高 X_2 压区域的非金属离子空位缺陷和电子浓度可以忽略，此化学计量范围内更适当的电中性方程变为

$$2[V''_M] = [h^·] \tag{2.30}$$

将此电中性方程代入式(2.22b)、式(2.30)、式(2.23b)、式(2.24b)。

由式(2.24b)得

$$\log[V''_M] = \log\frac{1}{2} + \frac{1}{3}\log(2K_0) + \frac{1}{6}\log P_{X_2} \tag{2.31a}$$

由式(2.30)得

$$\log[h^\cdot] = \frac{1}{3}\log(2K_0) + \frac{1}{6}\log P_{X_2} \tag{2.31b}$$

由式(2.22b)得

$$\log[V^{\cdot\cdot}_X] = \log2 + \log K_s - \frac{1}{3}\log(2K_0) - \frac{1}{6}\log P_{X_2} \tag{2.31c}$$

由式(2.23b)得

$$\log[e'] = \log K_e - \frac{1}{3}\log(2K_0) - \frac{1}{6}\log P_{X_2} \tag{2.31d}$$

如图 2.5(a)所示,在大于+a 的区域,$\log[h^\cdot]$ 与 $\log P_{X_2}$ 的直线斜率为 1/6;$\log[e']$ 与 $\log P_{X_2}$ 的直线斜率为-(1/6);$\log P_{X_2}$ 与 $\log[V''_M]$ 的直线斜率为 1/6;$\log[V^{\cdot\cdot}_X]$ 与 $\log P_{X_2}$ 的直线斜率为-(1/6)。斜率转变点在电中性条件变化的点位,即当 $2[V''_M] = [h^\cdot]$ 时斜率变化。

非金属 X_2 气氛分压远低于化学计量点对应的分压时(小于-a 的区域),金属离子空位和电子空穴数量减小,浓度可以忽略。这时更适合的电中性方程形式是

$$[e'] = 2[V^{\cdot\cdot}_X] \tag{2.32}$$

代入式(2.22b)、式(2.32)、式(2.23b)和式(2.25b)后,归纳得出:

由式(2.25b)得

$$\log[V^{\cdot\cdot}_X] = \log\frac{1}{2} + \frac{1}{3}\log(2K_r) - \frac{1}{6}\log P_{X_2} \tag{2.33a}$$

由式(2.32)得

$$\log[e'] = \frac{1}{3}\log(2K_r) - \frac{1}{6}\log P_{X_2} \tag{2.33b}$$

由式(2.22b)得

$$\log[V''_M] = \log2 + \log K_s - \frac{1}{3}\log(2K_r) + \frac{1}{6}\log P_{X_2} \tag{2.33c}$$

由式(2.23b)得

$$\log[h^\cdot] = \log K_e - \frac{1}{3}\log(2K_r) + \frac{1}{6}\log P_{X_2} \tag{2.33d}$$

如图 2.5(a)所示,小于-a 范围,$\log[h^\cdot]$ 与 $\log P_{X_2}$ 的直线斜率为 1/6;$\log[e']$ 与 $\log P_{X_2}$ 的直线斜率为-(1/6);$\log P_{X_2}$ 与 $\log[V''_M]$ 的直线斜率为 1/6;$\log[V^{\cdot\cdot}_X]$ 与 $\log P_{X_2}$ 的直线斜率为-(1/6)。斜率转变点在电中性条件变化的位置点,即当

$2[V_X^{\cdot\cdot}] = [e']$ 时斜率变化。

图 2.5(a)中等氧压力范围的电中性条件是 $[V_M''] = [V_X^{\cdot\cdot}]$，化合物仍保持化学计量比，正、负离子空位浓度相等，电子与电子空穴浓度远远低于空位缺陷。此时固体可看作含有 Schottky 缺陷的绝缘体，其组分是 $MX_{1.0}$。在高氧偏压区域的电中性近似条件是 $2[V_M''] = [h^{\cdot}]$，电子空穴浓度最高，对应的材料是 p 型半导体。电导率与金属空位随着 X_2 分压增加而增加，属于缺金属的非化学计量化合物。在低氧分压区域的电中性近似条件为 $[e'] = 2[V_X^{\cdot\cdot}]$，电子浓度高，电导率随着 X_2 分压的减少而增加，属于富金属的非化学计量化合物 n 型半导体。

2.5.2 电子缺陷

在窄带隙半导体陶瓷化合物中，本征电子和电子空穴的浓度高，空位和间隙的离子缺陷浓度小。同样对于非化学计量化合物 $M^{2+}X^{2-}$，其化学计量组分点是 $MX_{1.0}$。其中仅含有电子缺陷(很高浓度的电子 e' 与电子空穴 $h^{\cdot}$)和离子缺陷(很低浓度的金属离子空位 $[V_M'']$ 和非金属离子空位 $V_X^{\cdot\cdot}$)，涉及的缺陷反应平衡与式(2.22)~式(2.25)相同，电中性条件也与前面的离子缺陷相同。电子缺陷占主导作用，缺陷平衡时始终保持 $K_e \gg K_s$。

2.5.2.1 在化学计量点附近($-b \sim +b$)缺陷平衡

在 X_2 的分压低于化学计量点对应的分压时，发生还原反应，负离子空位和电子浓度大于正离子空位和电子空穴的浓度，缺陷反应见式(2.25)。相反在 X_2 的分压高于化学计量点对应的分压式时，发生氧化反应，正离子空位和电子空穴的浓度远远大于负离子空位和电子浓度，缺陷反应见式(2.24)。

因为 $K_e \gg K_s$，在这两种情况下，电中性条件近似为 $[e'] = [h^{\cdot}]$。代入式(2.23b)和式(2.24b)，获得一组新的缺陷浓度方程

$$[e'] = [h^{\cdot}] = K_e^{\frac{1}{2}} \tag{2.34a}$$

$$\log[e'] = \log[h^{\cdot}] = \frac{1}{2}\log K_e \tag{2.34b}$$

$$[V_X^{\cdot\cdot}] = \frac{K_r}{K_e} P_{X_2}^{-\frac{1}{2}} \tag{2.34c}$$

$$\log[V_X^{\cdot\cdot}] = \log K_r - \log K_e - \frac{1}{2}\log P_{X_2} \tag{2.34d}$$

$$[V_M''] = \frac{K_0}{K_e} P_{X_2}^{\frac{1}{2}} \tag{2.34e}$$

$$\log[V_M''] = \log K_0 - \log K_e + \frac{1}{2}\log P_{X_2} \tag{2.34f}$$

如图 2.5（b）所示，式（2.34b）与式（2.34d）、式（2.34f）交汇端点分别在 $-b$ 和 $+b$，在此 X_2 偏压范围内，其组分仍符合化学计量比。$\log[V_X^{\cdot\cdot}]-\log P_{X_2}$ 直线的斜率是 $-(1/2)$；$\log[V_M'']-\log P_{X_2}$ 的直线斜率为 $1/2$。两条斜线都穿过离子缺陷化学计量点的位置，其交叉点在化学计量点 $[V_M'']=[V_X^{\cdot\cdot}]$ 位置。

2.5.2.2 在化学计量范围外缺陷平衡

在高 X_2 分压下，电子空穴浓度超过非金属空位浓度，因此可以忽略次要的非金属空位和电子浓度，近似的电中性方程见式（2.30）。将此式代入式（2.24b）、式（2.25b）后，归纳得出：

由式（2.24b）得

$$\log[V_M''] = \log\frac{1}{2}+\frac{1}{3}\log(2K_0)+\frac{1}{6}\log P_{X_2} \tag{2.35a}$$

由式（2.30）得

$$\log[h^{\cdot}] = \frac{1}{3}\log(2K_0)+\frac{1}{6}\log P_{X_2} \tag{2.35b}$$

由式（2.22b）得

$$\log[V_X^{\cdot\cdot}] = \log 2+\log K_s-\frac{1}{3}\log(2K_0)-\frac{1}{6}\log P_{X_2} \tag{2.35c}$$

由式（2.23b）得

$$\log[e'] = \log K_e-\frac{1}{3}\log(2K_0)-\frac{1}{6}\log P_{X_2} \tag{2.35d}$$

在 $2[V_M'']=[h^{\cdot}]$ 时，直线斜率出现转变。假设 $[h^{\cdot}]$ 电子空穴浓度为 10^{20}（缺陷/m^3），表示金属空位浓度的直线斜率将在 $[V_M'']=5\times10^{19}$（缺陷/m^3）位置发生改变。

当 X_2 分压减小到远远低于化学计量点所对应的分压时，金属空位数量和电子空穴数量可以忽略，整体的电中性方程变为式（2.32）。此式代入式（2.22b）~式（2.25b）后归纳得出：

由式（2.25b）得

$$\log[V_X^{\cdot\cdot}] = \log\frac{1}{2}+\frac{1}{3}\log(2K_r)-\frac{1}{6}\log P_{X_2} \tag{2.36a}$$

由式（2.32）得

$$\log[e'] = \frac{1}{3}\log(2K_r)-\frac{1}{6}\log P_{X_2} \tag{2.36b}$$

由式（2.22b）得

$$\log[V_M''] = \log 2+\log K_s-\frac{1}{3}\log(2K_r)+\frac{1}{6}\log P_{X_2} \tag{2.36c}$$

由式(2.23b)得

$$\log[h^{\cdot}] = \log K_e - \frac{1}{3}\log(2K_r) + \frac{1}{6}\log P_{X_2} \qquad (2.36d)$$

在 $2[V_X^{\cdot\cdot}] = [e']$ 时，直线斜率转变。假设 $[e']$ 电子浓度为 10^{20} 缺陷/m³，则表示非金属空位浓度的直线斜率将在 $[V_X^{\cdot\cdot}] = 5\times10^{19}$（缺陷/m³）位置发生改变。

如图 2.5(b)所示，在高 X_2 分压区域的电中性平衡方程是 $2[V_M''] = [h^{\cdot}]$，电子空穴起到主导作用，化合物属于 p 型半导体，电导率随着 X_2 分压的 1/6 次方增加，X_2 分压增加电导率提高，其属于缺金属的非化学计量化合物。在低 X_2 分压区域的电中性平衡方程是 $2[V_X^{\cdot\cdot}] = [e']$，电子缺陷起到主导作用，材料属于 n 型半导体，电导率随着 X_2 分压的 $-(1/6)$ 次方增加，非金属空位浓度随着 X_2 分压减小而增加，其属于金属过量的非化学计量化合物。在布劳沃图的中心区域，电中性方程为 $[e'] = [h^{\cdot}]$，此区域内化合物保持本征半导体特征，但是正、负离子空位数量变化不相等。化合物组成可以发生十分微小的非化学计量变化。

2.6 缺陷缔合与沉积

以上讨论的各种点缺陷呈孤立态、随机分布在整个晶体中，所以可能会有两个或更多点缺陷占据着相邻的点阵格点位置。当这些缺陷电荷性质不同时，点缺陷之间的吸引力可以使缺陷之间互相缔合(association)形成缺陷缔合体。发生缺陷缔合时可以有二重、三重缺陷缔合体。特别是在晶体中缺陷浓度较高时，这种相邻的缺陷缔合现象不可忽略。

在分析与处理各种点缺陷的理论中，普遍假设固体中点缺陷浓度很低，固体中点缺陷的热力学活度等于其浓度。不过，有的材料中即使缺陷浓度高达百分之几，其性质与点缺陷理论模型也一致。在缺陷浓度升高时，可以借助液态电解质的 Debye-Huckel 理论修正缺陷活度。许多重度掺杂或者高度非化学计量陶瓷中的点缺陷浓度十分高，缺陷与缺陷之间的作用不可避免，因此经常产生点缺陷相互缔合的现象。高浓度情况下，点缺陷之间相互作用还不是十分清楚。以下讨论的缺陷缔合作用仍发生在低浓度(<1%)条件下，这时，前面描述的点缺陷的表示形式与平衡关系仍然适用。

2.6.1 点缺陷缔合

离子固体中点缺陷与其他缺陷通过静电作用形成缺陷缔合体。例如在 MgO

晶体的(100)晶面上可能存在几种类型的缺陷缔合,如图 2.6 所示,其中的每一个缔合缺陷体都可能有许多不同空间取向。在 MgO 中位置最邻近的一个空位对($V_O^{\cdot\cdot}$–V_{Mg}'')可以有 6 个不同<100>方向,$Z=6$。如果在 MgO 基体中存在 3 价杂质离子,还会产生阳离子空位以补偿正电荷,如果杂质与空位发生缔合,就可能形成 2 个不同取向的(Al_{Mg}'–V_{Mg}'')'二重缔合体。一个是<110>方向上的缔合体,$Z=12$(在岩盐型结构中有 12 个最邻近阳离子);另一个是在<100>方向上的缔合体,其中间连接一个 O 离子,$Z=6$(与第二邻近的阳离子)。晶体中可以存在三重缔合体(Al_{Mg}'–V_{Mg}''–Al_{Mg}')$^\times$,它可能有不同的直线和"扭折"结晶学取向。这些缺陷缔合可以用缺陷反应的形式表示,例如对于"二重缺陷缔合体"

$$Al_{Mg}^{\cdot}+V_{Mg}''=(Al_{Mg}^{\cdot}-V_{Mg}'')' \tag{2.37}$$

如果忽略 Debye-Huckel 修正,式(2.37)缺陷反应的平衡常数为

$$K_a = \frac{[(Al_{Mg}^{\cdot}-V_{Mg}'')']}{[Al_{Mg}'][V_{Mg}'']} = Z\exp\left(-\frac{\Delta g_a}{kT}\right) = Z\exp\left(\frac{\Delta S_a}{k}\right)\exp\left(\frac{\Delta h_a}{kT}\right) \tag{2.38}$$

一般认为其中的非构型熵 ΔS_a 值很小,所以 $\exp(\Delta S_a/k)\approx 1$。缔合焓 Δh_a 约等于缺陷间库仑引力,即

$$\Delta h_a \approx \frac{q_i q_j}{4\pi\varepsilon\varepsilon_0 R} \tag{2.39}$$

其中,q_i 和 q_j 分别为确定缺陷 i 和缺陷 j 的电荷;$\varepsilon\varepsilon_0$ 为静态介电常数;R 为缺陷间距。

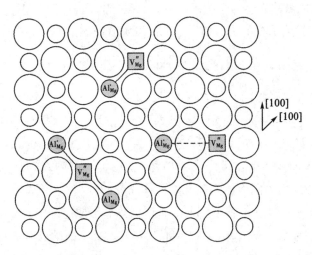

图 2.6　MgO 的(100)晶面上的缺陷缔合形式

一些简单的二重缺陷缔合体,采用式(2.39)的估算结果还是比较合理的。

但是三重缔合体的计算精度不高。温度降低时 MgO 晶体中缺陷缔合浓度提高。如果只考虑二重缔合，则可以借助式(2.39)计算缔合缺陷的浓度。

形成空位对的缺陷反应平衡常数

$$K_a = \frac{[(V''_{Mg} - V^{\cdot\cdot}_O)]^{\times}]}{[V^{\cdot\cdot}_O][V''_{Mg}]} = 6\exp\left(-\frac{\Delta g_a}{kT}\right) = 6\exp\left(\frac{\Delta S_a}{k}\right)\exp\left(\frac{\Delta h_a}{kT}\right) \quad (2.40)$$

因为产物 $[V^{\cdot\cdot}_O][V''_{Mg}]$ 等于 Schottky 平衡常数 K_s，所以缔合浓度与温度的关系为

$$[(V''_{Mg} - V^{\cdot\cdot}_O)^{\times}] = 6\exp\left(\frac{\Delta S_a}{k}\right)\exp\left(\frac{\Delta S_s}{k}\right)\exp\left(-\frac{\Delta h_a}{kT}\right)\exp\left(-\frac{\Delta h_s}{kT}\right) \quad (2.41)$$

2.6.2 缺陷沉积

晶体中的缺陷簇可以长人并且导致缺陷沉积。例如含杂质 Al^{3+} 的 MgO 陶瓷冷却时，Al^{3+} 超过固溶度后，会在 MgO 晶体基底中沉积出尖晶石 $MgAl_2O_4$ 相。该缺陷沉积反应为

$$Mg^{\times}_{Mg} + 2Al^{\cdot}_{Mg} + V''_{Mg} + 4O^{\times}_O \Longrightarrow MgAl_2O_4(ppt) \quad (2.42)$$

此反应平衡常数为

$$K_{ppt} = \frac{a_{MgAl_2O_4}}{[Al^{\cdot}_{Mg}]^2[V''_{Mg}]} \propto \exp\left(-\frac{\Delta h_{沉积}}{kT}\right) \quad (2.43)$$

当反应处于平衡态时，尖晶石相的活度 $a_{MgAl_2O_4}$ 是常数。

假设晶体内缺陷发生缔合的程度不大，缺陷浓度仍保持 $[Al^{\cdot}_{Mg}] - 2[V''_{Mg}]$ 平衡关系。没有发生缔合的"自由"空位浓度随着温度的变化，等于

$$[V''_{Mg}] \propto \exp\left(+\frac{\Delta h_{沉积}}{3kT}\right) \quad (2.44)$$

因为都是氧离子以面心立方密堆垛，尖晶石 $MgAl_2O_4$ 比较容易在 MgO 中沉积。理论上 4 个 $MgO(Mg_4O_4)$ 组合形成一个 $MgAl_2O_4$。这样在相同的氧亚点阵中正离子进行重排，在局部 MgO 晶体中可以形成尖晶石结构相。设想当形成正尖晶石 $MgAl_2O_4$ 结构时，Mg^{2+} 需要离开 MgO 的八面体位置进入四面体位置。根据 FCC 点阵结构中四面体间隙和八面体间隙的分布，Al^{3+} 选择性进入 Mg^{2+} 的八面体间隙位置。假设 6 个 Al^{3+} 进入 MgO 点阵后形成点缺陷 $Al^{\cdot}_{Mg}$，其可能进一步在 MgO 中形成缺陷缔合簇$(4V''_{Mg} - Mg^{\cdot\cdot}_i - 6Al^{\cdot}_{Mg})^{\times}$。缺陷缔合体可以演变为尖晶石相沉积物的前躯体经过形核、长大，在 MgO 中沉积。初期 $MgAl_2O_4$ 沉积物与 MgO 基体的界面保持共格连续，随着沉积物长大，点阵应变增加，逐渐界面不再共格。

2.6.3 Debye-Huckel 修正

缺陷浓度升高时，一个缺陷被带有相反电荷缺陷包围的趋势加大，这将"屏蔽"并且减弱缺陷之间相互作用。由此产生的效果是单个缺陷的活度低于它的浓度(活度系数小于1)。针对这种相互作用，Debye-Huckel 理论提供了一种点缺陷活度的修正方法。假设屏蔽距离即一个缺陷的过剩电荷被相反电荷有效中和的距离，用 $1/l$ 表示，l 为

$$l^2 = \frac{8\pi n_d (z_i e)^2}{\varepsilon kT} \tag{2.45}$$

其中，n_d 为单位体积中带电缺陷的体浓度，cm^{-3}；$z_i e$ 为缺陷电荷；ε 为介电常数。当介电常数上升或者缺陷浓度降低，屏蔽距离增加。形成每对缺陷时的能量变化为

$$H_{DH} = -\frac{(z_i e)^2 l}{\varepsilon(1 + lR)} \tag{2.46}$$

其中，R 为带电缺陷间的最短距离。屏蔽使缺陷的活度 a 被降低，通过式(2.47)计算活度系数 γ 为

$$\gamma = \frac{a}{[c]} = \exp\left(-\frac{z^2 e^2 l}{kT(1 + lR)}\right) = \exp\left(\frac{H_{DH}}{2kT}\right) \tag{2.47}$$

由于屏蔽减小了缺陷形成焓，因此在某个给定温度能够形成更多缺陷。与采用简单缔合理论相比，由于存在屏蔽作用，缺陷之间形成的缔合很少。

2.7 点缺陷与晶界相互作用

在晶体点阵内部形成本征 Schottky 缺陷时需要不连续的点阵位置，这样晶体点阵的原子或离子可以迁移到这些位置，例如表面、界面和位错。同时这些不连续位置作为点缺陷的"源"或"井"，可以产生释放或吸收缺陷。一般在分析点缺陷时都假设缺陷的产生和复合与时间没有关系，但是实际在陶瓷中发生的扩散蠕变、固相反应等都是与缺陷的形成与复合有关的动力学过程。

2.7.1 离子空间电荷

离子缺陷与表面平衡时会形成一个与表面过剩离子电荷有关的表面电势。在表面、晶界和位错等界面上存在表面电势是离子晶体与金属晶体的主要区别。在产生 Schottky 缺陷时，分别存在正离子、负离子两种空位缺陷形成能，

例如 MgO 中 Schottky 缺陷形成能包括 $g_S = g_{V_{Mg}} + g_{V_O}$。缺陷类型不同,形成能也不同。在基于氧离子密堆积构成亚点阵的氧化物中,正离子空位形成能往往小于氧空位形成能。不过,正离子密排堆积的萤石型结构中情况可能相反。而且一个表面离子的能量很大程度上依赖于局部的环境,可以设想不同取向的表面、晶界和不同结构的位错上的单个缺陷形成能不同。因为缺陷形成能的不同,造成表面位置的离子浓度不同于晶体内部,表面、晶界和位错都可以变成非化学计量并带有净电荷。因为整个固体呈电中性,表面的电荷被邻近的空间电荷层补偿,空间电荷随着向晶体内部空间扩展而逐渐衰减,深度一般可到达几十纳米。尽管缺陷在表面上可以重新分布,但在晶体内部始终保持呈电中性。所以在达到平衡态时,表面与晶体内部存在一个静电势差。

2.7.2 本征电势

在理想情况下,纯净的化合物中 Schottky 缺陷占主导,例如 MgO 陶瓷中正离子和负离子与表面的缺陷反应、平衡常数分别表示为

$$Mg_{Mg}^{\times} = Mg_{surf}^{\cdot\cdot} + V_{Mg}'' \tag{2.48a}$$

$$[Mg_{surf}^{\cdot\cdot}][V_{Mg}''] = K_{S1} \tag{2.48b}$$

$$O_O^{\times} = O_{surf}'' + V_O^{\cdot\cdot} \tag{2.49a}$$

$$[O_{surf}''][V_O^{\cdot\cdot}] = K_{S2} \tag{2.49b}$$

总的 Schottky 缺陷反应为

$$Mg_{Mg}^{\times} + O_O^{\times} = Mg_{surf}^{\cdot\cdot} + O_{surf}'' + V_{Mg}'' + V_O^{\cdot\cdot}$$

这等效于

$$0 = V_{Mg}'' + V_O^{\cdot\cdot}$$

如果表面离子按照完整晶体点阵进行扩展,式(2.48)和式(2.49)缺陷反应的形成能分别代表镁离子空位形成能 $g_{V_{Mg}}$ 和氧离子空位 g_{V_O}。因为阳离子 Mg^{2+} 空位形成能较低,所以表面上富集阳离子 $[Mg_{surf}]$。根据 Schottky 缺陷反应平衡常数关系 $K_s = [V_{Mg}''][V_O^{\cdot\cdot}]$,表面上氧浓度 $[O_{surf}]$ 会消减。因此表面正离子过剩,由于电中性的要求,表面附近产生异号的空间电荷层以平衡表面正电势。随着空间电荷层距离的变化,不同类型的空位浓度会随着空间电势 $\Phi(x)$ 而变化,如图 2.7 所示。

$$[V_{Mg}''] = \exp\left(\frac{-g_{V_{Mg}} + 2e\Phi(x)}{kT}\right) \tag{2.50}$$

$$[V_O^{\cdot\cdot}] = \exp\left(\frac{-g_{V_O} - 2e\Phi(x)}{kT}\right) \tag{2.51}$$

从式(2.50)和式(2.51)可以得到

$$e\Phi_\infty = \frac{1}{4}\left(g_{V_{Mg}} - g_{V_O}\right) \tag{2.52}$$

可见，在具有本征缺陷平衡时，表面或界面与晶体内部的电势差决定于空位形成能差。在 MgO 中空间电势符号可能是负值，其缺陷空间电势分布如图 2.7 所示。

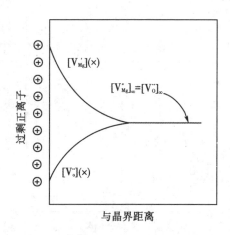

图 2.7　本征 MgO 近表面区域的缺陷空间分布

（假设 $g_{V_{Mg}} < g_{V_O}$，表面或晶界上存在过剩正电荷，空间电荷是过剩负电荷）

2.7.3　非本征电势

由于表面电荷来自表面离子与晶体点阵之间的缺陷平衡，因此晶体缺陷结构变化会引起表面电势符号和大小的改变。例如 Schottky 缺陷占主导的晶体中，如果引入外掺杂或非化学计量改变固体内空位浓度，其表面或晶界的空间电势也会相应地变化。假如在 MgO 中用正离子 Al^{3+} 置换 Mg^{2+}，提高晶体点阵中阳离子空位浓度 $\left[Al_{Mg}^{\cdot}\right] = 2\left[V_{Mg}''\right]$。随着反应平衡，晶体空位浓度增加会消减表面或界面上正离子数量，造成负的表面电荷过剩（过剩 O 离子组成），产生一个与本征缺陷平衡符号相反的静电势。正离子空位的空间分布仍受式（2.50）控制，在远离晶体表面的位置

$$\left[V_{Mg}''\right]_\infty = \frac{1}{2}\left[Al_{Mg}^{\cdot}\right]_\infty = \exp\left(\frac{-g_{V_{Mg}} + 2e\Phi_\infty}{kT}\right) \tag{2.53}$$

表面与晶体内部电势差为

$$e\Phi_\infty = \frac{g_{V_{Mg}}}{2} + kT\ln x\left[Al_{Mg}^{\cdot}\right] - kT\ln 2 \tag{2.54}$$

在适当的 $[Al_{Mg}^{\cdot}]$ 和 $g_{V_{Mg}}$ 形成能条件下,该电势差将是正值。图2.8所示为在非本征情况下,跨过空间电荷区域的缺陷分布。溶质 $Al_{Mg}^{\cdot}$ 偏聚在近表面空间电荷区域,源自晶体中缺陷平衡分布,其不同于因晶格尺寸失配产生的弹塑性能量或者其他化学驱动力等原因造成的表面溶质与杂质吸附。

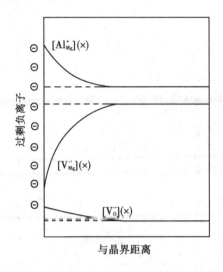

图2.8 掺杂 Al_2O_3 的 MgO 中近表面的溶质和缺陷的空间分布

根据以上讨论,很显然引入非本征氧空位会消减表面的负离子浓度,比本征情况下形成更大的负电势 $e\Phi_\infty$。

2.8 线缺陷与面缺陷

陶瓷晶体存在沿着一维方向伸展的线缺陷以及沿着二维平面扩展的面缺陷。在陶瓷中形成线性缺陷或者位错的能量较高,所以通常其中存在的位错没有金属中普遍。尽管如此,位错仍然对陶瓷材料的力学性能,特别是对高温塑性变形有十分重要的影响。

2.8.1 线缺陷

位错是在一维方向上原子偏离理想晶体中的周期性、规则性排列所产生的缺陷。其特征是缺陷尺寸在一维方向较长,在其他二维方向上很短。位错是晶体中已滑移区和未滑移区的交界线。在位错线上的原子偏离了正常完整晶体中晶格的位置,原子排列发生了畸变。原子排列畸变程度随着远离位错线而变小。

由于晶体滑移造成位错。根据晶体在不同的应力状态下原子的滑移方向和位错线取向的几何特征不同,将位错分为刃位错、螺位错和混合位错。

如图 2.9(a)所示,晶体在大于屈服值的切应力 τ 作用下,以 $ABCD$ 面为滑移面产生滑移。EF 是晶体已滑移部分和未滑移部分的交线,如同切入晶体的刀刃,故称为刃位错。几何特征是 EF 位错线与原子滑移方向相垂直;滑移面上部位错线周围原子受压应力作用,原子间距小于正常晶格间距;滑移面下部位错线周围原子受张应力作用,原子间距大于正常晶格间距。

通常将刀刃状半原子面 $EFGH$ 落在滑移面上方的称为正刃位错,符号为"⊥";落于下方的称为负刃位错,符号为"⊤"。符号中水平线代表滑移面,垂直线代表半个原子面。

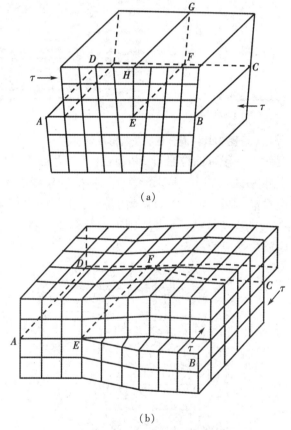

(a)

(b)

图 2.9　刃位错和螺位错示意图

晶体在外加切应力 τ 作用下,沿 $ABCD$ 面滑移,如图 2.9(b)所示。图中 EF 线为已滑移区与未滑移区的分界处。由于位错线周围的一组原子面形成了一个连续的螺旋形坡面,故称为螺位错。其几何特征是 EF 位错线与原子滑移方向相平行；位错线周围原子的配置是螺旋状的。根据螺旋方向，螺位错分为左螺旋位错与右螺旋位错。螺位错与刃位错不同，因为没有多余的半个原子面，所以其运动相对比较自由。

在外力 τ 作用下，两部分之间发生相对滑移，在晶体内部已滑移和未滑移部分的交线既不垂直也不平行滑移方向（伯氏矢量 $\boldsymbol{b}$），这样的位错称为混合位错，如图 2.10（a）所示。位错线上任意一点，发生矢量分解后，分解为刃型位错和螺型位错分量。晶体中位错线的形状可以是任意的，但位错线上各点的伯氏矢量相同，只是各点的刃型、螺型分量不同而已。

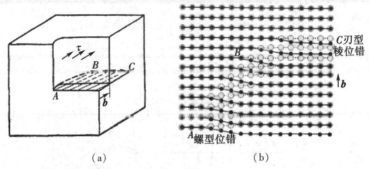

(a)　　　　　　　　　(b)

图 2.10　混合位错及其形成示意图

图 2.10（b）显示了一段弯曲位错线 ABC 的上、下两层原子排列情况，ABC曲线右下方部分是滑移区，左上方是未滑移区。ABC 位错线的 A 段与滑移矢量 $\boldsymbol{b}$ 平行属于纯螺旋位错，C 段与 $\boldsymbol{b}$ 垂直属于刃位错，中间的 B 段属于混合位错。这段位错与滑移矢量的交角越接近垂直，则刃型位错成分越大，交角越接近平行滑移矢量，其螺旋位错成分越大。

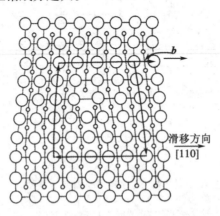

图 2.11　MgO 中滑移方向［110］的刃位错结构

在陶瓷晶体中存在各种位错缺陷会产生过剩能量。如果把位错周围区域作为弹性应变介质处理，那么位错应变能近似为 $E = \alpha Gb^2$，G 为材料剪切弹性模量，b 为伯氏矢量，α 为决定于位错类型的数值因子，取值范围 0.5~1.0。在材料中可能产生不同类型的位错，位错应变能正比于 b^2，因此晶体中会优先形成伯氏矢量最小的位错。在离子晶体中，需要考虑电中性平衡，因为不能在位错上留下净电荷，所以取伯氏矢量回路时需要多余半个或一个包括了正离子和负离子的晶面。例如在岩盐型结构中，最短的伯氏矢量是 $1/2\langle 110 \rangle$ 矢量，如图 2.11 所示，这个 b 值比相应尺寸的 FCC 金属中矢量值大。这从一个方面也解释了与金属相比陶瓷不容易产生位错。但是陶瓷系统中伯氏矢量值较大的位错有时分解成部分位错，这样从总体上可以减小形成位错的能量。

在陶瓷中形成位错需要的应力比金属更大，而且位错在晶体中运动时受晶体学方向的限制，所以在相同温度下陶瓷晶体的塑性比大多数金属低，但是二者发生形变的过程相同。如图 2.12 所示的滑移过程，当达到临界应力后位错穿过晶体产生滑动，临界应力等于与原子键强度相关联的 Peierls 应力，而且 Peierls 应力远远低于理论剪切应力。

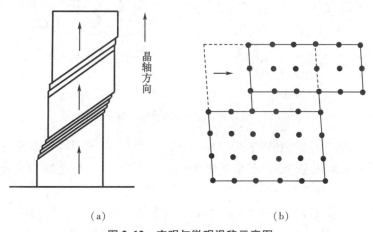

（a）　　　　　　　　　　　（b）

图 2.12　宏观与微观滑移示意图

刃型位错中的滑移可以看作多余的半个原子面在伯氏矢量方向连续位移，一次移动一个点阵间距，逐步穿过晶体。结果是一半晶体相对于另一半晶体发生一个伯氏矢量剪切位移，这样就不需要同时断开很多化学键，否则需要极高的能量。经过一定程度的滑移运动，在单晶体表面经常会出现取向与滑动方向垂直的滑移带。另一个位错运动的方式是攀移，沿着垂直于滑移面方向，在位错线上增加或移去一列原子，使位错线上移一个滑移面。攀移的速率比滑移慢，因为攀移受原子扩散控制，通常在高温时才比较明显。

在离子晶体中，由于静电库仑力的原因，在某一些晶向方向的滑移要比另一些晶向更容易。例如在 NaCl 岩盐结构中，1/2<110>晶向的伯氏矢量最短，但是带有这个伯氏矢量的刃位错可以在不同的晶体滑移面终结。如图 2.13(a) 中，一个滑移可以发生在{110}晶面和<110>晶向上，位错的滑移系统为{110}<110>。图 2.13(b)所示的另一个滑移在{100}晶面，滑移系统是{100}<110>。比较二者可以发现，在{110}晶面上滑移时，在整个运动过程中阳离子滑移通过阴离子，或者相反。在{100}晶面上滑移时，阳离子必须越过阳离子，阴离子必须越过阴离子。显然后者在滑移时必然产生不利的静电排斥力。所以更有利的滑移系统是{110}<110>。但是在高温时，岩盐型晶体结构中的{100}<110>与其他滑移系统也可能启动。

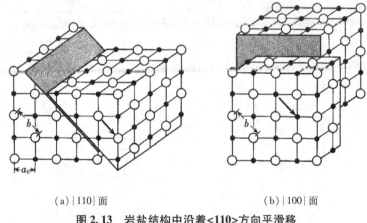

(a) {110}面　　　　　　　　　　　(b) {100}面

图 2.13　岩盐结构中沿着<110>方向平滑移

当应力超过位错移动需要的临界应力时，就会产生滑移。在一个晶体上施加一个随机取向的应力，只有作用在滑移面上以及滑移方向上的应力分量才能引起位错滑移。在多晶陶瓷材料中，所有晶粒取向是随机分布的，形变的难易取决于有效的滑移面和滑移方向。所以，具有复杂结构和低对称性的陶瓷（例如刚玉陶瓷）与具有多重独立滑移系统和结构简单的陶瓷（例如岩盐结构 NaCl，MgO，TiC）相比较，后者更易于发生变形。

2.8.2　面缺陷

面缺陷属于二维的、存在较大面积范围的缺陷，主要包括表面、相界面、晶界、层错、孪晶面等。

晶体内晶粒与晶粒之间相对旋转错位，晶粒间的晶体学取向不同而产生晶界面。因为两个晶粒之间存在特定的错配位向的关系，在晶界面上的原子排列在一定程度上不连续。陶瓷中晶界的厚度决定于两相邻晶粒间的晶体取向差及晶体的纯度。取向差越大或者纯度越低的晶界越厚。晶界的厚度可以从一两个原子到几百个原子不等。在材料的微观组织结构中，所有晶粒的取向选择是随机的，根据两个晶粒的相对晶体学取向关系，晶界常常分为小角度晶界与大角度晶界。

2.8.2.1　小角度晶界

当相邻晶粒的取向差 θ 小于 $10° \sim 15°$ 时，称为小角度晶界。对于小角度晶界，两个晶粒只有较小的互相错位方向，其晶界结构可以简化成位错阵列。小角倾斜晶界可以看作一系列平行刃型位错阵列排列组成的。

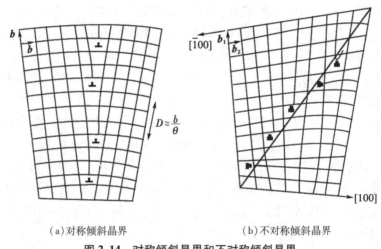

(a)对称倾斜晶界　　　　　　　　(b)不对称倾斜晶界

图 2.14　对称倾斜晶界和不对称倾斜晶界

图 2.14(a)是简单立方晶体中以(100)面为界面构成的小角度晶界，两侧晶体的取向差为 θ，这相当于相邻晶粒绕[001]轴反向各自旋转 $\theta/2$ 而构成，晶界面两侧的晶体是对称配置的，此为对称倾斜晶界。其几何特征是相邻两晶粒相对于晶界作旋转，旋转轴在晶界内并与位错线平行。为了填补相邻两个晶粒取向之间的偏差，使原子的排列尽可能接近原来的完整晶格，每隔几行就插入一排原子。所以对称倾斜晶界的结构可以看作一系列平行等距离排列的同号刃位错所构成。位错的伯氏矢量等于晶格常数 b。位错间距离 D、伯格斯矢量 b 的大小与两个晶粒的取向差 θ 之间满足下列关系

$$\sin \frac{\theta}{2} = \frac{\dfrac{b}{2}}{D} \tag{2.55a}$$

$$D = \frac{b}{2\sin \dfrac{\theta}{2}} \approx \frac{b}{\theta} \tag{2.55b}$$

由式（2.55）知，当 θ 较小时，位错间距较大，假如 $b=0.25\text{nm}$，$\theta=1°$，则 $D=14\text{nm}$；若 $\theta>10°$，则位错间距太近。一般直到取向差 20° 左右，小角倾斜晶界的位错阵列模型仍认为是合理的。当位错角度继续增大时已经不能很好地将单个位错分开，这时位错模型就不再适合。

另外，当倾斜晶界的交界面不是（100）面，而是任意的（hk0）面，则这种晶界称为非对称的倾斜晶界，如图 2.14（b）所示。这种晶界可以用伯氏矢量分别为 $\boldsymbol{b}_1=[100]$ 和 $\boldsymbol{b}_2=[010]$ 的两组刃位错表示。

2.8.2.2 大角度晶界

随着两个晶粒间取向差增加，位错间距减小，晶粒间过渡区很窄（仅有零点几纳米），其中原子排列在多数情况下很不规则，很难用位错模型来描述。一般大角度晶界的界面能在 $0.5\sim0.6\text{J/m}^2$，与相邻晶粒的取向差无关。但有些特殊取向的大角度晶界的界面能比其他任意取向的大角度晶界的界面能低，重合位置点阵（coincidence site lattice，CSL）（其中的符号"Σ"代表发生重合的倒易点阵位置分数）模型可以较合理地解释这类特殊晶界的性质。按照 CSL 晶界模型，将可无限延伸的两个具有相同点阵的晶体中的一个相对于另一个作平移或旋转，当原子周期性地平移到某个位置或旋转到某一个特殊角度时，这两个晶体点阵中有相当多的晶体点阵格点发生完全重合，这些重合的格点在三维空间构成超点阵。所以事实上，重合位置点阵是两个相互穿插的晶体相对平移或旋转而得到的一种三维点阵。

图 2.15（a）所示为两个面心立方点阵（分别用实心、空心点表示）围绕 <001>轴转动 36.87°产生重合位置点阵。在晶界区域内，每个晶粒中的每 5 个点阵位置中有一个（1/5）互相重合，即 $\Sigma=5$。这些重合的格点在空间构成三维空间的超点阵，当晶界面垂直于孪晶轴时，能得到若干数量的纯孪晶晶界，如图 2.15（b）所示的 $\Sigma=5$ 孪晶界。当晶界面平行于旋转轴时，得到一个对称倾斜晶界，如图 2.15（c）所示的 $\Sigma=5$ 重合位置点阵对称倾斜晶界。

在离子晶体结构中电荷性质相似的离子需要保持一定间距。图 2.16（a）所示为在岩盐结构中围绕 <001>方向，$\Phi=36.8°$，$\Sigma=5$ 对称倾斜晶界的构型，图 2.16（b）所示为计算机模拟 NiO 晶界的原子位置分布，图 2.16（c）所示为 NiO 中的 $\Sigma=5$ 对称倾斜晶界的 HRTEM 图像。与 CSL 理论模型分析结果比较，实际观察到的晶界在垂直于晶面方向的宽度较小，在平行于晶界方向，两个相对转动晶面间宽度较大。特殊倾斜晶界存在一个特征结构周期性，因为重合位置多，晶界上原子排列的畸变程度低，所以比非重合晶界的晶界能低。在晶界重合位置区域的原子点阵密排面重合，而没有重合的位置就出现小的台阶。

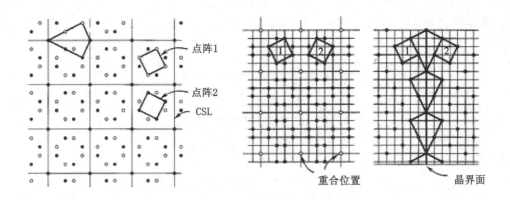

（a）Σ=5 重合位置点阵　　　　（b）Σ=5 孪晶界　　（c）Σ=5 对称倾斜晶界

图 2.15　Σ=5 重合位置点阵和 Σ=5 孪晶界、Σ=5 对称倾斜晶界

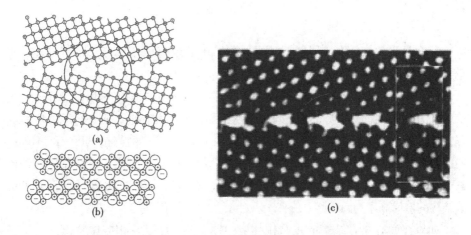

图 2.16　岩盐结构中 Σ=5 对称倾斜晶界理想模型和计算机模拟 NiO 中 Σ=5(310)／[001]倾斜晶界弛豫结构、HRTEM 真实图像

2.8.2.3　孪晶界面

　　晶体中最简单的平面缺陷是孪晶晶界，孪晶晶界取向是对称的。如果界面上的原子处在两个不同晶体正常点阵的格点位置上，这种特殊晶界为共格孪生晶界。因为界面上没有明显的原子错排，点阵畸变程度低，晶界能比一般晶界低很多。

　　面心立方结构的晶体中 {111} 面的正常堆垛方式是按照 ABCABC⋯堆垛，用△符号表示为△△△△△△△△⋯（或与此等价，作▽▽▽▽⋯完全逆顺序堆垛）。如果从某一层起全部变为逆顺序堆垛，呈 ABCACBA 顺序，或符号表示为△△△△▽▽▽▽，则两部分晶体就成孪晶关系。孪晶界面成为一个反映面，两侧晶体以此面成镜面对称，如图 2.17 所示。

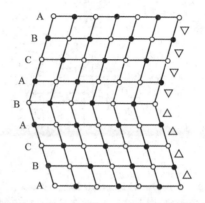

图 2.17　面心立方晶体中{111}面反映孪晶的⟨110⟩投影图

2.8.2.4　堆积层错

与孪晶界类似，堆垛层错属于另一种简单的没有原子键断裂的面缺陷，当正常原子堆垛顺序被破坏后就会产生层错。

堆垛层错（或层错）指在正常堆垛顺序中引入不正常顺序堆垛的原子面，堆垛顺序发生错误而产生的一类面缺陷。按照晶体化学中的原子或离子密堆积原理，密堆积结构中存在按 ABABAB…顺序堆积的六方结构与按 ABCABCABC…顺序堆积的面心立方结构两种类型。采用符号表示原子或离子堆垛顺序，即用 △ 表示 AB，BC，CA 的堆垛，用 ▽ 表示 BA，CB，AC 的堆垛，这样的话，面心立方结构的堆垛顺序为△△△△△△…，六方结构的堆垛顺序为△▽△▽△▽…。

如果在面心立方结构的正常排列层中抽走一原子层，相应位置出现一个逆顺序堆层…ABCACABC…称抽出型（或内禀）层错，如图 2.18(a) 所示；如果正

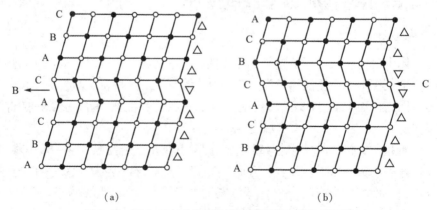

（a）　　　　　　　　　　（b）

图 2.18　面心立方晶体中的抽出型层错和插入型层错

常层序中插入一原子层,如图2.18(b)所示,相应位置出现两个逆顺序堆层…ABCACBCAB…称插入型(或外禀)层错。这种结构变化,并不改变层错处原子最近邻的关系(包括配位数、键长、键角),只改变次邻近关系,几乎不产生畸变,所引起的畸变能很小。因此,层错是一种低能量的界面。

参考文献

[1] Kingery W D,Bowen H K,Uhlmann D R.陶瓷导论[M].清华大学新型陶瓷与精细工艺国家重点实验室,译.北京:高等教育出版社,2010.

[2] Chiang Y M,Birnie D,Kingery W D.Physical ceramics[M].New York:John Wiley and Sons,Inc,1997.

[3] 樊先平,洪樟连,翁文剑.无机非金属材料科学基础[M].杭州:浙江大学出版社,2004.

[4] 陆佩文.无机材料科学基础:硅酸盐物理化学[M].武汉:武汉理工大学出版社,1996.

[5] 苏勉增.固体化学导论[M].北京:北京大学出版社,1986.

[6] 崔秀山.固体化学基础[M].北京:北京理工大学出版社,1991.

[7] 理查德·J.D.蒂利.固体缺陷[M].刘培生,田民波,朱永法,译.北京:北京大学出版社,2013.

[8] Smyth D M.The defect chemistry of metal oxides[M].Oxford:Oxford University Press,2000.

第3章 陶瓷晶体表面与相界面

材料的表面和界面与材料内部，无论在结构上还是在其化学组成上都有明显的差别，这些差别使材料表面与外界、界面间有特殊的响应，从而赋予了材料特殊的性质。处于固体材料内部的质点（原子、离子、分子等），周围质点对其作用状况是完全相同的，但固体材料表面及界面处的任意一个质点却处于受力不均衡的状态，导致材料表面及界面呈现出一系列特殊的性质。表面与界面的结构、性质，在陶瓷材料领域中，起着非常重要的作用。如固相反应、晶粒生长、烧结、陶瓷的显微结构、复合材料都与其密切相关。因此，了解材料表面、界面的结构及其行为，对陶瓷材料制备、性能提高和新材料的开发有重要意义。本章将主要介绍与表面、界面等有关的一些基本概念和基本知识。

3.1 固体表面

陶瓷固体表面是陶瓷固相和气相（或真空）的接触面。一个相与另一个相（结构不同）接触的分界面称为界面。

固体表面的质点性质不同于内部，其受力是不对称的，但固体表面质点通常是定位的，不可以自由流动，导致固体表面结构复杂，且呈现出一系列特殊的界面行为。固体表面的特征对材料的物理与化学性质和工艺过程都有着重要的意义。

3.1.1 固体表面特征

固体表面是指固体与气体之间的分界面，但通常因固体表面力的作用，导致表面大约几个原子层范围的结构、性质都可以与内部不同，因此一般也将这几个原子层范围的物质统称为表面。

3.1.1.1 固体表面的分类及特征

（1）理想表面

采用机械方法把晶体沿设定的晶面进行解理，得到两个半无限晶体，半无限晶体表面原子的位置及其结构的周期性与原来无限晶体完全一样，形成了一种理论上结构完整的二维点阵平面，所形成的表面即理想表面。即假设固体的表面和体内是相同的，体内的晶体结构可以无变化地延续到表面层，直到表面截断为止。很明显，理想表面不仅忽略了晶体内部周期性势场在晶体表面中断的影响，而且忽略了表面原子的热运动、热扩散和热缺陷，同时忽略了外界对表面的物理、化学等的作用。理想表面结构如图 3.1 所示。

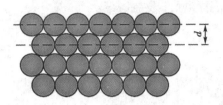

图 3.1　理想表面结构示意图

（2）清洁表面

清洁表面是指不存在任何吸附、催化反应、杂质扩散等物理化学效应的表面，这种清洁表面的化学组成与体内相同，表面处原子排列与内部明显不同，即周期结构不同于体内。根据表面原子的排列，清洁表面又可分为台阶表面、弛豫表面和重构表面。

① 台阶表面。

台阶表面的特征为表面不是一个平面，由规则的或不规则的台阶表面所组成，如图 3.2 所示为 Pt(557)有序原子台阶表面的结构示意图。

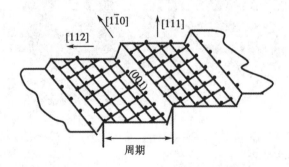

图 3.2　Pt(557)有序原子台阶表面的结构示意图

② 弛豫表面。

由于固相的三维周期性在固体表面处突然中断，表面上原子产生的相对于正常位置的上、下位移，称为表面弛豫。弛豫表面的结构如图 3.3（a）所示，其特点是表面区原子(离子)间的距离(d)偏离晶体内的晶格常数(d_0)，晶胞结构基本不变；图3.3(b)为LiF(001)弛豫表面示意图。离子晶体表面易于发生弛豫，离子晶体(MX型)表面层负离子(X^-)仅受上下和内侧正离子(M^+)的作用，电子云发生极化变形；负离子容易被极化，表面屏蔽正离子外移，形成弛豫表面。如氯化钠晶体(100)面离子极化引起的弛豫，表面5层的离子都会发生不同程度的位移。金属氧化物表面也易于发生弛豫使表面带负电，并且有表面电矩，例如MgO(111)面上负离子向外延伸3%，正离子收缩1%。此外，超细粉体也会由于弛豫产生表面电荷，发生团聚。

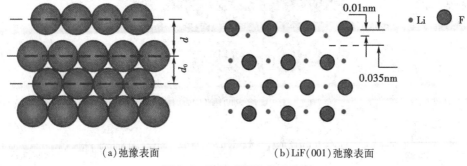

(a)弛豫表面　　　　　　　　　(b)LiF(001)弛豫表面

图3.3　弛豫表面结构示意图

③ 重构表面。

重构表面的特征为表面原子层在水平方向上的周期性不同于体内，但垂直方向的层间距则与体内相同，其结构如图3.4所示。

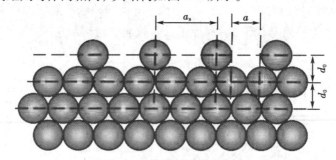

图3.4　重构表面结构示意图

a—未发生重构的表面原子间距离；a_s—发生重构后的表面原子间距离；d_0—晶格常数，晶体内原子间距离

(3)吸附表面

吸附表面，是清洁表面上有来自体内扩散到表面的杂质和来自表面周围空间吸附在表面上的质点所构成的表面。如碳化硅(SiC)表面吸附氧后成为硅的氧化物，从而改变了表面的化学组成，对材料的影响较大。化学吸附表面的结构如图3.5所示。

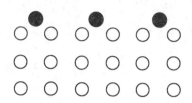

图 3.5　化学吸附表面结构示意图

（4）偏析表面

不论表面进行多么严格的清洁处理，总有一些添加剂及杂质由体内偏析到表面上来，从而使固体表面组成与体内不同，称为表面偏析。在金属氧化物中由于偏析而改变表面化学结构的现象是比较普遍的。偏析会改变材料的抗氧化、抗腐蚀性能，改变机械、电、磁性质及表面黏结性等，且影响材料的灵敏度。偏析表面的结构如图 3.6 所示。

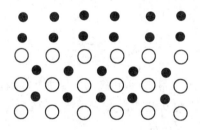

图 3.6　偏析表面结构示意图

（5）实际表面

一般情况下固体材料研究所涉及的表面都是实际表面，是通过一定加工处理（切割、研磨、抛光、滑洗等）而形成的，且保持在常温常压（也可能在低真空或高温）下。因制备或加工条件不同，导致实际晶体的表面出现晶格缺陷、空位或位错。此外，又因暴露在空气中，实际表面总是被外来物质污染，被吸附的外来原子会占据不同的表面位置，使表面的质点总体上呈无序排列。实际固体表面无论如何加工，即使通过超细研磨、抛光所形成的实际固体表面，从宏观角度看来很光滑的表面，从微观角度看也是粗糙不平的，使用高倍电子显微镜，即可轻易观察到实际固体表面是凹凸不平的。实际表面通常在组成、显微结构方面与材料内部存在很大差别，且受表面形成过程的影响。通常实际表面最主要关心的是表面层结构特征和表面平整度。

3.1.1.2　表面力场

因晶体中质点间存在作用力，晶体中每个质点的周围均存在着一个力场，在晶体内部，每个质点的力场是对称的。但在固体表面，因晶体中质点排列的周期性重复被中断，导致位于表面边界上的质点力场的对称性被破坏，产生剩余的键力，从而形成了固体表面力。

按固体表面力性质的不同，可将其分为范德华力和化学力两部分。

（1）范德华力

范德华力也称分子引力，指固体表面与被吸附质点（如气体分子）之间的相互作用力。分子引力是固体表面出现物理吸附和气体凝聚的原因，且液体的表面张力、内压、蒸气压、蒸发热等性质也与分子引力密切相关。范德华力主要来源于三种不同的力。

① 定向作用。

定向作用主要发生在极性分子（离子）之间。每个极性分子（离子）均有一个恒定的偶极矩（μ），相邻的两个极性分子（离子）因极性不同而相互作用的力，即为定向作用力。定向作用力的本质是静电力。根据经典静电学可以求得两个极性分子间的定向作用平均位能（E_0）为

$$E_0 = -\frac{2\mu^4}{3r^6kT} \tag{3.1}$$

其中，r 为分子间距；k 为玻耳兹曼常数；μ 为分子偶极矩。式（3.1）表明在一定的温度下，定向作用力与 μ 的 4 次方成正比，与分子间距 r 的 6 次方成反比，而温度 T 增高将使定向力作用减小。

② 诱导作用。

诱导作用主要发生在极性分子（离子）与非极性分子（离子）之间。在极性分子的作用下，非极性分子会被极化诱导出一个暂时的极化偶极矩，非极性分子与原来的极性分子产生定向作用，即为诱导作用。通常，诱导作用与极性分子的偶极矩和分子间距离有关，会随极性分子偶极矩（μ）和非极性分子的极化率（α）的增大而加强，但随分子间距离（r）的增大却减弱。用经典静电学方法可求得诱导作用引起的位能（E_i）为

$$E_i = -\frac{2\mu^2\alpha}{r^6} \tag{3.2}$$

③ 分散作用。

分散作用主要发生在非极性分子（离子）之间。非极性分子（离子）是指其核外电子云呈球形对称而不显永久的偶极矩。即电子在核外周围出现概率相同，而在某一时间内极化偶极矩平均值为零，但在电子绕核运动的某一个瞬间，在空间每个位置上，电子分布并不是严格地相同，导致其呈现出瞬间的极化偶极矩。大部分瞬间极化偶极矩之间及其对相邻分子的诱导作用均会引起相互作

用效应，即分散作用或色散力。应用量子力学的微扰理论可以近似地求出分散作用引起的位能为

$$E_D = -\frac{3\alpha^2}{4r^6}h\nu_0 \qquad (3.3)$$

其中，ν_0 为分子内的振动频率；h 为普朗克常数。

需要说明的是，对于不同的物质，定向作用、诱导作用和分散作用并不相同。以非极性分子为例，主要是分散作用，定向作用和诱导作用很小，基本可以忽略。此外，从式（3.1）、式（3.2）、式（3.3）可见，三种作用力均与分子间距的 6 次方成反比，说明分子间引力的作用范围很小，通常为 0.3~0.5nm。因为，与分子引力相比，当两分子过分靠近时所引起的电子层间斥力随距离的递减速率要大 10^6 倍，因此范德华力一般只表现出引力作用。

（2）化学力

化学力的本质是静电力，主要来源于表面质点的不饱和价键，通常可以用表面能的数值来估算。离子晶体的表面化学力一般取决于晶格能和极化作用。通常表面能与晶格能成正比，但与分子体积成反比。

3.1.2　固体表面结构

3.1.2.1　晶体表面结构

（1）理想晶体表面结构

理想晶体表面，即采用机械方法把晶体沿设定的晶面进行解理，得到两个半无限晶体，半无限晶体表面原子的位置及其结构的周期性与原来无限的晶体完全一样，所形成的理论上结构完整的二维点阵平面。图 3.7 所示是一个具有面心立方结构的理想晶体表面构造，从图中可观察到其（100）（110）（111）3 个低指数面上原子的分布。很明显，不同晶面表面上原子的密度不同。表 3.1 列出了具有简单立方、体心立方和面心立方结构的晶体在（100）（110）（111）3 个晶面上原子的密度。由表 3.1 可以看出，晶体表面原子密度及邻近原子数随晶体结构、结晶面的不同而变化，这些差异导致不同结晶面的吸附性、晶体生长、溶解度及反应活性等不同。表 3.2 列出了锗的晶面与溶解度的关系。需要指出的是，这是选取了一个理想的晶体表面结构观察的结果，并认为表面上的原子都是严格地按照晶格点阵排列的。

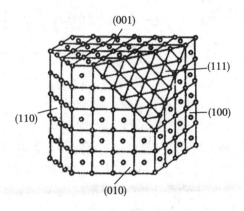

图 3.7　面心立方晶格的低指数面

表 3.1　结晶面、表面原子密度及邻近原子数

构造	结晶面	表面密度[①]	最邻近原子	次邻近原子
简单立方	(100)	0.785	4	4
	(110)	0.555	2	2
	(111)	0.453	6	6
体心立方	(110)	0.833	4	4
	(100)	0.589	4	4
	(111)	0.340	6	6
面心立方	(111)	0.907	6	6
	(100)	0.785	4	4
	(110)	0.555	2	2

① 以 πr^2 面积上的密度为单位 (r 是原子半径)。

表 3.2　锗表面的原子缺陷与溶解度的关系

结晶面	原子缺陷/cm^{-2}	原子缺陷密度比	溶解速度比
(100)	12.5×10^{14}	1.00	1.00
(110)	8.83×10^{14}	0.71	0.89
(111)	7.22×10^{14}	0.58	0.62

(2)离子晶体表面结构

理想晶体表面不仅忽略了晶体内部周期性势场在晶体表面中断的影响，还忽略了表面原子的热运动、热扩散和热缺陷等，同时忽略了外界对表面的物理化学作用等。

但通常晶体表面上有表面力的存在，使其表面处于较高的能量状态。因表面能量与内部相比较高，对液体而言，往往通过形成球形表面来降低其表面能；

但晶体因为其质点不能像液体中一样自由流动，只能通过离子极化、变形、重排引起晶格畸变来降低表面能，导致表面层与内部结构产生差异。具有不同结构的物质，因其表面力的大小和影响不同，所以表面结构状态也不相同。

　　以离子晶体为例，详细讨论其因表面力的存在，通过表面离子发生极化来降低其表面能，最终使表面层与内部结构产生差异的过程。如图 3.8 所示，为离子晶体(MX 型)在表面力的作用下，离子的极化与重排过程。因处于表面层的负离子(X^-)仅受到上下和内侧正离子(M^+)的作用，但其外侧是不饱和的，所以电子云将会被拉向内侧正离子(M^+)的一方而发生如图 3.8(b)所示的极化变形，使负离子(X^-)诱导成为偶极子来降低其表面能。这种表面质点通过电子云极化变形使表面能降低的过程称为松弛。松弛在瞬间即可完成，其结果使表面层的键性发生了改变。当离子发生极化变形后，会进一步发生如图 3.8(c)所示的离子重排。离子重排过程中，从晶格点阵排列的稳定性考虑，作用力较大、极化率较小的正离子(M^+)会处于稳定的晶格位置。为了达到降低表面能的目的，各离子周围作用能会尽量趋于对称，因此正离子(M^+)在内部质点作用下向晶体内靠拢，而易极化的负离子(X^-)因受诱导极化偶极子排斥而被推向外侧，从而形成如图 3.8(c)所示的表面双电层。随着重排过程的进行，表面层中离子间键性逐渐过渡为共价键性。离子的极化、重排不仅导致固体表面好像被一层负离子所屏蔽，并且导致表面层的组成转变为非化学计量的。最终结果使晶体表面能量上趋于稳定。需要指出的是，当晶体表面最外层形成双电层以后，它将对次内层发生作用，并引起内层离子的极化与重排，这种作用随着向晶体的纵深推移而逐步衰减。表面效应所能达到的深度，与阴、阳离子的半径差有关，如 NaCl 晶体中阴、阳离子的半径差较大，表面效应大约延伸到第五层，但当晶体中阴、阳离子的半径差较小时，表面效应延伸到 2~3 层。

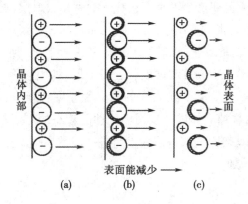

图 3.8　离子晶体表面的电子云变形和离子重排图

维尔威(Verwey)以氯化钠(NaCl)晶体为例,计算了其表面因离子极化和重排所形成的双电层,计算结果如图 3.9 所示。由图可见,在 NaCl 晶体表面,最外层和次外层质点面之间正离子(Na^+)间的距离为 0.266nm,而负离子(Cl^-)之间距离为 0.286nm,因此在表面形成一个厚度为 0.020nm 的双电层。

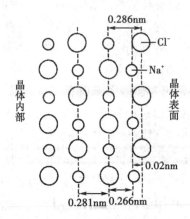

图 3.9　NaCl 晶体表面因离子极化和重排形成的双电层

离子晶体表面的双电层结构,已经得到实验的验证。如离子晶体表面对 Kr 的吸附和同位素交换反应,已证实了晶体表面所形成的双电层结构。除此之外,在真空中分解 $MgCO_3$ 所形成的 MgO 粒子相互排斥,这一现象也证实离子晶体表面形成了双电层结构。通常,由半径大的负离子(X^-)与半径小的正离子(M^+)所组成的化合物的表面,大部分由负离子(X^-)组成,正离子(M^+)则被负离子(X^-)所屏蔽。较典型的化合物是金属氧化物,如 Al_2O_3,SiO_2 和 ZrO_2 等,在这些氧化物的表面,大部分由负离子氧离子组成,正离子则被氧离子所屏蔽。

不同离子晶体表面所产生的离子极化、重排和双电层结构,其表面结构变化的程度,因离子极化性能的不同而不同。如表 3.3 所列化合物中,其中 PbI_2 因为其正离子 Pb^{2+} 和负离子 I^- 都具有最大的极化性能,所以形成的双电层较厚,导致其表面能(0.13J/m^2)和硬度(1)都降低。如用极化性能较小的 F^- 置换 PbI_2 中的负离子 I^- 形成 PbF_2,其表面的双电层厚度将减小,其表面能(0.90J/m^2)和硬度(2)均会增加。如进一步用极化性能较小的 Ca^{2+} 置换 PbF_2 中的正离子 Pb^{2+} 形成 CaF_2,其表面的双电层厚度将进一步减小,其表面能(2.50J/m^2)和硬度(4)均会迅速增加。

表 3.3　某些晶体中极化性能与表面能关系

化合物	表面能/($J \cdot m^{-2}$)	硬度
PbI_2	0.13	1
PbF_2	0.90	2
$BaSO_4$	1.25	2.5~3.5
$SrSO_4$	1.40	3~3.5
CaF_2	2.50	4

3.1.2.2　实际表面结构

（1）表面层结构特征

一般情况下，实际表面均是经过切、磨、挤压、抛光等机械加工而形成的，在距离表面相当宽的区域范围内，晶粒尺寸与体内有较大差别。如被磨光的多晶固体，通常会因加工方式或环境的不同，自表面向内部呈现多层结构，在表面层中的结晶粒子呈微细化，特别是在外表面层数纳米厚度处的电子衍射像大部分为非晶态物质，或者为极细的结晶群。而在距表面 0.1~1.0mm 的位置处，因细晶粒子的晶轴受磨光方向的影响，形成纤维组织结构。另外，还有部分多晶固体材料的表面，在加工形成表面的过程中，会形成刃位错或螺旋位错等晶格缺陷，部分表面还会存在点缺陷或杂质原子等。

现以一个经过研磨抛光的金属表面附近的组织为例，对实际表面层的结构特征进行详细说明。图 3.10 所示是一个经过研磨抛光形成的金属表面区附近组织示意图。在距离表面 1μm 范围内，晶粒尺寸与体内显著不同。尤其在距离表面 0.3μm 的范围内，晶粒尺寸非常细，而且有非晶态存在(表面层上)。通常认为，研磨、抛光过程中的局部温度升高，会导致该区域局部熔化，产生强烈形变和再结晶，致使晶粒变细。在距离表面 1~2μm 的范围，除 Beilby 层外，就是严重的形变区。虽然该区域晶格结构与内部差不多，但原子却偏离平衡位置非常严重；在 20~50μm 范围内是微小形变区。

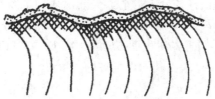

▨ 氧化物 (0.01~0.1μm)　— 抛光层

▩ 破裂形变区 (1~2μm)　〵 明显变形区 (5~10μm)

图 3.10　抛光金属表面附近的组织

固体材料表面的畸变区，对于材料在工业领域的应用，既有促进的作用，也有不良的影响。

如在固相反应和陶瓷材料的烧结过程中，材料表面的畸变区就有助于加速固相反应的发生和陶瓷材料的烧结致密化。因表面畸变区的原子处于高能不稳定的状态，它们的活动性强，在固相反应和陶瓷材料烧结过程中，是主要的反应活性中心。所以，在陶瓷或粉末冶金等材料制备工艺中，经常采用球磨、振磨和高能球磨等方法，使陶瓷原料粉体细化，增加粉体比表面积，同时在粉体表面形成一定厚度的表面畸变区，从而有助于加速固相反应的发生和陶瓷材料的烧结致密化。在陶瓷材料的制备过程中，选取粒径细小的粉体为原料，更有利于在较低烧结温度下获得高致密度的陶瓷材料，其原因之一就是细小粉体的表面存在较多的畸变区。

然而，在集成电路所使用硅片的制备过程中，表面畸变区却会产生不良影响。在集成电路中所使用的硅片，在进行主要工序之前需要经过切割、研磨、抛光、腐蚀等工序处理。因在切割时会在硅片表面留下 Beilby 层或损伤层，且很可能在外延、氧化和扩散等工序中形成位错、层错等二次缺陷，严重影响器件的电气特性和成品率。所以，在进行主要工序之前，需要把抛光硅片再进行腐蚀，除去表面的 Beilby 层和明显畸变区。

(2)表面粗糙度

实验结果表明，固体材料表面是凹凸不平的，即使从宏观角度看非常光滑平整的表面，从微观角度看，实际上也是凹凸不平的，因此实际表面是粗糙的。通过精密干涉仪对固体表面检查发现，即使是完整解理的云母表面也存在着 2~100nm，甚至高达 200nm 的不同高度的台阶。从原子尺度看，云母的表面无疑是很粗糙的。因此，固体的实际表面是不规则而且是粗糙的，存在着无数台阶、裂缝和凹凸不平的峰谷。固体表面的这些几何状态必然会对其表面性质产生一定的影响，其中最重要的影响之一是表面粗糙度。

固体材料表面的粗糙度有多种表示方法，在图 3.11 中，SJ 表示实际表面，GH 则是假想的光滑表面，其在分子水平上是光滑表面，且与实际表面 SJ 具有相同的体积，即 SJ 在 GH 以下的面积与 GH 以上的面积相等。可用探针测量真实表面 SJ 上不同点离开假想光滑表面 GH 的距离 h，就可根据式(3.4)求出平均高度 h_{av}，或根据式(3.5)求出其均方根平均高度 h_{rms}。

$$h_{av} = \frac{\sum\limits_{i=1}^{n} |h_i|}{n} \tag{3.4}$$

$$h_{rms} = \left(\sum\limits_{i=1}^{n} h_i^2 / n \right)^{\frac{1}{2}} \tag{3.5}$$

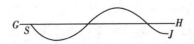

图 3.11　固体表面的不均一性

实际表面 SJ 表面积与假想光滑表面 GH 表面积之比值，即表面粗糙度 R_a。表 3.4 为典型的固体表面粗糙度 R_a 与表面平均高度值 h_{av}。

表 3.4　典型的固体表面粗糙度 γ 与平均高度值 h_{av}

典型的固体表面粗糙度 R_a		各种机械加工金属表面的 h_{av}/mm	
玻璃珠，一次清洗	1.6	抛光	0.02~0.25
玻璃珠，二次清洗	2.2	挤压成型	0.25~4
玻璃珠，清洗干净	5.4	压铸	0.4~4
银箔	5	研磨	0.5~2.5
银精，酸洗过	15	钻	2.5~5
铜，电抛光	1.12	切削	3~6

材料表面的粗糙度对材料的性能有重要的影响。一方面，表面粗糙度会引起材料表面力场的变化，从而进一步影响其表面结构。对于色散力，从色散力的本质可知，位于凹谷深处的质点，其色散力最大；位于凹谷面上和平面上的质点，其色散力次之；位于顶峰处的质点，其色散力则最小。然而，对于静电力，则位于孤立顶峰处的静电力最大，而凹谷深处的静电力最小。因此，表面粗糙度将使材料表面力场变得不均匀，导致其活性及其他表面性质也随之发生变化。另一方面，表面粗糙度还会直接影响固体材料的比表面积、内外表面积比值以及与之相关的属性，如强度、密度、润湿性、孔隙率、透气性等。此外，粗糙度还会影响两种材料间的封接和结合界面间的啮合或结合强度。

（3）表面微裂纹

固体表面的几何状态会对其表面性质产生一定的影响，其中最重要的一个影响是表面微裂纹。表面微裂纹可以因晶体缺陷或外力而产生。一般陶瓷材料均为脆性材料，因此表面微裂纹对陶瓷材料强度的影响尤为重要。表面微裂纹在材料中起着应力倍增器的作用，会导致位于裂纹尖端的实际应力远远大于所施加的应力。格里菲斯（Griffith）材料断裂应力（σ_C）与微裂纹长度（C）的关系式为

$$\sigma_C = \sqrt{\frac{2E\gamma}{\pi C}} \tag{3.6}$$

其中，E 为弹性模量；γ 为表面能。由式（3.6）可知，高强度的陶瓷材料，应具有较大的弹性模量和表面能，其微裂纹的尺寸越小对强度越有利。微裂纹对材

料强度的影响，已得到了实验的验证。格里菲斯曾用玻璃棒做实验，测得刚拉制成的玻璃棒的弯曲强度为 6×10^3 MPa，而该玻璃棒在空气中放置几小时后，由于大气腐蚀使玻璃棒表面形成微裂纹，导致其强度迅速下降为 4×10^2 MPa。由该实验可知，控制材料表面裂纹的大小、数目和扩展程度，就能更充分地发挥材料的固有强度。在材料的实际使用过程中，也经常通过减少材料表面微裂纹来使其具有较高的强度，如玻璃的钢化和预应力混凝土制品的增强原理就是使外层通过表面处理而位于压应力状态，从而闭合表面微裂纹。

(4)表面吸附

实际固体表面的各种性质并不是其内部性质的延续，实际固体表面的结构，由于吸附的缘故，使固体内部与表面性质相差较大。通常，一些非氧化物陶瓷材料，例如碳化硅(SiC)、氮化硅(Si_3N_4)等表面上有一层氧化物。一般的金属材料，表面上也都被一层氧化膜所覆盖，例如铁(Fe)在570℃以下表面形成包含 $Fe_2O_3/Fe_3O_4/Fe$ 的表面结构，表面层所形成的铁的氧化物依次为高价、次价和低价，最里层才是金属 Fe。但氧化铝(Al_2O_3)等氧化物陶瓷材料表面则被(OH)$^-$基所覆盖。

以氧化铝为例，详细介绍其表面被 OH$^-$基覆盖所形成的实际表面结构。图3.12是氧化铝表面结构的模型，其中图3.12(a)是顶视图，从图中可以看到，氧化铝表面被(OH)$^-$基所覆盖。随着温度的升高，表面开始慢慢地脱水生成 O^{2-}。图中的数字表示(OH)$^-$基周围 O^{2-} 的数目，从图中可以看到5种类型的

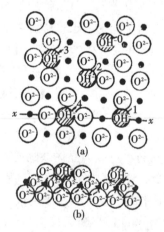

图 3.12　氧化铝表面的氢氧基

(OH)$^-$基。该结构模型与通过红外测试所得到的实验结果相符，从红外吸收光谱结果上可以看到，对应于周围 O^{2-} 的数目分别为0，1，2，3，4五种类型的(OH)$^-$基的振动，分别为3700，3733，3744，3780，3800cm^{-1}。图3.12(b)是

图 3.12(a)在 xx 轴处的断面,图中黑点表示 Al^{3+}。

虽然实际固体的表面由于吸附的缘故,通常被一层氧化膜或 OH^- 基所覆盖,但为了研究真实晶体表面结构或满足一些高技术材料制备的需要,可通过一些物理、化学方法获得洁净的表面。如可以用真空镀膜、真空劈裂、离子冲击、电解脱离及蒸发或其他物理、化学方法来清洁被污染的表面。

3.1.2.3　陶瓷原料粉体表面结构

陶瓷原料粉体的性能,对最终所制备陶瓷材料的性能有重要的影响。因此,了解陶瓷原料粉体的表面结构特征,有助于促进其高温烧结时的致密化过程。例如 1kg 石英砂从直径为 $10^{-2}m$ 粉碎至 $10^{-9}m$,其表面积与表面能均发生极大的变化,数值如表 3.5 所示。从表中可以看出,由于粉体粒径的变化使其表面能增加 10^6 倍。该值相当于 650kg 水升高 1℃ 需要从外界吸收的能量。在石英粉体粉碎的过程中,外界提供的机械能转化为粉体的表面能贮存在石英粉体内。在其作为原料粉体制备陶瓷材料的烧结过程中,粉体贮存的表面能,会成为烧结的推动力,促进陶瓷材料的烧结致密化。

表 3.5　石英粉体表面积与表面能

直径/m	表面积/$(m^2 \cdot g^{-1})$	表面能/$(J \cdot m^{-2})$
10^{-2}	0.26	0.27
10^{-9}	2.6×10^6	2.7×10^6

通常,粉体是一种微细固体粒子的集合体,因其具有较大的比表面积,所以粉体表面的结构状态对其性质有着决定性的影响。陶瓷材料制备过程中,通常把原料机械加工成微细颗粒以便于坯体成型和高温烧结致密化的进行。在机械加工粉碎过程中,因粉体被反复地加工破碎,会不断地形成新的表面,使粉体比表面积增加。但由于表面层离子的极化变形和重排使表面晶格发生畸变,导致有序性降低,因此,在粉体破碎过程中,随着新表面不断地形成,其表面结构的有序程度也受到愈来愈强烈的扰乱,且不断由颗粒表面向其内部扩展,最终导致粉体表面结构趋于无定形化。需要指出的是,陶瓷原料粉体表面结构趋于无定形化,一方面增加了粉体的活性,有利于其烧结致密化;另一方面,粉体表面结构趋于无定形化,使其形成双电层结构而容易引起磨细的粉体再次重新团聚,在制备陶瓷材料的原料粉体混合过程中,通常会加入分散剂防止粉体团聚。

基于 X 射线、热分析和其他物理化学方法对粉体表面结构所作的研究测定,曾提出两种不同的观点:一种认为粉体表面层是无定形结构;另一种认为粉体表面层是粒度极小的微晶结构。上述两种观点均得到一些实验结果的支持，现以研究较详细的 SiO_2 粉体为例，对其进行说明。

在用差热分析仪研究 SiO_2 粉体在 573℃ 发生 β-SiO_2 与 α-SiO_2 之间的相变时，发现其相变吸热峰面积随 SiO_2 粉体粒度发生明显的变化。当通过加工破碎使粉体粒度减少到 $13\mu m$ 时，仅有 50% 的石英粉体发生 β-SiO_2 与 α-SiO_2 之间的相转变。采用 HF 酸处理该粉体，使其表面层溶去，再次对酸洗处理后的该粉体进行差热分析测试，参与 β-SiO_2 与 α-SiO_2 之间相转变粉体的量将增加到 100%，该研究说明 SiO_2 粉体表面是无定形结构。由于随着加工破碎的不断进行，SiO_2 粉体颗粒变得细小，比表面积增加，表面无定形层所占比例也增加，可能参与相变的 SiO_2 量也随之减少了。所以，当粉体粒度减少到 $13\mu m$ 时，仅有 50% 的石英粉体发生 β-SiO_2 与 α-SiO_2 之间的相转变。此外，据此还可定量估计其表面层厚度为 $0.11 \sim 0.15\mu m$。

但采用 X 射线衍射仪对粉体进行精确的 X 射线和电子衍射的研究，却发现虽然它们 X 射线谱的强度减弱而且变宽，但其仍然呈现一定规律的谱线，因此又认为粉末表面并非无定形态，而是覆盖了一层尺寸极小的晶格严重畸变的微晶粒，即粉体表面呈微晶化状态。因为微晶体的晶格是严重畸变的，导致其晶格常数不同于正常值而且十分分散，致使其 X 射线谱线明显变宽。另外，采用 X 射线衍射仪对 SiO_2 粉体表面的易溶层进行测试，结果表明粉体表面的易溶层并不是无定形态。

上述关于粉体表面结构的两种观点，看似截然不同，但均得到一些实验结果的支持。如果把微晶体看作晶格极度变形了的微小晶体，其有序范围显然也十分有限。反之，如果把粉体表面看作无定形体，也远不像液体那样具有流动性。所以，或许这两种观点与玻璃结构上的网络学说与微晶学说可比拟，从这个角度考虑，这两种观点就可能不会是截然不同的了。

3.1.3　固体表面自由能

3.1.3.1　固体的表面能和表面应力

因固体表面上的原子或分子所受的力是不平衡的，所以使固体表面具有了较高的表面自由能(简称表面能)。表面能的含义是增加单位面积表面积时，体系自由能的增量。表面张力的含义是扩张单位长度表面所需的力。单位面积的能量和单位长度的力是等量纲的($J/m^2 = N \cdot m/m^2 = N/m$)。考虑由单原子组成的某物质，可以假设形成新表面的过程分解为两步进行：第一步，将固体(或液体)拉开，暴露出新表面，也就是创造了一部分新表面，此时新表面上的原子仍然停留在原来本体相的位置上；第二步，表面原子重新排列到各自的平衡位置上去。

对液体而言，在液体中原子和原子团易于移动，形成新表面。拉伸表面时，本体相的原子可以重新排列，几乎立即迁移到表面，且很快处于平衡状态，液体原子间距离并不发生改变。与最初状态相比，表面结构仍然保持不变。所以，这两步可以并作一步进行。因此，液体表面张力和表面能在数值上是相等的。两个概念常交替使用，只是同一事物从不同角度提出的物理量。在考虑界面性质的热力学问题时，采用表面能较恰当；而在分析各种界面交接时的相互作用以及它们的平衡关系时，则采用表面张力较恰当。

但是，对固体而言，由于固体原子几乎是不可能移动的，其表面不像液体原子那样易于伸缩或变形，第二步将进行得非常缓慢。很明显，在原子排列到新的平衡位置之前，新表面上的原子因受力不均，有自动调整其间距达到表面平衡构型的倾向，于是产生了表面应力。而当经过较长的时间，原子达到了新的平衡位置后，应力便消失，原子间的距离将减少。因此，对于固体，当拉伸或压缩其表面时，仅仅是通过改变表面原子的间距来改变固体的表面积，而不改变表面原子的数目，这样就有必要用一个更具有力学意义的物理量来描述表面原子的应力。只有当缓慢的扩散过程引起表面或界面面积发生变化时，表面张力和表面能才在数值上相等，如晶粒生长过程中晶界运动时；但当表面变形过程比原子迁移率快得多时，因表面结构受拉伸或压缩而与正常结构不同，表面能与表面张力在数值上就不相等，表面能和表面张力这两个概念就不能交替使用。固体的表面能在更大程度上取决于材料的形成过程。

在新表面形成过程中，为使新表面上的原子停留在原来的位置上，相当于对该原子施加一个外力，定义每单位长度上施加的外力为表面应力，用符号 τ 表示。将沿着相互垂直的两个新表面上的两个表面应力之和的一半定义为固体表面的表面张力（作为表面张力的力学意义），即

$$\gamma = \frac{\tau_1 + \tau_2}{2} \tag{3.7}$$

液体或各向同性固体的表面应力相等，即 $\gamma = \tau_1 = \tau_2$；各向异性固体的两个表面应力（也称为拉伸力）不等。

表面应力和表面吉布斯自由能的关系如下所述：对于各向异性的固体 $\tau_1 \neq$

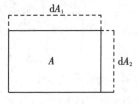

图 3.13　表面增量

τ_2，假定在两个方向上的面积增量分别为 dA_1 和 dA_2，如图 3.13 所示，则总的表面吉布斯自由能的增加可用抵抗表面应力的可逆功来表示，即

$$d(A_1 G^\gamma) = \tau_1 dA_1 \tag{3.8}$$

$$d(A_2 G^\gamma) = \tau_2 dA_2 \tag{3.9}$$

对式(3.8)和式(3.9)全微分

$$A_1 dG^\gamma + G^\gamma dA_1 = \tau_1 dA_1 \tag{3.10}$$

$$A_2 dG^\gamma + G^\gamma dA_2 = \tau_2 dA_2 \tag{3.11}$$

即

$$\tau_1 = G^\gamma + A_1 \frac{dG^\gamma}{dA_1} \tag{3.12}$$

$$\tau_2 = G^\gamma + A_2 \frac{dG^\gamma}{dA_2} \tag{3.13}$$

其中，G^γ 为单位面积表面吉布斯自由能；$d(AG^\gamma)$ 为总的面积吉布斯自由能的变化。

对于各向同性的固体，$\tau_1 = \tau_2$，式(3.12)和式(3.13)可简化为

$$\tau = G^\gamma + A \frac{dG^\gamma}{dA} \tag{3.14}$$

对于液体，$\frac{dG^\gamma}{dA} = 0$，所以 $\tau = G^\gamma = \gamma$。

假如某种固体，当面积发生变化 dA 时，始终保持着平衡的表面构型，则它与液体情况一样，$\tau = G^\gamma = \gamma$。假如在可逆情况下，拉伸很细的金属丝，本体相的原子能够及时迁移到表面区，这就意味着当表面积增加时，处于表面上的原子总是处于平衡位置，单位表面积上的热力学性质不发生变化，此时也有 $\tau = G^\gamma = \gamma$。但是如果拉伸金属丝时，不能保持表面的平衡构型，则表面应力数值就不等于表面吉布斯自由能 G，其差值决定于 $A \frac{dG^\gamma}{dA}$ 这一项。

对于液体，表面张力、表面应力与表面吉布斯自由能具有相同的数值，而对于固体，三者的数值均不相等，表面张力可以看成两相互垂直方向上表面应力的平均值；表面应力为单位长度上的外力；而表面吉布斯自由能是形成单位表面积时吉布斯自由能的增量。表面应力是力学性质的参数，而表面吉布斯自由能是一个热力学参数。

3.1.3.2 晶体表面能的理论计算

固体的表面能可以通过实验测定或理论计算的方法来确定。理论计算比较复杂，下面介绍共价键晶体和离子晶体表面能的近似计算方法。

（1）共价键晶体表面能

因共价键晶体不需要考虑长程力的作用，所以其表面能（u_s）就是破坏单位面积上的全部共价键所需要提供能量的一半，有

$$u_s = \frac{1}{2} u_b \tag{3.15}$$

其中，u_b 为破坏单位面积上的全部共价键所需要提供的能量。

以金刚石的表面能计算为例，若解理面平行于（111）面，计算可知该面上每 1 平方米有 1.83×10^{19} 个化学键，如果取键能为 376.6kJ/mol，则可计算出该面的总表面能为

$$u_s = \frac{1}{2} \times 1.83 \times 10^{19} \times \frac{376.6 \times 10^3}{6.022 \times 10^{23}} = 5.72 \text{J} / \text{m}^2$$

其中，6.022×10^{23} 为阿伏加德罗常量（N_A）。

（2）离子晶体表面能

每一个离子晶体的自由能都包括两部分能量，体积自由能和一个附加的过剩界面自由能。表面能，即单位面积的过剩界面自由能。为了计算离子晶体的表面自由能，选取真空中绝对零度（0K）条件下一个离子晶体的表面模型，计算晶体中一个原子（离子）从晶体内部移动到晶体表面时自由能的变化（见图 3.14）。

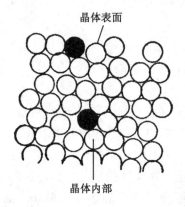

图 3.14　一个离子（黑色实心圆）在晶体的表面与内部的示意图

在 0K 时，原子（离子）从晶体内部移动到晶体表面时自由能的变化，等于该原子在晶体内部和表面时的内能之差 $(\Delta U)_{s,v}$。分别用 u_{ib} 和 u_{is} 表示第 i 个原子（离子）在晶体内部和晶体表面上时，与最邻近的原子（离子）间的作用能，分别以 n_{ib} 和 n_{is} 表示第 i 个原子在晶体内部和表面上时，最邻近的原子（离子）的数目（配位数）。无论从晶体内部或从晶体表面上取走第 i 个原子（离子）都必须切断其与最邻近原子（离子）之间的键。从晶体内部每取走一个原子（离子）

所需要提供的能量为 $(u_{ib} \cdot n_{ib})/2$，从晶体表面每取走一个原子(离子)所需要提供的能量为 $(u_{is} \cdot n_{is})/2$，因为每一个离子键同时属于两个原子(离子)，所以该能量值需要除以 2。因为第 i 个原子在晶体内部时最邻近的原子(离子)的数目(配位数) n_{ib} 比其在表面上时的配位数 n_{is} 大，而在晶体内部和晶体表面上时与最邻近的原子(离子)间的作用能却相近 $u_{ib} \approx u_{is}$，所以从晶体内取走一个原子所需能量 $(u_{ib} \cdot n_{ib})/2$ 比从晶体表面取走一个原子所需能量 $(u_{is} \cdot n_{is})/2$ 大。这说明晶体表面的原子与晶体内部相比具有较高的能量。假设先不考虑表面层结构与晶体内部结构的变化，若 $u_{ib} = u_{is}$，可计算得到第 i 个原子在晶体内部和晶体表面上时的内能之差为

$$(\Delta U)_{s,v} = \frac{n_{ib} u_{ib}}{2} - \frac{n_{is} u_{is}}{2} = \frac{n_{ib} u_{ib}}{2}\left(1 - \frac{n_{is}}{n_{ib}}\right) = \frac{U_0}{N_A}\left(1 - \frac{n_{is}}{n_{ib}}\right) \qquad (3.16)$$

其中，U_0 为晶格能；N_A 为阿伏加德罗常量。

若用 L_s 表示 $1m^2$ 晶体表面上的原子数，由式(3.16)可计算得到 0K 时单位面积的附加自由能，即表面能(γ_0)

$$\gamma_0 = (\Delta U)_{s,v} \times L_s = \frac{L_s U_0}{N_A}\left(1 - \frac{n_{is}}{n_{ib}}\right) \qquad (3.17)$$

以 MgO 晶体为例，计算其(100)面的表面能 γ_0。对于 MgO 晶体 $U_0 = 3.93 \times 10^3$ J/mol，$L_s = 2.26 \times 10^{19} m^{-2}$，$N_A = 6.022 \times 10^{23}$，$n_{is}/n_{ib} = 5/6$，带入式(3.17)可得

$$\gamma_0 = (\Delta U)_{s,v} \times L_s = \frac{L_s U_0}{N_A}\left(1 - \frac{n_{is}}{n_{ib}}\right) = \frac{2.26 \times 10^{19} \times 3.93 \times 10^3}{6.022 \times 10^{23}}\left(1 - \frac{5}{6}\right) = 24.5$$

由计算可得 MgO 晶体(100)面的表面能 $\gamma_0 = 24.5 J/m^2$。但在 77K 真空环境中，实验测得 MgO 晶体(100)面的表面能 $\gamma_0 = 1.28 J/m^2$。对比可知，理论计算值是实验测得值的 20 倍。

理论计算表面能的值比实测表面能的值高，主要原因是理论计算过程中把表面假定为理想表面，但理想表面的表面结构和表面积均与实际表面存在差异。首先，可能因为实际表面的表面结构与晶体内部相比发生了改变，包含有大尺寸阴离子和小尺寸阳离子的 MgO 晶体与 NaCl 类似(见图3.9)，小尺寸的阳离子 Mg^{2+} 从表面向内缩进，表面将由可极化的大尺寸的阴离子氧离子所屏蔽，实际上等于减少了表面上的原子数，即 L_s 减少。表面上的原子数 L_s 的减少，必然导致表面能 γ_0 降低。其次，可能因为实际表面是由许多原子尺度的阶梯构成，但在理论计算过程中并未考虑，导致实验数据中真实表面的实际面积比理论计算理想表面的面积大，这也会导致计算值偏大。

　　固体和液体的表面能与周围的环境条件有关，如晶面、气压、温度、第二相的性质等。随着温度的升高，表面能降低。一些物质在真空环境中或惰性气体中的表面能值列于表 3.6 中。

表 3.6　一些材料在真空环境或惰性气氛中的表面能值

材料	温度/℃	表面能/(10^{-7} J·cm^{-2})
水（液态）	25	72
铅（液态）	350	442
铜（液态）	1120	1270
铜（固态）	1080	1430
银（固态）	750	1110
银（液态）	1000	920
铂（液态）	1770	1865
氯化钠（液态）	801	114
NaCl（晶体）（100）	25	300
硫酸钠（液态）	884	196
磷酸钠，Na_3PO_4（液态）	620	209
硅酸钠（液态）	1000	250
B_2O_3（液态）	900	80
FeO（液态）	1420	585
Al_2O_3（液态）	2080	700
Al_2O_3（固态）	1850	905
0.20Na_2O-0.80SiO_2	1350	380
0.13Na_2O-0.13CaO-0.74SiO_2（液态）	1350	350
MgO（固态）	25	1000
TiC（固态）	1100	1190
CaF_2 晶体（111）	25	450
$CaCO_3$ 晶体（1010）	25	230
LiF 晶体（100）	25	340

3.1.3.3 固体表面能的实验测定

　　因固体分子相对液体分子的活动性较小，固体材料表面分子的流动性较差，所以固体材料的形状并不是由其表面张力决定的，而是由其形状形成过程中的加工过程决定的，导致固体表面能的测定比较困难。通常，固体材料的表面能测量值随测试方法、物质制备方法等的不同而不同。如用同一方法制备的固体材料由于测试方法的不同可能得到不同的表面能测量值，用不同方法制备的同一固体材料也可能得到不同的表面能测量值。

下面介绍两种较常用固体表面自由能的测试方法：从应变速率与应力的关系估算固体材料表面能和从熔解热测定估算固体材料表面能。

（1）从应变速率与应力的关系估算

虽然室温下固体分子相对液体分子的活动性较小，但随着温度的升高，固体分子的活动性会发生变化。在陶瓷材料的烧结过程中，当固体陶瓷原料粉体颗粒温度接近熔点时，再通过外界适当加热或加压，会发生粉体颗粒熔融成团现象，即发生烧结。烧结过程中，固体陶瓷原料粉体表面能的减小为烧结提供了推动力。陶瓷原料粉体高温下的烧结行为表明固体中分子在一定条件下仍具有一定的流动性，这一行为与黏性液体非常相似，即应变速率与所承受的压力成正比。

一根细金丝在温度接近 1000℃ 时，其应力与应变速率（单位时间内的延伸率）之间的关系曲线如图 3.15 所示。从图中可以看出，在载荷较小时，应力与应变速率基本呈直线关系。如果将所得直线外推到应变速率为零时对应的应力，应恰好等于沿金属丝同界的表面张力。研究者采用该方法，测得 1000℃ 时金的表面能为 $1300 \times 10^{-7} \sim 1700 \times 10^{-7} \mathrm{J/cm}^2$。

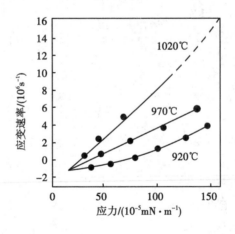

图 3.15　细金丝在不同温度下的应力与应变速率关系曲线

（2）从熔解热测定估算

固体材料熔解时其表面能以热量的形式释放出来，因此测定同一固体材料具有不同比表面积时的熔解热，从熔解热的差值可以估算获得其表面能。需要指出的是，用熔解热法测定表面能时，必须十分注意量热计的设计，要考虑因搅拌产生热量及其他热量损失而带来的误差。

首先，举例说明固体材料总表面积和总表面能随粒径的变化情况。如选取

1g 某种固体材料, 其密度为 2.2g/cm³, 假定其表面能为 150×10^{-7} J/cm², 将该固体材料细分成具有不同粒径的小立方体时, 其总表面积和总表面能随粒径的变化结果列于表 3.7 中。由表可以看出, 只有当立方体边长小于 1μm 时, 1g 该固体材料的总表面积才能达到几百平方米, 固体材料才可具有较大的总表面能。

表 3.7　总表面积和总表面能随粒径的变化

边长/cm	总面积/cm²	总表面能/(10^{-7}J·cm^{-2})
0.77	3.6	540
0.1	28	4.2×10^3
0.01	280	4.2×10^4
0.001	2.8×10^3	4.2×10^5
10^{-4}	2.8×10^4	4.2×10^6
10^{-6}	2.8×10^5	4.2×10^7

以 NaCl 晶体为例, 说明从熔解热测定估算其表面能的方法。Lipsett 等采用升华法制取了颗粒尺寸约为 1μm 的 NaCl 晶体, 并通过实验测得细颗粒的熔解热比粗颗粒大 66.9J/mol。结合表 3.7 中晶体粒径为 1μm 时对应的总表面积为 2.8×10^4 cm², 可计算 NaCl 的总表面能量:

$$E_S = \frac{66.9}{58.5 \times 2.8 \times 10^4} = 4.08 \times 10^{-5} (\text{J/cm}^2)$$

其中, 58.5 为 NaCl 的摩尔质量, g/mol; 2.8×10^4 为 1g 颗粒尺寸为 1μm 的 NaCl 晶体的总表面积, cm²。该计算过程中 1 g 颗粒尺寸为 1μm 的 NaCl 晶体的总表面积, 如果用更精确的 BET 气体吸附法测定, 可计算获得更准确的 NaCl 的表面总能量, $G_S = 2.76 \times 10^{-5}$ J/cm²。

▨ 3.2　界面行为

固体材料或陶瓷材料本身边界所构成的面, 也就是指对真空或只与本身的蒸气接触的面, 称为表面。但实际情况下, 固体材料的表面不是孤立存在的, 固体的表面总是与气相、液相或其他固相接触, 当这表面与另一相物质直接接触时, 该表面就称为界面。根据相的性质不同, 固体材料的界面可以分为气-固界面、液-固界面和固-固界面等三种界面。因为表面上有表面力的存在, 所以在表面力的作用下, 接触界面上将发生一系列物理或化学过程。陶瓷材料制备过程中, 有很多涉及相界面间的物理变化和化学变化的问题, 如果应用界面化学的规律来改变界面的物性，就可以改善工艺条件和开拓新的技术领域。因此，研究相界面上发生的各种物理化学变化以及给陶瓷材料带来的各种性质，对于陶瓷材料制造和应用有重要的意义。

3.2.1　弯曲表面效应

3.2.1.1　弯曲表面的压力差

表面能所引起的弯曲表面效应，其实质是弯曲表面内外的压力差。弯曲表面效应使固体材料的表面或界面产生了许多重要影响或变化，给陶瓷材料的制造也带来了一系列的影响。因此，以下内容对弯曲表面压力差的产生进行详细阐述。

因表面张力的作用，在弯曲表面下的液体，不仅要承受外界环境的压力 P_0，还要承受由于表面张力的作用而产生的附加压力 ΔP，其总压力为 $P = P_0 + \Delta P$。但是附加压力 ΔP 的值是有正负区别的，它的符号取决于液面的曲率半径 r，当液面为凸面时，r 为正值；当液面为凹面时，r 为负值。

图 3.16 所示为不同曲率的弯曲表面上附加压力的产生情况。如果液面取小面积 AB，AB 面上受表面张力的作用，且表面张力的方向与表面相切。当液面是平面时，如图 3.16(a)所示，因沿四周的表面张力抵消，所以液体表面内外的压力相等。但如果液面是弯曲的表面，液体表面内外的压力则不相等。当液面是凸面时，如图 3.16(b)所示，凸面的表面张力合力指向液体内部，与外压力 P_0 方向相同，该合力力图使液体表面积缩小，导致表面内的液体所承受的压力大于表面外的压力，所以凸面上所受到的总压力 P 比外部压力 P_0 大，总压力 $P = P_0 + \Delta P$，此时，附加压力 ΔP 为正值。而当液面是凹面时，如图 3.16(c)所示，表面张力的合力指向液体表面的外部，与外压力 P_0 方向相反，这个附加压力 ΔP 有把液面往外拉的趋势，导致大气对液面内液体的压力减少，因此凹面所受到的总压力 P 要比外部压力 P_0 小，$P = P_0 + \Delta P$，但此时 ΔP 为负值。由此可见，弯曲表面的附加压力 ΔP 总是指向曲面的曲率中心，当曲面为凸面时，ΔP 为正值；而当曲面为凹面时，ΔP 为负值。

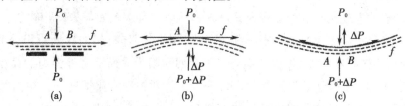

图 3.16　弯曲表面上附加压力的产生

附加压力 ΔP 与表面张力 γ 的关系式可以用下面的方法求得：如图 3.17 所示，把一根毛细管插入液体中，当外界向毛细管吹气时，得到的气泡总是呈球形的。因为对于任何一个给定的体积值来说，呈球形时表面积最小。假设在液体中的管端处形成一个半径为 r 的气泡，则其总表面能值为 $4\pi r^2\gamma$。如果外界环境使管内压力增加，即在气泡的内外侧存在一个压力差 ΔP，当气泡半径增大 dr 时，气泡体积相应增加 dV，其表面积也增加 dA，如果液体密度是均匀的，且假定不计重力的作用，则扩大气泡表面积所需要的总表面能成为阻碍气泡体积增加的唯一阻力。为了克服表面张力，外界环境所做的功为 ΔPdV，平衡时，这个功应等于系统扩大气泡表面积所需要的总表面能的增加

$$\Delta PdV = \gamma dA \tag{3.18}$$

因为

$$dV = 4\pi r^2 dr \tag{3.19}$$

$$dA = 8\pi r dr \tag{3.20}$$

得

$$\Delta P = 2\gamma/r \tag{3.21}$$

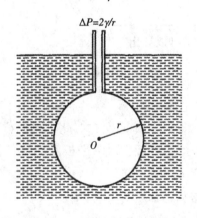

图 3.17　液体中气泡的形成

很显然，由式(3.21)可以得出结论：气泡的半径 r 越小，泡膜两侧的压差 ΔP 越大。表 3.8 列出了一些物质的曲面所造成的压力差，由表可知，附加压力与曲面半径成反比。这一结论对固体材料的表面也是适用的，所以，只要固体粉末的曲率半径足够小，就有可能使得由于表面张力引起的压力差相当大。而在粉体的烧结过程中，该压力差已成为促进烧结的推动力。

表3.8 弯曲表面的压力差

物质	表面张力/ $(10^3 N \cdot m^{-1})$	曲率半径 /μm	压力差 /MPa
水(15℃)	72	0.1	2.94
		1.0	0.294
		10.0	0.0294
液态钴(1550℃)	1935	0.1	7.80
		1.0	0.7
		10.0	0.078
硅酸盐熔体	300	100	0.006
石英玻璃	300	0.1	12.3
		1.0	1.23
		10.0	0.123
固态 Al_2O_3(1850℃)	905	0.1	7.4
		1.0	0.74
		10.0	0.074

对于非球面的曲面，可以导出

$$\Delta P = \gamma \left(\frac{1}{r_1} + \frac{1}{r_2} \right) \tag{3.22}$$

其中，r_1 和 r_2 为曲面的主曲率半径。当 $r_1 = r_2$ 时，式(3.22)即式(3.21)。式(3.22)为著名的拉普拉斯(Laplace)公式，此式也同样适用固体材料的表面。此外，若有两块相互平行的平板，则两平板间的液体液面上附加压力 $\Delta P = \gamma / r_1$，因为这种情况下 r_2 趋于无穷大。当 r_1 很小时，这种压力称为毛细管力。

3.2.1.2 弯曲表面对液体蒸气压的影响

当把一杯液体分散成微小液滴时，液面由原来的平面变成了凸面，由拉普拉斯公式即式(3.22)可知，曲面的存在必将导致压力差的产生，因此凸形曲面对液滴所施加的附加压力使液体的化学势增加，导致液滴的蒸气压也随之增加。所以，液滴的蒸气压必然比同温度下平面液体的蒸气压高。可通过开尔文(Kelvin)方程表述曲面液滴上蒸气压与平面液体上蒸气压之间的关系：

$$\ln \frac{P}{P_0} = \frac{2M\gamma}{\rho RT} \times \frac{1}{r} \tag{3.23}$$

其中，P 为球形液滴曲面上蒸气压；P_0 为平面上蒸气压；M 为相对分子质量；γ 为液体的表面张力；ρ 为液体密度；R 为气体常数；r 为球形液滴半径。由式

(3.23)开尔文公式可知,曲面液滴表面蒸气压随液滴半径的减小而增大,即液滴半径越小,其表面蒸气压越大。

此外,凸面、平面、凹面上蒸气压的大小也不同,三者存在如下关系

$$P_凸 > P_平 > P_凹 \tag{3.24}$$

其中,$P_凸$为凸曲面上蒸气压;$P_平$为平面上蒸气压;$P_凹$为凹曲面上蒸气压。

另外,当液体能够润湿插入液体的毛细管壁时,开尔文公式也可以用来解释毛细管内液体的蒸气压变化和毛细管凝聚现象。但此种情况下的开尔文表达式应写成

$$\ln \frac{P}{P_0} = -\frac{2M\gamma}{\rho RT} \times \frac{1}{r}\cos\theta \tag{3.25}$$

其中,r为毛细管半径;θ为与液体对管壁润湿程度有关的润湿角。当润湿角 $\theta = 0$ 时,液体可对管壁完全润湿,液面在毛细管中将呈现半球形的凹面,对应 $\cos\theta = 1$,则式(3.25)写成

$$\ln \frac{P}{P_0} = -\frac{2M\gamma}{\rho RT} \times \frac{1}{r} \tag{3.26}$$

由式(3.26)可知,凹面上蒸气压低于平面上蒸气压。假定在指定温度下,环境蒸气压为 P_0,则有 $P_平 > P_0 > P_凹$,即该蒸气压 P_0 对平面液体未达到饱和,却对管内的凹面液体已呈现过饱和状态,此蒸气在毛细管内将会凝聚成液体,该现象即毛细管凝聚。

毛细管凝聚现象在陶瓷材料制备过程中也经常会出现,如果处理不当,会影响产品的质量。如陶瓷生坯中通常会有很多毛细孔,导致有许多毛细管凝聚水,这些凝聚在毛细管中的水因蒸气压较低而不容易被排除,在陶瓷生坯烧结之前,如果没有预先充分干燥生坯,高温烧结过程中将易炸裂,最终影响产品的质量。此外,毛细管凝聚现象在生活中也会经常遇到,如水泥地面在冬天易冻裂,也与毛细管凝聚水的存在有关。

3.2.1.3　弯曲表面对固体蒸气压及溶解度的影响

由于固体材料的升华过程与以上讨论的液体蒸发过程相似,因此上面针对液体蒸发过程获得的各式对固体材料同样适用。尤其当固体颗粒半径 r 较小,固体颗粒为微细颗粒时。很明显,固体的蒸气压将随固体粒径的减小而增大;结合表 3.8 中弯曲表面曲率半径对压力差的影响可以看出,当弯曲表面的曲率半径减小至 $1\mu m$ 时,由曲率半径差异引起的压力差已非常显著。在陶瓷材料高温烧结过程中,这种曲率半径差异而引起的蒸气压差,足以引起物质在不同曲率微细陶瓷原料粉体表面上进行传质,物质会由凸面蒸发向凹面凝聚,这是陶瓷原料粉体烧结传质过程中的一种气相传质方式,将在第 8 章中烧结的传质机

理部分作具体阐述。

另外，如果用溶解度 C 代替式(3.23)中蒸气压 P 时，可以得到类似的关系

$$\ln \frac{C}{C_0} = \frac{2M \gamma_{LS}}{\rho RT} \times \frac{1}{r} \tag{3.27}$$

其中，C 为半径为 r 的小晶粒的溶解度；C_0 为大晶粒的溶解度；ρ 为固体密度；γ_{LS} 为固体与液体的界面能。式(3.27)的含义是微小颗粒溶解度大于普通颗粒的溶解度。即固体的溶解度随固体粒径的减小而增大，但固体的熔化温度则随固体粒径的减小而降低。

由本小节内容可以看出，表面曲率对材料蒸气压、溶解度和熔化温度等物理性质都有重要的影响。固体颗粒半径越小，表面曲率越大，其蒸气压和溶解度越高，但其熔化温度会降低。弯曲表面的这些效应在以微细陶瓷粉体为原料的陶瓷材料生产工业中，无疑将会影响生坯干燥、陶瓷材料烧结等一系列工艺过程和最终产品的组织和性能。

3.2.2 固-液界面

陶瓷材料往往是表面和界面的组合体系，表面能和界面能之间的关系，在很大程度上决定了液体在固体表面上的润湿行为以及两相或多相混合物的相的形态。陶瓷材料无论是在应用过程中还是在材料制备过程中，常涉及液体在固体表面上的润湿行为。润湿是固-液界面上的重要行为，它是固体吸附液体的现象之一。润湿不仅在日常生活中经常能够遇到，例如，人们通常使用的防雨布，浸在水中可以"不湿"，而普通布一浸就"湿"（"湿"或"不湿"，其实就是润湿最粗浅的概念），而且，润湿是近代很多工业技术的基础，例如，机械的润滑，注水采油，油漆涂布，金属焊接，陶瓷、搪瓷的坯釉结合等。此外，陶瓷材料制备过程中胶体法处理原料或制备材料就是应用了固-液界面产生的特殊性质，易洁功能薄膜也是因为薄膜与水有非常好的润湿性，陶瓷与金属的封接等工艺和理论都与润湿作用密切相关。本节介绍液体对固体表面的润湿作用。

3.2.2.1 Young方程和固-液接触角

表面与界面的组合，可以形成固-液-气、固-固-液、固-固-气三种体系。对陶瓷材料而言，固-液系统、固-固系统比固-气系统重要。液体和气体一样，当液体和固体表面相接触时，也能使固体的表面能下降。液体与固体接触，使固体表面能下降的现象称为润湿。润湿作用实际上涉及气、液、固三相。由于固体表面的不均匀性以及固体表面能无法直接测量，而且液体分子结构不像固态分子结构那么整齐，另外液体分子间距又比气体分子间距小很多，因此分子间作用力不能不考虑，导致固-液-气三相所形成的界面十分复杂。

润湿的程度与两相的表面张力有关。当把液滴滴在清洁平滑的固体表面上时，形成如图 3.18 所示的形状。如果可以忽略液体重力和黏度的影响，则液滴在固体表面上的润湿行为由固-气、固-液和液-气三个界面的张力所决定。设在固-液-气三相界面上，气-液的界面张力为 γ_{LG}，严格来说 γ_{LG} 是液体对其本身蒸气的界面张力，固-液的界面张力为 γ_{SL}，气-液的界面张力和固-液的界面张力力图使液体变为球形，阻止液相润湿固相；固-气的界面张力为 γ_{SG}，力图把液体拉开，并覆盖固体表面，使固体表面能下降。在三相交界处自固-液界面经过液体内部到气-液界面的夹角叫接触角，以 θ 表示。则三相界面张力 γ_{SG}，γ_{SL}，γ_{LG} 与接触角 θ 间的平衡关系一般服从下面的 Young 方程

$$\gamma_{SG} = \gamma_{SL} + \gamma_{LG}\cos\theta \tag{3.28}$$

Young 方程是研究液体在固体表面上的润湿行为的基础，其中，$F = \gamma_{LG}\cos\theta$ 为润湿张力。

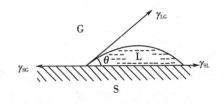

图 3.18　接触角

通常，接触角 θ 的大小是判定润湿性好坏的判据，具体情况如下：

① 当 $\theta = 0°$，$\cos\theta = 1$，$\gamma_{SG} - \gamma_{SL} = \gamma_{LG}$ 时，润湿张力 $F = \gamma_{LG}$ 最大，可以完全润湿，液体在固体表面自由铺展，如图 3.19(c) 所示。

② 当 $0° < \theta < 90°$，$0 < \cos\theta < 1$，$\gamma_{SG} - \gamma_{SL} < \gamma_{LG}$ 时，润湿张力 $F < \gamma_{LG}$，液体可润湿固体，如图 3.19(b) 所示，但是没有完全铺展，且 θ 越小，润湿性越好。

③ 当 $90° < \theta < 180°$，$\cos\theta < 0$，$\gamma_{SG} < \gamma_{SL}$ 时，润湿张力 $F < 0$，液体不润湿固体，如图 3.19(a) 所示。

④ 当 $\theta = 180°$，$\cos\theta = -1$，$\gamma_{SG} = \gamma_{SL} - \gamma_{LG}$ 时，完全不润湿，液体在固体表面凝聚成小球。

在陶瓷材料中，主晶相与其同一系统的低共熔物所组成的系统基本上都是润湿的。例如，Al_2O_3 被 $MgO-Al_2O_3-SiO_2$ 系统的低共熔物所润湿。

虽然用力学方法导出的 Young 方程是完全正确的，但仍有不少争议。Adam 等从能量的观点导出 Young 方程。当把液体放在清洁平滑的固体表面上，并形成如图 3.20 所示的形状时，系统达到最小自由焓状态。如果先假定液滴足够小，可以忽略重力影响。若液体发生了一个小的位移，使固-液、固-气、液-气界面的面积变化分别为 dS_{SL}，dS_{SG}，dS_{LG}，则系统自由焓的变化为

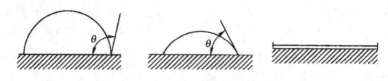

（a）不润湿，$\theta>90°$　　（b）润湿，$\theta<90°$　　（c）完全润湿，$\theta=0°$，液体铺开

图 3.19　润湿以及液滴的形状

$$dG = \gamma_{LG}dS_{LG} + \gamma_{SG}dS_{SG} + \gamma_{SL}dS_{SL} \tag{3.29}$$

由图 3.20 可知，在液体滑动时，应有

$$dS_{SL} = -dS_{SG} \tag{3.30}$$

$$dS_{LG} = \cos\theta dS_{SL} \tag{3.31}$$

将式（3.30）、式（3.31）代入式（3.29）可得

$$dG = (\gamma_{LG}\cos\theta - \gamma_{SG} + \gamma_{SL})dS_{SL} \tag{3.32}$$

平衡时，$dG=0$，故

$$\gamma_{SG} - \gamma_{SL} = \gamma_{LG}\cos\theta \tag{3.33}$$

式（3.33）即 Young 方程。

需要指出的是，在上面 Young 方程的推导中，不仅忽略了重力的影响，还忽略了 γ_{LG} 的垂直分力 $\gamma_{LG}\sin\theta$ 的影响，这也是引起非议的原因。但事实证明，在一般情况下，是可以允许忽略重力和 γ_{LG} 的垂直分力的。

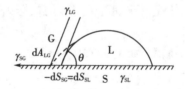

图 3.20　Young 方程的推导接触角

3.2.2.2　润湿分类

根据润湿程度的不同可分为附着润湿（adhesional wetting）、铺展润湿（spreading wetting）和浸渍润湿（immersional wetting）三种，如图 3.21 所示。

（1）附着润湿

附着润湿过程是指液体和固体接触后，变液-气界面和固-气界面为固-液界面的过程，如图 3.21（a）所示。工业和生活中经常会遇到附着润湿的过程，例如，树脂能否附着在玻璃纤维上成为玻璃钢，照相乳剂能否均匀地附着在基片上，这些问题都涉及附着润湿能否自发进行，即是否 $\Delta G<0$。设液-气界面、固-气界面和固-液界面的面积均为单位值（如 1cm^2），比表面自由能（表面能）

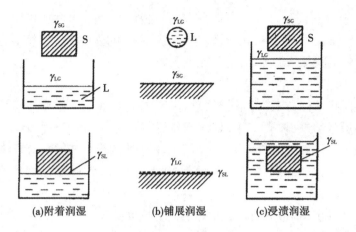

(a)附着润湿　　　(b)铺展润湿　　　(c)浸渍润湿

图 3.21　润湿的三种方式

分别为 γ_{LG}，γ_{SG} 和 γ_{SL}，则上述过程的吉布斯自由能变化为

$$\Delta G_1 = \gamma_{SL} - (\gamma_{SG} + \gamma_{LG}) \tag{3.34}$$

对应上述附着润湿的逆过程，有吉布斯自由能变化 $\Delta G_2 = \gamma_{SG} + \gamma_{LG} - \gamma_{SL}$，假定在恒温恒压恒组成条件下，将其可逆地再分开，如图 3.22 所示，此时需外界对体系所做的功 W 为

$$W = \gamma_{SG} + \gamma_{LG} - \gamma_{SL} \tag{3.35}$$

其中，W 为附着功或黏附功。附着功可理解为将单位截面积的液-固界面拉开为单位液-气界面和固-气界面所做的功。很明显，附着功 W 值愈大，表示固-液界面结合愈牢固，也即附着润湿愈强。

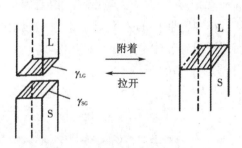

图 3.22　附着正逆过程的示意图

由式(3.35)可以看出，任何使 γ_{SL} 减小的作用都可增大发生附着的倾向且增加附着的牢固度。但任何使 γ_{LG} 或 γ_{SG} 减小的因素都会减弱附着倾向并降低其牢固度。例如，在传统日用陶瓷和搪瓷生产中，釉和珐琅在坯体上可牢固附着是非常重要的。一般情况下，γ_{LG} 和 γ_{SG} 都是固定的。因此，在实际生产中为了使液相扩散和达到较高的附着功 W，常采用化学性能相近的两相系统，这样就

可以降低 γ_{SL}，从而提高附着功 W。此外，在高温煅烧时两相之间如果发生化学反应，会导致坯体表面变粗糙，熔质填充在高低不平的表面上，互相啮合，从而导致两相之间的机械附着力增加。

（2）铺展润湿

铺展润湿是指液体与固体表面接触后，液体在固体表面上排除空气而完全自行铺展成薄膜状的过程，即一个以液-固界面取代气-固界面同时液体表面也随之扩展的过程，如图 3.21（b）所示。由 3.2.2.1 节内容可知，当忽略液体的重力和黏度影响时，液滴在固体表面上的铺展就由 γ_{SG}，γ_{SL} 和 γ_{LG} 这三个界面张力所决定，符合其平衡关系式：$\gamma_{SG}=\gamma_{SL}+\gamma_{LG}\cos\theta$。当 $\theta=0°$ 时，润湿张力 $F=\gamma_{LG}\cos\theta$ 最大，可以完全润湿，即液体可以在固体表面上自由铺展。

由 Young 方程式（3.33）可以看出，润湿的先决条件是 $\gamma_{SG}>\gamma_{SL}$，或者是 γ_{SL} 十分微小。当固、液两相的化学性能或化学结合方式非常接近时，这一要求是能够满足的。例如，硅酸盐熔体在氧化物固体上通常会形成较小的润湿角，有时硅酸盐熔体甚至能完全将固体氧化物润湿。但在金属熔体与氧化物之间，情况就不同了，由于二者结构不同，固-液界面能 γ_{SL} 很大，导致 $\gamma_{SG}<\gamma_{SL}$，按 Young 方程式（3.33）计算可得 $\theta>90°$，因而氧化物固体不被金属熔体润湿。

此外，由 Young 方程式（3.33）还可以看出，γ_{LG} 的作用是多方面的，在润湿的系统中，即当 $\theta<90°$，$\gamma_{SG}>\gamma_{SL}$ 时，γ_{LG} 的减小会导致 θ 变小，但在不润湿的系统中，即当 $\theta>90°$，$\gamma_{SG}<\gamma_{SL}$ 时，γ_{LG} 的减小会导致 θ 增大。

（3）浸渍润湿

浸渍润湿是指固体直接浸入液体中的过程，如图 3.21（c）所示，如将陶瓷生坯浸入釉中。在此过程中，原来的固-气界面被固-液界面所代替，但液体表面没有发生变化。固体浸渍到液体中的自由能变化 ΔG 为

$$-\Delta G=\gamma_{SG}-\gamma_{SL}=\gamma_{LG}\cos\theta \tag{3.36}$$

由热力学平衡准则可知，只有 $\Delta G<0$ 的过程才能发生浸渍润湿。即当 $\gamma_{SG}>\gamma_{SL}$ 时，则有 $\cos\theta>0$，$\theta<90°$，浸渍润湿过程才能自发进行。$\Delta G>0$ 的过程不能发生浸渍润湿。即当 $\gamma_{SG}<\gamma_{SL}$ 时，则有 $\cos\theta<0$，$\theta>90°$，润湿过程的体系能量升高，浸渍润湿过程不可能自发进行，要将固体浸于液体之中，则必须有外界对系统做功。此时，密度小于液体的固体，在无外界对系统做功的情况下，固体将浮在液面上；但密度大于液体的固体虽可沉入液体中，却在取出时可以发现固体没有被液体浸渍润湿，这是因为润湿张力（$F=\gamma_{LG}\cos\theta$）为负值。

综上所述，可以看出三种润湿过程的共同点是液体将气体从固体表面排挤开，使原有的固-气（或液-气）界面消失，取而代之以固-液界面。就润湿发生的三种方式而言，铺展是润湿的最高标准，能铺展则必能附着和浸渍，反之则

不一定。要将固体浸于液体之中必须做功。

3.2.2.3　影响润湿的因素

固-液界面的润湿是人们日常生活和工业生产中经常会遇到的现象。许多工业实际生产中都要求改善固-液界面的润湿性，例如，金属陶瓷的制备过程中，常需要改善固体陶瓷与金属液体界面的润湿性。然而，也有很多场合要求固-液界面不润湿，例如矿物浮选工艺过程中，需要分离出去的杂质为水润湿，而有用的矿石不为水所润湿；又如防雨布、防水涂层等都希望不为水所润湿。如何改变固-液界面的润湿性以适应日常生活和生产技术的要求呢？下面讨论影响润湿的因素。

（1）界面张力

对于理想的平坦、清洁表面而言，由 Young 方程式(3.33)可以看出，固-液界面的润湿性主要取决于 γ_{SG}，γ_{SL}，γ_{LG} 三个界面张力的相对大小。其中，因为 γ_{SG} 几乎是无法改变的，所以只能考虑如何改变 γ_{LG} 和 γ_{SL}。在陶瓷材料生产过程中，经常通过改变液相化学组成来降低 γ_{LG}，或者通过使固液两相组成尽量接近来降低 γ_{SL}。例如，在玻璃相中加入 B_2O_3 和 PbO 来降低 γ_{LG}，从而改善固-液界面的润湿性。又例如，在陶瓷-金属复合材料的制备过程中，纯铜与碳化锆(ZrC)之间接触角 $\theta = 135°$ (1100℃)；在铜中加入少量镍(0.25%)，Ni 的引入可降低 γ_{SL}，从而使接触角 θ 降至 54°，有效改善了碳化锆-铜界面的润湿性，最终使碳化锆-铜的结合性能得到改善。

下面以碳化硼陶瓷材料为例，详细说明在陶瓷复合材料制备过程中，通过改善固-液界面的润湿性，从而优化了材料制备工艺，并进一步改善了陶瓷复合材料的性能。

因碳化硼断裂韧性较低，常通过引入韧性较好的金属来提高其断裂韧性。在众多金属材料中，金属铝(Al)因其低密度(2.79g/cm³)、低熔点(660℃)等优点脱颖而出，常被研究者选做改善碳化硼断裂韧性的优异材料。但纯铝实际上与碳化硼的润湿性并不良好，王希军等采用座滴法测定了纯铝在碳化硼基体上的接触角和接触面积，结果如表 3.9 所示。从表中可以看出，纯铝和碳化硼的接触角随温度升高而减小，在 750℃ 时，两者之间润湿角仅为 124° 左右，此

表 3.9　纯 Al 在 B_4C 上的接触角

温度/℃	750	850	1000	1200	1300
接触角/(°)	124	119	90	40	20

温度下，两者无法进行润湿；两者在温度高于 1000℃ 时开始润湿；当温度升至 1200℃ 时，虽然接触角可降至 40° 左右，润湿性较好。但该接触角的值仍远低于工业生产所要求的范围(10° 以下)，因此，改善铝与碳化硼陶瓷基体之间的

润湿性成为研究者们的研究方向。

为了进一步改善铝与碳化硼陶瓷基体之间的润湿性，王希军等在铝中添加了钛形成铝钛合金，并采用座滴法测定了添加不同含量 Ti 的铝钛合金在碳化硼基体上的接触角，结果如表 3.10 所示。由表可知，添加 10%Ti 的铝钛合金在 1200℃和 1300℃时，与 B_4C 的接触角为 0°，说明添加合金元素 Ti 改善 Al 与 B_4C 基体润湿性的研究思路切实可行。

表 3.10　不同 Ti 含量的铝钛合金在 B_4C 上的接触角

$w(Ti)/\%$	5	10	10
温度/℃	1200	1200	1300
接触角/(°)	5	0	0

（2）粗糙度

上面的讨论都是对于理想的平坦表面而言，但是实际上固体表面是粗糙的，固体表面的粗糙度对固-液界面的润湿过程会产生重要的影响。

从热力学角度考虑，当系统处于平衡时，界面位置的少许移动所产生的界面能的净变化应等于零。如图 3.23(a)所示，固体表面为理想的平坦表面，假设界面在固体表面上从 A 点移动到 B 点，此时固-液界面积扩大了 dS，对应固体表面减少了 dS，即固-气界面积减少了 dS，同时液-气界面积增加了 $dScos\theta$，因界面位置的少许移动所产生的界面能的净变化应等于零，所以平衡时则有

$$\gamma_{SL}dS+\gamma_{LG}dScos\theta-\gamma_{SG}dS=0 \tag{3.37}$$

或者

$$cos\theta=\frac{\gamma_{SG}-\gamma_{SL}}{\gamma_{LG}} \tag{3.38}$$

但实际的固体表面通常是具有一定的粗糙度的，如图 3.23(b)所示，因此实际粗糙表面的真正表面积较理想平坦表面的表观面积大（假定大 n 倍）。若界面位置同样从 A' 点移动到 B' 点，使理想固-液界面的表观面积还是增大 dS，但是此时实际固体的真实表面积却增大了 ndS，对应固-气界面实际上也减少了 ndS，但液-气界面面积仍净增了 $dScos\theta_n$，于是

$$\gamma_{SL}ndS+\gamma_{LG}dScos\theta_n-\gamma_{SG}ndS=0 \tag{3.39}$$

或者

$$n=\frac{cos\theta_n}{cos\theta} \tag{3.40}$$

其中，n 为表面粗糙度系数；θ_n 为对粗糙表面的表观接触角。因为 n 值始终大于 1，所以 θ 与 θ_n 的相对关系将按图 3.24 所示的余弦曲线变化。即当 $\theta<90°$ 时，$\theta>\theta_n$；$\theta=90°$ 时，$\theta=\theta_n$；当 $\theta>90°$ 时，$\theta<\theta_n$。因此，当真实接触角 $\theta<90°$ 时，

固体表面粗糙度越大，表观接触角 θ_n 越小，固-液界面就越容易润湿。反之，当 $\theta>90°$ 时，则固体表面粗糙度越大，表现接触角 θ_n 越大越不利于固-液界面润湿。

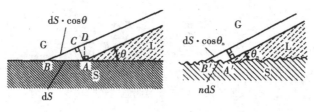

（a）理想的平坦表面　　　　　（b）粗糙的实际表面

图 3.23　表面粗糙度对润湿的影响

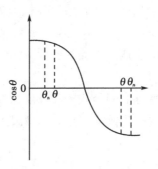

图 3.24　θ 与 θ_n 的关系

粗糙度能够改善固-液界面润湿性的实例，经常出现在生活和工业生产中。例如，水泥与混凝土之间，因 $\theta<90°$，表面愈粗糙，润湿性愈好；但对于陶瓷元件表面被银，因 $\theta>90°$，表面粗糙度越大，越不利于陶瓷-银界面的润湿，所以必须先将瓷件表面磨平并抛光，才能提高瓷件与银层之间润湿性。

（3）吸附膜

上面讨论中涉及的固-气界面张力 γ_{SG}，是固体露置于蒸气中的表面张力，所以表面带有吸附膜，如图 3.25 所示，它与除气后的固体在真空中的表面张力 γ_{SO} 不同。因为，当固体露置于蒸气中时，其表面形成的吸附膜将会降低固体的表面能，所以 γ_{SG} 通常要比 γ_{SO} 低得多，二者之间的差值等于吸附膜的表面压 π，即

$$\pi=\gamma_{SO}-\gamma_{SG} \tag{3.41}$$

将式（3.41）代入式（3.38），得

$$\cos\theta=\frac{(\gamma_{SO}-\pi)-\gamma_{SL}}{\gamma_{LG}} \tag{3.42}$$

由式（3.42）可知，吸附膜的存在导致接触角 θ 增大，即吸附膜起着阻碍液

体铺展的作用。固体表面吸附膜阻碍液体铺展的效应对于许多生产实际工作都是非常重要的。

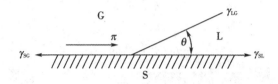

图 3.25　吸附膜对润湿的影响

3.2.2.4　黏附现象

黏附是发生在固-液界面上的行为，是黏结和附着的综合表现。黏附对于陶瓷金属封接等复合材料的结合工艺有着特殊的意义。虽然黏附涉及的因素很多，但其本质是表面化学的问题。良好的黏附要求黏附的地方完全致密并有高的黏附强度。黏附作用的大小取决于如下条件。

（1）润湿性

黏附界面充分润湿是保证黏附处致密和强度的前提。润湿越好，黏附也越好。如上所述，可用式（3.28）中的润湿角 θ 和润湿张力 $F=\gamma_{LG}\cos\theta$ 作为润湿性的度量。

（2）黏附功（W）

黏附功是指把单位黏附界面拉开需要外界所做的功。结合图 3.22 可知，把黏附界面拉开后，原来的固-液界面消失，新形成了固-气界面和液-气界面，因此黏附功等于新形成界面的界面能 γ_{SG} 和 γ_{LG} 与消失的固-液界面的界面能 γ_{SL} 之差，即

$$W=\gamma_{SG}+\gamma_{LG}-\gamma_{SL} \tag{3.43}$$

将 $\gamma_{SG}=\gamma_{SL}+\gamma_{LG}\cos\theta$ 代入式（3.43），可得

$$W=\gamma_{LG}(\cos\theta+1) \tag{3.44}$$

其中，$\gamma_{LG}(\cos\theta+1)$ 也称为黏附张力。由式（3.44）可以看到，当黏附剂确定时，γ_{LG} 的值就恒定，因此黏附功 W 随接触角 θ 的减小而增大。所以，式（3.44）可以作为黏附性的度量。

（3）黏附面的界面张力 γ_{SL}

因为界面张力的大小反映界面的热力学稳定性，所以界面张力 γ_{SL} 越小，则黏附界面越稳定，黏附力也会越大。此外，结合式（3.43）和式（3.44）可知，界面张力 γ_{SL} 越小，则 $\cos\theta$ 或润湿张力越大。

（4）相溶性或亲和性

润湿不仅与界面张力 γ_{SL} 有关，也与黏附界面上固液两相的亲和性有关。

例如，即使水和水银两者表面张力分别为 72×10^{-3} N/m 和 500×10^{-3} N/m，但因为水和水银是不亲和的，水却不能在水银表面铺展。所谓相溶或亲和就是指两者润湿时自由能变化 $\Delta G \leqslant 0$。由于 $\Delta G = \Delta H - T\Delta S$，因此相溶性的条件是 $\Delta H \leqslant T\Delta S$，并可用润湿热 ΔH 来度量。所以相溶性越好，黏附也越好。当分子间由较强的极性键或氢键结合时，润湿热 ΔH 通常小于或接近于零；但当分子间由较弱的分子间力结合时，一般润湿热 $\Delta H > 0$，并可通过式（3.45）求得

$$\Delta H = V_m V_a V_b (\delta_a - \delta_b)^2 \tag{3.45}$$

其中，V_m 为系统的全体积；V_a，V_b 分别为 a，b 两组分的体积分数；δ_a，δ_b 分别为 a，b 两组分的相溶性参数。式（3.45）表明：当 $\delta_a = \delta_b$ 时，$\Delta H = 0$，则两物质润湿时具有良好的亲和性。

综上所述，有利于良好黏附的条件有以下几点。

① 被黏附体的润湿张力 F 越大，润湿角 θ 越小，越有利于保证良好的润湿。

② 黏附功 W 越大，越有利于保证牢固地黏附。

③ 黏附面的界面张力 γ_{SL} 越小，越有利于保证黏附界面的热力学稳定。

④ 黏附剂与被黏附体间相溶性越好，越有利于保证黏附界面的良好键合和强度，因此润湿热越低越好。

需要指出的是，上述条件只是在 $\gamma_{SG} - \gamma_{SL} = \gamma_{LG}$ 的平衡状态下获得的。如果状态变为 $\gamma_{SG} - \gamma_{SL} > \gamma_{LG}$，情况也将有其他变化。

3.2.2.5　润湿在液相烧结中的应用

在陶瓷材料制备过程中，烧结是最后一道主要工序，对最终产品的性能起着决定性的作用。通常，陶瓷生坯只通过固相烧结难以获得很高的致密度，如果在烧结温度下，低熔组元发生熔化或形成低熔共晶物，那么就会在体系中形成液相，由于液相引起的物质迁移比固相扩散快，并且液相最终将填满烧结体内的孔隙，因此可获得致密度高、性能好的陶瓷烧结产品。液相烧结的应用非常广泛，如制造各种陶瓷-金属复合材料、硬质合金和电触头材料等。

（1）润湿性对液相烧结的影响

液相烧结能否顺利完成（致密化进行彻底），取决于同液相性质有关的三个基本条件：液相对固相颗粒表面的润湿性、固相在液相中的溶解度和液相数量。

液相能够很好地润湿固相颗粒表面是液相烧结的重要条件之一，对最终陶瓷材料致密化、显微组织与性能的影响很大。液相对固相颗粒表面的润湿性由固相的表面张力（比表面能）γ_{SG}、液相的表面张力 γ_{LG}、两相的界面张力（界面能）γ_{SL} 以及润湿角（接触角）θ 所决定。当液相润湿固相颗粒表面时，平衡的热力学条件为 $\gamma_{SG} = \gamma_{SL} + \gamma_{LG} \cos\theta$。当液相完全润湿固相颗粒表面时，$\theta = 0°$，$\gamma_{SG} = $

$\gamma_{SL}+\gamma_{LG}$；当液相完全不润湿固相颗粒表面时，$\theta>90°$，$\gamma_{SL}>\gamma_{SG}+\gamma_{LG}$；介于两者之间的部分润湿状态时，$0°<\theta<90°$，$\gamma_{SG}<\gamma_{SL}+\gamma_{LG}$。

液相烧结需满足的润湿条件为 $\theta<90°$；如果 $\theta>90°$，液相完全不润湿固相颗粒表面，烧结开始时即使有液相生成，也会迅速跑出烧结体外，出现渗出，导致烧结体系中的低熔组分大部分损失掉，从而使烧结致密化过程无法顺利完成。液相只有完全或部分润湿固相颗粒表面时，才能渗入固相颗粒间的微孔或裂隙甚至晶粒间的晶界处，形成如图 3.26 所示的状态。从图中可以看出，固相界面张力 γ_{SS} 取决于液相对固相的润湿性。平衡时 $\gamma_{SS}=2\gamma_{SL}\cos(\psi/2)$，其中 ψ 为二面角。显然，二面角 ψ 越小，液相渗进固相界面越深。当 $\psi=0°$ 时，$\gamma_{SS}=2\gamma_{SL}$，表示液相将固相颗粒间界面完全隔离，液相完全包裹住固相颗粒。如果 $\gamma_{SL}>1/2(\gamma_{SS})$，则二面角 $\psi>0°$；如果 $\gamma_{SL}=\gamma_{SS}$，则二面角 $\psi=120°$，此时液相将不能浸入固相颗粒间界面，只产生固相颗粒间的烧结，即陶瓷材料只发生了固相烧结，而未进行液相烧结。实际上，只有液相与固相颗粒的界面张力 γ_{SL} 越小，也就是液相润湿固相颗粒表面越好时，二面角 ψ 才越小，才越容易发生液相烧结。

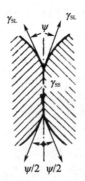

图 3.26　与液相接触的二面角形成

（2）液相烧结中影响润湿性的因素

影响液相对固相颗粒表面润湿性的因素是复杂的。根据热力学的分析，润湿过程是由所谓黏着功决定的，即 $W_{SL}=\gamma_{SG}+\gamma_{LG}-\gamma_{SL}$ 或者 $W_{SL}=\gamma_{LG}(1+\cos\theta)$。很明显，只有当固相与液相表面能之和（$\gamma_{SG}+\gamma_{LG}$）大于固-液界面能（$\gamma_{SL}$）时，即黏着功 $W_{SL}>0$ 时，液相才能润湿固相颗粒表面。因此，减小固-液界面能 γ_{SL} 或减小接触角 θ，都可使 W_{SL} 增加，从而有利于液相润湿固相颗粒表面。在液相中加入表面活性物质或改变温度可影响固-液界面能 γ_{SL} 的大小。但固相和液相本身的表面能 γ_{SG} 和 γ_{LG} 不能直接影响黏着功 W_{SL}，因为 γ_{SG} 和 γ_{LG} 变化的同时引起 γ_{SL} 的改变，所以增大固相颗粒表面能 γ_{SG} 并不能改善润湿性。实验表明，随着

固相颗粒表面能 γ_{SG} 的增大，固-液界面能 γ_{SL} 和接触角 θ 同时增大。通常，液相烧结过程中影响液相对固相颗粒表面润湿性的因素包括以下几点。

① 温度与时间的影响。

升高温度或延长液-固接触时间都能减小润湿角 θ，但时间的作用往往是有限的。基于界面化学反应的润湿热力学理论，升高温度将会有利于界面反应，从而改善液相对固相颗粒表面的润湿性。例如，金属对氧化物润湿时，在界面处发生的反应是吸热反应，升高温度有利于系统自由能的降低，故固-液界面能 γ_{SL} 降低，但温度对 γ_{SG} 和 γ_{LG} 的影响却不大。此外，在金属-金属体系中，升高温度也可以降低润湿角 θ，如图 3.27 所示，在 W-Ag 体系和 W-Cu 体系中，润湿角 θ 随着温度的升高而减小。因此，根据这一理论，延长时间有利于通过界面反应建立平衡。

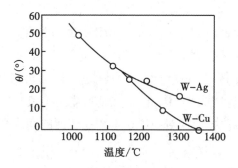

图 3.27　润湿角与温度的关系

② 表面活性物质的影响。

在液相中加入表面活性物质可影响固-液界面能 γ_{SL} 的大小。例如，在铜（Cu）中添加镍（Ni）能改善其对许多金属或化合物的润湿性，如表 3.11 所示，在 Cu 中添加 Ni 可明显改善其对 ZrC 的润湿性，且随着 Cu 中添加 Ni 量的增加，润湿角 θ 显著减小，当在 Cu 中添加 Ni 量为 0.25% 时，润湿角 θ 可减小为 54°，与纯 Cu（135°）相比，其润湿性发生了明显改善。此外，在镍中加少量钼，也可将其对 TiC 的润湿角由 30° 降至 0°，导致二面角由 45° 降至 0°。

需要指出的是，表面活性元素的作用并不只表现为降低液相表面能 γ_{LG}，只有固-液界面能 γ_{SL} 减小才能使润湿性改善。例如，对于 Al_2O_3-Ni 材料体系，当温度为 1850℃ 时，Ni 对 Al_2O_3 的界面能 $\gamma_{SL} = 1.86 \times 10^{-4} \, J/cm^2$；当温度为 1475℃ 时，在 Ni 中加入 0.87%Ti 后，$\gamma_{SL} = 9.3 \times 10^{-5} \, J/cm^2$；如果继续升高温度，$\gamma_{SL}$ 还会进一步降低。

表 3.11 铜中含镍量对 ZrC 润湿性的影响

Cu 中 Ni 的质量分数/%	$\theta/(°)$
0	135
0.01	96
0.05	70
0.1	63
0.25	54

③ 陶瓷粉末表面状态的影响。

陶瓷粉末颗粒表面通常会吸附气体、杂质等，或者表面有氧化膜、油污等存在，这些都将降低液相对固体粉末颗粒表面的润湿性。固体粉末颗粒表面吸附了其他物质后的表面能 γ_{SG} 总是低于真空时的 γ_{S0}，因为吸附本身就降低了表面自由能，用 π 表示两者的差 $\gamma_{S0}-\gamma_{SG}$。所以，当考虑固相粉末颗粒表面存在吸附膜的影响后，平衡的热力学条件就变为 $\cos\theta=[(\gamma_{S0}-\pi)-\gamma_{SL}]/\gamma_{LG}$。因为 π 与 γ_{S0} 方向相反，其趋势将是使已铺展的液体推回，即液滴收缩，导致润湿角 θ 增大。例如，在陶瓷材料生产中，粉末烧结前先用干氢还原，来除去水分和还原表面氧化膜，可以改善液相对固体粉末颗粒表面的润湿性，从而改善液相烧结的效果。

④ 气氛的影响。

通常，气氛会影响润湿角 θ 的大小。表 3.12 所示为铁族金属对某些氧化物和碳化物的润湿角的数据。由表可见，气氛会影响 θ 的大小，但原因尚不完全清楚。可能是因为气氛会改变粉末的表面状态。通常，陶瓷粉末颗粒表面有氧化膜存在，氢气气氛和真空环境对消除氧化膜有利，因此可改善润湿性。然而，当粉末颗粒表面无氧化膜存在时，真空与惰性气氛相比不一定对润湿性更有利。

表 3.12 液体金属对某些化合物的润湿性

固体表面	液体金属	温度/℃	气氛	润湿角 $\theta/(°)$
Al_2O_3	Co	1500	H_2	125
Al_2O_3	Ni	1500	H_2	133
Al_2O_3	Ni	1500	真空	128
Cr_3C_2	Ni	1500	Ar	0
TiC	Ag	980	真空	108
TiC	Ni	1450	H_2	17

表3. 12(续)

固体表面	液体金属	温度/℃	气氛	润湿角 θ/(°)
TiC	Ni	1450	He	32
TiC	Ni	1450	真空	30
TiC	Co	1500	H_2	36
TiC	Co	1500	Hc	39
TiC	Co	1500	真空	5
TiC	Fe	1550	H_2	49
TiC	Fe	1550	Hb	36
TiC	Fe	1550	真空	41
TiC	Cu	1100~1300	真空	108~70
TiC	Cu	1100	Ar	30~20
WC	Co	1500	H_2	0
WC	Co	1420		~0
WC	Ni	1500	真空	~0
WC	Ni	1380		~0
WC	Cu	1200	真空	20
NbC	Co	1420		14
NbC	Ni	1380		18
TaC	Fe	1490		23
TaC	Co	1420		14
TaC	Ni	1380		16
WC : TiC(30 : 70)	Ni	1500	真空	21
WC : TiC(22 : 78)	Co	1420		21
WC : TiC(50 : 50)	Co	1420	真空	24.5

3.2.3　固–气界面

　　在真空中剥离的云母,其表面能为 $4.5×10^{-4}$ J/cm²;但在空气中剥离的同一表面的表面能,只有 $3.75×10^{-5}$ J/cm²。一根铁条如果在水银里面断开,断面会吸附水银而呈银白色;但是铁条如果在空气中断开,立即投入水银中,就不会呈现银白色。这两个例子均说明固体表面的吸附现象是客观存在的。

　　固体陶瓷材料、粉体在实际应用中,常处在大气中或有气体存在的环境中,固体陶瓷材料、粉体表面如未受到特别的处理，其表面总是被吸附膜所覆盖。这是因为新鲜表面具有较强的表面力，能迅速地从空气中吸附气体或其他物质来满足它的结合要求。除非固体陶瓷材料、粉体是处在理想的真空中，否则在干净表面上总是覆盖一层很薄的气体或蒸气分子。因此，当固体陶瓷材料、粉体处在大气中或有气体存在的环境中时，材料的表面会与周围的气体相互作用，即产生吸附和脱附等现象。

固体材料表面的这种特性可用于材料研究和实际生产应用中。在材料研究中，借助于这种特性可对材料本身进行微观孔结构表征，这种特性也可用于对化学反应的催化作用，借助于这种特性也可对固体陶瓷材料、粉体表面进行改性等。

在工业中，固体材料表面的吸附现象也有很多应用。吸附是净化和分离技术的重要机理之一，例如：废水处理、空气及饮用水的净化、溶剂回收、产品的提级与分离、制糖中的脱色等都可以依赖吸附进行处理，因此固体材料表面的吸附特性广泛用于三废治理、轻工、食品及石油化工中。

3.2.3.1 吸附的定义及分类

（1）吸附的定义

吸附是一种物质的原子或分子附着在另一物质表面的现象。气体分子在固体表面上发生的浓集现象称为气体在固体表面的吸附。因吸附作用使固体的表面能降低，所以吸附过程是自发过程。因此，真正干净的固体表面难以获得，固-气界面的吸附现象是普遍存在的。

（2）吸附的分类

吸附是固体吸附剂表面力场与被吸附物分子发出的力场相互作用的结果，吸附是发生在固体上的。根据吸附相互作用力的性质不同，吸附大致可分为物理吸附与化学吸附两类。

由于物理吸附和化学吸附的吸附力本质不同，两类吸附在吸附力、吸附热、发生吸附的温度、吸附速度、吸附的选择性、吸附层数、脱附性质等方面都有如下明显的差异。

① 吸附力。

根据物理吸附的许多实验结果，物理吸附的力被认为是范德华力（分子间引力），因为只有范德华力普遍存在于各种原子和分子之间。范德华力来源于原子和分子间的色散力、静电力和诱导力三种作用，它无方向性和饱和性。其中，色散力是产生物理吸附的主要原因，在非极性和极性不大的分子间主要是色散力的作用。色散力产生的原因是原子或分子中的电子在轨道上运动时产生瞬间偶极矩，瞬间偶极矩引起邻近原子或分子的极化，这种极化作用又反过来使瞬间偶极矩变化幅度增大,色散力就是在这样的反复作用下产生的。因发生物理吸附的吸附力是范德华力,所以发生物理吸附时吸附物分子和固体吸附剂表面组成都不会改变,这时吸附物分子与吸附剂晶格可看作两个分立的系统。

化学吸附区别于物理吸附的本质在于被吸附物分子与固体吸附剂表面形成化学吸附键,发生化学吸附时吸附物分子与固体吸附剂表面间有某种化学作用,伴随有电子转移的键合过程,即它们之间发生了电子的交换、转移或共有,从而可导致原子的重排、化学键的形成与破坏,这时应把吸附物分子与固体吸附剂晶格作为一个统一的系统来处理。

② 吸附热。

物理吸附是放热过程,吸附热(heat of adsorption)与气体的液化热相近。虽然化学吸附大多仍为放热过程,个别情况为吸热过程,但化学吸附的吸附热与化学反应热相似。

③ 吸附温度。

物理吸附发生吸附的温度较低,通常低于临界温度。而化学吸附发生吸附的温度却较高,通常远高于沸点。

④吸附速度。

物理吸附通常进行得很快。但化学吸附速度与化学反应类似,且需要活化能(activation energy)的化学吸附常需在较高温度下才能以较快的速度进行。

⑤ 吸附的选择性。

物理吸附可以在任何固-气界面上发生,即物理吸附一般无选择性。只有当因固体吸附剂孔径的大小限制某些吸附物分子进入时,才呈现选择性吸附,但这种性质并不是由气体分子与固体表面的特殊要求所决定的。化学吸附有明显的选择性。

⑥吸附层数。

物理吸附可以是单层(monolayer)的,也可以是多层(multilayer)的,这是因为在一层吸附分子之上仍有范德华力的作用。但化学吸附是单层吸附。

⑦脱附性质。

物理吸附可逆,被吸附了的气体在一定条件下,在不改变气体和固体表面性质的状况下定量脱附(desorption)。而化学吸附一般是不可逆的,解吸困难,并常伴有化学变化的产物析出。

物理吸附与化学吸附的基本区别如表 3.13 所示。

表 3.13　物理吸附与化学吸附的基本区别

性质	物理吸附	化学吸附
吸附力	范德华力	化学键力
吸附热	近于液化热(40kJ/mol)	近于化学反应热(80~400kJ/mol)
吸附温度	较低(低于临界温度)	相当高(远高于沸点)
吸附速度	快	有时较慢
吸附的选择性	无	有
吸附层数	单层或多层	单层
脱附性质	完全脱附	脱附困难,常伴有化学变化

综上所述,区别物理吸附与化学吸附是可能的。但两种吸附并非毫不相关或不相容的,在实际的吸附过程中,物理吸附与化学吸附有时会交替进行,如先发生单层的化学吸附,而后在化学吸附层上再进行物理吸附。例如,氧在金属钙上的吸附就同时有三种情况,即有的氧以原子态被化学吸附,有的氧以分子态被物理吸附,还有的氧分子被吸附在氧原子上。因此,要想了解一个吸附过程的性质,通常需要根据多种性质进行综合判断。

物理吸附常用于脱水、脱气、气体的净化与分离等;化学吸附是发生多相催化反应的前提,并且在多种学科中有广泛的应用。

3.2.3.2　吸附势能曲线

当吸附物分子逐渐接近固体吸附剂表面时,它们之间的作用势能(W)随其间距离(r)的大小而变化。图 3.28 所示为吸附物分子与固体吸附剂之间的作用势能(W)随其间距离(r)变化的吸附势能曲线。图 3.28(a)中 Q 为吸附热,r_0 为

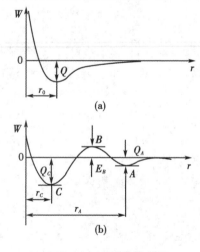

图 3.28　吸附势能曲线

平衡距离。根据吸附热 Q 和平衡距离 r_0 的大小，可区别物理吸附和化学吸附。通常化学吸附的特征是吸附热 Q 值较大，平衡距离 r_0 较小并有明显的选择性，而物理吸附则反之。如果将物理吸附和化学吸附曲线叠加，则可画成图 3.28（b）的形式。这时曲线呈现两个极小值 Q_A 和 Q_C，它们之间被一个位垒 E_B 隔开。对应于 $r=r_A$ 的极小值 Q_A 可视为物理吸附，另一个对应于 $r=r_C$ 的较大值 Q_C 是化学吸附。当系统从 A 点越过势垒 B 点到达 C 点时，表示从物理吸附状态转化为化学吸附状态。由此可知，化学吸附通常是需要活化能的，而且其吸附速度随温度升高而加快，这是区别物理吸附和化学吸附的另一个判据。

以吸附物双原子分子 H_2 在固体吸附剂 Ni 上的吸附为例，详细说明它们之间的作用势能（W）随其间距离（r）的大小而变化的情况。双原子分子 H_2 在固体吸附剂 Ni 上物理吸附和化学吸附的势能曲线如图 3.29 所示。图中曲线 I 是吸附物 H_2 分子被吸附剂 Ni 物理吸附的势能曲线。在 A 点发生物理吸附，A 点对应的能槽深度即物理吸附热 Q_A，此时 H_2 与 Ni 表面的距离非常大，还未发生电子云的重叠。曲线 II 是吸附物 H_2 分子发生解离，被吸附剂 Ni 化学吸附的势能曲线，在 C 点发生化学吸附，C 点对应的能槽深度即化学吸附热 Q_C。对比物理吸附的势能曲线 I 和化学吸附的势能曲线 II 可以看出，化学吸附热 Q_C 比物理吸附热 Q_A 大得多，且化学吸附时被吸附物与固体吸附剂表面的距离比物理吸附时短。在系统从 A 点越过势垒 B 点到达 C 点的过程中，首先在 A 点发生物理吸附，发生物理吸附的 H_2 分子继续靠近固体 Ni 表面，因电子云重叠而使势能急剧升高，当能量升高到 B 点时有可能发生化学吸附。能垒 E_B 是与表面形成化学键所需的能量，即化学吸附活化能。当吸附活化能 E_B 为零或为负值时，为非活化吸附；当吸附活化能 E_B 为正值时，化学吸附需要活化能，为活化吸附。从化学吸附状态变为物理吸附状态需翻越能垒 E_d（$E_d=E_B+Q_C$），E_d 为脱附活化能。

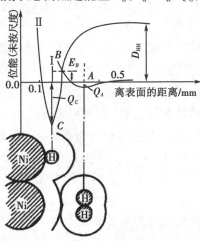

图 3.29　H_2 在吸附剂 Ni 上的物理吸附和化学吸附势能曲线

3.2.3.3　吸附曲线

吸附量（amount adsorbed）是吸附研究中描述数量最重要的参数，通常吸附量以 1g 吸附剂（adsorbent）（或 1m² 吸附剂表面积）上所吸附物质的量（质量、体积、物质的量等）来表示，吸附量也称为比吸附量。很明显，吸附量是吸附质、吸附剂的性质及二者相互作用、吸附平衡时的压力和温度的函数。当吸附质、吸附剂固定时，吸附量只与温度和压力有关。在吸附量、温度、压力 3 个参数中，为了达到不同的研究目的，常恒定其中某一个参数，考察另外两个参数间的关系，它们的关系曲线称为吸附曲线。吸附曲线一般包括吸附等温线、吸附等压线和吸附等量线。下面分别介绍。

（1）吸附等温线

在吸附量、温度、压力 3 个参数中，若温度恒定，气体吸附量与平衡压力之间的关系曲线称为吸附等温线（adsorption isotherm）。气体吸附等温线通常包括 5 种基本类型，如图 3.30 所示。在图 3.30 所示的气体吸附等温线中，纵坐标为吸附量，用 a 表示；横坐标为相对压力，用 P/P_0 表示，其中 P_0 为气体在吸附温度时的饱和蒸气压，P 为吸附平衡时气体的压力。

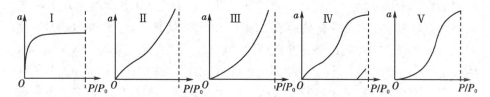

图 3.30　气体吸附等温线的 5 种基本类型

在图 3.30 所示的吸附等温线中，第 I 类吸附等温线，其特征是在较低相对压力时，吸附量迅速增加；但当达到一定相对压力后，吸附量趋于恒定的数值，该恒定的数值称为极限吸附量。极限吸附量有时表示单分子层饱和吸附量，但当吸附剂为微孔吸附剂时，极限吸附量则可能是将微孔填充满的量。

在图 3.30 所示的吸附等温线中，第 II—V 类吸附等温线是发生多分子层吸附和毛细凝结的结果。当吸附剂为非孔的，或吸附剂孔径很大可近似看作非孔时，吸附层数原则上可认为不受限制，其吸附等温线为 II，III 类。II，III 类吸附等温线的区别，一方面在于起始段曲线的斜率，II 类是由大变小，而 III 类是由小变大；另一方面，在曲线形状上，II 类在低压区曲线凸向吸附量轴，而 III 类在低压区曲线则凸向压力轴。II，III 类吸附等温线的区别，反映了吸附质与吸附剂表面作用的强弱。

当吸附剂为孔性时，即吸附剂不是微孔或不全是微孔时，吸附层数则受孔大小的限制。在 $P/P_0 \to 1$ 时的吸附量近于将各种孔填满所需液态吸附质的量，其吸附等温线为Ⅳ，Ⅴ类。与Ⅱ，Ⅲ类吸附等温线的区别一样，Ⅳ，Ⅴ类吸附等温线的区别，一方面，也在于起始段曲线的斜率，Ⅳ类是由大变小，而Ⅴ类是由小变大；另一方面，在曲线形状上，Ⅳ类在低压区曲线凸向吸附量轴，而Ⅴ类在低压区曲线则凸向压力轴。Ⅳ，Ⅴ类吸附等温线的区别，同样反映了吸附质与吸附剂表面作用的强弱。

综上所述，从吸附等温线可以得到吸附质与吸附剂作用大小、吸附剂表面和孔的大小及孔径分布和形状等信息。

（2）吸附等压线

在吸附量、温度、压力 3 个参数中，若压力恒定，吸附量与吸附温度的关系曲线为吸附等压线（adsorption isobar）。吸附等压线的形状受吸附质、吸附剂的性质及二者相互作用的影响。

图 3.31 所示为氨在木炭上的吸附等压线。从图中可以看出，在恒定压力下，当吸附达到平衡时，无论是物理吸附或是化学吸附，在一定温度范围内氨在木炭上的吸附量皆随温度的升高而下降。图 3.32 是氢在镍上的吸附等压线，其形状与氨在木炭上的吸附等压线不同。由于氢气在镍固体表面上低温时发生物理吸附，即在最低点前发生物理吸附；而高温时发生化学吸附，即在最高点后发生化学吸附；在最低点和最高点间为物理吸附向化学吸附的转变区域，为非平衡吸附，所以其吸附等压线会出现最低点和最高点。

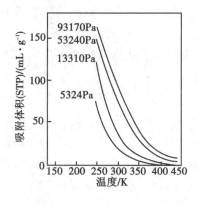

图 3.31　氨在木炭上的吸附等压线

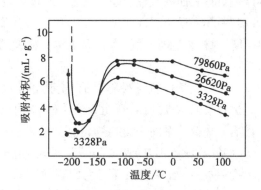

图 3.32　氢在镍上的吸附等压线

（3）吸附等量线

在吸附量、温度、压力三个参数中，若吸附量固定，吸附温度与平衡压力的关系曲线为吸附等量线（adsorption isostere）。

吸附等温线、吸附等压线和吸附等量线三种吸附曲线可以互相换算。一般情况下，在研究物理吸附时，吸附等温线是最基本的吸附曲线。吸附理论研究的主要内容通常包括测定吸附等温线、寻求描述吸附等温线的方程式等。

3.2.3.4 表面改性

如3.2.3.1小节所述，因固体材料的新鲜表面具有较强的表面力，所以能迅速地从空气中吸附气体或其他物质来满足其表面能降低的要求。吸附是一种物质的原子或分子附着在另一固体物质表面的现象，若固体材料表面未经特别处理，通常其表面是被吸附膜所覆盖的。由于吸附膜的形成改变了固体材料表面原来的结构和性质，从而可达到表面改性的目的。

广义的表面改性（surface modification）又称表面优化，是利用固体表面吸附特性通过各种表面处理改变固体表面及近表面区的组分、结构和性质，以适应各种预期的要求。材料表面改性技术途径很多，发展也非常快，主要包括化学处理、涂料涂层、辐射处理、机械方法、离子注入和离子束沉积、物理气相沉积、化学气相沉积、等离子体化学气相沉积、激光表面改性等。

虽然材料表面改性处理的技术途径很多，但各种表面改性处理技术实质上均是通过改变表面结构状况和官能团来实现的。例如，在用陶瓷填料制备复合材料时，因陶瓷填料具有亲水性，需经过表面改性，使陶瓷填料由原来的亲水性改为疏水性和亲油性，从而提高陶瓷填料对有机物质的润湿性和结合强度，最终达到改善复合材料各种理化性能的目的。因此，表面改性对材料的制造工艺和材料性能都有很重要的优化作用，在复合材料、焊接和电镀等工艺中都会涉及材料表面的改性问题。此外，通过测定固体材料的吸附曲线、润湿热等可以判断其表面亲水性或亲油性的程度，以及表面极性和不均匀性等表面性质，了解了材料表面的性质将有助于对材料表面进行改性，从而达到各种预期的要求。

现以化学处理为例，详细讨论其表面改性的原理。就化学处理而言，合理地选择表面活性剂（表面处理剂）对于表面改性是非常重要的。表面活性剂是指能够降低体系的表面（界面）张力的表面活性物质，表面活性剂是由亲水基和憎水基（亦称亲油基）构成的一系列有机化合物。需要指出的是，表面活性剂必须指明对象，而不是对任何表面都适用的。如：钠皂是水的表面活性剂，但对液态铁却不是；与钠皂相反，硫、碳对液态铁是表面活性剂，但对水却不是。通常，如非特别指明，表面活性剂都是指对水而言的。一般情况下，最常用的表面活性剂是各种有机表面活性物质。表面活性剂分子由两部分组成：一端是具有亲水性的极性基，其种类较多，常见的有—OH、脂肪酸盐（—COOM）、硫酸酯盐（—OSO_3M）、磺酸盐（—SO_3M）及铵或烷基铵的氯化物（$H_3N \cdot HCl^-$ 和 R_3NRCl^-）和羟基等基团；另一端是具有憎水性（亦称亲油性）的非极性基，憎水基常见的有各种脂肪族烃基和芳香族烃基以及带有脂肪族支链的芳香族烃基等，如碳氢基团、烷基丙烯基等基团。表面活性剂具有润湿、乳化、分散、增溶、发泡、洗涤和减摩等多种作用，表面活性剂的所有这些作用机理，都是由于表面活性剂同时具有亲水和憎水两种基团，能在界面上选择性地定向排列，促使不同极性和互不亲和的两个表面互相桥联和键合，并降低其界面张力。因此，适当地选择表面活性剂亲水基团和憎水基团的比例，就可以控制其油溶性和水溶性的程度，制得符合要求的表面活性剂。通常，相对分子质量较小的表面活性剂较宜做润滑剂和渗透剂，相对分子质量较大的表面活性剂则宜选为洗涤剂和乳化剂。

下面以表面活性剂在陶瓷工业中的应用为实例，来简要说明表面改性的原理。在陶瓷工业中，在其成型工艺过程中，经常采用表面活性剂对原料粉体进行改性，以满足成型工艺的需要。例如，氧化铝陶瓷在成型时，Al_2O_3 原料粉体需用石蜡作定型剂，但为了降低坯体收缩，应尽量减少石蜡的用量。但因 Al_2O_3 粉体表面是亲水的，而石蜡却是亲油的，因此，氧化铝陶瓷生产中常采用油酸为表面活性剂，油酸分子为 $CH_3—(CH_2)_7—CH=CH—(CH_2)_7—COOH$，其亲水基团向着 Al_2O_3 粉体表面，而憎水基团向着石蜡，如图 3.33(a) 所示，通过加入油酸的方法可使 Al_2O_3 粉体表面由亲水性变为亲油性。由于加入油酸使 Al_2O_3 粉体表面改为亲油性，从而减少了石蜡的用量，并提高了浆料的流动性，使成型性能改善，达到了降低坯体收缩的目的。又如用于制造高频电容器瓷的化合物 $CaTiO_3$，其表面是亲油性的，但成型工艺却需要 $CaTiO_3$ 与水混合。因此，$CaTiO_3$ 陶瓷生产中也常采用烷基苯磺酸钠为表面活性剂，使憎水基吸在 $CaTiO_3$ 表面而亲水基向着水溶液，如图 3.33(b) 所示，从而使 $CaTiO_3$ 表面由憎水性改为亲水性，达到 $CaTiO_3$ 与水混合的目的。

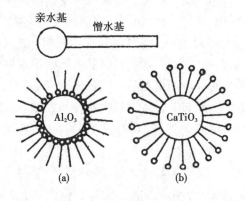

图 3.33　粉料的表面改性

目前，虽然表面活性剂的应用已非常广泛，常用的有油酸、硬脂酸钠等，但选择合理的表面活性剂尚不能从理论上解决，仍需要通过多次反复试验。

 # 3.3 晶 界

陶瓷材料是把细的粉末状氧化物或非氧化物颗粒，经过成型再在高温下烧结而成的多晶集合体。因此，陶瓷材料大部分是由众多晶粒构成的多晶材料。因为陶瓷多晶体中晶粒的大小、形状是毫无规则的，所以，晶粒与晶粒之间由于取向不同就出现了边界，即在陶瓷材料中存在着大量的晶粒与晶粒的界面，通常称为晶界（grain boundary）。如果陶瓷材料是完全致密的，即陶瓷材料中不存在气孔，陶瓷多晶体可以看成由无数的晶粒及晶界组成的。晶界的形状、性质对材料的各项性能，如电性、光性、磁性及机械性能，均具有巨大的影响。因此，了解晶界的结构及其性质是非常重要的。本节以陶瓷中晶粒间界面为例，介绍固-固界面的特征和变化规律。

3.3.1 晶界概念及特征

3.3.1.1 晶界概念

陶瓷材料是由其微细原料粉体颗粒经高温烧结而成的。在烧结过程中，众多的微细原料粉体颗粒形成了大量的结晶中心，这些结晶中心后经发育长大成为晶粒。因为这些晶粒的形状及其相互之间的取向是毫无规则的，所以当这些晶粒长大到相遇时就会出现接触界面，通常称为晶界。换言之，相邻晶粒不论结构是否相同，只要其取向不同，其相互接触所形成的界面即称为晶界。如果相邻晶粒不仅取向不同，而且结构、组成也不相同，即它们代表不同的两个相，则其间接触界面称为相界面。因为各种晶粒均为固相，所以晶界也可视为位相不同的晶粒之间的内界面。因此，陶瓷材料是由形状不规则和取向不同的晶粒构成的多晶体，多晶体的性质不仅与晶粒内部结构和它们的缺陷结构有关，而且与晶界结构、数量等因素有关。特别是在高技术领域中，需要材料具有细晶交织的多晶结构来提高其机电性能，对于该类材料，晶界在材料中所起的作用就更为突出。

通常，陶瓷材料晶粒大小对其性能影响很大。因为晶粒尺寸越小，晶界的比例就越大，所以晶粒尺寸大小的问题，实际上也就是晶界在材料中所占比例的问题。若假定晶界宽度为 $0.1\mu m$，且晶粒是球形粒子，则可得多晶体中晶粒尺寸与晶界所占晶体中体积分数的关系曲线，如图 3.34 所示。由图可见，当多

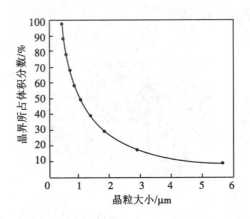

图 3.34　晶粒大小与晶界所占体积分数的关系

晶体中晶粒平均尺寸为 1μm 时，晶界可占晶体总体积的 1/2。晶界所占的体积如此可观，足可以使我们认识到晶界作用的重要性。所以，在细晶材料中，晶界对陶瓷材料的机械性能、导电性能、导热性能、光学性能等都有不可忽视的作用。

下面以机械性能为例，说明晶界对于陶瓷多晶材料机械性能的显著影响。晶界与晶体粒度的大小有关，而晶体粒度的大小对陶瓷材料的性能影响巨大。当受到外力时，若多晶材料的破坏是沿着晶界断裂的，对于细晶材料来说，晶界比例大，当沿晶界破坏时，裂纹的扩展要走迂回曲折的道路，因此，晶粒愈细，此路程愈长，材料性能愈好。另外，多晶材料的初始裂纹尺寸愈小，也可以提高机械强度，而初始裂纹尺寸与晶粒尺寸有关。所以，为了获得好的机械性能，就需要研究及控制陶瓷多晶材料的晶粒度。晶粒度大小的问题，实际上就是晶界在材料中所占比例的问题。

需要指出的是，虽然晶界对材料的性能有不可忽视的作用，但一方面由于当晶界的尺度在 0.1μm 以下时，颗粒将非常细微，用一般的显微工具已经不能够观察到，所以需要采用一些较新的研究手段，如俄歇谱仪或离子探针等；另一方面，由于晶界上的成分多变、复杂，也给晶界的研究带来了很多困难，因此，晶界研究仍然是当前材料科学研究的重点之一。

3.3.1.2　晶界的结构特征

因为晶界两边晶粒的质点排列取向存在一定的差异，在晶界两边的晶粒都力图使晶界上的质点能够按照自己固有的位向来排列，所以晶界上质点的排列在某种程度上必然要与其相邻的两个晶粒相适应，然而又不可能完全适应，因此当达到平衡时，晶界上的质点就会形成如图 3.35 所示的某种过渡形式的排列。所以，晶界实际上就是一种晶格缺陷。从图 3.35 中可以看出，晶界上由于原子排列不规则而造成结构比较疏松，因此也使晶界具有以下一些不同于晶粒的特性。

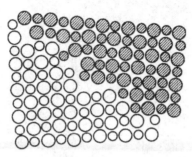

图 3.35　晶界结构示意图

① 晶界上晶格缺陷的程度，即晶界厚度，取决于晶界两边两相邻晶粒间的位向差及材料的纯度等。两相邻晶粒间的位向差越大或材料纯度越低，通常晶界就越厚，其厚度一般为两三个原子层到几百个原子层之间。

② 晶界易受腐蚀。由于晶界上原子的排列较晶粒内疏松，因此晶界易受腐蚀，如热浸蚀、化学腐蚀等。因为晶界受腐蚀后容易显露出来，所以利用晶界的这一特点可为晶体表面形貌的观察提供便利。

③ 晶界容易引起杂质原子(离子)偏聚，且使晶界处熔点低于晶粒。在多晶体材料中，由于晶界上原子的排列较晶粒内疏松，晶界就容易成为原子(离子)快速扩散的通道，引起杂质原子(离子)偏聚，同时使晶界处的熔点与晶粒相比较低。

④ 晶界较晶粒内部具有更高的强度和硬度。由于晶界上原子排列较晶粒内部混乱，使得其在常温下容易对材料的塑性变形起到一定的阻碍作用，在宏观上就表现为晶界较晶粒内部具有更高的强度和硬度。

⑤ 晶界处于应力畸变状态，能量较高。由于晶界上存在着许多空位、位错等缺陷，因此晶界处于应力畸变状态，其能阶较高，即晶界上存在着晶界能。晶界上存在的较高晶界能，使其有自发地向低能状态转化的趋势。通常，当原子具有一定动能时，会通过晶粒的长大和晶界的平直化来减少晶界的总面积，从而降低晶界的总能量。且温度越高，原子的动能越大，也越有利于晶粒长大和晶界的平直化。另外，晶界上存在的较高晶界能，也使晶界成为固态相变时优先成核的区域。

利用晶界的这一系列特性，通过控制晶界组成、结构和相态等来制造新型陶瓷材料已经成为材料科学工作者非常感兴趣的研究领域。然而，如前所述，因为陶瓷多晶体材料晶界尺度仅在 $0.1\mu m$ 以下，并非一般显微工具能研究的，而且由于晶界上成分复杂，因此对晶界的研究还有待深入。

3.3.2　晶界分类

晶界的结构有两种不同的分类方法：一种是根据晶界两边相邻两个晶粒之间夹角的大小划分；另一种是根据晶界两边原子排列的连贯性来划分。

3.3.2.1　根据相邻两个晶粒之间夹角的大小划分

晶界是多晶体中由于晶粒取向不同而形成的。根据晶界两个晶粒之间夹角的大小划分，即根据相邻两个晶粒取向角度偏差的大小，可简单地把晶界分为小角度晶界和大角度晶界两种类型。

（1）小角度晶界

小角度晶界是指相邻两个晶粒的原子排列错合的角度很小，即相邻两个晶粒之间的位向差较小，为 $2°\sim3°$，两个晶粒间晶界由完全配合部分与失配部分组成。小角度晶界可分为倾斜晶界(也称倾转晶界或倾侧晶界)和扭转晶界。

① 倾斜晶界。

小角度倾斜晶界包括对称倾斜晶界和不对称倾斜晶界两类。

图 3.36 是小角度对称倾斜晶界的示意图，它是最简单的晶界。如图 3.36 所示，当两晶粒位向差较小，而且形成对称倾斜晶界时，这个晶界实质上是一系列刃型位错垂直排列成的位错墙。其两侧的晶体位向差为 θ，对称倾斜晶界相当于晶界两边的晶体绕平行于位错线的轴各自旋转了一个方向相反的 $\theta/2$ 角而形成的，如图 3.37 所示，所以称为对称倾斜晶界，这种晶界只有一个变量 θ，是一个自由度晶界。θ 称为倾斜角，通常是 $2°\sim3°$。对称倾斜晶界位错墙的形成可以认为是为了填补相邻两个晶粒取向之间的偏差 θ，使原子的排列尽量接近原来的完整晶格，就需要每隔几行插入一片原子，这样小角度对称倾斜晶界就成为一系列平行排列的刃位错。如果原子间距为 b，则每隔 $D=b/[2\sin(\theta/2)]$

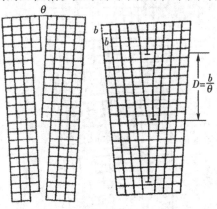

图 3.36　小角度对称倾斜晶界

就需插入一片原子，因此小角度晶界上位错的间距应当是 D，有

$$D = b/[2\sin(\theta/2)] \qquad (3.46)$$

其中，b 为伯氏矢量的数值，当 θ 很小时，$D \approx b/\theta$。利用式(3.46)，可求得位错间距 D，如当倾斜角较小($\theta = 1°$)、$b = 0.25\text{nm}$ 时，位错间距 D 为 14nm。而当倾斜角较大($\theta = 10°$)时，位错间距 D 仅为 1.4nm，即只有 5 个原子间距，此时位错密度已经特别大，说明此模型不很适用于大角度晶界。许多研究者应用电子显微镜薄膜透射方法已经观察到了对称倾斜晶界的存在。

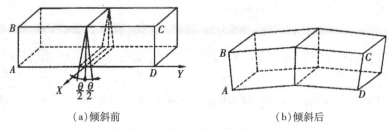

(a)倾斜前   (b)倾斜后

图 3.37　小角度对称倾斜晶界的形成

图 3.38 是小角度不对称倾斜晶界的示意图。两晶粒之间的倾斜角度仍为 θ，θ 仍然很小，但倾斜晶界相对于两晶粒是不对称的，倾斜晶界的界面绕 X 轴转了一个角度 φ，所以称为不对称倾斜晶界。不对称倾斜晶界有 φ 和 θ 两个自由度，晶界界面与左侧晶粒(100)轴向的夹角为($\varphi - \theta/2$)，与右侧晶粒(100)轴向的夹角为($\varphi + \theta/2$)，因此要由 φ 和 θ 两个参数来规定，此时的晶界结构由两组矢量垂直的刃位错垂直排列所形成。

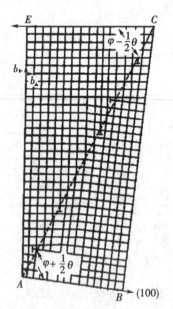

图 3.38　小角度不对称倾斜晶界

② 扭转晶界。

另一类小角度晶界为扭转晶界，其结构如图 3.39 所示，是两个简单立方晶粒之间的扭转晶界结构。图 3.39 中(001)平面是共同的平面(也是图面)，从结构图中可以看出，扭转晶界是由两组螺旋位错的交叉网络所组成的。扭转晶界的形成过程可用图 3.40(a)表示，先将一个晶体沿中间平面切开，然后使右半晶体绕 Y 轴转 θ 角，再与左半晶体合在一起，形成如图 3.40(b)所示的晶界。界面与旋转轴 Y 轴垂直，所以是一个自由度晶界。

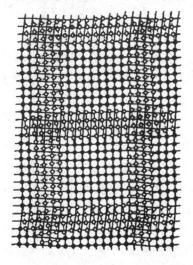

　●不在晶界上的原子
　○晶界上的原子

图 3.39　扭转晶界的结构

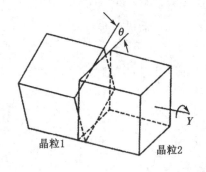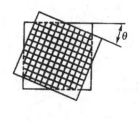

晶粒1　　　　　　　晶粒2

(a)晶粒 2 相当于晶粒 1 绕 Y 轴旋转 θ 角　　　(b)晶粒 1,2 之间的螺旋型位错交叉网络

图 3.40　扭转晶界形成模型

需要说明的是，单纯的倾斜晶界或扭转晶界只是小角度晶界的两种简单的形式。而对于一般的小角度晶界，其旋转轴和界面可有任意的取向关系，但小角度晶界主要还是由刃位错和螺旋位错组合构成。

晶界上的原子排列是畸变的，因而晶界处自由能增高。由于小角度晶界主要还是由刃位错和螺旋位错组合构成，因此小角度晶界的能量主要来自位错能量。而位错密度 $D=b/\theta$，又与晶粒的位向差 θ 有关。因此，小角度晶界能 γ（单位面积的能量）也与位向差 θ 有关。可以证明在位向差 $\theta<15°$ 的范围内，小角度晶界的晶界能 γ 是随位向差 θ 的增大而增大的。

（2）大角度晶界

当晶界两边相邻两个晶粒间位向差 $\theta>10°\sim15°$ 时，所形成的晶界被定义为大角度晶界。在陶瓷多晶体中，晶粒基本呈无序排列。因此，在陶瓷多晶体中大角度晶界占多数。

针对大角度晶界，如果同样认为大角度晶界是一种刃型位错的排列，假设两个晶粒取向之间的偏差 $\theta=15°$，把 $\theta=15°$，$b=0.2\text{nm}$ 代入 $D=b/\theta$，则位错的间距 $D=0.77\text{nm}$，约为 3 个原子间距，在这种排列中位错的间距只有三四个原子的大小，如此小的位错间距导致位错之间已经重叠无法辨认。因此，对于大角度晶界，位错模型已经失去意义，晶界已无法再用位错模型来描述。即在大角度晶界中，由于晶粒的位向差 θ 较大，因此不适合应用位错模型来描述晶界结构，需要另作考虑。早期被广泛接受的大角度晶界的模型是皂泡模型。皂泡模型认为，晶界由 3~4 个原子间距厚的一层非晶质组成，晶界以完全无规则地并最大限度地利用空间的方式使规则排列的许多原子晶粒连成一体，而且相邻两个晶粒的取向差 θ 越大，其晶界中原子排布就越不致密。皂泡模型对于混乱取向的大角度晶界是适用的。目前，虽然人们根据晶界的各种性质，已经提出了一些旨在解释大角度晶界模型的假说，但是由于缺乏必要的实验验证，且不能具体描述晶界结构的细节，因而已有的大角度晶界模型的假说仍然存在着许多不足之处，有关大角度晶界结构的讨论和实验还需进一步发展。

图 3.41 是大角度晶界的示意图，从图中可以看出，具有大角度晶界的两晶粒之间的位向差 θ 都比较大。大角度晶界上质点的排列已接近无序状态，具有比较松散的结构，原子间的键已被割断或被严重歪扭，因而大角度晶界具有较高的能量。

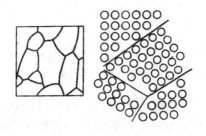

图 3.41 大角度晶界

3.3.2.2 根据晶界两边原子排列的连贯性来划分

根据晶界两边原子排列的连贯性来划分，可把晶界分为共格晶界、半共格晶界、非共格晶界。

（1）共格晶界（coherent boundary）

当晶界两边两个相邻晶粒的结构相似，排列方向也接近时，两个晶粒的原子在界面上连续地相接，具有一定的连贯性，若界面原子同时处于两个相邻晶粒点阵的节点上，即在晶界界面上两个晶粒原子完全相互匹配，两个晶粒之间的界面容易形成连贯晶界，此晶界即共格晶界（或连贯晶界），如图 3.42 所示，在共格晶界上的原子连续地越过边界。

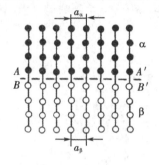 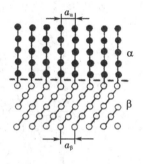

（a）两相化学成分不同而结构相同 （b）两相化学成分和结构都不同

图 3.42 无应变的共格晶界

例如，当氢氧化镁热分解生成氧化镁［$Mg(OH)_2 \rightarrow MgO + H_2O$］时，在 $Mg(OH)_2$ 和 MgO 之间就生成了连贯晶界。如图 3.43 所示，在 MgO 的生成过程中，氧的密堆积晶面是由与其相似的氢氧晶面演化来的，因为当从原来的 $Mg(OH)_2$ 结构的区域转变到 MgO 结构的区域时，会出现阳离子面的连续相接。

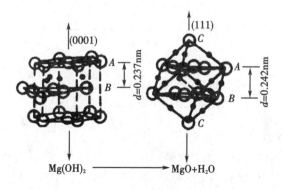

图 3.43 氧化镁和氢氧化镁之间的结晶学关系

当晶界界面上原子间距与晶界两边两个相邻晶粒不完全同时吻合时，通过两个晶粒点阵之一或二者同时产生微小改变仍有可能保持共格，称为有轻微错配的共格晶界，如图 3.44 所示，这时所造成的点阵畸变称为共格应变。此种情况下，因在晶界两边两个相邻晶粒的晶面间距彼此不同，需要引入失配度 δ 来描述晶面间距的不相匹配度。假设两个相邻晶粒的晶面间距分别为 C_1 和 C_2，晶面间距的不相配度用 $\delta = (C_2 - C_1)/C_1$ 来定义。因两个相邻晶粒的晶面间隔不同，为了保持晶面的连续，必须有其中的一个晶粒或两个晶粒发生弹性应变，或通过引入位错而达到。这样两个晶粒的相邻区域的尺寸大小才能变得一致。不相配度 δ 是弹性应变的一个量度，称为弹性应变。由于弹性应变的存在，系统的能量增大。系统能量与 $C\delta^2$ 成正比，C 为常数，系统能量与失配度 δ 的关系如图 3.45 所示。

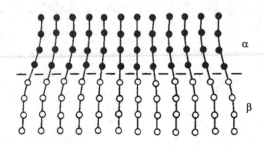

图 3.44　有轻微错配的共格晶界界面（在连接处点阵产生共格应变）

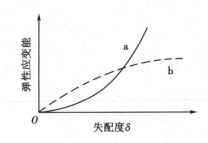

图 3.45　弹性应变能与失配度 δ 的关系

a—连贯边界；b—含有界面位错的半连贯边界

（2）半共格晶界（semicoherent boundary）

当失配度 δ 超过了一定值，使共格应变不能容纳，则晶界界面就会变成半共格界面，如图 3.46 所示。半共格界面实际上就是用了一组刃型位错来调整和维持共格关系。此时，晶界有位错存在，两个晶粒的原子在界面上有部分相接，部分无法相接，因此，称为半共格晶界（或半连贯晶界）。在这种结构中，

只有晶面间距 C_1 比较小的一个相发生应变。弹性应变由于引入半个原子晶面进入半连贯晶界而使弹性应变下降，这样就生成所谓界面位错。位错的引入，使在位错线附近发生局部的晶格畸变，显然晶体的能量也增加。根据布鲁克（Brooks）的理论，这个能量为

$$W = \frac{Gb\delta}{4\pi(1-\mu)}(A_0 - \ln r_0) \tag{3.47}$$

其中，δ 为失配度；b 为柏氏矢量的模；G 为剪切模量；μ 为泊松比，当一个样品受到张力作用而伸长时，相应地样品的厚度就要减小，厚度的减小与长度的增加之比称为泊松比：$\mu = (\Delta d/d)/(\Delta L/L)$；$A_0$，$r_0$ 为与位错线有关的量，其中 $A_0 = 1 + \ln(b/2\pi r)$。

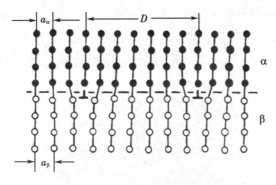

图 3.46 半共格相晶界界面

（错配度平行于界面，由一组刃位错所接纳）

根据式（3.47）计算的晶界能与 δ 的关系如图 3.46 中的虚线所示。由图可见，当形成连贯晶界所产生的 δ 增加到一定程度（图 3.45 中 a 与 b 的交点），如再继续以连贯晶界相连，所产生的弹性应变能将大于引入界面位错所引起的能量增加，这时以半连贯晶界相连比以连贯晶界相连在能量上更趋于稳定。

但是，上述界面位错的数目不能无限制地增加。在图 3.46 中，晶体上部，每单位长度需要的附加半晶面数 $\rho = 1/C_1 - 1/C_2$，位错间的距离 $D = \rho - 1$，故 $D = C_1C_2/(C_1 - C_2)$，因此

$$D = C_2/\delta \tag{3.48}$$

如果 $\delta = 0.04$，则每隔 $D = 25C_2$ 就必须插入一个附加半晶面，才能消除应变。当 $\delta = 0.1$ 时，每 10 个晶面就要插入一个附加半晶面。在这样或有更大失配度的情况下，界面位错数大大超过了在典型陶瓷晶体中观察到的位错密度。

（3）非共格晶界（non-coherent boundary）

如果式（3.48）中位错间的距离 D 值变得很小，达到位错宽度的值，半共格晶界就变成了完全非共格晶界。即当晶界两边两个相邻晶粒的结构相差很大

时，通常在晶界界面上两个晶粒的原子无任何匹配关系，结构上相差很大的两个晶粒的界面不能成为连贯晶界，因而与相邻晶体间必有畸变的原子排列，一些原子占据每一个相邻晶体中原子位置之间的中间位置，这样的晶界称为非共格晶界（或非连贯晶界）。

通过烧结得到的陶瓷多晶体，绝大多数为非共格晶界。在烧结过程中，有相同成分和相同结构的晶粒彼此取向不同。在这种情况下，所呈现的晶粒间界如图 3.47 所示。由于这种晶界的"非晶态"特性，很难估算它们的能量，如果假设相邻两个晶粒的原子（离子）彼此无作用，那么每单位面积晶界的晶界能将等于两晶粒的表面能之和。但是实际上两个相邻晶粒的表面层上的原子间的相互作用是很强的，并且可以认为在每个表面上的原子（离子）周围形成了一个完全的配位球，其差别在于此处的配位多面体是变了形的，且在某种程度上，这种配位多面体周围情况与内部结构是不相同的。晶界上的原子与晶体内部相同类型的原子相比有较高的能量，而单位面积上的晶界能比两个相邻晶粒表面能之和低。

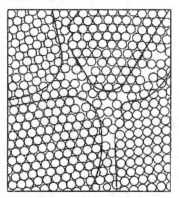

图 3.47　非连贯晶界模型

此外，S. Lartigue 等指出，陶瓷的晶界可以分为特殊晶界（special GB）和一般晶界（general GB）两类。特殊晶界由小角度晶界、重合位座（CSL）晶界和重合转轴方向（coincidence axis direction，CAD）晶界等组成，这些都是低能晶界。一般晶界由接近重合晶界（near coincidence GB）、失配位错等组成，能量略高于特殊晶界。

3.3.3　晶界构型

晶界在多晶体中的形状、构造和分布统称为晶界构型。在陶瓷系统中，多晶体的组织变化发生在晶粒接触处即晶界上，晶界的形状是由表面张力的相互关系决定的，从而决定了晶界的构型。

在陶瓷多晶体材料烧结过程中，如果是固相烧结，且气孔已彻底排出，则在陶瓷多晶体材料中只存在固-固-固界面；如果在固相烧结过程中，气孔未能彻底排出，则在陶瓷多晶体材料中存在固-固-气界面；如果在烧结过程中，引入了液相烧结助剂，形成了液相烧结，则在陶瓷多晶体材料中还存在固-固-液界面。针对陶瓷多晶体材料系统中的固-固-气、固-固-液、固-固-固三种晶界体系，本小节将分析表面张力的相互关系对晶界构型的影响。为了便于讨论，这里仅分析二维的多晶截面的晶界构型，并假设晶界能各向同性。

3.3.3.1　固-固-气

如果两个固体颗粒间的界面在高压下，经过充足时间的原子迁移、固相传质或气相传质，使体系能达到平衡，形成了固-固-气界面，如图 3.48 所示。此时，晶界能和表面能达到平衡，界面张力平衡关系为

$$\gamma_{SS} = 2\gamma_{SG}\cos\left(\frac{\varphi}{2}\right) \tag{3.49}$$

其中，φ 为二面角。

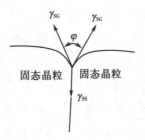

图 3.48　热蚀角

图 3.48 所示的沟槽通常是多晶样品于高温下加热时形成的，对应二面角 φ 称为热蚀角。在许多体系中曾观察到热腐蚀现象。如经过抛光的陶瓷表面在高温下进行热处理，在界面能的作用下就符合式(3.49)的能量平衡关系。因此，通过测量热蚀角可以确定晶界能与表面能之比。

3.3.3.2　固-固-液

在没有气相存在时，则是固-固-液系统，这在液相烧结得到的陶瓷多晶体中是普遍存在的，例如传统长石质瓷、镁质瓷等。如果固相和液相处于平衡状态，晶界构成可以用图 3.49 表示。此时界面张力平衡可以写成

$$\gamma_{SS} = 2\gamma_{SL}\cos\left(\frac{\varphi}{2}\right) \tag{3.50}$$

其中，φ 为二面角。由式(3.50)可见，对于两相体系，二面角 φ 的大小取决于固-液界面界面能 γ_{SL} 与晶界能 γ_{SS} 的相对大小：

$$\cos(\varphi/2) = \gamma_{SS}/2\gamma_{SL} \tag{3.51}$$

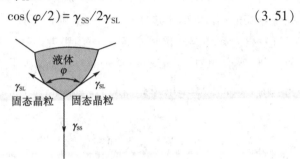

图 3.49　固-固-液平衡的两面角

若 $\gamma_{SS}/\gamma_{SL} \geqslant 2$，则 $\varphi=0$，液相穿过晶界，晶粒完全被液相浸润，则平衡时各晶粒的表面完全被第二相液相所隔开，相分布如图 3.50(a)所示。若 $\gamma_{SS}/\gamma_{SL} > \sqrt{3}$，则 $\varphi<60°$，第二相液相就稳定地沿着各个晶粒边长方向延伸，液相沿晶界渗开，在三晶粒交界处形成三角棱柱体，相分布如图 3.50(b)所示。若 $1<\gamma_{SS}/\gamma_{SL} \leqslant \sqrt{3}$，则 $60°<\varphi \leqslant 120°$，而第二相液相在三晶粒交角处沿晶粒相交线部分地渗透进去，相分布如图 3.50(c)所示。若 $\gamma_{SS}<\gamma_{SL}$，即 $\gamma_{SS}/\gamma_{SL}<1$，则 $\varphi>120°$，液相则在晶粒交界处形成孤立的第二相，这时三晶粒处形成孤岛状液滴，相分布如图 3.50(d)所示。随着 φ 角度的增大，三晶粒围成孤岛状液滴越来越小，如图 3.50(e)所示。γ_{SS}/γ_{SL} 比值与 φ 角关系总结于表 3.14，二面角 φ 值对第二相形态的影响总结如图 3.51 所示。

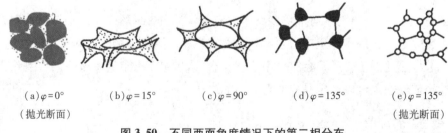

(a)$\varphi=0°$　　(b)$\varphi=15°$　　(c)$\varphi=90°$　　(d)$\varphi=135°$　　(e)$\varphi=135°$
（抛光断面）　　　　　　　　　　　　　　　　　　　　　　　　　　（抛光断面）

图 3.50　不同两面角度情况下的第二相分布

表 3.14　二面角 φ 与润湿的关系

γ_{SS}/γ_{SL}	$\cos(\varphi/2)$	$\varphi/(°)$	润湿性	相分布（图 3.50 实例）
>2	1	0	全润湿	(a) 浸湿整个材料
$>\sqrt{3}$	$>\sqrt{3}/2$	<60	润湿	(b) 在晶界渗开
$1\sim\sqrt{3}$	$1/2\sim\sqrt{3}/2$	$60\sim120$	局部	(c) 开始渗透晶界
<1	<1/2	>120	不	(d) 和 (e) 孤立液滴

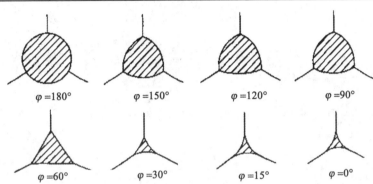

$\varphi=180°$　　$\varphi=150°$　　$\varphi=120°$　　$\varphi=90°$

$\varphi=60°$　　$\varphi=30°$　　$\varphi=15°$　　$\varphi=0°$

图 3.51　二面角对第二相形态的影响

陶瓷制品在烧结后，往往会形成多相的多晶材料，且多晶体组织的形成是一个很复杂的过程。一种情况是，当气孔未从晶体中排出时，即使由单组分的晶粒组成的最简单多晶体（如 Al_2O_3 瓷）也是多相材料，陶瓷多晶材料中会有气相存在。另一种情况是，对于许多由化学上不均匀的原料制成的陶瓷多晶材料，如高温时材料中形成了高黏度的液态熔体（如 SiO_2 熔体），冷却后陶瓷多晶材料中除了晶粒和气孔外，还将形成数量不等的玻璃相。此外，对于高温下固-液相、固-固相之间还会发生溶解过程和化学反应的陶瓷多晶材料，在实际陶瓷多晶材料烧结时，晶界的构型除了与 γ_{SS}/γ_{SL} 有关外，溶解和反应过程改变了固-液相的比例和固-液相的界面张力，也会影响晶界的构型，从而影响陶瓷多晶材料的组织。

图 3.52 显示了由于这些因素影响而形成的陶瓷材料多相组织的复杂性。当液相熔体对固相润湿性较差时，形成的多相组织如图 3.52（a）所示，这时三晶粒处形成孤岛状液滴，在晶粒交界处形成孤立的第二相。当液相熔体对固相润湿性较好时，如硅酸盐熔体对硅酸盐晶体或氧化物晶粒的润湿性较好，玻璃相伸展到整个材料中，形成如图 3.52（b）所示的多相组织，图中两个不同组成和结构的固相与硅质玻璃共存，这两种固相（A—白色区域相，B—斜线部分）是

由固相反应形成(如由原来化合物热分解形成等)的,而硅质玻璃相是由 A,B
相在较高温度下反应生成的液态低共熔体,在很多玻璃相含量少的陶瓷材料中
都形成了这样的结构,如镁质瓷和高铝瓷。对于由于固体或熔体过饱和而导致
第二固相析出的情况,形成如图 3.52(c)所示的多相组织,图中晶粒是由主晶
相 A 及在其中析出的 B 晶相所组成,例如 FeO 固溶在 MgO 中,通过 $MgFe_2O_4$ 的
析出,其晶粒就形成了图 3.52(c)的多相组织形态。对于次级晶相 B 的形成是
从过饱和富硅熔体中结晶的情况,形成如图 3.52(d)所示的多相组织,如传统
长石质瓷中次级晶相 B 是针状莫来石晶体。

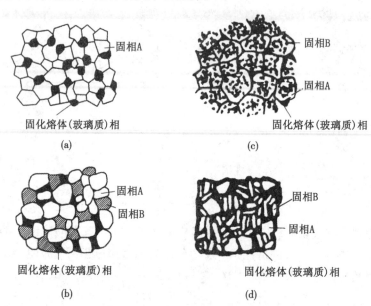

图 3.52　热处理时形成的多相材料组织示意图

3.3.3.3　固－固－固

陶瓷多晶体中晶粒的形态主要满足两个基本条件:充塞空间条件和自由能
极小条件。根据这两个条件,多晶材料的二维截面上两个晶粒相交或三个以上
的晶粒相交于一点的情况是不稳定的,经常出现的是三个晶粒交于一点,如图
3.53 所示。在多晶体中,对于固－固－固晶界,三个晶粒间的夹角由晶界能的数
值决定,平衡时

$$\gamma_{23}/\sin\theta_1 = \gamma_{31}/\sin\theta_2 = \gamma_{12}/\sin\theta_3 \qquad (3.52)$$

其中,θ_1,θ_2,θ_3 分别为两晶粒间的二面角;γ 为晶界界面能。

从式(3.52)可知,在平衡时,晶界之间的二面角 $\theta = 120°$,这样的二面角在
能量上是稳定的。因为,这个角度的任何变化,都将引起能量的增大。如果在

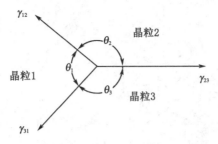

图 3.53　在亚稳平衡中，晶界交点处晶界张力的平衡

多晶体材料中，每一个晶界的相交角度都成 120°，则所有的晶粒都应具有规则的六角形的形状，晶粒的截面都是六边形，这些点的连线应当是直的，这时晶界是平直的。因为在这种情况下，系统的总界面能最小。

　　但实际晶粒并非都是正六边形的，在一般情况下，并不是所有的晶粒都具有六个顶角，因此，有一部分晶界必定是弯曲的。图 3.54 给出了不同边界数的晶粒其顶角均满足 120°时的晶粒形状，由图可见，尺寸较小的晶粒一定具有较少的边界数，边界向外弯曲；而尺寸较大的晶粒边界数大于 6，晶界向内弯曲；只有六条边的晶粒晶界才是直线。从界面能量考虑，弯曲晶界是不稳定的，在降低体系界面能的驱动作用下，弯曲的晶界有拉直的趋势，如果温度足够高，多晶体会发生传质过程，如果物质能越过晶界扩散，则弯曲的晶界将向其曲率的中心移动，如图 3.55 所示，因为这能使晶界面积缩小，系统的晶界能下降。然而晶界平直后常常改变了交会点的界面平衡角，接着交会点夹角又会自动调整来重新建立平衡，这又引起晶界弯曲。因此，在此变化过程中，那些具有凸的晶界的晶粒，例如边数小于 6 的二维晶粒将逐渐缩小甚至消失，归并到相邻的具有凹的晶界的晶粒中去，而那些大于六边形的晶粒则趋于长大，这样晶粒就发生生长，一直到晶界都变为直的为止，也就是变成六边形的或者晶粒一直长大下去。这个过程要通过消耗周围的小晶粒来使多边形晶粒长大。个别晶粒由于吞并周围的小晶粒而长得很大，即所谓二次重结晶的大晶粒。再结晶中的少数晶粒异常长大并吞食周围的小晶粒就是这种传质过程。图 3.56 是 B_4C 陶瓷复合材料中发生二次重结晶的 B_4C 晶粒的晶界构型。

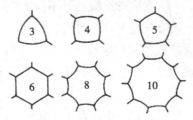

图 3.54　晶界边数与晶粒形状（二维晶粒）
（数字为晶粒的晶界边数）

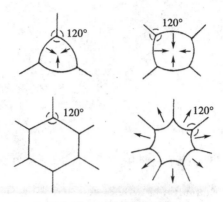

图 3.55　二维晶界的组态

（箭头表示晶粒长大时晶界迁移方向）

被吞食的小晶粒

异常长大的大晶粒

图 3.56　B_4C 陶瓷复合材料中发生二次重结晶的 B_4C 晶粒的晶界构型

3.3.4　晶界应力

3.3.4.1　晶界应力的定义

大多数陶瓷材料的制备包括以下两步：第一步，粉末压坯在高温下烧结；第二步，从烧结温度冷却到使用温度，即室温。因此，在陶瓷材料的制备过程中，会在材料中形成应力。由于在陶瓷材料晶界上的质点与晶格内的质点相比，其能量一般较高，即从热力学来说质点是不稳定的，因此晶界会自动吸引空格点、杂质和一些气孔来降低能量。导致陶瓷晶界上是缺陷较多的区域，从而进一步导致晶界是应力比较集中的区域。在陶瓷材料的晶界上由于质点间排列不规则而使质点距离疏密不均匀，从而形成的微观机械应力，称为陶瓷晶界应力。

对于单相的陶瓷多晶材料来说，由于晶粒的取向不同，且不同结晶方向上的物理性能不同，导致相邻晶粒在同一方向的热膨胀系数、弹性模量等物理性能都不同，这些物理性能上的差异，在陶瓷完成烧结致密化，从高温冷却至室温的过程中，都会在晶界上产生很大的晶界应力。例如氧化铝、石英、石墨、TiO_2、Al_2TiO_5 等均是单相的多晶材料。

对多相陶瓷晶体来说，各相间更有性能的差异。如果多相陶瓷晶体中含有两种不同热膨胀系数的晶相，在高温烧结时，这两个相之间完全密合接触处于一种无应力状态，但当它们冷却至室温时，就会在晶界上产生很大的晶界应力。有可能导致晶界上出现裂纹，甚至导致多晶体破裂。

对于陶瓷固溶体来说，各晶粒间化学组成上的不同也会形成性能上的差异。这些性能上的差异，在陶瓷烧结成后的冷却过程中，也会在晶界上产生很大的晶界应力。

晶界应力会给材料的性能带来一定的负面影响，但在许多场合也有其积极的一面。例如，石英岩是制作玻璃的原料，在破碎硬度较大的石英岩石时，就常常利用晶界应力。由于石英岩的硬度大，破碎困难，且对破碎机械的磨损较大，容易给原料带入铁杂质，为了易于粉碎，通常先将石英岩进行高温煅烧，预烧到高温(1200℃以上)，然后在空气中急冷，利用相变及热膨胀而产生的晶界应力，使其晶粒之间开裂而便于粉碎。

3.3.4.2　晶界应力的产生

上述晶界应力的来源可以通过研究层状物中的各种效应来说明。现在用一个由两种膨胀系数不同的材料组成的层状复合体来说明晶界应力的产生。设两种材料的膨胀系数为 α_1 和 α_2；弹性模量为 E_1 和 E_2；泊松比为 μ_1 和 μ_2，按图 3.57 模型组合。图 3.57(a)表示在高温 T_0 下的一种状态，此时两种材料密合长短相同，并结合在一起。假设此时是一种无应力状态，冷却后，有两种情况。图 3.57(b)表示在低于 T_0 的某一温度 T 下，两个材料自由收缩到各自的平衡状

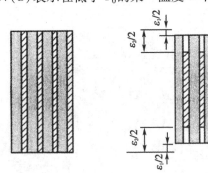
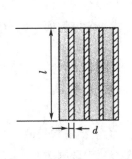

(a)高温下　　　　(b)冷却后无应力状态　　　(c)冷却后层与层仍然结合在一起

图 3.57　层状复合体中晶界应力的形成

态。因为是一个无应力状态，这种状态相应于晶界发生完全分离。图 3.57(c)表示同样在低于 T_0 的某一温度 T 下，两个材料都发生收缩，但晶界应力不足以使晶界发生分离，晶界处于有应力的平衡状态。当温度由 T_0 变到 T 时，温差 $\Delta T = T - T_0$，第一种材料在此温度下要膨胀变形，其值 $\varepsilon_1 = \alpha_1 \Delta T$，第二种材料也要膨胀变形，其值 $\varepsilon_2 = \alpha_2 \Delta T$，而 $\varepsilon_1 \neq \varepsilon_2$。因此，如果不发生分离，即处于图 3.57(c)所示状态，复合体必须取一个中间膨胀的数值，以使一种材料中的净压力等于另一材料中的净拉力，即在复合体中一种材料的净压力等于另一种材料的净拉力，二者平衡，且该力的值与每种材料的弹性模量及所占的比例有关。设 σ_1 和 σ_2 为两种材料的线膨胀引起的应力，V_1 和 V_2 分别为两种材料的体积分数（等于截面积分数），ε 为实际的应变，则有

$$\sigma_1 V_1 + \sigma_2 V_2 = 0 \tag{3.53}$$

$$\frac{E_1}{1 - \mu_1}(\varepsilon - \varepsilon_1)V_1 - \frac{E_2}{1 - \mu_2}(\varepsilon - \varepsilon_2)V_2 = 0 \tag{3.54}$$

如果 $E_1 = E_2$，$\mu_1 = \mu_2$，而 $\Delta\alpha = \alpha_1 - \alpha_2$，则两种材料的热应变差为

$$\varepsilon_1 - \varepsilon_2 = \Delta\alpha \cdot \Delta T \tag{3.55}$$

第一种材料的应力为

$$\sigma_1 = \frac{E}{1 - \mu} V_2 \Delta\alpha \Delta T \tag{3.56}$$

上述应力是令合力（等于每种材料的应力乘以每种材料的截面积之和）等于零而算得的，因为在个别材料中正力和负力是平衡的。这种力可经过晶界传递，经过晶界传给一个单层的力为 $\alpha_1 A_1 = -\alpha_2 A_2$，其中，$A_1$，$A_2$ 分别为第一、二种材料的晶界面积，合力 $\alpha_1 A_1 + \alpha_2 A_2$ 产生一个平均晶界剪应力

$$\tau_{平均} = \frac{(\sigma_1 A_1)_{平均}}{局部的晶界面积} \tag{3.57}$$

对于层状复合体，其晶界面积与 v/d 成正比，d 为箔片的厚度，v 为箔片的体积，层状复合体的剪切应力为

$$\tau \sim \frac{\dfrac{V_1 E_1}{1 - \mu_1} \dfrac{V_2 E_2}{1 - \mu_2}}{\dfrac{V_1 E_1}{1 - \mu_1} + \dfrac{V_2 E_2}{1 - \mu_2}} \Delta\alpha \cdot \Delta T \frac{d}{l} \tag{3.58}$$

其中，l 为层状物的长度，见图 3.57(c)。因为对于具体系统，E，μ，V 是一定的，式(3.58)改写为

$$\tau = K \Delta\alpha \Delta T \frac{d}{l} \tag{3.59}$$

从式(3.59)可以看到，晶界应力 τ 与热膨胀系数差 $\Delta\alpha$、温度变化 ΔT 及厚

度 d 成正比。如果晶体热膨胀是各向同性的，有 $\Delta\alpha=0$，晶界应力不会发生。

对于层状复合材料，如果产生晶界应力，则复合层愈厚，应力也愈大。对于多晶材料，材料中晶粒越粗大，即晶粒尺寸 d 越大，晶界应力 τ 也越大，则材料强度越差，抗冲击性也越差；反之，则强度与抗冲击性越好。晶界应力甚至可以使大晶粒出现贯穿性断裂，这就是粗晶粒结构的陶瓷材料的强度、抗冲击性等机械性能以及介电性能都很差的原因之一。

晶界应力的存在，除对材料的机械性能和介电性能有较大的影响外，对于陶瓷多晶体材料的光学性质及电性质均会产生强烈的影响。因晶界对晶体中的电子和晶格振动的声子起散射作用，使得自由电子迁移率降低，对某些性能的传输或耦合产生阻力。如对机电耦合不利，对光波会产生反射或散射，使材料的应用受到限制。例如，在含有大晶粒的氧化铝陶瓷材料中，晶界应力可以产生裂纹或晶界分离。这些晶界的分离不仅导致含有大晶粒的制品机械性能较差，同时导致其物理性能也较差。图 3.58 是含有大晶粒的 Al_2O_3 陶瓷材料的显微照片。由于晶界分离，可明显地看到来自各分离晶界的反射。

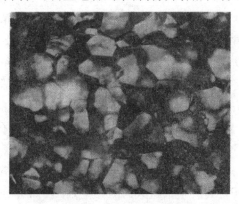

图 3.58　含有大晶粒的 Al_2O_3 陶瓷材料的显微照片（透光）

（显示来自分离晶界的反射）

3.3.4.3　复合材料的晶界应力

复合材料因其性能优于其中任一单组元材料的性能而备受关注。目前，复合材料是非常有发展前途的一种多相材料。在设计和制备复合材料时，很重要的一个原则就是要避免在增强相和基体相之间产生过大的晶界应力。复合材料通常包括弥散强化复合材料和纤维增强复合材料。

弥散强化复合材料的结构示意图如图 3.59(a) 所示，由基体相和在基体相中均匀弥散分布的增强相所构成。增强相颗粒形状通常为等轴径，直径一般在 $0.01\sim0.1\mu m$，增强相在复合材料中的质量分数一般在 $1\%\sim15\%$。常见的弥散强化复合材料包括两种：一种是以金属相为基体，细小的陶瓷颗粒弥散分布于金属基体中，如 Al_2O_3 细微粒分散在金属中形成的金属基复合材料；另一种是用陶瓷作基体，金属颗粒或陶瓷第二相分散于陶瓷基体中，如由金属 Al 增韧 B_4C 的陶瓷复合材料就属于金属相强化的复合材料，由 ZrO_2 增韧 Al_2O_3 的陶瓷复合材料就属于陶瓷第二相强化的复合材料。弥散强化的机理之一是细晶强化，即增强相均匀弥散地分布于基体相中，在复合材料制备过程中，可抑制基体晶粒的长大，从而形成细晶强化。但如在增强颗粒和基体相之间产生了过大的晶界应力，反而会导致材料性能的下降。

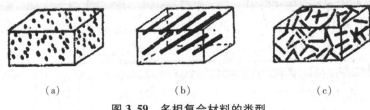

(a)   (b)   (c)

图 3.59　多相复合材料的类型

　　纤维增强复合材料由基体相和增强纤维所构成。根据增强纤维的取向，纤维增强复合材料通常分为两种，其结构示意图如图 3.59(b) 和 3.59(c) 所示，有平行取向[图 3.59(b)]和紊乱取向[图 3.59(c)]两种。纤维增强复合材料中的纤维，其最短长度和最大直径之比等于或大于 10∶1[即式(3.59)中 $d/l \geqslant 10/1$]，纤维的直径一般在不到 $1\mu m$ 和数百微米之间波动。纤维增强复合材料的基体通常为高分子材料或金属，其常用的增强纤维为石墨、Al_2O_3、ZrO_2、SiC、Si_3N_4 和玻璃。这些增强纤维自身具有很好的力学性能，它们掺和到复合材料中还能充分保持其原有的性能，从而起到增强复合材料性能的作用。但如在增强纤维和基体相之间产生了过大的晶界应力，反而会导致材料性能下降。

3.3.5　晶界偏聚

3.3.5.1　晶界偏聚的定义

　　陶瓷材料由多晶材料组成，混入陶瓷材料的杂质在晶体内部的分布是不均匀的，它们常偏聚于晶界。晶界偏聚是异类原子与晶界交互作用的结果，由于外来原子(异类原子)的尺寸不可能与基体原子完全一样，在晶粒内部分布总要产生晶格应变。但因晶界处原子排列与晶粒内部相比较无序，晶界处原子排列比较疏松，并处于畸变状态，晶界处聚集着大量的位错，所以有较强的应力场，且晶界处化学势也较低，杂质进入晶界内引起点阵畸变所克服的势垒(能量)较低。故不论异类原子是大原子或小原子都可在晶界找到比晶粒内部更为合适的位置，使体系总的应变能下降，所以各类杂质都有向晶界处集中的趋势。因此，在合适的环境下，如陶瓷材料在一定的温度下保温足够长的时间，异类原子就会逐渐扩散至晶界，与基体原子的尺寸差距越大的外来原子，和晶界的交互作用则越强。杂质原子在晶界的偏析，一般称晶界偏析。杂质进入晶界一定程度可以减少晶界上的内应力，降低系统内部的能量。

实验研究发现：有些材料中杂质原子的总含量并不高，但是在晶界层的含量却异常的高。如一些材料的纯度高达 99.99%～99.999%，虽然其杂质的质量分数仅为 10^{-5}～10^{-4}，但在晶界处的偏析质量分数却可高达 1%～5%，该数值是相当可观的。因此，在陶瓷材料中含量不高的杂质，有时在晶界处的浓度可能会不小。这些偏聚在晶界处的杂质，当偏聚到一定程度时会形成新相，称为晶界相，杂质在晶界的偏析和生成晶界相往往会对陶瓷的物理性质和化学性质产生重大的影响，如会对材料的氧化、腐蚀、脆化和疲劳等性能产生巨大的影响。

多晶陶瓷材料的显微结构如图 3.60(a) 所示。由该图可以看出晶粒中有晶粒内析出物、晶粒内气孔、晶粒间界、晶界气孔和晶界析出物等。其中，晶界

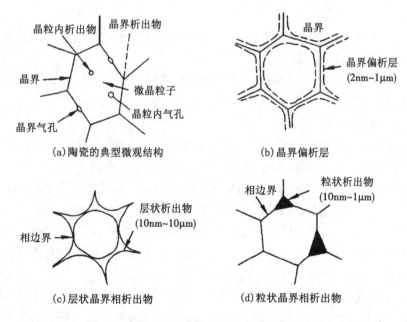

(a)陶瓷的典型微观结构

(b)晶界偏析层

(c)层状晶界相析出物

(d)粒状晶界相析出物

图 3.60　杂质在陶瓷晶界的分布

析出物即晶界相或晶界杂质偏析。通常，杂质在陶瓷材料中的分布受诸多因素的影响，如杂质的浓度、溶解度以及它与母相的润湿性（表面张力的比值）等，这些因素均可影响杂质在陶瓷材料中的分布形式。如图 3.60(b) 所示，杂质可能在晶界处形成偏析层，所形成偏析层的厚度一般为 2nm～1μm，此时杂质在晶界的浓度大于晶粒体内。杂质也可能在晶界处形成层状析出物，如图 3.60

(c)所示，层状晶界相析出物均匀地分布在晶界左右，所形成层状晶界相析出物的厚度一般为 10nm～10μm。此外，杂质也可能在晶界处形成粒状析出物，如图 3.60(d)所示，所形成粒状析出物的尺寸一般为 10nm～1μm。

3.3.5.2 晶界偏聚的分类

陶瓷晶体材料内的杂质原子，常常在晶界产生偏聚。界面附近杂质原子的不均匀分布可分为平衡偏聚和非平衡偏聚。

(1)平衡偏聚

在平衡条件下，杂质原子在晶界处的富集现象称为晶界偏聚或晶界偏析。这种吸附的驱动力是杂质原子在晶内与晶界的畸变能差。由于晶界上原子排列比较疏松，杂质原子在晶界上分布可以减少其畸变能，使系统内能降低，这样便产生一种作用在杂质原子而指向晶界的力。这种热力学平衡偏聚的特点如下。

① 在一定温度下对应有一定的平衡晶界偏聚量。

② 温度升高时，晶界平衡偏聚量按指数规律迅速下降，当温度高到一定数值以上时，这种偏聚趋于消失。

③ 晶界的平衡偏聚量可以很显著，杂质原子在晶界的浓度可以比晶内浓度高 10～10000 倍。

④ 平衡偏聚的范围很窄，为 1～2 个或几个原子间距的宽度，这个宽度相当于晶界的宽度。

(2)非平衡偏聚

空位与杂质原子的交互作用，促使杂质原子向晶界迁移而造成的晶界偏聚叫非平衡偏聚。晶体材料受辐照或加热时，将产生较多的空位。在冷却过程中，空位将向晶界迁移并消失在晶界处。与此同时，可能发生两种情况。第一种，当空位流向晶界时，杂质原子可能与之反方向扩散，从而造成晶界处杂质原子的贫化；第二种，杂质原子可以和空位结合成为"复合体"，空位将拖曳着杂质原子一起运动，因此当空位向晶界扩散并在晶界消失时，同时出现杂质原子在晶界的非平衡偏聚。非平衡偏聚的主要特点如下

① 非平衡偏聚范围比较大，不像平衡偏聚那样局限在几个原子厚的范围内，可以达到几微米，形成一定宽度的偏聚带。在偏聚带的两侧，存在一定宽度的杂质原子贫化区。

② 非平衡偏聚对冷却速度很敏感，急速冷却可以抑制这种偏聚，随着冷却速度的降低，偏聚急剧增加，贫化区扩大。

③ 随陶瓷材料烧结温度的升高，晶界偏聚程度与贫化区宽度均增加。

3.3.5.3 晶界偏聚的影响

偏聚在陶瓷材料晶界的杂质，不仅对材料晶界的类型有影响，还影响陶瓷

材料晶粒的大小。在陶瓷材料烧结和热处理过程中，偏聚在陶瓷材料晶界的杂质，有的能起到促进晶粒长大的作用，有的却能抑制晶粒的生长。杂质对晶界类型和晶粒大小的影响作用，从原理上讲，可以从杂质的熔点、离子半径、与主晶相键合的作用等方面来解释，但更多的结论是从实验中得来的。

在陶瓷材料的生产中，在工艺上除了严格控制烧成温度、时间及冷却方式等烧成制度外，主要需要限制晶粒的长大，特别是要防止二次再结晶。大尺寸的晶粒在陶瓷材料受力过程中会成为裂纹源，导致材料强度降低。因此，在制备陶瓷材料的过程中，利用杂质易于在晶界偏聚的这一现象，常会有意识地在陶瓷材料原料配比中引入一些杂质，通过杂质在晶界的偏聚，来达到抑制晶粒长大、改善陶瓷材料性能的目的。

现以氧化铝陶瓷材料为例，说明偏析在晶界的杂质对陶瓷晶界和晶粒尺寸的影响。氧化铝陶瓷材料既是一种结构陶瓷材料，也是一种功能陶瓷材料。因成本低廉且性能优良，在工业中具有重要的用途，尤其在电子元器件生产中广泛用作衬底和封装材料。随着对电子元器件的小尺寸、低功耗、高可靠、高运算速度等要求的提出，作为衬底材料和封装材料的氧化铝陶瓷材料的研究工作也已取得很大进展。其中，关于偏聚在氧化铝陶瓷材料晶界的杂质、对晶界类型和晶粒大小的作用及原理，也有如下一些相关的报道。

（1）杂质对陶瓷晶界的影响

在制备陶瓷材料过程中，通常会在主相中掺入第二相，第二相相对于主相也可称为"杂质"，第二相不仅在陶瓷材料烧结过程中起到烧结助剂的作用，还会产生第二相强韧化的效果。第二相强韧化陶瓷材料的机制有很多，其中通过掺杂使陶瓷材料中原有的普通晶界转变为低能的特殊晶界，从而稳定陶瓷材料，是陶瓷材料研究者常用的优化陶瓷材料性能的一种方法。

材料工作者在 Al_2O_3 陶瓷材料的研究过程中，通过扫描电子显微镜观察发现，纯 Al_2O_3 中只有 10% 左右的特殊晶界，大部分的晶界是接近或平行于密堆面（0001）面和由失配位错等组成的普通晶界。但在 Al_2O_3 中掺入 MgO 后，陶瓷材料中则有一半以上是特殊晶界，而原有的普通晶界却减少到小于 10%。因掺入 MgO 后形成的特殊晶界是一些低能晶界，所以掺 MgO 的 Al_2O_3 陶瓷很稳定，高温下晶界也不易移动，晶粒也不会长大。掺入 MgO 使 Al_2O_3 陶瓷材料晶粒细小，平整度高，可满足新型电子元件的要求。

（2）杂质对晶粒尺寸的影响

由于晶粒尺寸不仅与原始粉体的粒度、材料本身的性质和烧结制度等有关，还受偏聚在晶界的杂质的影响，因此，在陶瓷生产中常常通过掺杂来控制晶粒的大小。烧结氧化铝陶瓷材料时，可通过掺入少量的 MgO，使 $\alpha\text{-}Al_2O_3$ 晶粒之间的晶界上形成镁铝尖晶石薄层，防止晶粒的长大，从而形成氧化铝细晶结构。

S. Lartigue 和 L. Priester 通过实验发现，纯氧化铝陶瓷材料的晶粒尺寸为 $10\sim15\mu m$，材料中还形成了一些异常长大的晶粒。但若在纯度为 99.96% 的 Al_2O_3 中，掺入质量分数为 500×10^{-6} 的 MgO，经 1500°C 下热压烧结，所得掺杂了 MgO 的氧化铝陶瓷材料的平均晶粒尺寸仅为 $0.5\sim4\mu m$，且材料中还观察到了一些小的晶粒空洞(void)和一定数量的位错线。说明偏析在晶界的 MgO 杂质起到了抑制 Al_2O_3 晶粒长大的作用。

3.3.6 陶瓷晶界的特征

陶瓷材料大部分是由众多晶粒构成的多晶材料，在陶瓷材料中，晶界具有特殊的重要性。因此，了解陶瓷晶界的特性，有助于设计、改善陶瓷材料的组织与性能。本小节重点讨论陶瓷晶界的一些特殊性。

陶瓷主要由带电单元(离子)，以离子键为主体构成，带电结构单元会影响晶界的稳定性。例如氧化物、碳化物和氮化物形成的陶瓷，离子键在晶界处形成静电势，静电势受缺陷类型、杂质和温度的强烈影响，会对陶瓷的电学和光学性质产生主要的影响。

陶瓷中的少量掺杂对晶粒尺寸和晶界性质起到决定性的作用。例如掺杂 MgO 的氧化物陶瓷，晶界性质有明显变化。有人将陶瓷晶界分为特殊晶界和一般晶界。特殊晶界由小角晶界、重合位置点阵晶界和重合转轴晶界组成，属于重合晶界，这些晶界都是低能晶界。一般晶界由失配位错构成，属于接近重合晶界，它的晶界能略高于特殊晶界。例如掺杂 Mg 的氧化物陶瓷由很多特殊晶界组成，这种材料具有很好的稳定性，在高温下，晶粒不会明显长大，晶界也不易移动。因此能在高温下承受大的压应力。掺杂对陶瓷材料中特殊晶界的比例和分布有很大的影响，在功能设计时非常有用。

陶瓷是一种多晶或微晶体系，因此陶瓷晶界具有特殊重要的意义。一般来说，陶瓷的晶界要比金属和合金的晶界宽，结构和成分都非常复杂，除具有一般晶界的特性外，还具有如下一些特征。

① 陶瓷材料晶界上通常存在电场。

通常情况下，金属、合金晶界上的缺陷，在陶瓷材料的晶界上都可能存在。但二者也存在一些差异，由于陶瓷材料大多由离子晶体组成，因此在晶界上通常存在电场；然而，在金属、合金的晶界上通常无电场存在。

② 陶瓷材料晶界宽度较大。

由于陶瓷材料的组元带电，且为了满足在整个晶体中和晶界处电中性的要求，陶瓷材料晶界的宽度要比金属、合金的大。

③ 陶瓷材料晶界上存在的静电场大小与诸多因素有关。

由于陶瓷材料大部分由离子晶体组成,因此晶界上可能存在静电场,其大小主要受杂质浓度、缺陷分布、环境温度、气氛等因素的影响。

④ 陶瓷材料晶界处杂质的含量较高。

一方面,由于陶瓷材料中部分元素性质比较接近,难以将它们分离开。另一方面,由于受现有陶瓷原料粉体制备技术的限制,陶瓷原料粉体的纯度都比较低,通过传统制备技术所获得陶瓷原料粉体的纯度一般只能达到 96% 左右,如氧化物(Al_2O_3)、碳化物(SiC,B_4C)、氮化物(Si_3N_4,AlN,$AlON$)等陶瓷原料的粉体,一些超纯粉体也只有 99.9% 的纯度;近年来,虽然已经开发了一些陶瓷原料粉体的新型制备技术,如自蔓延高温合成法(又称燃烧合成技术)、化学气相沉积法、溶胶-凝胶法、固相反应合成法等,可有效改善陶瓷原料粉体的纯度,但陶瓷原料粉体的纯度仍有待进一步提高。因此,受陶瓷材料中部分元素性质比较接近和陶瓷原料粉体制备技术的限制,杂质在陶瓷材料晶界的含量相当高,从而影响材料的本征特性。

⑤ 研究陶瓷晶界缺陷的细节难度较大。

由于陶瓷中点缺陷的形成能很高(约 7eV),因此陶瓷中的本征缺陷浓度较低。即使温度达到 1800℃,陶瓷材料中本征缺陷(Frenkel,Schottky 等缺陷)的浓度也仅能达到 $10^{-9} \sim 10^{-6}$,该值远低于陶瓷材料中杂质的浓度。所以,要研究陶瓷材料中的本征点缺陷比较困难。此外,由于陶瓷材料中的本征缺陷与晶界处的杂质和其他缺陷会发生相互作用,因此要了解陶瓷材料晶界缺陷的细节,难度就更大。

⑥ 陶瓷材料晶界处可能存在非化学计量化合物。

当陶瓷材料中含有过渡金属的氧化物时,由于过渡金属有未填满的 d 壳层,因此容易发生变价。此外,再加上富氧、缺氧等情况的存在,因此在陶瓷材料晶界处可能存在各种非化学计量化合物。例如,已经发现在 Al_2O_3 陶瓷材料的晶界处,可能存在 AlO 等成分。

⑦ 陶瓷材料晶界处可能存在晶界相。

由于陶瓷材料的晶界处存在大量杂质的聚集,当晶界处的杂质聚集到一定程度后,就可能生成新的晶界相。例如 ZnO 压敏电阻材料,在其晶界上除了存在 Bi_2O_3 相外,还存在尖晶石相和烧绿石相等晶界相。

参考文献

[1] 陆佩文.无机材料科学基础:硅酸盐物理化学[M].武汉:武汉工业大学出版社,1996.

[2] Kingery W D,Bowen H K,Uhlmann D R.陶瓷导论[M].清华大学新型陶瓷

与精细工艺国家重点实验室,译.北京:高等教育出版社,2010.

[3] 石德珂.材料科学基础[M].北京:机械工业出版社,2003.

[4] 叶瑞伦,方永汉,陆佩文.无机材料物理化学[M].北京:中国建筑工业出版社,1986.

[5] 樊先平,洪樟连,翁文剑.无机非金属材料科学基础[M].杭州:浙江大学出版社,2004.

[6] 李言荣,恽正中.材料物理学概论[M].北京:清华大学出版社,2001.

[7] 李见.材料科学基础[M].北京:冶金工业出版社,2000.

[8] 贺蕴秋,王德平,徐振平.无机材料物理化学[M].北京:化学工业出版社,2005.

[9] 胡志强.无机材料科学基础教程[M].北京:化学工业出版社,2011.

[10] 王希军,马南钢,丁华东,等.铝在 B_4C 陶瓷上的润湿性[J].机械工程材料,2008,32(5):15-19.

[11] Gibbs J W. The Collected Works:Vol.1[M].London:Longmans,Green & Co.,Ltd.,1928.

[12] 刘智恩,材料科学基础[M].2 版.西安:西北工业大学出版社,2003.

[13] 张联盟.材料科学基础[M].2 版.武汉:武汉理工大学出版社,2008.

[14] 黄培云.粉末冶金原理[M].2 版.北京:冶金工业出版社,2007.

第4章 相平衡与陶瓷相图

陶瓷材料在加工制备过程中，当温度和组成等(陶瓷材料属凝聚系统，一般不考虑压力的影响)改变时，会发生一系列物理和化学的变化。因此，陶瓷材料的性质除了与化学组成有关外还取决于其显微结构，即陶瓷材料的性质与其所包含的每一相(晶相、玻璃相及气孔)的组成、数量和分布有关。研究陶瓷材料显微结构的形成，需要综合考虑热力学和动力学这两方面的因素。相平衡为研究人员从热力学平衡角度判断系统在一定热力学条件下所趋向的最终状态，即研究陶瓷材料显微结构的形成，提供了十分有用的工具。

相平衡是研究物质在多相体系中相的平衡问题，即研究一个多组分(或单组分)多相体系中物质的平衡状态(如固态、液态、气态等)如何随影响平衡的因素(温度、压力、组分浓度、电场、磁场等变量)变化而改变的规律。在一个多相系统中，当达到平衡状态时，系统对组成、温度、压力及其他施加的条件而言处于最低自由能状态。当温度、压力和浓度等发生变化时，相的种类、数量和含量都会随之发生相应的变化。如液体的蒸发、蒸气的凝固、固体的溶解、液体的结晶、熔体的析晶、晶体的熔融以及不同晶型之间的转变等，都是人们所熟悉的一些物质的状态随影响平衡因素的变化而发生相变化的过程。在这些相变过程中，物质的种类、数量、含量都会随着温度、压力和浓度等的变化而发生相应的变化。因此，如果能够根据多相平衡的实验结果，绘制一定的几何图形来描述在平衡状态下多相系统状态的变化关系，并由此预测材料的性质，确定各种材料的制备工艺和加工工艺等，将具有重要的指导意义和实用价值。

这种根据多相平衡的实验结果而绘制成的几何图形称为相图，也叫平衡状态图。通过相图可以确定某个组成的系统，在指定条件下达到平衡时存在的相的数目、每个相的组成和相对含量。相图为理解各种材料系统的一些规律性、了解相的平衡和表示相平衡，提供了一种方便的表示方法。在一组特定的条件下，相图不仅表明了平衡系统中有哪些聚集状态，而且表明了哪个相是稳定的。另外，因为相平衡考察的是系统中各组分间所发生的各种物理的、化学的或者物理化学的变化，而不考虑体系中单独的相或化学物质的特性，所以更接近自然界或人类生产活动所遇到的真实情况。

因此，相图在陶瓷材料研究领域已成为解决实际问题不可缺少的工具。如在分析、控制、改进和发展陶瓷材料时，相的存在及相的组成是基本的要素。对于一个陶瓷材料工作者，能够熟练地掌握相平衡的基本原理，熟练地判读相图，是一项必须具备的基本功。这有利于科学地分析和研究各种实际问题，可以帮助陶瓷材料研究者正确选择配料方案及工艺制度，合理分析生产过程中质量问题产生的原因，以及帮助进行新型陶瓷材料的设计、研究和开发。

4.1 相与相平衡

多相平衡理论是以美国学者吉布斯（Gibbs）于 1876 年首先提出的相律为基础的。相律是以严谨的热力学为工具，推导获得的多相平衡体系的普遍规律。经过长期实践的检验，相律已被证明是自然界最普遍的规律之一。陶瓷材料系统的相平衡当然也符合一般的相律。因此，了解多相平衡理论的基本概念和相律，对我们今后正确理解和实际应用陶瓷相图是有帮助的。此外，需要说明，由于陶瓷材料是一种固体材料，陶瓷材料系统的相平衡与以气相、液相为主的一般化工生产过程中所涉及的平衡体系不同，其具有自己的特殊性。

4.1.1 热力学平衡态与非平衡态

相图是平衡状态图，因此相图上所表示的状态是一个体系所处的一种热力学平衡状态，即相图上所表示的状态是一个不再随时间而发生变化的状态。当一个体系在一定热力学条件下，从原来的非平衡态变化到该条件下的平衡态时，需要通过相与相之间的物质传递，才能完成从非平衡态到平衡态的转变，所以都需要一定的时间。但这个时间的长短依系统的性质而异，即从非平衡态到平衡态转变所需要的时间由相变过程的动力学因素决定。如，从高温 SiO_2 熔体中结晶出方石英所需要的时间，比从 0℃ 的水中结晶出冰显然要长一些，这就是因为 SiO_2 系统和水系统的性质不同，导致其相变过程的动力学因素不同。但在相图中完全不能反映这种动力学因素，相图仅反映在一定热力学条件下体系所处的平衡状态，即仅反映其中所包含的相数以及各相的形态、组成和数量，而不涉及达到这个平衡状态所需要的时间。

陶瓷材料是一种固体材料，由于固体中的化学质点受近邻粒子的强烈束缚，其活动能力比气体、液体中的化学质点要小得多。即使其处于高温熔融状态，由于陶瓷熔体的黏度很大，其化学质点的扩散能力仍然是有限的。这就导致陶瓷材料体系的高温物理化学过程要达到一定条件下的热力学平衡状态，所需要的时间通常比气体、液体体系要长很多。但在实际工业生产中，必须考虑经济成本，需要尽量缩短生产周期，提高劳动生产率，导致生产周期受到限制。所以，在实际生产中进行的过程，一般达不到相图上的平衡状态。至于距离平衡状态的远近，则受两方面因素的综合影响，包括系统的动力学性质及过程所经历的时间。因受这些动力学因素的影响，陶瓷材料系统中经常出现热力学非平衡态，即介稳态。以 SiO_2 系统为例，在冷却过程中，如果冷却速度不是足够慢，因晶型转变较困难，当方石英从高温冷却时，通常不是转变为低温下稳定的 α-鳞石英、α-石英和 β-石英，而是转变为介稳态的 β-方石英；又如 α-鳞石英，从高温冷却时，通常也不是转变为热力学稳定态的 α-石英和 β-石英，而是直接转变为介稳态的 β-鳞石英和 γ-鳞石英。

因相图的绘制是以热力学平衡态为依据的，虽然在陶瓷材料系统中出现介稳态，使在利用陶瓷材料相图分析实际问题时，必须加以充分的注意。但是，介稳态的出现并不一定都是不利的，在某些情况下，因为介稳态具有人们所需要的性质，所以人们有时有意创造形成介稳态的动力条件，如快速冷却或掺加杂质等，特意把介稳态保留下来。例如，陶瓷中介稳态四方氧化锆，水泥中的介稳态 β-C_2S，耐火材料硅砖中的介稳态鳞石英以及所有的玻璃材料，都是有意创造动力条件保留下来的介稳态。虽然，这些介稳态处于能量较高的状态，在热力学上是不稳定的，始终存在着向室温下的稳定态转变的趋势，但因其转变速率极其缓慢，所以实际上这些介稳态可以长期存在下去。

4.1.2　基本概念

在学习陶瓷材料具体系统相图之前，为了全面系统地认识、理解和应用好相平衡的知识，有必要根据陶瓷材料的特点，弄清一些基本概念，掌握与相图有关的一些常用术语，即先对陶瓷材料系统中的系统、组分、相、自由度及相律的运用分别加以具体讨论，从而建立比较明确的概念。

4.1.2.1　系统

系统是指被选择的研究对象。系统以外的一切物质都称为环境。例如，在石墨加热炉中烧制碳化硅（SiC）陶瓷材料，如果选择 SiC 陶瓷材料为研究的对象，则 SiC 陶瓷材料为系统，炉壁、石墨发热体和炉内气氛都称为环境；如果研究 SiC 陶瓷材料和气氛的关系，则 SiC 陶瓷材料和气氛就统称为系统，炉壁和石墨发热体都称为环境。因此，系统是人们根据实际具体情况需要而确定的。忽略气相影响，而只考虑液相和固相的系统，称为凝聚系统。大部分的陶瓷材料，因其挥发性很小，所以平衡因素压力对系统的影响非常小，几乎可以忽略不计，因此大部分陶瓷材料系统都是典型的凝聚系统。当外界环境条件不变

时，如果系统的各种性质均不随时间变化，则该系统处于平衡状态。

4.1.2.2　组分

组分（组元）是指系统中每一个可以独立分离出来，并能独立存在的化学纯物质，组分的数目叫组分数。在金属材料中组分通常是一个元素，如 Si，Al，Fe，Ti，Mg 等。而在陶瓷材料中组分一般是化合物，包括氧化物、碳化物、氮化物、硼化物等，如 SiO_2，Al_2O_3，ZrO_2，Y_2O_3，SiC，B_4C，TiC，Si_3N_4，AlN，TiN，TiB_2，ZrB_2等。独立组分是指足以表示形成平衡系统中各相组成所需要的最少数目的化学纯物质，它的数目称为独立组分数，习惯上用符号 C 表示。按照独立组分数目的不同，可将系统分为一元（单元）系统、二元系统、三元系统等，通常将 3 个以上独立组分构成的系统称为多元系统。

需要指出的是，组分和独立组分只有在特定的条件下，才具有相同的定义。如在没有化学反应发生的系统中，化学纯物质种类的数目——组分数就等于独立组分数。例如，在 NaCl 的水溶液中，由于只有 NaCl 和 H_2O 才能单独分离出来和独立存在，因此 NaCl 和 H_2O 才是这个系统中的组分，而 Na^+ 和 Cl^- 不能单独分离出来和独立存在，它们就不是这个系统的组分，故该系统独立组分数 $C=2$，该系统为二元系统。而当系统中各物质间发生了化学反应并建立了平衡时，则组分数就不等于独立组分数。显然，若系统中各组分之间有化学反应，则独立组分数少于组分数。一般来说，系统的独立组分数等于组分数减去所进行的独立化学反应数。如由 $CaCO_3$，CaO，CO_2组成的系统，在高温时发生如下化学反应并建立平衡：

$$CaCO_3(S) = CaO(S) + CO_2(G) \qquad (4.1)$$

该系统中虽然有三个组分，但独立组分数只有两个，只要确定任意两个组分的量，第三个组分的量根据化学平衡就自然确定了，故该系统独立组分数 $C=2$，该系统也为二元系统。

另外，需要特别注意的是，部分硅酸盐物质的化学式通常习惯上以氧化物形式表达，如硅酸二钙写成 $2CaO\text{-}SiO_2$（C_2S）。在利用相平衡研究 C_2S 的晶形转变时，不能把它视为二元系统。因为 C_2S 不是 CaO 和 SiO_2 的机械混合物，而是一种可以独立分离出来，并能独立存在的新的化学纯物质，它具有自己的化学组成和晶体结构，因而具有自己的化学性质和物理性质。根据相平衡中组分的概念，对它单独加以研究时，该系统独立组分数 $C=1$，它属于一元系统。同理，$K_2O \cdot Al_2O_3 \cdot 4SiO_2\text{-}SiO_2$系统，因 $K_2O \cdot Al_2O_3 \cdot 4SiO_2$是一种化学纯物质，所以该系统独立组分数 $C=2$，系统是一个二元系统，而不是一个四元系统。

4.1.2.3　相

相是指在系统内部具有相同物理和化学性质而且完全均匀的一部分。相可以是单质，也可以是由几种物质组成的熔体(溶液)或化合物。一个系统中所含相的数目，称为相数，用符号 P 表示。按照相数的不同，系统可分为单相系统、两相系统及三相系统等，含有两相以上的系统可称为多相系统。

相与相之间有分界面，可以用机械的方法将它们分离开。而且在相的分界面处物质的性能要发生突变，如果界面的性质不发生突变则是同一种相，例如同种晶体中的晶界。一个相在物理和化学性质上必须是均匀的，但不一定只含一种物质，即相数与物质的数量无关。如气体物质一般只能形成一个相，因为在平衡条件下，不同的气体可以以任何比例均匀地混合在一起，所以无论是一种气体还是混合气体，它们都是一个单一的均匀相。故若不是在高压下，则系统内不论有多少种气体，只能有一个气相。例如，人们所熟悉的空气中虽然含有多种物质，但在常压下是一个相。又如食盐水溶液，虽然它含有两种物质，但它是真溶液，整个系统也只是一个液相。相数也与物质是否连续无关，如水中分散着的冰，所有的冰块的总和为一固相。

需要注意的是，一个相必须在物理和化学性质上是均匀的，这个"均匀"的要求是严格的，非一般意义上的均匀，而是一种微观尺度的均匀。按照上述定义，下面分别讨论在陶瓷材料系统相平衡中经常会遇到的各种情况。

(1)形成机械混合物

几种固态物质形成的机械混合物，不管其粉磨得多细，都不可能达到相所要求的微观均匀，故都不能视为单相，通常有几种物质就有几个相。例如，制备 SiC 陶瓷材料过程中，将 SiC 粉体和烧结助剂 Al_2O_3 粉体和 Y_2O_3 粉体混合在一起，尽管各自的颗粒可以极细且混合均匀，但还是 3 个相。

(2)液相中析出低共熔混合物

在陶瓷材料系统中，在低共熔温度下从具有低共熔组成的液相中析出的低共熔混合物固态物质，它们的性质各不相同，彼此有相界面存在，是几种晶体的混合物。因而，从液相中析出几种晶体，即产生几种新相。

(3)生成化合物

组分间每形成一个新的化合物，即形成一种新相；或应用分子自组装技术合成的纳米复合材料，则只能视为一相。当然，根据独立组分的定义，新化合物的形成，不会增加系统的独立组分数。

(4)形成固溶体

若不同的固态以任何比例互相溶解形成一个均匀的固溶体，由于在固溶体晶格上各组分的化学质点是随机均匀分布的，其物理性质和化学性质符合相的均匀性要求，因而几个组分间形成的固溶体为一个相。

（5）同质多晶现象

同一物质的不同晶型（变体）虽然具有相同的化学组成，但由于其晶体结构和物理性质不同，因而分别各自成相，有几个变体就有几个相，即相同的物质可以有几个相。例如 SiC 可以有 α-SiC 相和 β-SiC 相，虽然它们具有相同的化学组成，其含有 Si 原子与 C 原子的比例均为 1∶1，但晶体结构不同，α-SiC 为六方结构，β-SiC 却为立方结构，所以为两相。在陶瓷材料中，这是较为普遍的现象。

（6）高温熔体

通常组分在高温下熔融形成的均匀熔体，即陶瓷材料系统中的液相，一般表现为单相，可以视为一个相。例如，熔融状态的玻璃液，整个系统只是一个液相。但是当两种液相不能以任何比例相互溶解或在高温下熔体发生液相分层时，便可能在熔体中形成两相或两相以上的液相。

（7）介稳变体

介稳变体是一种热力学非平衡态，一般不出现在相图中。但因陶瓷材料高温物理化学过程要达到一定条件下的热力学平衡状态，所需要的时间通常比较长，且在工业实际生产中，生产周期受到限制。所以，在实际生产中进行的过程，一般达不到相图上的平衡状态，陶瓷材料系统中经常出现热力学非平衡态——介稳态。为了实用上的方便，在一些相图中，也可能将介稳变体及由此产生的介稳平衡的界线标示于相图上，但这种界线一般用虚线表示。

4.1.2.4　自由度

自由度是指在相平衡系统中，可以独立改变的变量，如温度、压力、组分浓度、电场和磁场等。即这些变量在一定的范围内任意改变，既不会引起旧相的消失，也不会引起新相的产生，且原相平衡系统中共存相的数目和种类不随这些变量的改变而变化。这些在平衡系统中可以在一定范围内独立改变的变量的最大数目，称为自由度数，用符号 F 表示。按自由度数也可对系统进行分类，如 $F=0$ 的系统，称为无变量系统；$F=1$ 的系统，称为单变量系统；$F=2$ 的系统，称为双变量系统等，以此类推。

4.1.3　相平衡

平衡是自然界中普遍存在的一种重要状态。当一个系统受到的合力为零时，系统处于机械平衡状态；当一个系统的温度一定时，系统处于热平衡状态；而当一个系统中各相的化学势相等且各组元的浓度不再变化时，系统就达到了化学平衡状态。如果一个系统同时达到机械平衡、热平衡和化学平衡三种平衡状态，那么该系统就达到化学热力学平衡状态。一个系统各相的化学热力学平衡状态称为相平衡，通常所说的热力学平衡或相平衡均是化学热力学平衡状态的简称。

相平衡是需要满足特定条件的。对于一个不含气相的材料系统而言，相的热力学平衡可由它的吉布斯自由能 G 来决定。通过 $G=H-TS$ 可知，若 $dG=0$，则整个系统处于热力学平衡状态；若 $dG<0$，则系统将自发地转变到 $dG=0$，使整个系统达到热力学平衡状态。

对于一个多元系统，若系统中所含组元 1 的物质的量为 n_1，组元 2 的物质的量为 n_2，组元 3 的物质的量为 n_3，$\cdots$，不仅温度 T 和压力 P 的变化要引起自由能 G 的变化，而且各组元含量的变化也要引起系统性质的变化。所以，对于一个含有多组元的系统，其吉布斯自由能 G 是温度 T、压力 P 和各组元物质的量 n_1，n_2，n_3，$\cdots$的函数，可表示为

$$G=f(T, P, n_1, n_2, n_3, \cdots) \tag{4.2}$$

对式(4.2)两边进行微分，可得

$$dG=-SdT+VdP+\sum\mu_i dn_i \tag{4.3}$$

其中，S 为系统的总熵；V 为系统的总体积；$\sum\mu_i dn_i$ 为系统中所有组元含量的改变引起的系统自由能的变化；μ_i 为组元 i 的偏摩尔自由能，也是组元 i 的化学势，代表系统内物质传递的驱动力。当每一个组元在所有各相中的化学势 μ 都相等时，在系统内就不再发生物质的迁移，整个系统就处于平衡状态。因此，当一个系统达到相平衡状态时，该系统中所有组元在所有各相中的化学势均相等，这是一个系统达到相平衡的条件。假设系统中只有 α 和 β 两相，则使少量的 dn_1 的组元 1 从 α 相转移到 β 相中，所引起系统自由能的变化为

$$dG=dG_\alpha+dG_\beta \tag{4.4}$$

因为组元 1 在 α 相中的化学势 μ_1^α 是 1mol 组元 1 在 α 相中的自由能，所以 α 相自由能的变化为

$$dG_\alpha=\mu_1^\alpha dn_1^\alpha \tag{4.5}$$

同理，β 相自由能的变化为

$$dG_\beta=\mu_1^\beta dn_1^\beta \tag{4.6}$$

但是，因为组元 1 从 α 相中转移出的量 dn_1^α 与转移到 β 相中的量 dn_1^β 间存在如下关系：

$$-dn_1^\alpha=dn_1^\beta \tag{4.7}$$

所以，少量的 dn_1 的组元 1 从 α 相转移到 β 相中，所引起系统自由能的变化为

$$dG=dG_\alpha+dG_\beta$$
$$=\mu_1^\alpha dn_1^\alpha+\mu_1^\beta dn_1^\beta$$
$$=(\mu_1^\beta-\mu_1^\alpha)dn_1^\beta \tag{4.8}$$

由式(4.8)可知,组元 1 从 α 相自发转移到 β 相的条件是 $\mu_1^\beta-\mu_1^\alpha<0$,此时,两相未达到热力学平衡状态;当 $\mu_1^\beta=\mu_1^\alpha$ 时,两相才能达到热力学平衡状态,这也是相平衡的必要条件。对于组元 2,3,…也可通过类似的推导获得相同的结论,即多相系统中每一个组元在各相中的化学势相等是系统处于热力学平衡、相平衡的必要条件。

4.1.4 相　律

4.1.4.1　吉布斯相律

当一个系统达到相平衡状态时,不仅整个系统内的温度和压力都必须是均匀的,而且每一个相中每个组分的化学势和蒸气压也都必须是相同的。否则,系统内将会出现从系统的一个部分向另一个部分传热或传质的倾向。多相系统中每一个组元在各相中的化学势相等是系统处于热力学平衡、相平衡的必要条件。即平衡时任一组分 i 在所有各相中的化学势 μ_i 相同。根据这一点可以直接导出相律。1876 年 J. Willard Gibbs 以严谨的热力学定律为工具,推导了多相平衡体系的普遍规律——相律。部分推导内容如下。

因化学势等于偏摩尔自由能 G_i,有

$$G_i = \left(\frac{\partial G}{\partial n_i}\right)_{T, P, n_1, n_2, \cdots} \tag{4.9}$$

即化学势等于恒温恒压下在系统中增加 1mol 组分 i 所引起的系统自由能的变化。因为所考虑的系统是一个非常大的系统,所以加入 1mol 的组分 i 并不会引起明显的系统浓度变化。对于含有 C 个组分的系统,每一个组分对应地有一个独立的方程用于表示化学势相等。对含有 P 个相的系统来说,有

$$\mu_1^a=\mu_1^b=\mu_1^c=\cdots=\mu_1^P \tag{4.10}$$

$$\mu_2^a=\mu_2^b=\mu_2^c=\cdots=\mu_2^P \tag{4.11}$$

这些方程将构成 $C(P-1)$ 个用来确定 $C(P-1)$ 个变量的独立方程。又因为每个相的组成是由 $C-1$ 个独立浓度项确定的,所以完全确定 P 个相的组成要求有 $P(C-1)$ 个浓度项,与影响系统平衡的 n 个外界因素,如温度、压力、电场、磁场等条件一起可以给出变量的总数为 $P(C-1)+n$,由化学势相等而确定的变量为 $C(P-1)$,尚待确定的变量为 $P(C-1)+n-C(P-1)$,所以,可得自由度数目:

$$F=C-P+n \tag{4.12}$$

这就是吉布斯(Gibbs)相律。其中,F 为自由度数,即在温度、压力、组分浓度等可能影响系统平衡状态的变量中,可以在一定范围内任意改变而不引起旧相消失或新相产生的独立变量的数目;C 为独立组分数,即构成平衡物系所有各相组成所需要的最少组分数;P 为相数;n 为影响系统平衡的外界因素,如温

度、压力、电场、磁场等。

在通常情况下，研究系统的相平衡时，影响系统平衡的外界因素主要为温度和压力，即 $n=2$，则相律式(4.12)可表示为

$$F=C-P+2 \tag{4.13}$$

由相律式(4.12)和式(4.13)可知，相平衡系统中的独立组分数 C 越多，则自由度数 F 就越大；相数 P 越多，自由度数 F 就越小；当自由度数为零时，相数最大。由此可知，应用相律可以非常方便地确定相平衡体系中自由度数、独立组分数与相数三者之间的关系。经过长期实践的检验，相律被证明是自然界最普遍的规律之一。不论系统的化学性质如何，也不论研究的是什么系统，相律都是适用的，它对分析和研究相图具有非常重要的作用。

虽然相律是制作和使用相平衡图的基础，具有重要价值，但相律也具有局限性，主要因为它只能应用于平衡状态。要求系统中不仅各相内部要达到均相平衡，而且要求各相间也要达到多相平衡。此外，需要指出的是，虽然一个平衡的系统总是遵循相律，即不符合相律则证明系统平衡不存在。但反之却不一定正确，也就是说，符合相律的系统不一定处于平衡状态。

4.1.4.2　陶瓷材料系统的相律

没有气相存在的系统称为凝聚系统。有时系统中的固相和液相会产生蒸气压，虽然有气相存在，但该气相的蒸气压与大气压相比显得微小或甚至可以忽略不计，因此只需要考虑液相和固相之间的平衡，这类系统也称为凝聚系统。例如，金属材料、陶瓷材料和聚合物材料等。在温度和压力这两个影响系统平衡的外界因素中，对于不包含气相的液相和固相之间的平衡，实际上压力影响不大，即压力不影响凝聚系统的平衡状态。大多数陶瓷材料属于难熔化合物，挥发性很小，所以陶瓷材料系统一般均属于凝聚系统。对于陶瓷材料系统，一方面由于压力这一平衡因素可以忽略，如同电场、磁场对一般热力学体系相平衡的影响可以忽略一样，另一方面由于通常是在常压(即压力为一个大气压的恒值)下研究陶瓷材料系统体系和应用相图的，所以，就相律而言，陶瓷材料系统的压力为恒量，将减少一个自由度，因而相律在陶瓷材料系统中具有表达式：

$$F=C-P+1 \tag{4.14}$$

其中，F 为自由度数，即在温度、组分浓度等可能影响陶瓷材料系统平衡状态的变量中，可以在一定范围内任意改变而不会引起旧相消失或新相产生的独立变量的数目；C 为独立组分数，即构成陶瓷材料系统平衡物系所有各相组成所需要的最少组分数；P 为相数；1 为温度，它是影响陶瓷材料系统平衡的外界因素。

由式(4.14)可以看出，构成陶瓷材料系统相平衡的参变量是温度和组成

（浓度），所以各类陶瓷材料系统的相图，都将建立在以温度-组成所构成的坐标基础上。

本章内容在讨论二元及以上的系统时，均采用式（4.14）的相律表达式，此时虽然相图上未特别标明，都应理解为平衡相图是在外界压力为 $1.01×10^5$ Pa 下的等压相图。并且即使外界压力变化，只要变化不是太大，对系统的平衡就不会有明显的影响，此时相图的图形仍然适用。需要特别说明的是，对于一元凝聚系统，为了能够充分反映纯物质的各种聚集状态，如超低压的气相和超高压可能出现的新的晶型等，并不把压力恒定，而是仍取为变量，通常用压力和温度两种变量的关系。

4.1.5　测定相平衡图的技术

根据文献报谊，测定相平衡有多种方法。通常，不同相之间的任何物理或化学方面的差异，或者在一个相出现或消失时所发生的效应，都可以用来测定相平衡。研究凝聚系统的相平衡，其本质就是通过测量系统发生相变时物理与化学性质或能量的变化（如温度和反应热等）来确定相图的。一般情况下，有两种通用的方法——动态法和静态法。动态法考虑的是相出现或消失时，系统性质的变化；静态法则是将样品保持在恒定条件下直至平衡，然后测定所存在的相的组成和数量。下面介绍凝聚系统相平衡这两种基本的研究方法。

4.1.5.1　静态法

静态法中最常用的是淬冷法。淬冷法也是测定凝聚系统相图中用得最广泛的一种方法。通常由 3 个步骤组成：

① 将一系列不同组成的试样在选定的不同温度下保温足够长的时间，以确保试样达到该温度和组成条件下的热力学平衡状态；

② 以足够快的速度将试样迅速淬冷到室温，冷却速度要足够快，防止在冷却期间发生相变，这样就可以把高温的平衡状态在低温下保存下来；

③ 采用适当手段对试样进行检测，鉴定其中所包含的平衡各相的组成和数量，据此制作相图。需要说明的是，如果通过高温 X 射线和高温显微镜观察能够测定高温下存在的相，就没有必要进行淬冷了。

淬冷法的装置如图 4.1 所示。当试样在高温下经过充分保温后，施加大电流熔断悬丝，使试样迅速掉入炉子下部的淬冷容器（汞浴）中淬冷。在迅速淬冷过程中，由于相变来不及发生，因而淬冷后的试样就可以保持高温下的平衡状态。然后，利用 XRD，OM，SEM 等测试手段对淬冷试样进行物相鉴定，通过分析检测确定试样在高温所处的平衡状态，分析其中所包含的平衡各相的组成和数量。将最终测定结果记入相图中相对应的位置上，即可绘制出相图。

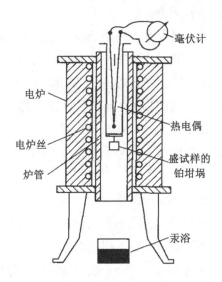

图 4.1　淬冷法装置

　　通常，试样经急速淬冷后，高温下系统中的液相会转变为玻璃体，而高温下系统中的晶体则以原有晶型保存下来。图 4.2 示意说明如何用淬冷法测定一个最简单的二元相图。结合图 4.2 可以看出，系统状态点位于液相线 aE、bE

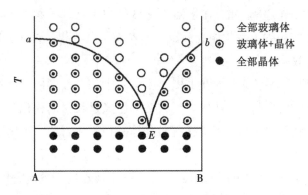

图 4.2　淬冷法测定相图

以上的液相区的所有试样，经过淬冷处理后，只能观察到单相玻璃体。而系统状态点位于液相线和固相线之间的两相区的所有试样，经过淬冷处理后，可以观察到两相：A 晶体与玻璃体，或 B 晶体与玻璃体；对于在低共熔温度以下固相区恒温的所有试样，经过淬冷处理后，可以观察到 A 晶体与 B 晶体，而无玻璃体。很明显，采用淬冷法确定相图上液相线与固相线的位置，必须保证试验点足够多，即必须保证在液相线与固相线附近试验安排的温度间隔与组成间隔足够小，才能保证所获得结果的准确性。所以，通过淬冷法测定绘制一张凝聚系统相图，其工作量是非常大的。

采用淬冷法测定相图，具有准确度高的优点。首先，试样在高温下经过长时间保温，已基本接近于平衡状态；其次，淬冷后在室温下检测分析试样，又可对试样中平衡共存相的相数、各相的组成、形态和数量直接进行测定。所以，一般情况下，采用淬冷法测定的相图，准确度都比较高。为了确保采用淬冷法测定相图的准确性，有以下两个关键点需要满足。第一，要确保恒温的时间足够充足，以保证系统达到该温度下的平衡状态。经过长时间恒温保温后，系统是否达到了该恒温温度下的平衡状态，需要通过进一步的实验来加以确定。通常，采取改变恒温时间来观察淬冷试样中相组成是否发生变化的办法，如果改变恒温时间后，淬冷试样中的相组成不再随恒温时间的延长而发生变化，通常认为系统已经达到了平衡状态。第二，要确保淬冷速度足够快，以保证高温下已达到的平衡状态可以完全保存下来，一般通过选择合适的淬冷剂（水、油、汞等），这一要求是可以达到的。然而，对于某些相变速度特别快系统，难以满足淬冷速度足够快的条件，淬冷过程中就很难完全阻止降温过程中发生新的相变化，此方法就不能适用。高温下已达到的平衡状态，是否在淬冷过程中可以完全保存下来，也需要通过进一步实验加以检验。近年来，随着检测技术的迅猛发展，在相图测定中，针对在室温淬冷样品中观察到的相，已应用高温显微镜及高温 X 射线衍射方法检验在高温平衡状态中这些相是否确实存在，从而进一步检验淬冷效果。

对于陶瓷材料系统来说，在采用淬冷法测定相平衡图时，遇到的主要问题是高温下较难实现平衡，即使试样在高温下已经过长时间保温，但仍难以确保系统达到平衡状态。因为，陶瓷材料通常是一种固体材料，其化学质点受近邻粒子的强烈束缚，活动能力与气体、液体中的化学质点相比要小得多；即使其处于高温熔融状态，也因陶瓷熔体的黏度很大，质点的扩散能力仍然是有限的，从而导致其要达到热力学平衡状态所需要的时间通常比气体、液体体系长很多。为了解决该难题，常用的方法如下：第一步，将设定组分比例的混合物充分地混合在一起，在恒温下保温，再通过淬冷迅速冷却，然后将混合物用研钵和研杆再次磨细；第二步，对磨细的混合物进行第二次加热、保温、淬冷和磨细，检测存在的相；第三步，对试样混合物进行第三次混合、加热、保温、淬冷和磨细，然后对所得到的材料再进行检测，以确保平衡共存相的相数、各相的组成、形态和数量没有变化。因为，该过程需要大量的时间和工作，而且一个三元相图可能需要几千次上述的独立试验，所以，完全彻底地研究一个陶瓷三

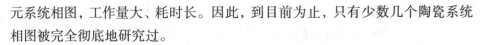

元系统相图,工作量大、耗时长。因此,到目前为止,只有少数几个陶瓷系统相图被完全彻底地研究过。

4.1.5.2　动态法

动态法测定相平衡图,最常采用的方法是热分析法。热分析法通过加热或冷却速率的变化确定相变温度,因为这些速率的变化是由反应热引起的。热分析法一般包括冷却曲线法(或加热曲线法)和差热分析法。下面分别介绍这两种方法。

冷却曲线法,通过测定系统冷却过程中的温度-时间曲线来测定相变温度。图 4.3 示意了如何用冷却曲线法测定具有一个低共熔点的简单二元系统相图。当环境温度恒定时,系统在从高温自然冷却过程中,如果没有发生相变,则温度-时间曲线是连续的;如果冷却过程中发生了相变,则相变伴随的热效应将会使曲线出现折点或水平段,如图 4.3 中曲线 1,2,3,4,5 上所出现的折点或水平段,即可根据曲线上折点或水平段出现的温度来确定其所对应相变的温度。但当相变热效应很小时,冷却曲线上的折点就不明显,就无法通过冷却曲线法测定相变温度。

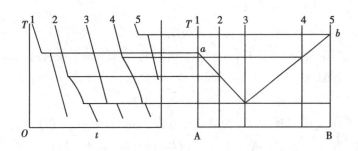

图 4.3　用冷却曲线法测定简单二元系统相图

差热分析法与冷却曲线法相比,灵敏度较高,针对相变热效应小、冷却曲线上折点不明显的相变,可以采用灵敏度较高的差热分析法来测定相变温度。差热分析法所测定的曲线是温差-温度曲线,其原理是测定试样与参比物之间的温差随温度变化的曲线。测试过程中,首先将被测试样和参比物放在相同热环境中,通常参比物选择无任何相变发生的惰性物质,然后在程序控温下以相同速率升温。升温过程中,如果试样中未发生相变,没有相变产生的热效应,则被测试样与参比物具有相同的温度,无温差出现。反之,升温过程中,如果试样中发生了相变,且相变产生了热效应,则被测试样与参比物之间就会产生温差。差热分析仪中的差热电偶会检测到这个相变热效应产生的温差。所以,通常所称的差热曲线实际上是温差-温度曲线。根据差热曲线上峰或谷的位置，就可以测定试样中相变发生的温度。

热分析法本质上是一种动态法，正好与静态法相反，较适用于相变速度快的体系，而不适用于相变缓慢、容易过冷或过热的系统，即在平衡温度时相变必须迅速和可逆地发生而不带来过冷、偏析或其他非平衡效应。在陶瓷材料体系中，趋于热力学相平衡的速率较缓慢，所以，与金属等其他系统相比，热分析法对陶瓷材料系统并不太适用。

热分析法的突出优点是简便，与淬冷法相比，比较省时省力。但由于其本质上是一种动态法，其缺点则不像静态法那样更符合相平衡的热力学要求，导致所测得的相变温度实际上只是近似值。除此之外，热分析法的另一个缺点是只能测出相变温度，不能确定相变前后的物相，即不能给出所发生的反应的确切信息。因此，要确定物相，仍需要其他方法的配合。如通过热分析法测出相变温度之后，通常还需要在相变前后进行组成的化学测定、光学特性的测定、晶体结构的 X 射线测定以及相含量和相分布的显微镜观察等，通过这些测试来实现相变前后相的鉴别。

4.1.5.3 相图的可靠性

一般情况下，在应用相图分析解决实际问题时，相图的总的构型是可以信赖的，可以用来指导分析问题。但对于相图上个别线或者点所对应的确切温度和组成，需要慎重采用。因为，要想获得相图上个别线或者点所对应的温度和组成的准确数据，往往在实验技术和分析方法上存在困难。此外，通常情况下，研究某一个特定相图时，其最初的研究者常常只关注组成、温度和压力的某些有限区域。因研究者只将精力集中于这些有限的区域上，所以在测定该相图的其他部分时，在精度和细节上相对就会差一些，所以在应用相图分析解决实际问题时，无法评估相图中哪一部分是最可靠的。

对于高温下有限的晶体溶液区，在应用相图分析解决实际问题时，尤其需要慎重。因为，对大部分体系来说，高温下有限的晶体溶液在冷却过程中会快速发生脱溶作用，然而在大部分体系中这并不是相图研究者感兴趣的特征，所以对于高温下有限的晶体溶液区尤其需要慎重。另外，对于有亚显微相产生的情况，在应用相图分析解决实际问题时，也需要慎重。通常，在中等温度和低温下相分离常常会导致亚显微相的产生，这些亚显微相可以通过电子显微镜和电子衍射来进行分析辨认。

4.2　单元系统

4.2.1　单元系统相图的特征

单元系统的独立组分数 $C=1$，根据相律有

$$F=C-P+2=3-P \tag{4.15}$$

由式(4.15)可以知道，因自由度 F 最小为零，故单元系统中平衡共存的最多相数 P 为 3，因此单元系统中不可能出现四相或五相共存的状态。又因为系统的相数 P 不可能少于一个，所以也可以知道单元系统的最大自由度 F 是 2，即最大独立变量数是 2。因为在单元系统中只有一种纯物质组成是不变的，通常将温度和压力视为单元系统相图中的两个独立变量。所以，在单元系统中，系统的平衡状态取决于温度和压力这两个影响系统平衡的因素，只要确定了这两个参数，那么系统中平衡共存的相数和各相的形态就可根据其相图确定，即只要用温度和压力的二维平面图就可以具体描绘单元系统的相平衡与温度、压力的关系。相图上的任意一点都表示了系统一定的平衡状态，可将它称为"状态点"。

4.2.1.1　水系统相图

对于单组分系统，系统中能够出现的相是蒸气、液体和各种同质多晶的固体；能够引起相的出现和消失的独立变量是温度和压力这两个外界环境因素。以人们熟悉的 H_2O 系统为例，日常生活中把水加热时它就沸腾，把水冷却时它就结冰。另外，假如把水放到真空室中，则水的蒸气压很快就能达到某个平衡值。H_2O 的状态随着外界环境温度和压力发生的这些变化，可以借助于一个描述不同温度和压力下出现的各个相的图形表示出来，即 H_2O 系统相图。

在分析 H_2O 系统相图之前，先简略讨论一下系统的封闭性。因为 H_2O 系统是一个一元系统，所以连空气相也被排除在外，如图 4.4(a)~4.4(c)所示，分别为存在单相、两相和三相三种不同情况下的相分布。然而，在实际测试中，如果蒸气相并不重要，测量通常是采用如图 4.4(d)所示的状态，即在恒定的大气压下进行的。虽然图 4.4(d)所示的状态不是一个理想的封闭系统，但当蒸气压比大气压低时，这个不重要的蒸气相就可以被忽略，这种情况下，这个蒸气相在一个封闭系统中是根本不存在的。另外，当蒸气压等于或者大于大气压时，气相具有的分压也可由相图预测出来。因此，蒸气压比大气压低、等于或者大于大气压时，系统都比较接近于一个封闭系统。通常，很多重要的凝聚态

系统都满足第一个判据。

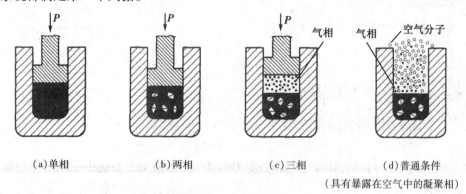

（a）单相　　　　　（b）两相　　　　　（c）三相　　　　（d）普通条件
（具有暴露在空气中的凝聚相）

图 4.4　单组分系统的试验条件

　　水的一元系统相图如图 4.5 所示，一元系统相图是压力和温度的 $P-T$ 图，图上不同的几何要素（点、线、面）表达系统不同的平衡状态。从图 4.5 可以看出，整个系统被三条曲线 oa，ob 和 oc 划分为三个相区 cob，aoc 和 boa，分别代表冰、水、汽的单相区。在这 3 个单相区内相数 $P=1$，根据相律 $F=C-P+2$，又有独立组分数 $C=1$，所以自由度数 $F=2$，即独立变量数为 2。因此，温度和压力都可以在单相区范围内独立改变而不会造成旧相的消失或新相的产生，称这时的系统为双变量系统，或说系统是双变量的。

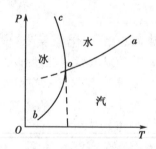

图 4.5　水的相图

　　把三个单相区划分开来的三条界线 oa，ob 和 oc 代表了系统中的两相平衡共存的状态：oa 代表水汽两相平衡共存，因而 oa 线实际上是水的饱和蒸气压曲线，也称为蒸发曲线；ob 代表冰汽两相的平衡共存，因而 ob 线实际上是冰的饱和蒸气压曲线，也称为升华曲线；oc 则代表冰水两相平衡共存，因而 oc 线是冰的熔融曲线。在这三条界线上相数 $P=2$，根据相律 $F=C-P+2$，又有独立组分数 $C=1$，所以自由度数 $F=1$，即独立变量数为 1。因此，在温度和压力中只有一个是独立变量，这就意味着温度或者压力其中之一可以任意变化而不带来旧相的消失或新相的产生，但两个变量不能同时任意变化。当一个参数独立变化时，另一个参数必须沿着曲线指示的数值变化，而不能任意改变，才能维持原有的两相平衡，否则必然造成某一相的消失，称这时的系统为单变量系统。

　　3 个单相区(cob，aoc 和 boa）和 3 条界线（oa，ob 和 oc）汇聚于 o 点，o 点是一个三相点，反映了系统中的冰、水、汽的三相平衡共存状态。在三相点 o 点上相数 $P=3$，是一元系统在平衡条件下能够出现的最大相数，根据相律 $F=C-P+2$，又有独立组分数 $C=1$，所以自由度数 $F=0$，即独立变量数为 0。因此，三相点的温度和压力是严格恒定的，温度或压力的任何变化都会引起一个相的消失，要想保持系统的这种三相平衡状态，系统的温度和压力都不能有任何改变，否则系统的状态点必然要离开三相点，进入单相区或界线的两相区，从三相平衡状态变为单相或两相平衡状态，即系统中消失一个或两个旧相。因此，此时系统的自由度为零，处于无变量状态。

　　水的相图是一个非常生动的例子，通过分析水的相图，可以看到相图是如何巧妙地用几何语言把一个系统所处的平衡状态形象且直观地表示出来的。只要确定了系统的温度和压力，即只要知道了系统的状态点在相图上所处的具体位置，就可以根据相图很方便地判断出该温度和压力下系统所处的平衡状态，包括该状态点有几个相平衡共存，分别是哪几个相等信息。

　　在水的相图（图 4.5）中，曲线上任意一点的斜率可以根据克劳修斯-克拉普隆（Clausius-Clapeyron）方程计算

$$dP/dT=\Delta H/(T\Delta V) \tag{4.16}$$

其中，ΔH 为摩尔熔融热、摩尔气化热或者摩尔晶型转变热；ΔV 为摩尔体积变化；T 为温度。一般情况下，由于从低温型向高温型转变时 ΔH 总是正的，ΔV 也经常是正的，因此这些曲线的斜率通常是正的。对凝聚相晶型转变，由于 ΔV 常常很小，因此固相间的线往往几乎是垂直的。

　　然而，从水的相图（图 4.5）中，可以明显地看到冰的熔点曲线 oc 向左倾斜，即曲线斜率为负值。说明随着压力增大，冰的熔点逐渐降低。其根本原因是冰融化成水时发生了体积收缩。一方面，因冰融化化为水时吸收了热量，所以 $\Delta H>0$；另一方面，冰熔化为水时却发生了体积收缩，所以 $\Delta V<0$，最终导致 $dP/dT=\Delta H/(T\Delta V)<0$。像冰这样融化时吸收了热量体积却收缩的物质并不多，只有铋、镓、锗、三氯化铁等少数物质，具有这种特性的物质统称为水型物质。实际生产和生活中，也经常会利用水型物质的这一特性。例如，印刷用的铅字，采用铅铋合金浇铸，就是利用其凝固时的体积膨胀来充填铸模。通常，大多数物质吸收热量熔融时会发生体积膨胀，其相图上的熔点曲线向右倾斜。即随着压力的增加，其熔点也升高，具有这种特性的物质统称为硫型物质。

4.2.1.2　具有同质多晶转变的单元系统相图

如图 4.6 所示，它表示了具有同质多晶转变的单元系统相图的一般形式。在相图中，一般用实线表示稳定的相平衡，用虚线表示介稳的相平衡。

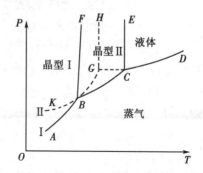

图 4.6　具有同质多晶转变的单元系统相图

在图 4.6 中，图上的实线把相图划分为 4 个稳定相区：ABF 是低温稳定的晶型 Ⅰ 的单相区；$FBCE$ 是高温稳定的晶型 Ⅱ 的单相区；ECD 是液相(熔体)区；低压部分的 $ABCD$ 是气相区。在这些单相区内 $P=1$，根据相律 $F=C-P+2$，对于单元系统又有独立组分数 $C=1$，所以自由度数 $F=2$，即独立变量数为 2。表明温度与压力都能独立改变而不致造成新相的产生或旧相的消失。把两个单相区划分开来的曲线代表了系统两相平衡状态：CD 是液体的蒸发曲线，AB 和 BC 分别是晶型 Ⅰ 和晶型 Ⅱ 的升华曲线；CE 是晶型 Ⅱ 的熔融曲线；BF 是晶型 Ⅰ 和晶型 Ⅱ 之间的晶型转变曲线。在这些曲线(CD，AB，BC，CE 和 BF)上 $P=2$，同样根据相律 $F=C-P+2$，又有独立组分数 $C=1$，所以自由度数 $F=1$，即系统内只有一个独立变量。确定压力(或温度)变量，则另一个可变量温度(或压力)就不能随意改变了。此外，图 4.6 中还有两个三相平衡点：B 点是晶型 Ⅰ、晶型 Ⅱ 和气相的三相共存点，C 点是晶型 Ⅱ 和液相、气相三相平衡共存点。由于在这两个三相点(B 和 C)上 $P=3$，又有独立组分数 $C=1$，根据相律 $F=C-P+2$，所以自由度数 $F=0$，即系统内无独立变量。所以单元系统中的三相点 B 和 C 是无变量点，也就是说，要保持三相的共存，必须严格保持温度、压力的不变，否则就会出现某些相的消失。

图 4.6 中的虚线表示该系统中可能出现的各种介稳平衡状态。在图 4.6 中共有 5 个介稳单相区：$ECGH$ 是过冷液体的介稳单相区，$FBGH$ 是过热晶型 Ⅰ 的介稳单相区，FBK 是过冷晶型 Ⅱ 的介稳单相区，BGC 和 ABK 是过冷蒸气的介稳单相区。把两个介稳单相区划分开的虚线表示了相应的介稳两相平衡状态，在图 4.6 中共有 4 条介稳两相平衡曲线：CG 是过冷熔体的蒸气压曲线，HG 是过

热晶型Ⅰ的熔融曲线，BG 是过热晶型Ⅰ的升华曲线，BK 是过冷晶型Ⅱ的蒸气压曲线。3 个介稳单相区（ECGH，FBGH 和 BGC）汇聚的 G 点是一个介稳三相点，代表过冷熔体、过热晶型Ⅰ和过冷气相之间的三相介稳平衡状态。

需要指出的是，通常针对某一个具体的单元系统，是否会出现介稳状态，可能会出现何种形式的介稳状态，依组分的性质而定。此外，上面只是定性地描述了升华曲线、熔融曲线、蒸发曲线和晶型转变曲线的特性。关于两相平衡时的曲线形状和斜率，可以应用克劳修斯-克拉普隆（Clausius-Clapeyron）方程予以确定。

4.2.1.3　可逆的（双向的）多晶转变

从热力学观点来看，在单元系统的相图中，通常将多晶转变分为可逆的（双向的）多晶转变与不可逆的（单向的）多晶转变两种类型。图 4.6 即为具有可逆的（双向的）多晶转变物质的单元系统相图，为方便分析，将该相图简化成用图 4.7 来表示。

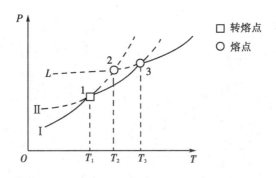

图 4.7　具有可逆多晶转变的单元系统相图

如果忽略压力对熔点和转变点的影响，在图 4.7 中，点 1 为晶型Ⅰ转变为晶型Ⅱ的多晶转变点，所以点 1 所对应的温度 T_1 为晶型Ⅰ与晶型Ⅱ的转变温度；点 2 是过热晶型Ⅰ的蒸气压曲线与过冷液体的蒸气压曲线的交点，所以点 2 所对应的温度 T_2 就是不稳定晶型Ⅰ的熔点；点 3 是晶型Ⅱ的蒸气压曲线与液体的蒸气压曲线的交点，所以点 3 所对应的温度 T_3 为晶型Ⅱ的熔点。当将晶型Ⅰ加热到温度 T_1 时，将转变为晶型Ⅱ；反之，当将晶型Ⅱ从高温冷却时，晶型Ⅱ又将在温度 T_1 转变为晶型Ⅰ；它们之间具有可逆转变的特性。若晶型Ⅰ转变为晶型Ⅱ后，再继续升高温度到 T_3 以上时，则所有晶相都将熔化消失而成为熔液。它们的这些关系为

$$晶型Ⅰ \rightleftharpoons 晶型Ⅱ \rightleftharpoons 熔液$$

从图 4.7 中还可以知道，晶型Ⅰ和晶型Ⅱ都有各自稳定的温度范围，如果要判断某一温度下哪个晶型是稳定的，可由该温度下不同晶型蒸气压的大小来

决定,即蒸气压较小(相图中实线)的晶型是稳定的,而蒸气压较大(相图中虚线)的晶型是介稳的。如图 4.7 所示,当温度高于 T_1 时晶型 I 是介稳的,而低于 T_1 时晶型 II 是介稳的。因此,如果从低温快速加热晶型 I 到 T_1 温度,则有可能使晶型 I 来不及转变为晶型 II,而是继续随温度的上升处于介稳状态的过热晶型 I。同理,如果从高温快速冷却熔液到 T_3 温度,则有可能使熔液来不及转变为晶型 II,而是继续随温度的降低处于介稳状态的过冷液体,导致过冷液体的存在。由热力学观点可知,物质处于介稳状态时,由于具有较高的自由能,会自发地转变为稳定的晶型状态。

可以看出,具有可逆的(双向的)多晶转变物质的单元系统相图,其特点是多晶转变的温度(T_1)低于两种晶型的熔点(T_2 和 T_3)。

4.2.1.4 不可逆的(单向的)多晶转变

图 4.8 所示为具有不可逆的(单向的)多晶转变物质的单元系统相图。如果忽略压力对熔点和转变点的影响,在图 4.8 中,点 1 为晶型 I 的蒸气压曲线

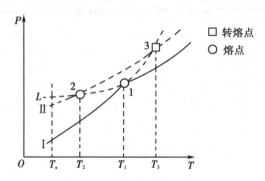

图 4.8 具有不可逆多晶转变的单元系统相图

与液体的蒸气压曲线的交点,所以点 1 所对应的温度 T_1 是晶型 I 的熔点。同理,点 2 所对应的温度 T_2 为晶型 II 的熔点。点 3 为晶型 I 转变为晶型 II 的多晶转变点,所以点 3 所对应的温度 T_3 为晶型 I 与晶型 II 的转变温度。然而,实际上点 3 这个三相点是得不到的,因为晶体不可能过热到温度 T_3 而超过其熔点。此外,从图 4.8 可以看出,晶型 II 的蒸气压在整个温度范围(低于 T_3)都比晶型 I 高,故晶型 II 始终处于介稳状态,由于具有较高的自由能,随时都有向晶型 I 转化的倾向。另外,如果要获得晶型 II,就必须将晶型 I 熔融,然后使它过冷,才可得到晶型 II,而直接加热晶型 I 是得不到的。其相互关系为

晶型 I ⇌ 晶型 II ⇌ 熔液

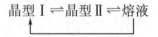

可以看出，具有不可逆的(单向的)多晶转变物质的单元系统相图具有两个特点：一是多晶转变的温度(T_3)高于两种晶型的熔点(T_1和T_2)；二是晶型Ⅱ没有自己稳定存在的温度范围。

大量实验表明，系统由介稳状态转变为稳定状态的过程往往不是一步直接完成的，它通常要依次经过若干中间介稳状态，最终才能转变为该温度下的稳定状态。以图 4.8 所示的任一温度 T_x 为例进行说明：该温度下其稳定状态应该是具有最小蒸气压的晶型Ⅰ，但在 T_x 温度结晶时，并不是直接从过冷液体中结晶出稳定态的晶型Ⅰ，而是从过冷液体中先结晶出处于介稳状态的晶型Ⅱ，然后再由介稳状态的晶型Ⅱ转变为稳定态的晶型Ⅰ。如果介稳状态的晶型Ⅱ变为稳定态的晶型Ⅰ的速度很快，则可立刻形成真正稳定的晶型Ⅰ。反之，若转变速度很慢，则介稳状态的晶型Ⅱ就可能来不及在冷却过程中转变为稳定态的晶型Ⅰ，而被过冷，并在常温下形成保持介稳状态的晶型Ⅱ。

4.2.2　单元系统相图应用

4.2.2.1　SiO_2系统相图

二氧化硅(SiO_2)不仅是自然界中分布非常广泛的物质，而且它有多种存在形态。如水晶、脉石英、玛瑙是以原生态存在的 SiO_2，砂岩、蛋白石、玉髓及燧石等是以次生态存在的 SiO_2，石英岩等是 SiO_2 有变质作用的产物。不同形态的 SiO_2 在工业上的应用广泛，如透明水晶可以用来制造紫外光谱仪棱镜、补色器、压电元件等；玛瑙既可以作为贵重的装饰品，也可以用作耐磨材料；人们所熟悉的石英砂则是玻璃、陶瓷、耐火材料工业的基本原料，尤其在熔制玻璃和生产硅质耐火材料中石英砂用量更大。因此，熟练掌握 SiO_2 系统的相平衡，对陶瓷材料的研究和制造具有重要的意义。

SiO_2 系统相图是陶瓷材料相图中最基本的一个。SiO_2 一个最重要的性质就是具有复杂的多晶形态，即在加热或冷却过程中存在复杂的多晶转变。实验证明，在常压和有矿化剂(或杂质)存在的条件下，SiO_2 能以 7 种晶相、1 种液相和 1 种气相的形态存在。近些年来，随着高压实验技术的进步又相继发现了新的 SiO_2 变体。

图 4.9 是 SiO_2 系统相图，是芬奈(Fenner)在加有矿化剂的条件下，通过长时间地加热细粉碎的石英而得到的。图中给出了 SiO_2 各变体的稳定范围以及它们之间的晶型转化关系。因为 SiO_2 各晶型及熔体的饱和蒸气压极小(2000K 时仅 $10^{-7}MPa$)，所以相图上的纵坐标是故意放大的，纵坐标只是示意，而不是实际数值，以便于表示各界线上的压力随温度的变化趋势。

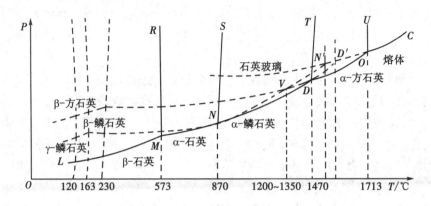

图 4.9 SiO₂ 系统相图

在图 4.9 的 SiO₂ 相图中，实线把全图划分成 6 个部分，即划分为 6 个热力学稳定态存在的单相区，这 6 个单相区分别表示 β-石英、α-石英、α-鳞石英、α-方石英、SiO₂ 高温熔体及 SiO₂ 蒸气 6 个热力学稳定态存在的相区。每两个单相区之间的界线表示系统中这两相的平衡状态。如 LM 表示 β-石英与 SiO₂ 蒸气之间的两相平衡，因而实际上就是 β-石英的饱和蒸气压曲线；同理，MN，ND，DO，OC 分别表示 α-石英、α-鳞石英、α-方石英、SiO₂ 高温熔体与 SiO₂ 蒸气之间的两相平衡，因而实际上分别就是 α-石英、α-鳞石英、α-方石英、SiO₂ 高温熔体的饱和蒸气压曲线。过 M，N，D 点的直线 MR，NS，DT 是晶型转变线，反映了相应的两种变体之间的平衡共存。如过 M 点的直线 MR 表示 β-石英与 α-石英之间相互转变的温度随压力的变化；同理，过 N，D 点的直线 NS，DT 分别表示 α-石英与 α-鳞石英之间、α-鳞石英与 α-方石英之间相互转变的温度随压力的变化。OU 线则是 α-方石英的熔融曲线，表示 α-方石英与 SiO₂ 熔体之间的两相平衡。每 3 个相区汇聚的一点都是三相点，图中有 4 个三相点 M，N，D，O，其中 M 点表示 β-石英、α-石英与 SiO₂ 蒸气三相平衡共存的三相点，N 点表示 α-石英、α-鳞石英与 SiO₂ 蒸气三相平衡共存的三相点，D 点表示 α-鳞石英、α-方石英与 SiO₂ 蒸气三相平衡共存的三相点，O 点则是 α-方石英、SiO₂ 熔体与 SiO₂ 蒸气的三相点。

对于 SiO₂ 各种变体之间的转变，可根据多晶转变时的速度和晶体结构产生变化的不同，将变体之间的转变分为两类：重建型转变和位移型转变。第一类，重建型转变，也称一级转变。如 α-石英、α-鳞石英与 α-方石英之间的相互转变，由于它们之间的结构差别较大，转变时必须打开原有化学键键合，重新形成新的结构，因而是一种重建性的、变化速度较慢的转变。通常这种转变由晶体的表面开始逐渐向内部进行。因此，必须在转变温度下保持相当长的时间才能实现这种转变，如果想使转变速度加快，必须加入矿化剂。通常这种转变容易产生过冷或过热现象，所以高温型的 SiO₂ 变体经常以介稳状态存在于常温下，而不发生转变。第二类，位移型转变，也称二级转变或高低温型转变。同系列中 α、β、γ 形态之间的转变即属于位移型转变，如 β-石英与 α-石英之间的相互转变，由于它们的结构差别不大，转变时不需要打开原有化学键键合，只是发生原子的位移或 Si—O—Si 键角稍有变化。通常这种转变在一个确定的温度下在全部晶体内部发生。因此，不仅转变迅速，而且是可逆转变。

在 SiO_2 系统中，由于 α-石英、α-鳞石英与 α-方石英之间的晶型转变为重建型转变，变化速度较慢且转变较困难，因此，只要不是非常缓慢的平衡加热或冷却，则往往在 α-石英、α-鳞石英、α-方石英之间的转变就来不及完成，就会产生一系列介稳状态，这些可能发生的介稳态都用虚线表示在相图上。

在不平衡加热过程中，当 α-石英加热到 870℃时，如果加热速度足够慢，α-石英应转变为 α-鳞石英，但如果加热速度不是足够慢，则可能成为 α-石英的过热体，这种处于介稳态的 α-石英过热体可能一直保持到 1600℃（N' 点）直接熔融为过冷的 SiO_2 熔体。所以，NN' 实际上是过热 α-石英的饱和蒸气压曲线，反映了过热 α-石英与 SiO_2 蒸气两相之间的介稳平衡状态。类似的，当 α-鳞石英加热到 1470℃时，如果加热速度足够慢，α-鳞石英应转变为 α-方石英，但如果加热速度不是足够慢，则可能成为 α-鳞石英的过热体，这种过热的 α-鳞石英可以保持到 1670℃（D' 点）直接熔融为 SiO_2 过冷熔体。所以，DD' 实际上是过热 α-鳞石英的饱和蒸气压曲线，反映了过热 α-鳞石英与 SiO_2 蒸气两相之间的介稳平衡状态。同理，在不平衡冷却过程中，如果冷却速度不是特别慢，高温 SiO_2 熔体可能不在 1713℃结晶出 α-方石英，而是成为过冷熔体。虚线 ON' 在 CO 的延长线上，是过冷 SiO_2 熔体的饱和蒸气压曲线，反映了过冷 SiO_2 熔体与 SiO_2 蒸气两相之间的介稳平衡。同样的，如果冷却速度足够慢，α-方石英冷却到 1470℃时应转变为 α-鳞石英。但实际过程中，由于 α-方石英与 β-方石英结构相近，是方石英的高低温型，即 α-方石英与 β-方石英之间的转变为位移型转变，变化速度很快且转变较容易。因此，α-方石英往往会过冷到 230℃转变成 β-方石英。类似的，α-鳞石英则往往不在 870℃转变成 α-石英，而是过冷到 163℃转变为 β-鳞石英，β-鳞石英在 120℃下又转变为 γ-鳞石英。

虽然 β-方石英、β-鳞石英与 γ-鳞石英都是低温下的热力学不稳定态，但因为它们转变为热力学稳定态的速度很慢，所以实际上可以长期保持自己的形态。需要特别指出的是，由于 α-石英与 β-石英彼此间结构相近，在 573℃下的相互转变速度很快，所以一般不会出现过热或过冷现象。在 SiO_2 系统中，由于 β-方石英、β-鳞石英与 γ-鳞石英等各种介稳状态的出现，相图上不但出现了这些介稳态的饱和蒸气压曲线及介稳晶型转变线，而且出现了相应的介稳单相区以及介稳三相点（如 N'，D'），从而使相图呈现出如图 4.9 所示的复杂形态。

从 SiO_2 系统相图（图 4.9）可以看出，所有处于介稳状态的变体（或熔体）的饱和蒸气压，与相同温度范围内处于热力学稳定态的变体的饱和蒸气压相比都较高，这一现象表明介稳态处于一种较高的能量状态。即介稳态有自发转变为热力学稳定态的趋势，而处于较低能量状态的热力学稳定态则不能自发转变为介稳态。由此可知，在给定的温度范围，具有最小蒸气压的相一定是最稳定的相，而如果两个相处于热力学平衡状态，其蒸气压肯定相同。在一元系统中，这是一条普遍规律。

SiO_2具有复杂的多晶形态，它们之间在一定的温度和压力下可以互相转变。因此，SiO_2系统是具有复杂多晶转变的单元系统。SiO_2变体之间的转变为

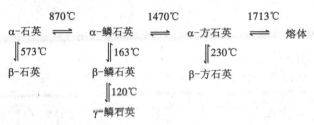

物质在发生多晶转变时，由于其内部结构发生了变化，因此必然会伴随着体积的变化。对于SiO_2晶型转变过程，这种体积效应尤为显著，这在陶瓷材料制造和使用过程中需要特别注意。表4.1列出了SiO_2多晶转变时体积发生变化的理论值，表中（+）表示发生多晶转变时伴随体积的膨胀，（−）表示发生多晶转变时伴随体积的收缩。从表4.1中可以看出，一级变体之间的转变以 α-石英转变为 α-鳞石英时体积变化最大；二级变体之间的转变以 β-方石英转变为α-方石英的体积变化最大，以 γ-鳞石英转变为 β-鳞石英、β-鳞石英转变为 α-鳞石英的体积变化最小。此外，需要特别指出的是，一级变体间的转变所产生的体积效应要明显大于二级变体之间的转变所产生的效应，但是由于前者的转变速度较慢、时间长，在一定的程度上可以缓解体积变化给制品所带来的应力作用，体积效应的矛盾不突出，对工业生产影响不大；而二级变体之间的转变虽然体积变化小，但由于转变速度快，其对工业生产的影响反而较大。在实际应用中必须根据SiO_2相图，采取一定的措施，防止因体积效应所导致的制品开裂问题。

表4.1 SiO_2多晶转变时体积的变化

一级变体间的转变	计算采取的温度/℃	在该温度下转变时体积效应/%	二级变体间的转变	计算采取的温度/℃	在该温度下转变时体积效应/%
α-石英→α-鳞石英	1000	+16.0	β-石英→α-石英	573	+0.82
α-石英→α-方石英	1000	+15.4	γ-鳞石英→β-鳞石英	117	+0.2
α-石英→石英玻璃	1000	+15.5	β-鳞石英→α-鳞石英	163	+0.2
石英玻璃→α-方石英	1000	−0.9	β-方石英→α-方石英	150	+2.8

现以耐火材料硅砖的生产和使用为例，说明在实际生产中如何应用相图知识解决生产中所遇到的问题。SiO_2是耐火材料硅砖的原料，通常硅砖是用天然

石英(β-石英)做原料经高温煅烧而成。β-石英加热至 573℃时，会很快转变为 α-石英。但如上所述，当 α-石英加热到 870℃时，并不是按相图指示的那样转变为 α-鳞石英。在生产的非平衡加热条件下，会成为 α-石英的过热体，这种处于介稳态的 α-石英过热体往往会过热到 1200～1350℃，即会过热到 SiO_2 系统相图(图 4.9)中的 V 点，此点为过热 α-石英饱和蒸气压曲线与过冷 α-方石英饱和蒸气压曲线的交点，该点表示这两个介稳相之间的介稳平衡状态。当温度加热到 V 点时，α-石英过热体会直接转变为介稳的 α-方石英(即偏方石英)。然而，由表 4.1 可知，在石英、鳞石英、方石英三种变体的高低温型转变(即 α，β，γ 二级变体之间的转变)中，方石英体积变化最大，为 2.8%；石英次之，为 0.82%；鳞石英最小，为 0.2%。如果制品中方石英含量高，则在由高温冷却到低温过程中，由于 α-方石英转变成 β-方石英伴随着较大的体积收缩，导致难以获得致密的硅砖制品。因此，α-石英过热体直接转变为介稳的 α-方石英，这种转变过程并不是生产中所希望的，生产中希望硅砖制品中鳞石英含量越多越好，而方石英含量越少越好。如何实现介稳的 α-方石英转变为稳定态的 α-鳞石英呢？生产中一般是通过加入少量氧化铁和氧化钙作为矿化剂。这些氧化物矿化剂在 1000℃左右可以产生一定量的液相，一方面，因 α-石英和 α-方石英在此液相中的溶解度较大，但 α-鳞石英在此液相中的溶解度却较小，从而导致 α-石英和 α-方石英不断溶入液相，而 α-鳞石英却不断地从液相中析出；另一方面，由于 α-石英转化为介稳态的 α-方石英时会产生巨大的体积膨胀(见表 4.1)，一定量液相的生成还可以缓解在坯体内因该体积膨胀所产生的应力。另外，需要指出的是，虽然在硅砖生产中加入矿化剂，为介稳的 α-方石英转变成 α-鳞石英创造了有利的动力学条件，但事实上最终制品中必定还会有一部分未转变的方石英残留。因此，在实际使用硅砖时，还必须根据 SiO_2 相图制定合理的升温制度，以防止残留的方石英发生多晶转变时产生巨大的体积膨胀使窑炉砌砖炸裂。

4.2.2.2　ZrO_2 系统相图

氧化锆(ZrO_2)是最耐高温的氧化物之一，其熔点高达 2680℃，具有良好的热化学稳定性、优良的高温导电性能、较小的比热容及导热系数，因此在实际中应用非常广泛。如 ZrO_2 陶瓷材料制品，可用作超高温耐火材料、高温发热元件、电极材料以及特殊用途的坩埚等。同时，ZrO_2 具有优良的综合力学性能和化学稳定性能，被广泛应用于结构陶瓷领域或用于制备各种耐磨刀具等高性能器件材料。此外，ZrO_2 粉末已成为制备各种高性能功能陶瓷的重要原料。因此，有关氧化锆(ZrO_2)陶瓷材料的研究是陶瓷材料领域的重要方向之一。熟练掌握氧化锆系统(ZrO_2)的相图，将有助于 ZrO_2 陶瓷材料的研究与实际应用。

ZrO_2 系统的相图如图 4.10 所示。ZrO_2 晶体共有 3 种晶型：单斜 ZrO_2、四方 ZrO_2 和立方 ZrO_2。其中，单斜 ZrO_2 为常温下稳定相，立方 ZrO_2 为高温下稳定相。三种晶型之间的转变关系为

$$单斜\ ZrO_2 \xrightleftharpoons[约1000℃]{约1200℃} 四方\ ZrO_2 \xrightleftharpoons{约2370℃} 立方\ ZrO_2$$

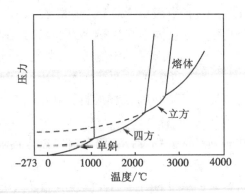

图 4.10 ZrO_2 相图

从图 4.10 可以看出，当温度升高到 1200°C 左右时，ZrO_2 单斜晶型转变成四方晶型，其确切的转变温度与 ZrO_2 中杂质的含量有关。由单斜晶型向四方晶型的转变，不但是可逆的，而且转变速度也很快。结合图 4.11 所示的 ZrO_2 差热曲线可以看到，该晶型转变还伴有 5.9kJ/mol 的吸热效应。此外，结合图 4.12 所示的 ZrO_2 热膨胀曲线还可以看到，该晶型转变还伴有 7%~9% 的体积收缩。同时，从图 4.10、图 4.11 和图 4.12 中还可以发现，加热过程中由单斜 ZrO_2 转变为四方 ZrO_2 的温度是 1200℃ 左右，但冷却过程中从四方 ZrO_2 转变为单斜 ZrO_2 的温度是 1000℃ 左右，即从相图上虚线表示的介稳的四方 ZrO_2 转变成稳定的单斜 ZrO_2（见图 4.10）。这两个互逆的晶型转变温度并不相同，表明出现了多晶转变的滞后现象，这种滞后现象在多晶转变中是经常可以观察到的。

从图 4.12 所示 ZrO_2 的热膨胀曲线可以看出，因为 ZrO_2 单斜晶型和四方晶型之间的晶型转变伴随着显著的体积变化，所以在加热或冷却过程中容易引起 ZrO_2 制品开裂，这样就限制了 ZrO_2 制品的应用。为了抑制 ZrO_2 晶型的转变，防止在加热或冷却过程中引起制品开裂，生产上需采取稳定措施，需向 ZrO_2 中添加少量的稳定剂，使之稳定成立方晶型 ZrO_2（固溶体）。通常使用的稳定剂有 MgO、CaO、Y_2O_3、La_2O_3、CeO_2、ThO_2 等，其中添加 CaO 和 Y_2O_3 的稳定效果最好。一般情况下，在纯 ZrO_2（>99.9%，质量分数，下同）中加入 6%~8% 的 CaO 或 15% 左右的 Y_2O_3，在 1500°C 以上四方 ZrO_2 可以与这些稳定剂形成立方晶型的固溶体，就可以使 ZrO_2 完全稳定成立方晶型。即使在冷却过程中，这种固溶

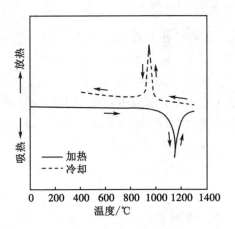

图 4.11　ZrO₂ 的差热曲线

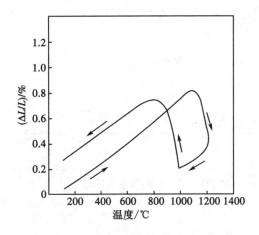

图 4.12　ZrO₂ 的热膨胀曲线

体也不会发生晶型转变，不会再出现单斜晶型的 ZrO₂，不会产生体积效应，因此可以有效防止 ZrO₂ 制品的开裂。这种经稳定处理的 ZrO₂ 称为稳定化立方 ZrO₂，完全稳定化的 ZrO₂ 陶瓷材料可以作为一种高温固体电解质，利用其导氧、导电性能，可以制备成各种氧敏传感器元件以及固体氧化物燃料电池的电解质。但是，ZrO₂ 这种晶型转变所产生的体积效应，也有积极的一面。如部分稳定的 ZrO₂ 陶瓷材料，因具有相变增韧的作用，常被添加到其他陶瓷材料中，利用其晶型转变所产生的体积效应有效地克服陶瓷材料的脆性问题。ZrO₂ 对陶瓷材料的增韧研究是无机材料的重要研究方向之一，并且已经取得了一定的研究成果。例如，ZrO₂ 增韧的氧化铝（Al₂O₃）陶瓷复合材料（ZTA），是高温结构陶瓷中最有前途的材料之一。

4.2.2.3 C 系统相图

陶瓷系统的一元相图在实践中有很多应用。其中，较成功的是合成人造金刚石。研究者利用碳的高温高压相平衡图（如图 4.13 所示），研制出由石墨合成的人造金刚石制品。从图 4.13 中可以看出，由石墨合成人造金刚石需要在高温和高压的条件下才能实现。实际中，为了调控反应速率，通常需要在石墨中掺入液体金属催化剂或矿化剂，如镍常被作为液体金属催化剂加入石墨中，以达到调控反应速率的目的。

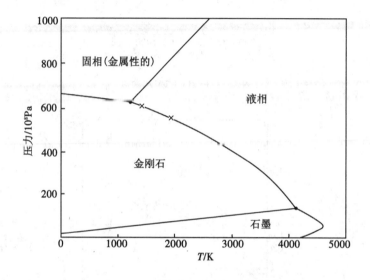

图 4.13 碳的高温高压相平衡图

📐 4.3 二元系统

4.3.1 二元系统相图相平衡定则

二元系统与单元系统相比增加了一个变量——组成，二元系统中存在两个独立组分，由于这两个组分之间存在各种可能的物理作用和化学作用，故二元系统相图的类型与单元系统相比要多得多。分析二元系统相图，重要的是需要了解相图所表示的系统中所发生的物理化学过程的性质以及相图如何通过不同的几何要素——点、线、面来表达系统不同的平衡状态。

因二元系统有两个组元，即独立组分数 $C=2$，所以根据相律 $F=C-P+2=4-P$。由于所讨论的系统中至少应有一个相，$P=1$，因此系统的最大自由度 $F=3$，这

3 个独立变量分别为温度、压力和浓度。对于 3 个变量的系统,只有用三维空间的立体图形才能表示出它们之间的关系,图 4.14 所示为一个这种类型的相图。然而,对许多陶瓷凝聚相系统来说,压力的影响不大,并且最经常涉及的是在常压或近于常压时的系统。因此,对陶瓷凝聚系统,压力影响通常可以忽略,在通常情况下就采取保持压力不变的方法,使用平面图形来表示二元系统的相平衡关系,即用温度和任一组分的浓度作为变量绘制恒压下的相图。在本节中,仅把讨论范围局限于陶瓷材料体系所属的只涉及固液相平衡的凝聚系统。

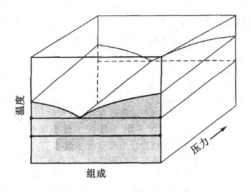

图 4.14　简单二元相图

对于二元陶瓷凝聚系统,$C=2$,则相律可表示为 $F=C-P+1=3-P$。可知,当 $F=0$ 时,$P=3$,即二元凝聚系统平衡共存的相最多为 3 个。因系统中至少应有一个相,$P=1$,此时 $F=2$,即系统的最大自由度为 2。由于凝聚系统不考虑压力,故这两个自由度分别为温度和浓度两个因素。二元凝聚系统相图通常是以温度为纵坐标,系统中任一组分浓度为横坐标来绘制的。需要指出的是,两个组元中只能有一个组元的浓度作为独立变量,因为当一个组元的浓度确定后另一个组元的浓度也就随之被固定。浓度通常用质量分数表示,若改用摩尔分数表示,其图形会有明显的差异,应注意。

4.3.2　二元系统相图基本类型

二元系统相图与一元系统相比要复杂得多,相图中不仅会出现物质的熔化、结晶和晶型转变,而且会出现低共熔物、化合物、固溶体及液相分层等各种情况,所以二元系统的相图种类较为繁多。对于不同的材料体系系统,只要系统所发生的变化相似,相图的几何图形就基本相似。因此,从理论上研究相图时,就可以按系统中所发生的变化来进行分类。根据系统中二组分之间的相互作用不同,二元凝聚系统相图可分成若干基本类型,尽管许多陶瓷材料二元系统的专业相图非常复杂，但都是各种基本相图类型的组合和具体化。因此，深刻理解这些基本相图类型和有关规律，有利于培养正确、熟练地阅读陶瓷材料专业相图的能力，同时为进一步研究多元系统的相平衡提供良好的基础。二元凝聚系统的相图可以归纳为以下几种基本类型。

4.3.2.1　具有一个低共熔点的二元系统相图

（1）二元系统相图

图 4.15 所示是具有一个低共熔点的二元系统相图，也是一种最简单的二元系统相图。这类相图的特点是：在液态时，系统中两个组分能以任何比例互溶形成单相溶液；但在固态时，则两个组分完全不互溶，两个组分可以各自从液相中分别结晶，组分间无化学作用，不生成新的化合物。

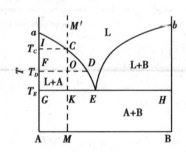

图 4.15　具有一个低共熔点的二元系统相图

掌握低共熔点二元系统相图（图 4.15）的关键是理解 aE，bE 两条液相线及低共熔点 E 的性质。如图 4.15 所示，图中的 a 点和 b 点分别是组分 A 和 B 的熔点（或凝固点）。图中的 aE 线、bE 线分别是液相与固相 A，B 之间平衡的曲线，通常称为液相线。以 aE 线为例，纯物质 A 的熔点为 a，引入纯物质 B 后，随着 B 含量的增加，混合物的熔点沿着 aE 线下降。同理，纯物质 B 的熔点为 b，随着引入物质 A 含量的增加，混合物的熔点沿着 bE 线下降。二条液相线相交于 E 点，形成整个系统中的最低熔点，称为低共熔点。从另一个角度来理解，液相线 aE 实质上也是一条饱和曲线，任何富 A 高温熔体冷却到 aE 线上的温度，即开始对组分 A 饱和而析出 A 晶相。同理，液相线 bE 也是组分 B 的饱和曲线，任何富 B 高温熔体冷却到 bE 线上的温度，即开始析出 B 晶相。E 点处于这两条饱和曲线的交点，意味着 E 点液相同时对组分 A 和组分 B 饱和。因而，从 E 点液相中将同时析出 A 晶相和 B 晶相，此时系统中液相、A 晶相和 B 晶相三相平衡，由相律 $F = C-P+1 = 2-3+1 = 0$ 知，此时系统的自由度为 0，因而低共熔点 E 是此二元系统中的一个无变量点。即系统处于无变量平衡状态，具有固定不变的温度和组成。E 点温度则称为低共熔温度，E 点组成称为低共熔组成。具有 E 点组成的混合物称为低共熔物质，它们是具有某种特殊结构的混合物，而非化合物。通过 E 点的水平线为固相线，在固相线以下只有固相物质存在。

液相线 aE，bE 和固相线 GH 把整个相图划分成 4 个相区。液相线 aE，bE 以上的 L(液)相区是高温熔体的单相区，固相线 GH 以下的 A+B 相区是晶相 A 和晶相 B 平衡共存的两相区。液相线与固相线之间的两个相区 aEG 和 bEH 为液相与固相平衡共存的两相区，其中 aEG 代表液相与组分 A 的晶相平衡共存区（L+A），bEH 代表液相与组分 B 的晶相平衡共存区（L+B）。根据相律，L(液)区内的自由度 $F=C-P+1=2-1+1=2$，表明如果在该相区内随意改变温度、组成都不会破坏相平衡；而在其余的两相区 A+B，L+A 和 L+B 内，自由度 $F=C-P+1=2-2+1=1$，表明如果选定某一温度，则液相或固相的组成也就确定了。相区中各点、线、面的含义总结如表 4.2 所示。

表 4.2　具有一个低共熔点二元系统相图（图 4.15）中各相区点、线、面的含义

点、线、面	性质	相平衡	点、线、面	性质	相平衡
aEb	液相区，$P=1$，$F=2$	L	aE	液相线，$P=2$，$F=1$	L$\Leftrightarrow$A
aEG	固液共存，$P=2$，$F=1$	L+A	bE	液相线，$P=2$，$F=1$	L$\Leftrightarrow$B
bEH	固液共存，$P=2$，$F=1$	L+B	E	低共熔点，$P=3$，$F=0$	L$\Leftrightarrow$A+B
$AGHB$	固相区，$P=2$，$F=1$	A+B			

（2）析晶过程

为了清楚地了解相图在分析系统的相平衡状态随温度变化中的作用，现以组成为 M 的配料为例，将其加热到高温完全熔融后平衡冷却，分析其析晶过程（冷却过程）。组成为 M 的熔体在平衡冷却结晶过程中固液相组成的变化如下。

① 当 $T>T_C$ 时：因 M′ 处于 L 相区，表明系统中只有单相的高温熔体（液相）存在。此时系统的 $P=1$，根据相律自由度 $F=C-P+1=2-1+1=2$，系统是双变量的。改变系统温度不会出现新相，即只存在单相的高温熔体，但由于系统组成已定，故当温度逐渐降低时，系统状态点只能沿组成线 $M'M$ 变化。

② 当 $T_C \geqslant T>T_E$ 时：当系统冷却到 T_C 时，液相开始对组分 A 饱和，从液相中析出第一粒 A 晶体，系统从单相平衡状态进入两相平衡状态。此时系统的 $P=2$，根据相律自由度 $F=C-P+1=2-2+1=1$，系统变成单变量的。即为了保持这种二相平衡状态，在温度和液相组成二者之间只有一个是独立变量。当温度从 T_C 逐渐冷却至 T_E 时，晶相 A 逐渐增多，晶相 A 的析出使液相组成开始变化，液相组成必定沿着 A 晶相的饱和曲线 aE 从 C 点向 E 点变化，而不能任意改变，并且液相量逐渐减少。

③ 当系统冷却到低共熔温度 $T=T_E$ 时：液相组成到达低共熔点 E 点，此时，液相同时对晶相 A 与 B 饱和，故将从液相中同时析出晶相 A 与晶相 B，系统从

二相平衡状态进入三相平衡状态。此时系统的 $P=3$，按照相律自由度 $F=C-P+1=2-3+1=0$，系统是无变量的。即只要系统中维持着这种三相平衡关系，系统的温度就只能保持在低共熔温度 T_E 不变，液相组成也只能保持在 E 点的低共熔组成不变。此时，从 E 点液相中不断按 E 点的组成中 A 与 B 的比例析出晶相 A 与晶相 B，固相点位置必须离开表示纯 A 的 G 点，沿等温线 GK 向 K 点移动。当最后一滴低共熔组成的液相析出 A 晶相和 B 晶相后，液相全部析出，固相组成到达 K 点(或 M 点)，结晶过程结束。

④ 当 $T<T_E$ 时：系统从三相平衡状态回到二相平衡状态，此时系统的 $P=2$，按照相律自由度 $F=C-P+1=2-2+1=1$，系统变为单变量，温度又可继续下降。

（3）析晶过程的冷却曲线

通过对熔体的结晶过程的分析可以发现，对于给定组成的系统，从相图可以确定其开始析出晶体和结晶结束的温度，也可以确定系统开始出现液相和完全熔融的温度。此外，从相图还可以确定，在指定的状态下，系统达到平衡时含有哪些相，以及各相的组成等。整个析晶过程的相变化可以用冷却曲线表示，如图 4.16 所示。

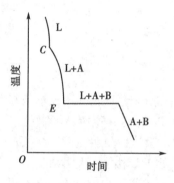

图 4.16　M 点配料的冷却曲线

上述析晶过程中，固液相点的变化即析晶路程用文字叙述比较烦琐，常用下列简便的表达式表示：

液相

$$M'(\text{熔体}) \xrightarrow[P=1,\,F=2]{L} C \xrightarrow[P=2,\,F=1]{L\to A} E(\text{到达}) \xrightarrow[P=3,\,F=0]{L\to A+B} E(\text{消失})$$

固相

$$I \xrightarrow{A} G \xrightarrow{A+B} K$$

（4）结晶过程中各相量的计算

利用杠杆规则还可以对析晶过程的相变化进一步作定量分析，即各相的相对数量可由杠杆规则计算。

在运用杠杆规则时,首先需要分清系统组成点、液相点和固相点的概念。系统的组成点(简称系统点)取决于系统的总组成,是由原始配料组成决定的。在加热或冷却过程中,虽然系统的组分 A 和组分 B 在固相与液相之间不断转移,但仍处在系统内,不会逸出系统以外,所以系统的总组成是不会改变的。对于 M 配料点而言,在相图 4.15 上过 M 点作一条垂直的细虚线 M'M,称为等组成线。由于系统的组成已定,因此混合物冷却进程只能沿着等组成线 M'M 自上而下地逐步移动,系统状态点必定在 M'M 线上变化。等组成线上的 M',C,O,K,M 等组成落在哪个相区内,那么系统就具有该相区的平衡各相。

系统中的液相组成和固相组成会随温度的变化而变化,因而液相点、固相点的位置也随温度而不断变化。当把 M 配料加热到高温的 M' 点时,配料中的组分 A 和组分 B 已全部进入高温熔体,因而液相点与系统点的位置在 M' 点是重合的。当温度冷却到 T_C 时,从 C 点液相中析出第一粒 A 晶体,系统中出现了固相 A,固相点处于表示纯 A 晶相和 T_C 温度的 I 点。当温度继续冷却到 T_D 时,液相点沿液相线从 C 点运动到 D 点,虽然从液相中不断析出 A 晶相,A 晶相的量不断增加,但固相组成仍为纯 A,所以固相组成并无变化,固相点只是从 I 点变化到 F 点,系统点则沿 M'M 从 C 点变化到 O 点。

因为固液两相处于平衡状态,温度必定相同,所以任何时刻系统点、液相点和固相点三点必然处在同一条等温的水平线上。如温度为 T_D 时,系统点 O、液相点 D 和固相点 F 三点处在同一条等温的水平线 FD 上,FD 线也称为结线,它把系统中平衡共存的两个相的相点连接起来。又因为固液两相从高温单相熔体 M' 分解而来,这两相的相点在任何时刻必定都分布在系统组成点两侧。所以在杠杆规则中视系统组成点为杠杆的支点,而系统中的液相组成点和固相组成点分别被视为杠杆的两端。运用杠杆规则可以非常方便地计算任一温度处于平衡的固液两相的数量。所谓杠杆规则是指:当一个旧相分为两个新相时,各新相的数量与各新相组成点到旧相组成点的臂长成反比。如在 T_D 温度下的液相量和固相量,根据杠杆规则

$$\frac{\text{固相量(A)}}{\text{液相量}} = \frac{OD}{OF} \qquad (4.17)$$

$$\text{液相量} = \frac{FO}{FD} \times 100\% \qquad (4.18)$$

$$\text{固相量(A)} = \frac{OD}{FD} \times 100\% \qquad (4.19)$$

当系统温度从 T_D 继续下降到 T_E 时,液相点从 D 点沿液相线到达 E 点,从液相中同时析出 A 晶相和 B 晶相,液相点停在 E 点不动,但其数量则随共析晶过程的进行而不断减少。固相中则除了 A 晶相(原先析出的加 T_E 温度下析出的),又增加了 B 晶相,而且此时系统温度不能变化,固相点位置必会离开表示纯 A

的 G 点沿等温线 GK 向 K 点运动。当最后一滴 E 点液相消失,液相中的 A,B 组分全部结晶为晶相 A 和晶相 B 时,固相组成必然回到原始配料组成,即固相点到达系统点 K。析晶过程结束以后,系统温度又可继续下降,固相点与系统点一起从 K 点向 M 点移动。

杠杆规则不仅适用于一相分为两相的情况,而且适用于两相合为一相的情况,甚至在任何多相系统中,都可以利用杠杆规则,根据已知条件计算平衡共存的多相的相对数量及含量。通过杠杆规则,在实际工作中就可以应用相图研究配料组成不定的制品,在不同的状态下所具有的相组成及其相对含量,以预测和估计产品的性能。

(5)加热熔融过程

若是平衡加热熔融过程,则恰是上述平衡冷却析晶过程的逆过程。若将组分 A 和组分 B 的配料 M 加热,当系统温度升高到 T_E 时才出现液相,该晶体混合物在 T_E 温度下低共熔形成 E 组成的液相。由于三相平衡,此时系统的 $P=3$,按照相律自由度 $F=C-P+1=2-3+1=0$,系统是无变量的,因此,系统的温度维持在 T_E 不变,随着低共熔过程的进行,A 和 B 两晶相的量不断减少,E 组成的液相量不断增加。当 B 晶相全部熔完消失后,固相点从 K 点到达 G 点,系统进入两相平衡状态,温度才能继续上升,随着 A 晶体继续熔入液相,A 晶相的量继续减少,液相组成沿着液相线 Ea 从 E 点向 C 点变化。当温度上升到 T_C 时,液相点到达 C 点,与系统点重合,意味着最后一粒 A 晶体在 I 点消失,A 晶体全部从固相转入液相,因而液相组成回到原始配料组成。

4.3.2.2 生成化合物的二元系统相图

(1)生成一个一致熔融化合物的二元系统相图

一致熔融化合物是一种稳定的化合物,它与正常的纯物质一样具有固定的熔点。因此,熔融时所产生的液相组成与化合物组成相同,称一致熔融。

生成一个一致熔融化合物的二元系统典型相图如图 4.17 所示。相图中组分 A 与组分 B 生成一个一致熔融化合物 C,M 点为化合物 C 的熔点。曲线 aE_1 是组分 A 的液相线,bE_2 是组分 B 的液相线,E_1ME_2 是化合物 C 的液相线。该类相图的特点是,化合物组成点位于其液相线 E_1ME_2 的组成范围内,即表示晶相的 CM 线直接与液相线 E_1ME_2 相交,交点 M 是化合物 C 的熔点,也是液相线 E_1ME_2 的温度最高点。实际上,CM 线将此相图划分成两个简单的分二元系统相图:A-C 二元相图、C-B 二元相图,每个分二元系统相图都是一个具有一个低共熔点的简单相图。在两个分二元系统相图中,E_1 是 A-C 分二元相图的低共熔点,E_2 是 C-B 分二元相图的低共熔点。讨论任一配料的结晶过程与 4.3.2.1 所讨论的具有一个低共熔点的简单二元系统相图的结晶过程完全相同。原始配料在 A-C 范围的,最终产物是 A 晶体和 C 晶体;原始配料在 C-B

范围的，最终产物是 C 晶体和 B 晶体。

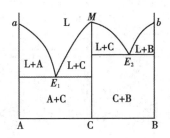

图 4.17　具有一个一致熔融化合物的二元系统相图

（2）生成一个不一致熔融化合物的二元系统相图

不一致熔融化合物是一种不稳定的化合物，加热这种化合物到某一温度就发生分解，分解产物是一种液相和一种晶相，这两种分解产物的组成与原化合物的组成都不相同，所以称不一致熔融。

具有一个不一致熔融化合物的二元系统典型相图如 4.18 所示，系统中 A 和 B 形成一个不稳定的化合物 C，当加热化合物 C 到分解温度 T_p 时，化合物 C 将分解为 P 点组成的液相和组分 B 的晶体。在分解过程中，系统处于晶相 C、液相和晶相 B 三相平衡状态，$P=3$，按照相律自由度 $F=C-P+1=2-3+1=0$，系统是无变量状态，故 P 点也是一个无变量点，称为转熔点，也称为回吸点或反应点。

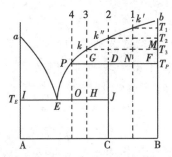

图 4.18　具有一个不一致熔融化合物的二元系统相图

相图中曲线 aE 是与晶相 A 平衡的液相线，EP 是与晶相 C 平衡的液相线，bP 是与晶相 B 平衡的液相线。无变量点 E 是三相低共熔点，冷却时，在低共熔点 E 从液相中同时析出晶相 A 和 C，即在 E 点发生如下相变化：$L_E \rightarrow A+C$。另一个无变量点是 P，但由于 P 点是转熔点，故冷却时，在 P 点发生的相变化是：$L_p+B \rightarrow C$，即原先析出的晶相 B 被回吸重新溶解回液相，而析出新的晶相 C。此时，液相、晶相 B 和晶相 C 三相共存，$F=0$，系统的温度恒定不变，这种过程称为转熔过程，此时的温度称转熔温度，它也是化合物 C 的分解温度，PF 线称为转熔线。如果用冷却曲线表示该过程，则由于该点系统的温度恒定不变，于 T_P 处将出现一水平线段。相图中各相区点、线、面的含义如表 4.3 所示。

表 4.3　不一致熔融化合物的二元系统相图（图 4.18）中各相区点、线、面的含义

点、线、面	性质	相平衡	点、线、面	性质	相平衡
aEb	液相区，$P=1$，$F=2$	L	aE	共熔线，$P=2$，$F=1$	L⟺A
aT_EE	固液共存，$P=2$，$F=1$	L+A	EP	共熔线，$P=2$，$F=1$	L⟺C
$EPDJ$	固液共存，$P=2$，$F=1$	L+C	bP	共熔线，$P=2$，$F=1$	L⟺B
bPT_P	固液共存，$P=2$，$F=1$	L+B	E	低共熔点，$P=3$，$F=0$	L⟺A+C
DT_PBC	两固相共存，$P=2$，$F=1$	C+B	P	转熔点，$P=3$，$F=0$	L+B⟺C
AT_EJC	两固相共存，$P=2$，$F=1$	A+C			

需要指出的是，转熔点 P 和低共熔点 E 的性质是不同的。转熔点 P 位于与 P 点液相平衡的两个晶相 C 和 B 的组成点 D，F 同一侧，这与低共熔点 E 的情况不同，而低共熔点 E 的位置却在两个析出晶相 A 和 C 的中间。显然，不一致熔融化合物在相图上的特点，是化合物 C 的组成点位于其液相线 PE 的组成范围之外，即 CD 线偏在 PE 的一边，而不与其直接相交。因此，从相图的特点看，表示不一致熔融化合物的 CD 线不能将整个相图划分为两个分二元系统。

以图 4.18 中熔体 3 为例分析其结晶过程。

① 当 $T>T_3$ 时：因熔体 3 处于 L 相区，表明系统中只有单相的液相存在。此时系统 $P=1$，根据相律自由度 $F=C-P+1=2-1+1=2$，系统是双变量的，温度变化不产生新相。

② 当 $T_3 \geqslant T>T_P$ 时：当温度冷却到 T_3 时，开始从液相中析出第一粒晶体 B，随温度进一步下降，液相点沿液相线 kP 向 P 点变化，继续从液相中不断析出晶相 B，固相点则从 M 点向 F 点变化。

③ 当 $T=T_P$ 时：当系统温度刚降到转熔温度 T_P 时，此时转熔还未发生，固相量（B）：液相量 $=PG:GF$。但因为 P 点为转熔点，所以随后会发生 $L_P+B\rightarrow$ C 的转熔过程，即原先析出的晶体 B 又重新熔入 L_P 液相（或称被液相回吸，本质上是与液相起反应），而结晶出化合物 C。在转熔过程中，液相、晶体 B 和晶体 C 三相共存，此时系统 $P=3$，根据相律自由度 $F=C-P+1=2-3+1=0$，系统是无变量的。因此，系统的温度维持在 T_P 不变，液相组成也保持在 P 点不变，但液相量和晶相 B 不断减少，晶相 C 的量不断增加，所以固相点离开 F 点向 D 点移动，当固相点到达 D 点，意味着晶相 B 已全部转熔完，转熔过程结束。但是系统中仍残留着液相 L_P 和新生成的化合物 C，其数量可根据液相点 P、系统点 G 及固相点 D 的相对位置用杠杆规则确定，此时，固相量（C）：液相量 $=PG:GD$。

④ 当 $T_P > T > T_E$ 时：系统从三相平衡回到两相平衡状态，此时，液相和晶相 C 两相共存，系统的 $P = 2$，根据相律自由度 $F = C - P + 1 = 2 - 2 + 1 = 1$，系统是单变量的。因此，温度可继续下降，从液相中不断析出化合物 C，直到温度到达 T_E。在该过程中，液相点将离开 P 点沿液相线 PE 向 E 点变化，固相点从 D 点向 J 点变化。

⑤ 当 $T = T_E$ 时：当系统温度刚降到低共熔温度 T_E 时，此时共晶还未发生，固相量（C）：液相量 = EH : HJ。但因 E 点为低共熔点，所以随后晶体 A 与晶相 C 会同时从 E 点液相中析出，此时，液相、晶相 A 和晶相 C 三相共存，系统 $P = 3$，根据相律自由度 $F = C - P + 1 = 2 - 3 + 1 = 0$，系统是无变量的。因此，系统温度保持不变，直到最后一滴液相消失，析晶过程在 E 点全部结束，固相点从 J 点到达 H 点，与系统点重合。析晶产物晶体 A 与晶体 C 的量可根据固相点 I、系统点 H 及固相点 J 的相对位置用杠杆规则确定，此时，固相量（C）：固相量（A）= IH : HJ。

⑥ 当 $T < T_E$ 时：因液相全部析出，系统中晶相 A 与晶相 C 两相共存，此时系统 $P = 2$，根据相律自由度 $F = C - P + 1 = 2 - 2 + 1 = 1$，系统是单变量的，温度可继续下降。

该相图由于转熔点的存在而变得比较特殊，现在图 4.18 中再选出 1，2，4 三个具有一定代表性的熔体进行分析。熔体 1，2 的结晶过程与熔体 3 的有所不同，其在转熔过程中 P 点液相先消失，故结晶结束点在 P 点，而不是在 E 点。熔体 4 的结晶过程也与熔体 3 不同，其在 P 点不停留。1，2，3，4 四个熔体的析晶路程分析总结如下。

熔体 1 的析晶路程：

液相

$$1(\text{熔体}) \xrightarrow[P=1,\ F=2]{L} k' \xrightarrow[P=2,\ F=1]{L \to B} P(\text{到达}) \xrightarrow[P=3,\ F=0]{L+B \to C} P(\text{消失})$$

固体

$$T_1 \xrightarrow[P=2,\ F=1]{B} T_P \xrightarrow{B+C} N$$

熔体 2 的析晶路程：

液相

$$2(\text{熔体}) \xrightarrow[P=1,\ F=2]{L} k'' \xrightarrow[P=2,\ F=1]{L \to B} P(\text{到达，开始回吸 B}) \xrightarrow[P=3,\ F=0]{L+B \to C} P(\text{消失，}$$

液相与晶体 B 同时消失）

固相

$$T_2 \xrightarrow{B} T_P \xrightarrow{B+C} D$$

熔体 3 的析晶路程：

液相

$$3(熔体) \xrightarrow[P=1,F=2]{L} k \xrightarrow[P=2,F=1]{L \to B} P(到达) \xrightarrow[P=3,F=0]{L+B \to C} P(离开) \xrightarrow[P=2,F=1]{L \to C} E(到达) \xrightarrow[P=3,F=0]{L \to A+C} E(消失)$$

固相

$$T_3 \xrightarrow{B} T_P \xrightarrow{B+C} D \xrightarrow{C} J \xrightarrow{A+C} H$$

熔体 4 的析晶路程：

液相

$$4(熔体) \xrightarrow[P=1,F=2]{L} P(不停留) \xrightarrow[P=2,F=1]{L \to C} E(到达) \xrightarrow[P=3,F=0]{L \to A+C} E(消失)$$

固相

$$D \xrightarrow{C} J \xrightarrow{A+C} O$$

以上四个熔体析晶路程具有一定的规律性，因此对于图 4.18 具有一个不一致熔融化合物的二元系统典型相图，可得出如下结论：低共熔点一定是结晶结束点。然而，转熔点则不一定是结晶结束点，要根据系统的组成而定，对于图中组成在 CB 之间的熔体（包括 C 点），在 P 点结晶结束；而组成在 PC 之间的熔体（包括 P 点，但不包括 C 点），则不能在 P 点结晶结束，而是在 E 点结晶结束。现将其总结于表 4.4 中。

表 4.4　图 4.18 中不同组成熔体的析晶规律

组成	在 P 点的反应	析晶终点	析晶终相
组成在 PC 之间	L+B⇌C，B 先消失	E	A+C
组成在 CB 之间	L+B⇌C，L_P 先消失	P	B+C
组成在 C 点	L+B⇌C，B 和 L_P 同时消失	P	C
组成在 P 点	在 P 点不停留	E	A+C

4.3.2.3　低共熔点温度以下有化合物生成与分解的二元系统相图

在低共熔点温度以下有化合物 C 生成的二元系统相图如图 4.19 所示，相图上没有与化合物 C 平衡的液相线存在，表明从液相中不能直接析出化合物 C，只能通过 A 晶相和 B 晶相之间的固相反应生成。化合物 C 加热到低共熔温度 T_E 以下的 T_D 温度就分解为晶相 A 和晶相 B，没有液相生成。由于固态物质间的反应速度很慢，尤其在低温下，故达到平衡状态需要很长时间，如果没有加热到足够高的温度并保温足够长的时间，要想获得 A+C 或 C+B 的平衡状态是很困难的。例如，根据相图 4.19，将组分 A 和组分 B 配料，即使在低温下也应获得 A+C 或 C+B，但事实上，如果没有加热到足够高的温度并保温足够长的时间，系统很难达到 A+C 或 C+B 的平衡状态，系统往往处于 A，B，C 三种晶体同时存在的非平衡状态。

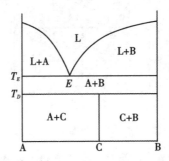

图 4.19　在低共熔点以下有化合物生成的二元系统相图

另外，在低共熔点以下有化合物生成和分解的二元系统相图如图 4.20 所示，该相图与图 4.19 的区别是，化合物 C 只能存在于 T_2~T_1 温度内，即在低于 T_2 温度又分解成晶体 A 与晶体 B。化合物 C 在低共熔点温度以下的高温段 T_1~T_E 时要分解，而在低温段 T_2~T_1 时却稳定存在。

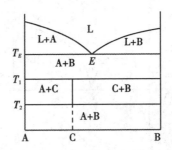

图 4.20　在低共熔点以下有化合物生成和分解的二元系统相图

4.3.2.4　具有多晶转变的二元系统相图

同质多晶现象在陶瓷材料中十分普遍。当二元系统中组分或化合物有多晶转变时，在相图上就要出现一些补充线，将同一物质各个晶型的稳定范围区分开来。根据晶型转变温度（T_P）相对于低共熔点温度（T_E）的高低，可分成以下两种类型。

① 当 T_P<T_E 时：如图 4.21 所示，当多晶转变温度（T_P）在低共熔点温度（T_E）以下时，A_α 和 A_β 之间的多晶转变在固相中发生。图中的 P 点为组分 A 的多晶转变点，显然，在 A–B 二元系统中的纯 A 晶体在温度 T_P 都会发生 A_α 和 A_β 之间的多晶转变。因此，过转变点 P 的水平线，称为多晶转变等温线。在多晶转变等温线以上的相区，晶体 A 以 α 相形态存在；而在多晶转变等温线以下的

相区，晶体 A 以 β 相形态存在。

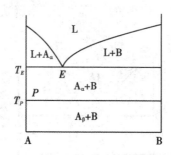

图 4.21　在低共熔点以下有多晶转变的二元系统相图

② 当 $T_P > T_E$ 时：如图 4.22 所示，当多晶转变温度（T_P）高于系统开始出现液相的低共熔温度（T_E）时，则晶体 A 的 α，β 相之间的晶型转变是在系统带有 P 组成液相的条件下发生的。

上述两种类型中，P 点都为多晶转变点，在 P 点也都是 $A_α$，$A_β$ 和 B（或 L）三相共存，根据相律自由度 $F = 2-3+1 = 0$，故二元多晶转变点 P 也是一个无变量点。

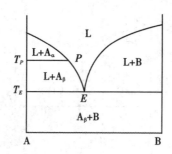

图 4.22　在低共熔点以上有多晶转变的二元系统相图

4.3.2.5　形成固溶体的二元系统相图

可以形成固溶体的二元系统相图有三种不同的形式：形成连续固溶体（完全互溶或无限互溶固溶体）、形成低共熔型不连续固溶体（部分互溶或有限互溶固溶体）、形成转熔型不连续固溶体（部分互溶或有限互溶固溶体）。

（1）形成连续固溶体的二元系统相图

组分 A，B 间可以形成固溶体，且相互之间的溶解度是无限的，能以任意比例互溶，即组分 A，B 间可以形成连续固溶体。这类系统的相图形式如图 4.23 所示。整个系统相图由二条曲线（液、固相线）构成，把图分成 3 个相区。液相线 aL_2b 以上的相区是高温熔体单相区，固相线 aS_2b 以下的相区是固溶体单相区，处于液相线与固相线之间的相区则是液态熔体与固溶体平衡的固液二相区。固液二相区内的结线 L_1S_1，L_2S_2，L_3S_3 分别表示不同温度下互相平衡的固液二相的组成。此相图的最大特点是没有一般二元相图上常常出现的二元无变量点，因为此系统内只存在液态熔体和固态固溶体二个相，不可能出现三相平衡状态。

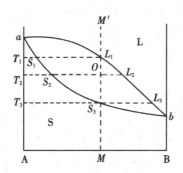

图 4.23　形成连续固溶体的二元系统相图

现以组分为 M′ 的高温熔体为例，分析其析晶过程。

① 当 $T>T_1$ 时：因熔体 M′ 处于 L 相区，表明系统中只有单相的液相存在。此时系统的 $P=1$，根据相律自由度 $F=C-P+1=2-1+1=2$，系统是双变量的，随温度下降不产生新相，组分沿 M′M 变化。

② 当 $T_1 \geqslant T>T_3$ 时，当 M′ 高温熔体冷却到 T_1 温度时，开始析出组成为 S_1 的固溶体，随后液相组成沿液相线从 L_1 向 L_3 变化，固相组成则沿固相线从 S_1 向 S_3 变化。当冷却到 T_2 温度时，液相点到达 L_2，固相点到达 S_2，系统点则在 O 点。根据杠杆规则，此时液相量：固相量$=S_2O:OL_2$。当冷却到 T_3 温度时，固相点 S_3 与系统点重合，意味着最后一滴液相在 L_3 消失，结晶过程结束。原始配料中的 A，B 组分从高温熔体全部转入低温的单相固溶体。

M′ 熔体的析晶路程为：

液相

$$M'(熔体) \xrightarrow[P=1,\ F=2]{L} L_1 \xrightarrow[P=2,\ F=1]{L \to S} L_2 \xrightarrow[P=2,\ F=1]{L \to S} L_3(消失)$$

固相

$$S_1 \xrightarrow{S} S_2 \xrightarrow{S} S_3$$

需要指出，在液相从 L_1 到 L_3 的析晶过程中，固溶体组成需从原先析出的 S_1 相应变化到最终与 L_3 平衡的 S_3，即在析晶过程中固溶体需随时调整组成以与液相保持平衡。固溶体是晶体，原子的扩散迁移速度相对较慢，不像液态溶液那样容易调节组成，所以只要冷却过程不是足够缓慢，不平衡析晶是很容易发生的。

（2）形成低共熔型不连续固溶体的二元系统相图

组分 A，B 间可以形成固溶体，但相互之间的溶解度是有限的，不能以任意比例互溶，即组分 A，B 间可以形成不连续固溶体。它们有两种类型：形成低共熔型的不连续固溶体和形成转熔型的不连续固溶体。其中，形成低共熔型的不连续固溶体的二元系统相图如图 4.24 所示。许多二元系统都属于这一种类型，如 $Li_2O \cdot SiO_2$ 与多数碱土金属的偏硅酸盐的二元系统，以及 CaO-MgO，$MgO-Al_2O_3$，$MgO-MgCr_2O_4$ 等二元系统。

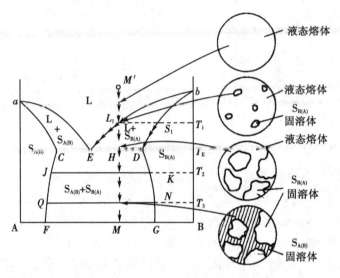

图 4.24　形成低共熔型不连续固溶体的二元系统相图

在图 4.24 中有两种固溶体：$S_{A(B)}$ 和 $S_{B(A)}$。其中 $S_{A(B)}$ 表示组分 B 在组分 A 中的固溶体，$S_{B(A)}$ 则表示组分 A 在组分 B 中的固溶体。aE 是与 $S_{A(B)}$ 固溶体平衡的液相线，bE 是与 $S_{B(A)}$ 固溶体平衡的液相线。从液相线 aE 和 bE 上的液相中析出的固溶体 $S_{A(B)}$ 和 $S_{B(A)}$ 的组成，可以通过等温结线在其相应的固相线 aC 和 bD 上找到，如结线 L_1S_1 表示从 L_1 液相中析出的固溶体 $S_{B(A)}$ 的组成是 S_1。E 点为低共熔点，从 E 点将同时析出组成为 C 的 $S_{A(B)}$ 和组成为 D 的 $S_{B(A)}$ 固溶体。C 点表示组分 B 在组分 A 中的最大固溶度，D 点表示组分 A 在组分 B 中的最大固溶度。CF 是固溶体 $S_{A(B)}$ 的溶解度曲线，DG 则是固溶体 $S_{B(A)}$ 的溶解度曲线。从这两条溶解度曲线 CF 和 DG 的走向可知，A，B 二个组分在固态互溶的溶解度是随温度的下降而下降的，相图上 6 个相区 L，$S_{A(B)}$，$S_{B(A)}$，$L+S_{A(B)}$，$L+S_{B(A)}$ 和 $S_{A(B)}+S_{B(A)}$ 的平衡各相已在相图 4.24 上标注。

现以组分为 M′ 的高温熔体为例，分析其析晶过程。

① 当 $T>T_1$ 时：因熔体 M′ 处于 L 相区，表明系统中只有单相的液相存在。

此时系统 $P=1$，根据相律自由度 $F=C-P+1=2-1+1=2$，系统是双变量的，随温度下降不产生新相，组分沿 $M'M$ 变化。

② 当 $T_1 \geq T > T_E$ 时：当 M′高温熔体冷却到 T_1 温度时，将从 L_1 液相中开始析出固溶体 $S_{B(A)}$，温度为 T_1 时溶体 $S_{B(A)}$ 组成为 S_1，随着温度从 T_1 向 T_E 下降，液相点沿液相线 bE 从 L_1 点向 E 点变化，固相点沿固相线 bD 从 S_1 点向 D 点变化。同时，其液相、固相的数量也不断变化，可用杠杆规则计算。

③ 当 $T=T_E$ 时：因 E 点为低共熔点，所以当温度到达 T_E 时，液相同时对固溶体 $S_{A(B)}$ 与 $S_{B(A)}$ 饱和，故将从液相中同时析出固溶体 $S_{A(B)}$ 与 $S_{B(A)}$，系统从二相平衡状态进入三相平衡状态。此时系统 $P=3$，按照相律自由度 $F=C-P+1=2-3+1=0$，系统是无变量的。即只要系统中维持着这种三相平衡关系，系统的温度就只能保持在低共熔温度 T_E 不变，液相组成也只能保持在 E 点的低共熔组成不变。此时，从 E 点液相中不断按 E 点的组成中 $S_{A(B)}$ 与 $S_{B(A)}$ 的比例析出固溶体 $S_{A(B)}$ 与 $S_{B(A)}$，固溶体 $S_{A(B)}$ 的组成为 C，固溶体 $S_{B(A)}$ 的组成为 D。液相量不断减少，固溶体 $S_{A(B)}$ 与 $S_{B(A)}$ 的量不断增加。固相总组成点位置也必须离开表示纯固溶体 $S_{B(A)}$ 的 D 点，沿等温线 DC 向 H 点移动。当最后一滴低共熔组成的液相析出固溶体 $S_{A(B)}$ 与 $S_{B(A)}$ 后，液相全部析出，固相组成到达 H 点与系统点重合，结晶过程结束，结晶产物为 $S_{A(B)}$ 和 $S_{B(A)}$ 两种固溶体。

④ 当 $T<T_E$ 时：系统从三相平衡状态回到二相平衡状态，此时系统 $P=2$，按照相律自由度 $F=C-P+1=2-2+1=1$，系统变为单变量，温度又可继续下降。固溶体 $S_{A(B)}$ 与 $S_{B(A)}$ 组成不断变化，其中 $S_{A(B)}$ 组成沿 CF 线从 C 点向 J，Q，F 点变化，$S_{B(A)}$ 组成沿 DG 线从 D 点向 K，N，G 点变化，但总组成仍保持在 M 点。

图 4.24 中 M′熔体的结晶路程为：

液相

$$M'(熔体) \xrightarrow[P=1,\ F=2]{L} L_1 \xrightarrow[P=2,\ F=1]{L \to S_{B[A]}} E(到达) \xrightarrow[P=3,\ F=0]{L \to S_{A(B)} + S_{B(A)}} E(消失)$$

固相

$$S_1 \xrightarrow{S_{B(A)}} D \xrightarrow{S_{A(B)} + S_{B(A)}} H$$

(3) 形成转熔型不连续固溶体的二元系统相图

形成转熔型不连续固溶体的二元系统相图如图 4.25 所示。图中分别用 α，β 表示固溶体 $S_{A(B)}$，$S_{B(A)}$。此类相图的特点是，固溶体 α 与 β 之间没有低共熔点，而有一个转熔点。冷却时，当温度降到 T_P 时，液相组成变化到 P 点，将发生转熔过程：$L_P + D(\alpha) \to C(\beta)$。各相区的含义已在图 4.25 中标明。组成在 $D \sim P$ 范围内的熔体，当冷却到 T_P 时都将发生这样的转熔过程。转熔结束后的结晶过程将和图 4.24 中的情况相同。现以组分为 M′和 N′的高温熔体为例，分析其析晶过程。

图 4.25 中 M′熔体的析晶路程为：

液相

$$M'(熔体) \xrightarrow[P=1, F=2]{L} L_1 \xrightarrow[P=2, F=1]{L \to \alpha} P(到达) \xrightarrow[P=3, F=0]{L+\alpha \to \beta} P(消失)$$

固相

$$\alpha_1 \xrightarrow{\alpha} D \xrightarrow{\alpha+\beta} K$$

图 4.25 中 N′熔体的析晶路程为

液相

$$N'(熔体) \xrightarrow[P=1, F=2]{L} L_2 \xrightarrow[P=2, F=1]{L \to \alpha} P(到达) \xrightarrow[P=3, F=0]{L+\alpha \to \beta} P \xrightarrow[P=2, F=1]{L \to \beta} P'(消失)$$

固相

$$\alpha_2 \xrightarrow{\alpha} D \xrightarrow{\alpha+\beta} C \xrightarrow{\beta} O \xrightarrow[P=1, F=2]{\beta \text{ 固相冷却}}$$

$$G \xrightarrow[P=2, F=1]{\alpha+\beta \text{ 固相冷却}} N$$

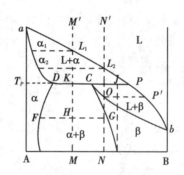

图 4.25　形成转熔型不连续固溶体的二元系统相图

从以上 N′熔体的析晶路程可以看出，N′熔体的析晶在液相线 bP 上的 P' 点结束。现将此类相图上不同组成点的析晶规律总结于表 4.5。

表 4.5　图 4.25 中不同组成熔体的析晶规律

组成	在 P 点的反应	析晶终点	析晶终相
组成在 DC 之间	$L+\alpha \Leftrightarrow \beta$，$L_P$ 先消失	P	$\alpha+\beta$
组成在 CJ 之间	$L+\alpha \Leftrightarrow \beta$，$\alpha$ 先消失	bP 线上	$\alpha+\beta$
组成在 JP 之间	$L+\alpha \Leftrightarrow \beta$，$\alpha$ 先消失	bP 线上	β
组成在 C 点	$L+\alpha \Leftrightarrow \beta$，$\alpha$ 和 L_P 同时消失	P	$\alpha+\beta$
组成在 P 点	$L+\alpha \Leftrightarrow \beta$，在 P 点不停留	bP 线上	β

4.3.2.6　具有液相分层的二元系统相图

上述所讨论的各类二元系统中二个组分在液相都是完全互溶的。但在某些实际系统中，二个组分在液态并不完全互溶，只能有限互溶。系统中的液相在一定温度范围内会分离成组成不同的二层，并可用机械的或物理化学的方法加以分离。其中，一层可视为组分 B 在组分 A 中的饱和溶液(L_1)，另一层则可视为组分 A 在组分 B 中的饱和溶液(L_2)。如图 4.26 所示，这类相图可视作在具有低共熔点相图上插入一个液相分层区，即 CKD 帽形区。等温结线 $L_1'L_2'$、$L_1''L_2''$、$L_1'''L_2'''$ 表示不同温度下互相平衡的二个液相的组成。由图 4.26 可知，随温度升高，二层液相的溶解度都增大，因而其组成越来越接近，当到达帽形区 CKD 的最高点 K 时，二层液相的组成已完全一致，分层现象消失，故 K 点是一个临界点，K 点温度叫临界温度。在 CKD 帽形区以外的其他液相区域，均不发生分液现象，为单相区。图中曲线 aC，DE 均为与 A 晶相平衡的液相线，bE 是与 B 晶相平衡的液相线。除低共熔点 E，系统中还有另一个无变量点 D。在 D 点发生的相变化为 $L_C \Leftrightarrow L_D + A$，即冷却时从 C 组成液相中析出晶体 A，而 L_C 液相转变为含 A 较低的 L_D 液相。

现以组分为 M′的高温熔体为例，分析其析晶过程。

① 当 $T>T_1$ 时：因熔体 M′处于 L 相区，表明系统中只有单相的液相存在。此时系统 $P=1$，根据相律自由度 $F=C-P+1=2-1+1=2$，系统是双变量的，随温度下降不产生新相，组分沿 $M'M$ 变化。

② 当 $T_1 \geqslant T>T_D$ 时：当把 M′高温熔体冷却到 CKD 与 $M'M$ 的交点 L_1'对应的温度 T_1 时，液相开始分层，第一滴具有 L_2'组成的 L_2 液相出现，随后 L_1 液相沿 KC 线向 C 点变化，L_2 液相沿 KD 线向 D 点变化。

③ 当 $T=T_D$ 时：开始析出晶相 A，且因 L_1 与 L_2 相比所含组分 A 较多，故发生：$L_C \Leftrightarrow L_D + A$。此时，系统从二相平衡状态进入三相平衡状态，系统 $P=3$，按照相律自由度 $F=C-P+1=2-3+1=0$，系统是无变量的。即只要系统中维持着这种三相平衡关系，系统的温度就只能保持在温度 T_D 不变。随晶相 A 不断析出，L_C 液相不断分解为 L_D 液相和 A 晶体。液相总组成从 G 点向 D 点变化，直到转变为 L_D 液相，此时 L_C 耗尽，系统又变成单变量。

④ 当 $T_D>T>T_E$ 时：因 L_C 已经消失，系统从三相平衡状态回到二相平衡状态，此时系统 $P=2$，按照相律自由度 $F=C-P+1=2-2+1=1$，系统变为单变量，系统温度又可继续下降。随温度的下降，晶相 A 析出，液相组成从 D 点沿液相线 DE 到达 E 点。

⑤ 当 $T=T_E$ 时：因 E 点为低共熔点，所以当温度到达 T_E 时，液相同时对晶

相 A 与晶相 B 饱和，故将从液相中同时析出晶相 A 与晶相 B，系统从二相平衡状态进入三相平衡状态。此时系统 $P=3$，按照相律自由度 $F=C-P+1=2-3+1=0$，系统是无变量的。即只要系统中维持着这种三相平衡关系，系统的温度就只能保持在低共熔温度 T_E 不变，液相组成也只能保持在 E 点的低共熔组成不变。此时，从 E 点液相中不断按 E 点的组成中 A 与 B 的比例析出晶相 A 与晶相 B。液相量不断减少，晶相 A 与晶相 B 的量不断增加，固相总组成点位置也必须离开表示纯晶体 A 的 I 点，沿等温线 IJ 向 J 点移动。当最后一滴低共熔组成的液相析出晶体 A 与晶体 B 后，液相全部析出，固相组成到达 J 点与系统点重合，结晶过程结束，结晶产物为 A 和 B 两种晶相。

M' 熔体的析晶路程为：

液相

$$M'(\text{熔体}) \xrightarrow[P=1, F=2]{L} L_1'+L_2' \xrightarrow[P=2, F=1]{\text{液相分离}} L_1''+L_2'' \xrightarrow[P=2, F=1]{\text{液相分离}} L_1'''+L_2''' \xrightarrow[P=2, F=1]{\text{液相分离}}$$

$$G(L_C+L_D) \xrightarrow[P=3, F=0]{L_C \rightarrow L_D+A} D(L_C \text{ 消失}) \xrightarrow[P=2, F=1]{L \rightarrow A} E(\text{到达}) \xrightarrow[P=3, F=0]{L \rightarrow A+B} E(\text{消失})$$

固相

$$H \xrightarrow{\quad A \quad} I \xrightarrow{\quad A+B \quad} J$$

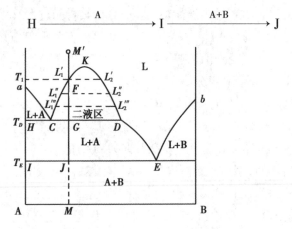

图 4.26　具有液相分层的二元系统相图

4.3.3　二元系统相图应用

4.3.3.1　$Al_2O_3-SiO_2$ 二元系统相图

图 4.27 为 $Al_2O_3-SiO_2$ 系统相图。在该二元系统相图中，只生成一个化合物 $3Al_2O_3 \cdot 2SiO_2$（A_3S_2，称莫来石）。其质量分数是 72%Al_2O_3 和 28% SiO_2，摩尔分数是 60%Al_2O_3 和 40%SiO_2。

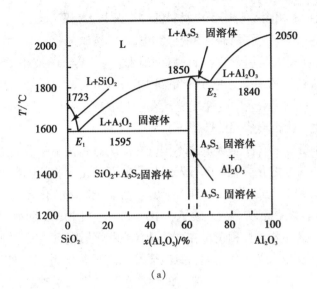

(a)

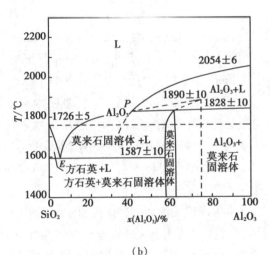

(b)

图 4.27　Al₂O₃-SiO₂ 二元系统相图

　　作为硅酸盐制品原料的铝硅酸矿物(黏土矿物)在地壳上很丰富,且莫来石(3Al₂O₃·2SiO₂)是普通陶瓷、黏土质耐火材料的重要组成部分。几种常见耐火材料的制备和使用,都与 Al₂O₃-SiO₂ 二元系统相图有关,因此 Al₂O₃-SiO₂ 系统相图与许多常用的耐火材料的制造和使用有着密切关系,在陶筑工业中也得到广泛应用,具有重要的应用价值。例如,用于解释各种铝硅质材料在煅烧、熔化和结晶时产生的一系列物理化学过程;在玻璃生产中可以用该相图了解玻璃溶液与铝质耐火材料之间的相互作用,同时由于它的全部液相线温度都较高,对于许多耐火材料、陶瓷材料的制造也具有重要的指导意义。因此,该 Al₂

O_3-SiO_2二元系统相图是研制无机材料的一个最基本相图。

（1）Al_2O_3-SiO_2二元系统相图的研究史

Al_2O_3-SiO_2是较早引起广泛重视的相图之一，系统的液相线温度比较高，由于高温实验技术的局限，从1909年到1974年研究者曾先后发表过若干不同结论的Al_2O_3-SiO_2系统相图，主要分歧在于其中存在的化合物莫来石（A_3S_2）是属什么性质的，能否形成固溶体。

首先，对于莫来石性质认识的不同，最初认为其是不一致熔融化合物，后来认为其是一致熔融化合物；也有人认为莫来石是化合物，还有人认为莫来石是固溶体，在20世纪70年代又有人指出它是不一致熔融化合物。1974年，艾克赛（Aksay）和派斯克（Pask）发表了Al_2O_3-SiO_2系统相图，明确表明化合物莫来石具一致熔融性质。这种情况在硅酸盐体系相平衡的研究中屡见不鲜，由于莫来石的熔点较高，液相黏度大，高温下发生物理化学过程的速度较为缓慢，容易形成介稳态，这就给确定莫来石的性质造成了很大困难。究竟莫来石是否一致熔融？研究表明，当试样中含有少量碱金属等杂质，或相平衡实验是在非密封条件下进行时，均为不一致熔融；当使用高纯原料试样并在密封条件下进行相平衡实验时，A_3S_2则是一致熔融化合物。这是由于SO_2具有高温挥发性，在非密封条件下受长时间高温作用，会引起SO_2的挥发，从而导致莫来石熔融前后的成分不一致。在工业生产和一般实验中，很难使用高纯原料和严格密封条件，因此在一般硅酸盐材料中，A_3S_2多以不一致熔融状态存在，在加热或冷却过程中的相平衡关系为$A_3S_2 \Leftrightarrow L + Al_2O_3$，其中刚玉（$Al_2O_3$）析晶能力很强，有利于$A_3S_2$的熔融分解，这更加剧了$A_3S_2$的不一致熔融。所以在分析实际生产问题时，把$A_3S_2$视为不一致熔融较为适宜。

其次，对于莫来石是否形成固溶体，艾克赛和派斯克1974年发表的最新的Al_2O_3-SiO_2系统相图，也明确表明莫来石有一段狭窄的固溶体区域。目前已经明确，莫来石和刚玉之间能够形成固溶体，A_3S_2晶格中尚可溶入一些Al_2O_3而形成固溶体，但溶入的Al_2O_3有一定限度，目前对固溶体的组成范围尚未完全统一，一般认为含Al_2O_3的摩尔分数60%~63%。所以，在硅酸铝质材料中常见的莫来石，应该理解为是A_3S_2晶格中溶入少量Al_2O_3所形成的有限互溶固溶体，习惯上仍以A_3S_2表示。

（2）Al_2O_3-SiO_2二元系统相图

图4.27（a）给出A_3S_2为一致熔融时的Al_2O_3-SiO_2系统相图，（b）给出A_3S_2为不一致熔融时的Al_2O_3-SiO_2系统相图。

由图4.27（a）可以看出，在该二元系统相图中，只生成一个一致熔融化合物$3Al_2O_3 \cdot 2SiO_2$（A_3S_2）。

以 A_3S_2 为界，可以将 Al_2O_3-SiO_2 系统相图划分成两个分二元系统。在 SiO_2-A_3S_2 分二元系统中，纯 SiO_2 熔点为 1723℃，一致熔融的莫来石 A_3S_2，熔点为 1850℃，E_1 点为 SiO_2 和 A_3S_2 低共熔点，温度为 1595℃，相平衡关系为 $L_{E1} \Leftrightarrow SiO_2 + A_3S_2$。在 A_3S_2-Al_2O_3 分二元系统中，A_3S_2 熔点为 1850℃，Al_2O_3 熔点为 2050℃，E_2 点是 A_3S_2 和 Al_2O_3 的低共熔点，温度为 1840℃，相平衡关系为 $L_{E2} \Leftrightarrow Al_2O_3 + A_3S_2$。

由图 4.27(b) 可以看出，不一致熔融的莫来石在 1828℃ 分解为液相 L_P 和 Al_2O_3，P 点为转熔点，在 P 点进行的过程是 $L_P + Al_2O_3 \Leftrightarrow A_3S_2$。莫来石与方石英的低共熔温度为 1587℃。

（3）Al_2O_3-SiO_2 二元系统相图应用

由于本系统所有液相线的温度都比较高，因此，本系统的许多制品都具有耐高温的特性，这就形成一系列的硅铝质耐火材料，包括硅砖、黏土砖、高铝砖、莫来石砖和刚玉砖等。下面利用图 4.27(a) 对硅铝质耐火材料进行分析。

① 硅铝质耐火材料分类及相应矿物组成。

通常，按 Al_2O_3 质量分数的不同将硅铝质耐火材料加以分类，从相图上可大致看出它们的矿物组成。硅铝质耐火材料根据 Al_2O_3 质量分数的不同可以分为：刚玉质，大于 90%；莫来石质，70%~72%；高铝质，48%~70%；黏土质，30%~48%；半硅质，15%~30%。如表 4.6 所示。

表 4.6　Al_2O_3-SiO_2 系统各类耐火材料矿物组成

$w(Al_2O_3)$/%	<1	15~30	30~48	48~70	70~72	>90
材料	硅质	半硅质	黏土质	高铝质	莫来石质	刚玉质
主要矿物相	鳞石英（有矿化剂时）方石英及玻璃相*	方石英 鳞石英 少量莫来石及玻璃相	莫来石 方石英 鳞石英	莫来石 少量硅氧晶体及玻璃相	莫来石 玻璃相	刚玉 莫来石

* 玻璃相在实际条件下过冷产生，相图并无此相。

在 SiO_2-Al_2O_3 系统中，除在相图上标出的莫来石外，在自然界中还存在硅线石类矿物，即硅线石、红柱石和蓝晶石等。它们属于变质作用形成的矿物，以相同的化学式 Al_2O_3-SiO_2 表示，但具有不同的晶体结构。由于它们的晶体不够稳定，加热至高温时分解为莫来石和石英，但冷却时并无可逆变化，故在相图上没有表示这类矿物。

② Al_2O_3 的质量分数对硅铝质耐火材料性能的影响。

材料性能主要取决于组成矿物的性质。因此，按材料 Al_2O_3 的质量分数范围,可在相图上确定其矿物组成,进而估计材料的性能。由相图可以看出 Al_2O_3 含量增加所引起的材料耐火性能的变化。材料的耐火性能通常以出现液相的温度及在该温度下产生的液相量来衡量。出现液相的温度越低或在该温度下产生的液相量越多,则耐火度越低,耐火性能越差。图 4.27(a)中 SiO_2 熔点为 1723℃,当 $w(Al_2O_3)=0\sim5.5\%$ 时(即在 E_1 点左边,E_1 点中 $w(Al_2O_3)=5.5\%$),SiO_2 的液相线很陡,当在 SiO_2 中加入 Al_2O_3 后,SiO_2 的熔点将急剧下降。例如,在 SiO_2 中按质量比加入 1% 的 Al_2O_3,它在低共熔点(E_1)1595℃ 时根据杠杆规则计算,会产生大约 18.2% 的液相,故会使硅砖的耐火度大大降低(E_1 点的位置按质量比为含有 5.5% 的 Al_2O_3)。这说明 Al_2O_3 是硅砖中极为有害的杂质组分,对于硅砖生产而言,其他的氧化物杂质都没有像 Al_2O_3 这样危害严重。

因此,$w(Al_2O_3)<1\%$ 是硅质耐火材料-硅砖制品的范围。硅砖具有在高温(1620~1660℃)下长期使用不变形的优点,广泛应用于炉顶砌筑,如玻璃池窑的窑顶。在生产广泛用于炉顶及在高温时要求具有高强度部位的硅砖($w(Al_2O_3)=0.2\%\sim1.0\%$)时,必须对原料进行特殊的选择和处理,要严格防止原料中混入 Al_2O_3;同理,在硅砖的使用中也应避免与黏土砖、高铝砖、镁铝砖等含 Al_2O_3 的材料混用,且要避免与 Al_2O_3 类物质接触。以免造成硅砖耐火性能急剧下降,使硅砖耐火度大大降低。所以在 E_1 点附近的组成($w(Al_2O_3)=1\%\sim15\%$)不宜选作耐火材料配方。

当 $w(Al_2O_3)>5.5\%$ 时(即在 E_1 点右边),Al_2O_3 从有害组分逐渐转为能提高熔融温度的有益组分,尤其当 Al_2O_3 质量分数超过 15% 以后,随 Al_2O_3 质量分数的增加,材料的耐火性能逐步得到改善。结合 $Al_2O_3-SiO_2$ 系统的相图就可以知道,黏土砖的矿物质成分主要是石英和莫来石,当生产黏土砖时,如增加原料中 Al_2O_3 的含量,即配料点向右移动时,就可以提高黏土砖的质量,因为 Al_2O_3 的加入可以使液相线的温度不断提高,提高软化温度,同时使耐高温的莫来石相的含量不断增加。由此可知,高铝砖的质量优于黏土砖。其主要原因也是莫来石的作用。莫来石在 1810℃ 时才熔融分解,具有耐高温、耐侵蚀、高强度等良好性能。当 Al_2O_3 质量分数达到 70%~72% 时,便可得到全部由莫来石晶相组成的莫来石砖,这种砖具有很高的耐火度和优良的抗腐蚀性。当 $w(Al_2O_3)>72\%$ 时,主要组成为莫来石和刚玉两个高温相,使系统的低共熔点从 1595℃ 提高到 1840℃,在 $A_3S_2-Al_2O_3$ 分二元系统中,A_3S_2 熔点(1850℃)、Al_2O_3 熔点(2050℃)以及低共熔点 E_2(1840℃)都很高。刚玉砖、莫来石砖中,液相的凝固结束于 E_2(1840℃),稳定相为刚玉和莫来石,且它们的数量较多,具有很高的耐火度。因此,材料耐火性能得到显著改善,在 1840℃ 以下不出现液相,莫来石质及刚玉质耐火砖都是性能优异的耐火材料。烧结氧化铝,$w(Al_2O_3)>$

90%，具有更高的耐火度，已被普遍地应用于实验室中。刚玉砖中 Al_2O_3 的含量更高，电熔刚玉 Al_2O_3 的质量分数为 96% 左右，其耐火性更好，是本系统中最耐高温的耐火材料，它可熔铸成所需形状的器皿，以代替铂金用作为拉制玻璃纤维的熔融液盛具。

③ 由组成估计其液相量。

在图 4.27 上可以看出，在一定温度下组成与液相量的对应关系。如在 1600℃，$w(Al_2O_3)$ = 5.5%~72%，用杠杆规则确定的组成与液相量的对应数值（理论值）如下：

$w(Al_2O_3)$/%　　　10　20　30　46　72

w(液相)/%　　　96　80　64　40　0(痕量)

当然，实际原料由于含有杂质（如低熔点氧化物），会使液相量相应增加，但这并不失相图的相对指导意义。

④ 由液相线的倾斜程度，判断液相量随温度变化的情况。

从液相线的倾斜程度，可以判断某组成材料的液相量随温度而变化的情况，即液相量随温度的变化取决于液相线的形状。由图 4.27 可以看出，莫来石的液相线 E_1F 左边靠近低共熔点 E_1 的一段，在 1595~1700℃ 的温度区间比较陡峭，而后面靠近莫来石的一段，在 1700~1850℃ 的温度区间则比较平坦。这说明当温度变化时，液相数量变化有两种不同情况。根据杠杆规则，在液相线陡的区间，一个处于 E_1F 组成范围内的配料，如普通黏土质耐火砖（（$w(Al_2O_3)$ = 35%~55%），在 1700℃ 以下，液相线很陡，故温度升高时，液相量增加不多，即加热到 1700℃ 前系统中的液相量随温度升高增加并不多；超过 1700℃ 后，液相线变平坦，温度略有升高，液相量就增加很多，液相量将随温度升高而迅速增加，这就使黏土砖软化而不能完全使用。根据杠杆规则能很好地理解这种变化，这也就是黏土砖在 1700℃ 以下使用比较安全，温度超过 1700℃ 以后就会软化而不能安全使用的原因。

4.3.3.2　$MgO-SiO_2$ 二元系统相图

$MgO-SiO_2$ 二元系统与镁质耐火材料（如方镁石砖、镁橄榄石砖）以及镁质陶瓷生产有密切关系。

$MgO-SiO_2$ 二元系统相图如图 4.28 所示，其相图中的 $MgO-Mg_2SiO_4$ 分二元系统，最早被认为是具有简单低共熔物的二元系统，后来的研究表明该二元系统属于有限互溶固溶体类型，相图中用下标"SS"表示形成有限互溶固溶体。横坐标是质量分数。无变量点性质如表 4.7 所示。系统中有一个一致熔融化合物 M_2S（Mg_2SiO_4，镁橄榄石）和一个不一致熔融化合物 MS（$MgSiO_3$，顽火辉石）。镁橄榄石的熔点很高，达 1890℃，顽火辉石约在 1260℃ 转化为高温稳定的原顽火辉石，并在1557℃不一致熔融分解为镁橄榄石和组成为D的液相。在$MgO-Mg_2SiO_4$分二元系统中，有一个溶有少量SiO_2的MgO有限固溶体MgO_{SS}单相区，此固溶体与镁橄榄石形成低共熔点C，低共熔温度为1850℃。

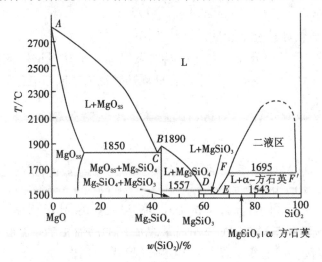

图4.28　$MgO-SiO_2$二元系统相图

表4.7　$MgO-SiO_2$二元系统（图4.28）中无变量点的性质

图上标注	相间平衡	平衡性质	w（组成）/%		温度/℃
			MgO	SiO_2	
A	$L \Leftrightarrow MgO$	熔化	100	0	2800
B	$L \Leftrightarrow Mg_2SiO_4$	熔化	≈57.2	≈42.8	1890
C	$L \Leftrightarrow MgO+Mg_2SiO_4$	低共熔	≈57.7	≈42.3	1850
D	Mg_2SiO_4+液体$\Leftrightarrow MgSiO_3$	转熔	≈38.5	≈61.5	1557
E	$L \Leftrightarrow MgSiO_3+\alpha$-方石英	低共熔	≈35.5	≈64.5	1543
F	$L_{F'} \Leftrightarrow L_F+\alpha$-方石英	熔化分层	≈30	≈70	1695
F'	$L_{F'} \Leftrightarrow L_F+\alpha$-方石英	熔化分层	≈0.8	≈99.2	1695

在$Mg_2SiO_4-SiO_2$分二元系统中，有一低共熔点E和一个转熔点D，在富硅的液相部分出现二液区，在富SiO_2一边、MgO的质量分数低于30%的范围内、1695℃以上存在二液区。二液区就是液相分层的不混溶区，一层是MgO溶于SiO_2中形成的富硅液相；另一层是SiO_2溶于MgO中形成的富镁液相。在1695℃时，这两种液相与α-方石英平衡。这种在富硅液相发生分层的现象，不但在$MgO-SiO_2$、$CaO-SiO_2$系统，而且在其他碱金属和碱土金属氧化物与SiO_2形成的二元系统中也是普遍存在的。$MgSiO_3$有几种结构较接近的晶型，室温下稳定的

晶型是顽火辉石，高温稳定的是原顽火辉石，将原顽火辉石冷却时，如果不加入矿化剂，它将不转化为顽火辉石而介稳存在，或转化为斜顽火辉石。斜顽火辉石在所有温度下都是不稳定的，但在 700 ℃ 以下，其能量低于原顽火辉石，将斜顽火辉石加热到 1100℃ 后又可转化为原顽火辉石。另外也有观点认为顽火辉石在 1180℃ 可逆转变为斜顽火辉石，而在 1260℃ 以上，斜顽火辉石与原顽火辉石形成与温度有关的平衡状态。故在 1180℃ 与 1260℃ 之间，斜顽火辉石是稳定的。原顽火辉石是滑石瓷中的主要晶相，如果制品中发生原顽火辉石向斜顽火辉石的晶型转变，密度将由 $3.10g/cm^3$ 增大为 $3.18g/cm^3$，相当于体积缩小 2.6%，这可能导致制品气孔率增加，机械强度下降，甚至产生粉化，因而在生产上为防止瓷器机械强度下降，需要采取稳定措施防止这种晶型转变，阻止斜顽火辉石的生成。研究证明，若瓷体中有玻璃相存在，或者加入不同添加剂使高温晶型形成固溶体，都可以使原顽火辉石在低温下长期稳定存在。

由图 4.28 可见，在 $MgO-Mg_2SiO_4$ 分二元系统中的液相线温度很高（在低共熔温度 1850℃ 以上），而在 $Mg_2SiO_4-SiO_2$ 分二元系统中液相线温度要低得多。因此，从 $MgO-SiO_2$ 二元系统相图可得到启示，在制造镁质耐火材料时，镁质耐火材料配料中 MgO 含量应大于 Mg_2SiO_4 中 MgO 含量，否则配料点进入 Mg_2SiO_4 -SiO_2 分二元系统，将出现液相温度和全熔温度的急剧下降，使耐火性能大大降低。此外，从 $MgO-SiO_2$ 二元系统相图还可以得到启示，镁砖和硅砖不能在炼钢炉上或其他工业窑炉上一起使用。这是因为在平炉冶炼温度附近，硅砖中溶入低于 30% 的 MgO 时，会生成大量液相，虽然存在二液区不至于引起耐火度的急剧降低，但对耐火砖的机械强度是有严重影响的；如果继续溶入 MgO，则生成顽火辉石，将与硅砖中的方石英形成低共熔物，即硅砖中的 SiO_2 和镁砖中的 MgO 反应生成熔点更低的化合物，使出现液相的温度显著降低，材料耐火性能变坏。

4.3.3.3　$MgO-Al_2O_3$ 二元系统相图

$MgO-Al_2O_3$ 二元系统相图对于生产镁铝制品、合成镁铝尖晶石制品及透明氧化铝陶瓷具有重要意义。$MgO-Al_2O_3$ 二元系统相图如图 4.29 所示。本系统中形成一个化合物——由 MgO 与 Al_2O_3 生成的镁铝尖晶石 $MgO \cdot Al_2O_3$（MA），$MgO \cdot Al_2O_3$ 组成中含 71.8% Al_2O_3（质量分数，即 0.5mol Al_2O_3），尖晶石又与组分 MgO，Al_2O_3 形成固溶体（MA_{SS}）。镁铝尖晶石将系统划分成 $MgO-MgO \cdot Al_2O_3$ 及 $MgO \cdot Al_2O_3-Al_2O_3$ 两个分系统，E_1（1995℃）和 E_2（1925℃）分别为分二元系统 $MgO-MgO \cdot Al_2O_3$ 和 $MgO \cdot Al_2O_3-Al_2O_3$ 的低共熔温度。因为两个低共熔点 E_1（1995 ℃）和 E_2（1925 ℃）温度均接近 2000℃，所以方镁石 MgO、刚玉 Al_2O_3 和尖晶石 MA 都是高级耐火材料；同时，刚玉 Al_2O_3 和尖晶石 MA 又是透明陶

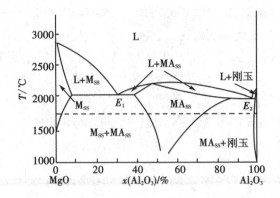

图 4.29　MgO–Al₂O₃二元系统相图

瓷。

　　由于 MgO、Al₂O₃ 及 MA 之间都具有一定的互溶性，故各成为一个低共熔型的有限互溶固溶体相图。如镁铝尖晶石与组分 MgO、Al₂O₃ 形成固溶体（MA_ss）。由 MgO–Al₂O₃ 二元系统相图（图 4.29）可以看出温度对彼此溶解度的影响，即温度升高溶解度增加，各自在其低共熔温度溶解度最大。图 4.30 表示的 MgO–MA 分二元系统中，在 1995℃时，以方镁石为主的固溶体中含 Al₂O₃ 质量分数为 18%，以尖晶石为主的固溶体中含 MgO 质量分数为 9%。温度下降时，互溶度降低，1700℃时方镁石中约固溶 Al₂O₃ 质量分数为 3%；至 1500℃时，MgO 与 MA 二者完全脱溶。同样可知，在 MA–Al₂O₃ 分二元系统中，温度在 800～1925℃变化时，尖晶石中的 Al₂O₃ 质量分数在 72%～92%之间波动。

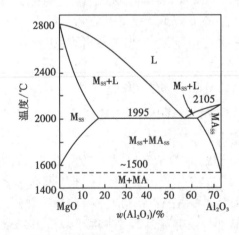

图 4.30　MgO–MA 二元系统相图

图 4.31 是温度为 1750℃时，MgO–Al$_2$O$_3$ 系统的自由焓-组成示意曲线。由图 4.31 可看到，液相的自由焓较高，而固溶体的自由焓较低，因而系统中只有固相平衡存在。直线 ab、cd 是平衡相自由焓曲线的公切线，切点 a，b，c，d 就是在 1750℃温度下对应平衡相的组成。

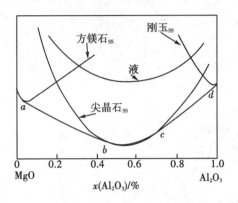

图 4.31　温度为 1750℃时，MgO–Al$_2$O$_3$ 系统的自由焓-组成示意曲线

由于 MgO·Al$_2$O$_3$ 有较高的熔点（2105℃）及低共熔点，故在尖晶石类矿物中镁铝尖晶石与镁铬尖晶石（熔点约 2350℃）相似，具有许多优良性质，高温下又与 MgO 等形成有限固溶体，故 MgO·Al$_2$O$_3$ 是种很有价值的高温相组成，用作方镁石的陶瓷结合相，可显著改善镁质制品的热震稳定性，制得性能优良的镁铝制品。方镁石 MgO 和刚玉 Al$_2$O$_3$、尖晶石 MgO·Al$_2$O$_3$ 等都是高级耐火材料。

由图 4.30 可知，从提高耐火度出发，镁铝制品的配料组分应偏于 MgO 侧。在该侧 Al$_2$O$_3$ 部分地固溶于 MgO，组分开始熔融的温度较高。例如，物系组成中的 Al$_2$O$_3$ 质量分数为 5%或 10%时，开始熔融温度为 2500℃或 2250℃左右，比其共熔温度约高 500℃或 250℃，其完全熔融温度可高达 2780℃和 2750℃左右。

冶金用镁铝砖是我国耐火材料工作者在 20 世纪 50 年代研制成功的一种碱性耐火材料，其中 $w(\text{Al}_2\text{O}_3) = 5\% \sim 10\%$，用于炼钢平炉炉顶等部位，效果显著。为充分利用我国丰富的矾土矿资源、取代较短缺的镁铬砖，取得很大成绩，至今仍发挥着重要作用。

透明 Al$_2$O$_3$ 陶瓷是在纯 Al$_2$O$_3$ 中添加 MgO 质量分数为 0.3%~0.5%的，在 H$_2$ 气氛中于 1750℃左右烧结而成。根据相图可知，透明氧化铝陶瓷的成分是含有 Mg^{2+} 的刚玉固溶体，当温度降低时，MgO 在 Al$_2$O$_3$ 中的溶解度递减。如果制品在高温烧结，以缓慢的速度冷却，将会有尖晶石从固溶体刚玉中析出，但由于 MgO 含量微少，晶界上的偏析现象只能在电子显微镜下观察到，制品不至于失透。另外，也正由于 MgO 杂质的存在，阻碍了晶界的移动，使气孔容易消除而制得透明的氧化铝陶瓷。

4.3.3.4　Al_2O_3-Cr_2O_3二元系统相图

Al_2O_3-Cr_2O_3二元系统相图如图 4.32 所示。在形成固溶体的条件中，当两种晶体离子半径之差小于 15%、电价相同、化学亲和性小、结构类型相同时，容易生成完全互溶固溶体。对于离子晶体，离子半径大小的因素是主要的。Al_2O_3 和 Cr_2O_3 的离子半径差为 14.5%，价数相同，均属刚玉型晶体结构，并且它们之间的化学亲和性小，不生成化合物，具备形成连续固溶体的充分条件。

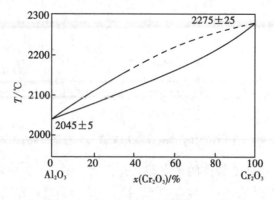

图 4.32　Al_2O_3-Cr_2O_3二元系统相图

刚玉单晶的特点是硬度大，可代替金刚石作为精密仪表中的轴承。在纯刚玉中加入 3%~5%（摩尔分数）的 Cr_2O_3 所得固溶体（仍可认为是刚玉单晶）呈红色，就是众所周知的红宝石，红宝石也是一种重要的激光材料。从图 4.32 上看到，因为固溶体结构（晶格常数）在发生改变，随着 Cr_2O_3 加入量的增多，熔点逐步增高，同时如密度、颜色等物理性质随之变化。

4.3.3.5　BaO-TiO_2二元系统相图

BaO-TiO_2二元系统相图如图 4.33 所示。$BaTiO_3$ 是重要的铁电材料，而 $BaTi_4O_9$ 则为微波通信的介质材料。该系统相图对于 $BaTiO_3$ 铁电体及以 $BaTiO_3$ 为主晶相的铁电陶瓷、微波通信的介质材料 $BaTi_4O_9$ 制备有着重要的指导意义。

BaO-TiO_2 二元系统中无变量点性质如表 4.8 所示。BaO-TiO_2 二元系统中存在 $BaTi_4O_9$，$BaTi_3O_7$，$BaTi_2O_5$，$BaTiO_3$，Ba_2TiO_4 等五个化合物，其中 $BaTi_4O_9$，$BaTi_3O_7$，$BaTi_2O_5$ 为不一致熔融化合物，$BaTiO_3$，Ba_2TiO_4 为一致熔融化合物。

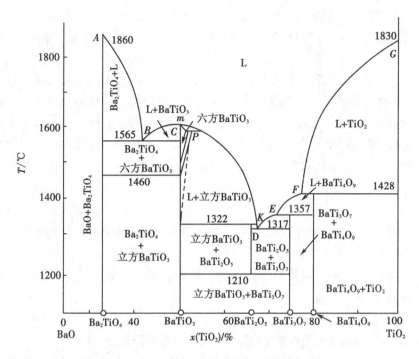

图 4.33　BaO-TiO₂ 二元系统相图

表 4.8　BaO-TiO₂ 二元系统(图 4.33)中无变量点的性质

图上标注	相间平衡	平衡性质	组成/%		温度/℃
			BaO	TiO₂	
A	L⇌Ba₂TiO₄	熔化	≈33.3	≈66.7	1860
B	L⇌Ba₂TiO₄+BaTiO₃	低共熔	≈42.5	≈57.5	1563
C	L⇌BaTiO₃	熔化	≈50	≈50	1612
D	L⇌BaTi₂O₅+BaTi₃O₇	低共熔	≈68.5	≈31.5	1317
E	L+BaTi₄O₉⇌BaTi₃O₇	转熔	≈72	≈28	1357
F	L+TiO₂⇌BaTi₄O₉	转熔	≈78.5	≈21.5	1428
G	L⇌TiO₂	熔化	≈0	≈100	1830

　　一致熔融化合物 Ba₂TiO₄ 和 BaTiO₃ 熔点分别为 1860℃ 和 1612℃。BaTiO₃ 具有六方和立方两种晶型，晶型转变温度为 1460℃，进一步研究表明立方 BaTiO₃ 将在 120℃（居里点）下转变为四方 BaTiO₃（图 4.33 中未示出），四方 BaTiO₃ 具有良好的铁电性能。从 BaO-TiO₂ 二元系统相图还可以看出，在高温下六方 BaTiO₃ 和立方 BaTiO₃ 对 TiO₂ 有一定的溶解度，能形成有限互溶固溶体。对于不一致熔融化合物 BaTi₂O₅，BaTi₃O₇，BaTi₄O₉，BaTi₂O₅ 稳定存在的温度为 1210～

1322℃，在1322℃分解为组成为 K 的液相和 $BaTiO_3$ 固溶体，1210℃分解为 $BaTiO_3$ 固溶体和 $BaTi_3O_7$。$BaTi_3O_7$ 于 1357℃下分解为 $BaTi_4O_9$ 和液相。$BaTi_4O_9$ 在 1428℃分解为 TiO_2 和液相。

在 BaO-TiO_2 二元系统中最重要的化合物是 $BaTiO_3$。$BaTiO_3$ 可以做成单晶体，也可以做成陶瓷体。根据图 4.33，采用提拉法制备 $BaTiO_3$ 单晶，把配方调整在一致熔融的位置（m 点）时并不能很好地控制 $BaTiO_3$ 单晶生长。这是因为 $BaTiO_3$ 的多晶转变，若在 m 点处拉制单晶，生长出来的是六方 $BaTiO_3$，降温至 1460℃要转变为立方 $BaTiO_3$，立方型 $BaTiO_3$ 将在 120 ℃（居里点）转变为四方型，这时 $BaTiO_3$ 才具有人们所需要的铁电性能。单晶体从高温降至室温经过多次相变是容易造成开裂的。直接得到低温变体（如 β-石英的水热合成）或尽量减少相变数，是解决这类问题的办法。在 $BaTiO_3$ 单晶的制备中，采用了后一种办法，即把配料点选择在 PK 之间，使拉制单晶过程中得到立方型 $BaTiO_3$ 单晶，减少一次相变。1968 年尼恩（Line）和贝尔鲁斯（Belruss）就采用了这种办法获得了良好的 $BaTiO_3$ 单晶。

以 $BaTiO_3$ 为主晶相的铁电陶瓷，用途也相当广泛。在生产这种陶瓷时，BaO-TiO_2 二元系统相图同样起到了指导作用。按照相图配方应控制在 $x(BaO)$：$x(TiO_2) = 1:1$。但是 Ba_2TiO_4 化合物是极有害的物质，它具有吸潮性，若陶瓷中含有 Ba_2TiO_4，会导致瓷片的膨胀而产生裂纹。为了避免在陶瓷中出现 Ba_2TiO_4 化合物，应把配方稍往右偏一些。因为 $BaTiO_3$ 对 TiO_2 有一定的溶解度，TiO_2 稍有过量，仍得到未破坏晶格的 $BaTiO_3$ 固溶体，不影响陶瓷的铁电性能，至多出现极少量的无破坏作用的 $BaTi_3O_7$ 化合物。

4.3.3.6 MgO-TiO_2 二元系统相图

如图 4.34 所示为 MgO-TiO_2 二元系统相图。系统中存在的三个化合物：$2MgO \cdot TiO_2$（正钛酸镁）、$MgO \cdot TiO_2$（偏钛酸镁）和 $MgO \cdot 2TiO_2$（二钛酸镁）。其中，$MgO \cdot 2TiO_2$ 为一致熔融化合物，熔点为 1690℃。$2MgO \cdot TiO_2$ 和 $MgO \cdot TiO_2$ 两个化合物为不一致熔融化合物，分别在 1740℃和 1680℃转熔分解。

以正钛酸镁 $2MgO \cdot TiO_2$ 为主晶相的陶瓷材料，是一种高频热稳定性好的电容器陶瓷材料。由于正钛酸镁、偏钛酸镁和二钛酸镁的电性能差别甚大，所以电容器陶瓷材料应按正钛酸镁化学式配比进行配料。但在实际生产中不可能配得如此准确，并且这种陶瓷材料的烧结是一种固相烧结，其烧结温度远比正钛酸镁转熔温度（1740℃）低得多。当配料有偏差时，因为固相线以下的 MgO+$2MgO \cdot TiO_2$ 组成区间比 $2MgO \cdot TiO_2$+$MgO \cdot TiO_2$ 区间宽近乎一倍，所以富相同偏差量 MgO 的配料所制得的材料中正钛酸镁的量，比富相同偏差量 TiO_2 的配料所制得的材料中正钛酸镁的量多，虽然在富 MgO 的配料所制得的材料中会

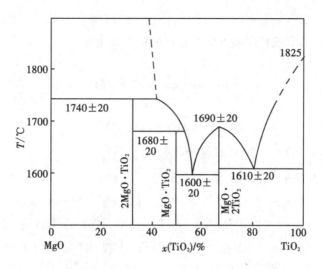

图 4.34　MgO-TiO$_2$二元系统相图

有过量的 MgO 残存。如果在烧制这类电容器材料时，掺入第三种物质，在烧结时能出现少量液相，可促使反应加速。结合 MgO-TiO$_2$二元系统相图分析可知，此时的配料偏向富 TiO$_2$一侧会更有利，因为 2MgO·TiO$_2$为不一致熔融化合物，其初相区位于富 TiO$_2$方向处，故当配料中富 TiO$_2$量适宜时，能制得含正钛酸镁较纯的陶瓷材料。究竟采取富镁还是富钛配料，则需根据工艺条件及过程具体情况再作决定。

4.3.3.7　CaO-TiO$_2$二元系统相图

如图 4.35 所示为 CaO-TiO$_2$二元系统相图。CaO-TiO$_2$二元系统中有三个二元化合物：3CaO·2TiO$_2$，4CaO·3TiO$_2$ 和 CaO·TiO$_2$。CaO·TiO$_2$是一致熔融化合物，熔点高达 1915℃，称钛酸钙，又名钙钛矿，是钛酸钙陶瓷结构中的主要

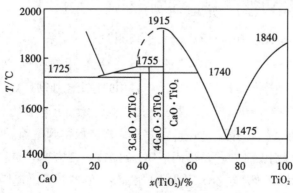

图 4.35　CaO-TiO$_2$二元系统相图

晶相。3CaO·2TiO$_2$和4CaO·3TiO$_2$是不一致熔融化合物，转熔温度分别为 1740℃和1755℃，在转熔温度时，分别进行下列反应：

1740℃时

$$3CaO·2TiO_2 \Leftrightarrow 4CaO·3TiO_2 + L$$

1755℃时

$$4CaO·3TiO_2 \Leftrightarrow CaO·TiO_2 + L$$

4.3.3.8　TiO$_2$-SiO$_2$二元系统相图

TiO$_2$-SiO$_2$二元系统相图如图4.36所示，TiO$_2$与SiO$_2$形成很大的二液区，该区不是偏于SiO$_2$一侧，而是靠近TiO$_2$一侧。由图4.36可见，在SiO$_2$中加入5.5%TiO$_2$会使液相线温度迅速下降到1640℃，TiO$_2$为10%左右时就下降到TiO$_2$-SiO$_2$系统的低共熔温度1550℃左右。因此，在硅砖等硅质耐火材料中TiO$_2$不能单独作为添加物。

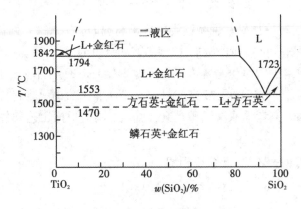

图4.36　TiO$_2$-SiO$_2$二元系统相图

4.3.3.9　ZrO$_2$-CaO 二元系统相图

如图4.37所示为ZrO$_2$-CaO二元系统相图中二元系位于ZrO$_2$与一致熔融化合物CaZrO$_3$之间的区域。ZrO$_2$有四方、立方及单斜等多种晶型，每种晶型的相对稳定性都受到掺杂物和温度的影响。常用的稳定添加剂有CaO，MgO，Y$_2$O$_3$，Gd$_2$O$_3$，ThO$_2$，CeO$_2$，HfO$_2$等，这些添加剂扩大了四方相和立方相的平衡相区，降低了相变点温度，故它们常常能作为亚稳相被保留到室温。图中的立方$_{ss}$、四方$_{ss}$、单斜$_{ss}$分别表示立方ZrO$_2$固溶体、四方ZrO$_2$固溶体、单斜ZrO$_2$固溶体。

由图4.37可见，立方ZrO$_2$固溶体与CaZrO$_3$在2250℃出现低共熔。而四方ZrO$_2$固溶体、立方ZrO$_2$固溶体及单斜ZrO$_2$固溶体呈现较复杂的平衡共存现象。在低温时，有一个亚固相线平衡区域，在含CaO摩尔分数为17%处，1140℃左

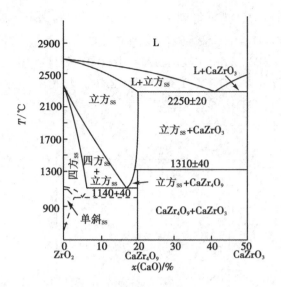

图4.37 ZrO₂-CaO二元系统富ZrO₂一侧相图

右时四方ZrO₂固溶体、立方ZrO₂固溶体和CaZr₄O₉达到了平衡，如果冷却时的动力学过程足够快，立方ZrO₂固溶体就会分解成四方ZrO₂固溶体和CaZr₄O₉。

4.3.3.10 ZrO₂-Y₂O₃二元系统相图

ZrO₂-Y₂O₃二元系统相图如图4.38所示。富含ZrO₂的陶瓷材料具有比常规陶瓷高得多的韧性和强度。具有萤石（CaF₂）结构的立方ZrO₂在高温下具有优良的离子传导率。利用立方ZrO₂良好的离子传导性，再加入适量的立方ZrO₂稳定剂，可在室温下获得立方ZrO₂单相材料，即所谓全稳定氧化锆（fully stabi-lized zirconia，FSZ），常用于制作各种氧探测器。将稳定剂的含量减少，使四方

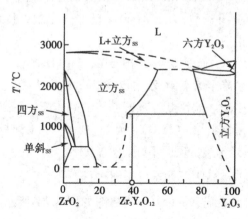

图4.38 ZrO₂-Y₂O₃二元系统相图

ZrO_2 部分亚稳到室温，就可得到部分稳定氧化锆（partially stabilized zirconia, PSZ），或使四方 ZrO_2 全部亚稳到室温得到单相四方多晶氧化锆（tetragonal zirconia polycrystals, TZP），TZP 在氧化物陶瓷中室温下强度和韧性最高。

如图 4.39 所示为 ZrO_2-Y_2O_3 系统中富 ZrO_2 一侧相图。由图可见，在 ZrO_2 中加入 Y_2O_3 后，使 ZrO_2 相变温度降低，并变成一个温度区间，即起到了稳定高温相的作用，因此，Y_2O_3 常被称为 ZrO_2 的稳定剂。

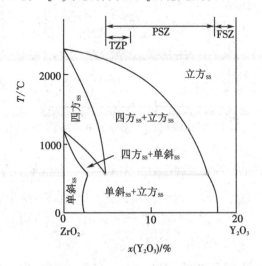

图 4.39　ZrO_2-Y_2O_3 二元系统富 ZrO_2 一侧相图

4.3.3.11　Nd_2O_5-Li_2O 二元系统相图

Nd_2O_5-Li_2O 二元系统靠近 Nd_2O_5 一侧的相图如图 4.40 所示。系统中存在两个不一致熔融化合物 $Li_2Nb_{28}O_{71}$ 和 $LiNb_3O_8$，而另两个化合物 $LiNbO_3$ 和 Li_3NbO_4 则为一致熔融化合物。$LiNbO_3$ 单晶目前已在激光技术和声表面波技术中得到广泛应用。由图可见，$LiNbO_3$ 实际上是一个固溶体，熔化时 $n(Li_2O)$: $n(Nd_2O_5)$ 并不是 $1:1$，而是 $0.486:0.514$。$LiNbO_3$ 单晶一般由直拉法制备，即将配料熔化后温度降至熔点附近，加入籽晶，然后借助液面上的温度梯度通过逐渐提拉使单晶生长。配料点为 m 时获得的晶体能使组成保持均匀，单晶光学质量良好。而如果原料按 $n(Li_2O)$: $n(Nd_2O_5)=1:1$ 配料，经熔融后拉制出来的 $LiNbO_3$ 单晶的光学质量反而不好。

4.3.3.12　Fe_2O_3-Y_2O_3 二元系统相图

Fe_2O_3-Y_2O_3 二元系统富 Fe_2O_3 一侧相图如图 4.41 所示。化合物 $Y_3Fe_5O_{12}$（称为钇铁石榴石）为不一致熔融化合物。制备钇铁石榴石这类晶体时，往往较难生长出满意的单晶材料。如果没有考虑到这类化合物和一致熔融化合物不一样，用常规方法按化合物的组成来配料，获得的单晶往往不能令人满意。

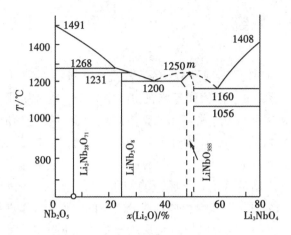

图 4.40　Nd_2O_5–Li_2O 二元系统富 Nd_2O_5 一侧相图

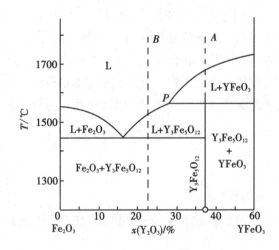

图 4.41　Fe_2O_3–Y_2O_3 二元系统富 Fe_2O_3 一侧相图

制备 $Y_3Fe_5O_{12}$ 单晶时，如果按图中不一致熔融化合物的组成点（A 点）来配料，在转熔温度下将会得到 P 组成的熔体和另一个熔点更高的化合物 $YFeO_3$。若继续升高温度直至全部变成液体后再冷却也得不到 $Y_3Fe_5O_{12}$ 单晶，因为冷却中要发生转熔过程 $L+YFeO_3 \rightarrow Y_3Fe_5O_{12}$，制备中很难使转熔过程进行完全。如果将配料点移向左边（如 B 点），就能避开转熔过程，但 B 点熔体组成偏离晶体成分很远，又会使晶体生长非常缓慢。

4.4 三元系统

在陶瓷材料工业中,陶瓷原料大多数都是由两种或两种以上的组元构成的,即使只是二元系统,也因为陶瓷原料粉体中含有一些杂质元素导致可能形成局部的多元素富集区,在这些多元素富集区域内也可视为形成了多元系统。在多元系统中,多组分之间的作用并非简单加和。例如,在二元系统中加入第三个组分形成三元系统后,第三个组分的加入不仅可以改变原有组分之间的溶解度,而且可能发生新的转变,形成新的物质。因此,对于陶瓷材料研究者,为了全面地了解和掌握陶瓷原料粉体各成分之间的关系,从而进一步研究陶瓷材料的组织和性能,除了需要掌握二元系统相图外,还必须理解三元系统相图甚至多元系统相图。

通过4.3节二元系统相图的学习,可以懂得:二元系统内两种组分之间相互作用的性质,决定了该二元系统相图的图形。对于三元系统而言,因从本质上说,与二元系统内组分间的各种作用没有区别,所以三元系统内三种组分之间相互作用的性质,也同样决定了该三元系统相图的图形。但由于增加了一个组分,三元系统相图情况会变得更为复杂,因而其相图图形也要比二元系统复杂得多。

4.4.1 基本原理

4.4.1.1 三元系统相律

陶瓷材料系统多为凝聚系统,对于三元凝聚系统(不考虑压力),其相律的表示方法为

$$F=C-P+1=4-P \qquad (4.20)$$

当 $F=0$ 时,$P=4$,故三元系统中,可能存在的平衡共存相最多为4个,即三元凝聚系统中最多为四相平衡共存。当 $P=1$ 时为单相区,自由度 $F=3$,即系统的最大自由度为3,这3个独立的变量是指温度与3个组分中任意两个的组成。当 $P=2$ 时为两相区,自由度 $F=2$,这两个独立变量为温度和一个浓度;或者当温度恒定时,这两个独立变量为两个浓度变量。当 $P=3$ 时为三相区,自由度 $F=1$,这个独立变量为温度或者一个浓度变量。当 $P=4$ 时为四相共存,自由度 $F=0$,为无变量点。

由于描述三元系统的状态需要三个独立的变量,因此完整的三元系统状态相图,应是一个由三个独立变量构成的立体图。如图4.42所示,通常将系统中

三个组分的组成表示在等边三角形上，温度表示在垂直的纵坐标上，这样就形成了三元系统的立体相图。但这样的立体图应用很不方便，为了在二维平面上表示三元系统相图，可将温度投影到等边三角形上，即在实际中常使用三元系统立体相图的平面投影图。另一种二维平面表示三元系统立体相图的方法，是经过相图某一温度截取一恒温剖面，表示在某固定温度下平衡的各个相，即形成三元系统立体相图的恒温截面图，在实际中经常使用三元系统立体相图的恒温截面图。

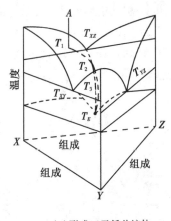

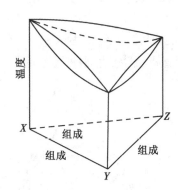

（a）形成三元低共熔体　　　　　　　（b）形成连续固溶体

图 4.42　三元系统立体相图

4.4.1.2　三元系统组成的表示方法

由于三元系统较二元系统增加了一个组分，因此其组成已不能用直线表示。通常使用一个每条边被均分为一百等份的等边三角形来表示三元系统的组成，该等边三角形称为组成三角形，也称为浓度三角形，如图 4.43 所示。三元系统的组成与二元系统一样，可以用质量分数表示，也可以用摩尔分数表示。在如图 4.43 所示的浓度三角形中，浓度三角形的三个顶点表示三个纯组分 A，B，C 的一元系统，即在顶点处三个组分 A，B，C 含量分别为 100%；三条边表示三个二元系统 A-B，B-C，C-A 的组成，其组成表示方法与二元系统相同；在三角形内的任意一点都表示一个含有 A，B，C 三个组分的三元系统的组成。

在图 4.43 所示的浓度三角形中，不同点所包含的组分 A，B，C 的比例是不相等的，其组成可以应用等边三角形的一个性质来确定。现以三元系统中的一个组成点 M 为例进行说明，M 点表示的三个组分 A，B，C 的含量可以用下面的方法求得：过 M 点作 BC 边的平行线，在 AB，AC 边上获得截距 $a=w(A)=50\%$；过 M 点作 AC 边的平行线，在 BC，AB 边上获得截距 $b=w(B)=30\%$；过 M 点作 AB 边的平行线，在 AC，BC 边上获得截距 $c=w(C)=20\%$。根据等边三角形的几何性质，不难证明：$a+b+c=BD+AE+ED=AB=BC=CA=100\%$。

此外，M 点的组成也可以用双线法获得，即过 M 点作三角形两条边的平行线，根据它们在第三条边上所截取的线段来确定。如图 4.44 所示，过 M 点作三角形两条边 BC，AC 的平行线，根据它们在第三条边 AB 上所截取的线段 a，b，c 就可以确定 M 点的组成。

反之，若一个三元系统的组成已知，也可用双线法确定其组成点在浓度三角形内的位置。现仍以组成为 50%A，30%B，20%C 的三元系统为例进行说明，若要确定该组成的系统在三角形内的位置，则可以在三角形的任一边上，如 AB 边上，由 B 点起截取线段 BD 为 50%的 A，由 A 点起截取 AE 为 30%的 B，点 D，E 则分别为组分 A，B 的含量点，然后分别过 D，E 两点作平行于其他两边 BC，AC 的直线，两条直线的交点 M 即所求的组成点。

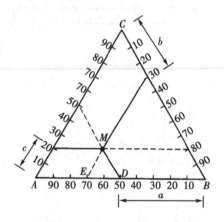

图 4.43　三元系统组成的表示法

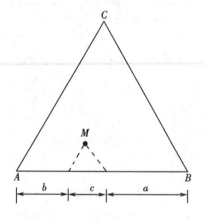

图 4.44　三元系统组成的表示法
（组成在一条边上）

从上述浓度三角形的这种表示组成的方法，很明显可以看出，一个三元组成点越靠近某一角顶，该角顶所代表的组分含量必定越高。图 4.43 中，三元组成点 M 靠近 A 角顶，组成点 M 中所含组分 A 的含量（50%）就比组分 B（30%）、C（20%）高。

4.4.1.3　浓度三角形的性质

浓度三角形具有 4 个重要的性质：等含量规则、定比例规则、杠杆规则和重心规则，在浓度三角形内，这 4 个规则有助于分析相图，对分析实际问题是十分有用的。

（1）等含量规则

平行于浓度三角形某一边的直线，线上任一组成点所含对面顶点组分的含量不变。如图 4.45 所示，图中的直线 MN 平行于浓度三角形的 AB 边，则 MN

线上任意一点上 MN 对面顶点组分 C 的含量不变，变化的只是组分 A，B 的含量。

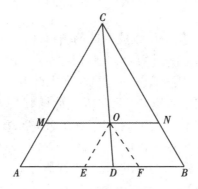

图 4.45　浓度三角形的性质

（2）定比例规则

浓度三角形一顶点与其对边任意点连线，线上任一点中，另外两个组分含量的比例不变。如图 4.45 所示，CD 为浓度三角形的顶点 C 与其对边 AB 上任一点 D 的连线，则可证明在 CD 连线上任一点 O 处，其余两个组分 A 与 B 含量的比例不变，即在 CD 线上所有点的系统中 A，B，C 三组分的含量皆不同，但 A 与 B 含量的比值是不变的，其比值 $a/b = DB/AD =$ 定值，此规则可以证明如下：

设 O 点为 CD 连线上任一点，过 O 点作 $MN//AB$，$OE//AC$，$OF//BC$，则对 O 点表示的系统来说，截线 BF 表示其中组分 A 的含量 a，截线 AE 表示组分 B 的含量 b，则 $a/b = BF/AE$。

因为　　　　　　　　　　$BF = ON,\ AE = MO$

则　　　　　　　　　　　$a/b = BF/AE = ON/MO$

又因　　　　　　$CO/CD = ON/DB,\ CO/CD = MO/AD$

则　　　　　　　　　　　$ON/DB = MO/AD$

故　　　　　　　　　　　$ON/MO = DB/AD$

因此　　　　　$a/b = BF/AE = ON/MO = DB/AD =$ 定值

上述等含量规则和定比例规则对不等边浓度三角形也是适用的。不等边浓度三角形表示三元组成的方法与等边三角形相同，只是在不等边浓度三角形中各边须按本身边长均分为一百等份。

（3）杠杆规则

二元系统的杠杆规则在三元系统中同样适用，杠杆规则是讨论三元相图十分重要的一条规则。三元系统的杠杆规则包含两层含义：① 在三元系统中，由两个相(或混合物)合成一个新相(或新的合成物)时,新相的组成点必在原来两相组成点的连线上;② 两相的质量比与两相组成点至新相组成点线段的长度比成反比。

如图 4.46 所示,设有 m kg 组成为 M 的相和 n kg 组成为 N 的相,混合后合成为 $(m+n)$ kg 组成为 P 的一个新相。按杠杆规则,新相的组成点 P 一定落在 MN 连线上,并且两相的质量比 m/n 与两相组成点 M,N 至新相组成点 P 线段的长度比 MP/PN 成反比,即 $m/n=PN/MP$。此规则可以证明如下:

分别过 M,P,N 点作 BC 边平行线,这 3 条平行线在 AB 边上所得的截距 a_1,x,a_2 分别为 M,P,N 各相中组分 A 的百分含量,即 M 中 A 含量为 a_1,P 中 A 含量为 x,N 中 A 含量为 a_2。根据物料平衡原理,混合前后 A 的总量不变,即两相混合前与混合后的 A 含量应该相等,则

$$a_1 m + a_2 n = x(m+n)$$

故 $$m/n = (x-a_2)/(a_1-x)$$

再过 M 点作 AB 边平行线 MR,则

$$a_1 - x = MQ, \quad x - a_2 = QR$$

故 $$m/n = (x-a_2)/(a_1-x) = QR/MQ$$

而在三角形 MNR 中因 $PQ//NR$,故 $QR/MQ=PN/MP$

则可得 $$m/n = (x-a_2)/(a_1-x) = QR/MQ = PN/MP$$

根据上述杠杆规则可以推论,由一相分解为两相时,这两相的组成点必分布于原来的相点的两侧,且三点成一直线。

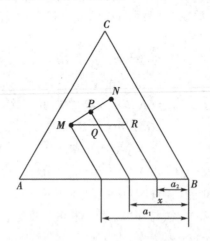

图 4.46　三元系统的杠杆规则

(4)重心规则

二相的混合与分解可直接用杠杆原理,但三元系统中的最大平衡相数是 4

个, 三相混合形成新相以及一种混合物分解成三种物质时, 系统中便出现了四相平衡并存, 须用杠杆规则分两步来确定, 即处理四相平衡问题时, 重心规则非常有用。

设处于平衡的四相组成(及数量)分别为 M、N、Q 和 P, 这 4 个相点的相对位置可能存在如图 4.47、4.48 和 4.49 所示的三种配置方式。根据三相 M, N, Q 混合所形成新相 P 位置点 P 的不同, 可分为 3 种情况: P 在重心位置、P 在交叉位置、P 在共轭位置。

① P 在重心位置。

如图 4.47 所示, 如果有 3 个原物系 M, N, Q 混合成一新物系 P, P 点在 △MNQ 内, 可通过下述方法求得新物系 P 的组成: 先用杠杆规则求得 M、N 的混合物 S, S 相的组成点必定在 MN 连线上, 且在 M 和 N 之间, 具体位置要根据 M、N 的相对数量而定, 再将 Q 与 S 混合得总的新相 P, 则新物系组成点必在三个原物系组成点连成的三角形(△MNQ)内的重心位置, 即 M+N=S, Q+S=P, 故有 M+N+Q=P。

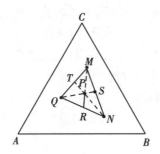

图 4.47 新相组成点 P 在重心位置

因 P 点在 △MNQ 内, 且位于该三角形重心, 故称"重心原理"。其含义是 P 相可以通过 M、N、Q 三相合成而得, P 相的数量等于 M、N、Q 三相数量之总和, P 相的组成点处于 M、N、Q 三相所构成的三角形内, 其确切位置可用杠杆规则分步求得。反之, 若在 △MNQ 内, 组成 P 分解, 则可得组成为 M, N, Q 及相当量的三个三元相, P 当然也可分解为 △MNQ 内另外成分的三个相, 此时各个相的相应含量也将改变。P 点所处的这种位置称为重心位置。若 P 为液相点, 则此过程为低共熔过程。

如果把三个原物系 M、N、Q 三相, 混合成一新物系 P, 应用重心原理可以判断其组成及数量比例关系。设三个原物系 M, N, Q 三相的质量分别为 W_M, W_N, W_Q, 混合成新物系 P 的质量为 W_P, 新物系 P 中 M, N, Q 三相的质量分数分别为 w_M, w_N, w_Q。则新相 P 的质量与三个原物系 M, N, Q 三相的质量存在如下关系式:

$$W_P \times PS = W_Q \times QS, \quad w_Q = W_Q/W_P = PS/QS \times 100\% \qquad (4.21)$$

$$W_P \times PT = W_N \times NT, \quad w_N = W_N/W_P = PT/NT \times 100\% \qquad (4.22)$$

$$W_P \times PR = W_M \times MR, \quad w_M = W_M/W_P = PR/MR \times 100\% \qquad (4.23)$$

应用重心原理可以判断：若有一原物系 P（如某液相组成点）在某三个晶相 M, N, Q 组分构成的三角形内，则该物系 P 可以分解（或析晶）出这三个组分的晶相 M, N, Q，其组成及数量比例关系可用重心原理确定。必须注意的是，组成点三角形的重心（P）与其三角形的几何重心是有区别的。重心位置是指力学中心位置，而并非几何中心位置，组成三角形的重心（P）取决于各原物系的组成及相对数量比例。由于各原物系 M, N, Q 的质量往往是不相等的，它不像均匀薄板的重心那样与其几何重心重合。即不在三个中线的交点处（几何重心），而是靠近质量大的原物系组成点。只有当三个原物系 M, N, Q 质量都相等时，组成点三角形的重心（P）才与几何重心重合。

②P 在交叉位置。

若新相 P 点的位置不在 M, N, Q 所形成的三角形内，而是在三角形某边的外侧，且在其他两条边的延长线所夹的范围内，称为交叉位置。如图 4.48 所示，若要从 3 种原物系 M, N, Q 中得到新物系 P，而其组成点 P 在 $\triangle MNQ$ 外面 MN 边的一侧，且在 QM, QN 延长线范围内，此时，P 点的位置称为交叉位置。根据杠杆规则，由 M 和 N 可合成得 t 相，则有 M+N=t，由 P 和 Q 也可以合成得 t 相，则有 Q+P=t，即 M+N=Q+P，故有

$$P = M + N - Q。$$

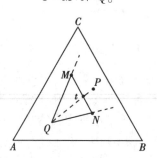

图 4.48　新相组成点 P 在交叉位置

式（4.24）称为交叉位置规则，其含义是 P 和 Q 可以合成得到 M 和 N 相；或要使 P 分解为 M 和 N，必须加入 Q；或为了得到新物系 P，必须从两个旧物系 M+N 中取出若干量的 Q 才能得到。反之，M、N 相合成也可以得到 P 和 Q 相。P 的位置用杠杆规则或按组成及数量均可求得。当 P 点为液相组成点的位置时，便是液相回吸一种晶相而结晶析出其他两种晶相的一次转熔（单转熔）过程。这类似二元系统中的转熔，即当 P 分解时需要部分 Q 回吸以形成 M 和 N，

即 P+Q=M+N。

③ P 在共轭位置。

若 P 点处在 M, N, Q 三相所形成的三角形某顶角的外侧, 且在形成此顶角的两条边的延长线范围内, 称为共轭位置。如图 4.49 所示, 若要从三种原物系 M, N, Q 中得到新物系 P, 而 P 点在 △MNQ 外, 且在 QM 与 NM 延长线包围的范围, 此时, P 点的位置称为共轭位置。把 PQ、PN 连接起来得到 △PQN, M 点处在三角形内重心位置, 即由 P、Q 和 N 可以合成 M 相, 或由 M 相可分解出 P、Q 和 N 相。则有 N+Q+P=M, 故

$$P=M-(N+Q) \tag{4.25}$$

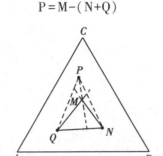

图 4.49　新相组成点 P 在共轭位置

式(4.25)称为共轭位置规则, 其含义是若要从三种原物系 M, N, Q 中得到新物系 P, 必须从旧物系 M 中取出若干量的 Q 和 N。而当 P 分解时, 要回吸 N, Q, 才能得到 M, 即由 P 转变为 M, 必须在 P 中加入 N 和 Q 才可实现。当 P 点为液相点时, 便是液相回吸两种晶相而析出另外一种晶相的二次转熔(双转熔)过程。在三元系统中, 重心规则对判断无变量点的性质非常重要。

还需再说明一点, 事实上任意三角形都可以作为浓度三角形, 只是三角形的三条边绝对长度不相等而已。

4.4.2　典型三元系统相图

4.4.2.1　具有一个低共熔点的三元系统相图

这个系统的特点是各组分在液态时完全互溶, 而在固态时完全不互溶, 三个组分各自从液相分别析晶, 不生成化合物, 不形成固溶体, 液相无分层现象, 只有一个三元低共熔点, 是三元系统中最简单的类型。

(1)立体状态图的构成

如前所述, 可以用浓度三角形的各边来表示三元系统中各组成的关系, 但是温度这一变量就无法在浓度三角形上表示, 因此只能垂直于浓度三角形平面

设置一纵轴以表示温度。因此，完全的三元系统相图要用空间中的三方棱柱体表示，它是一个以表示系统组成的浓度三角形为底面，以垂直三角形平面的纵坐标表示温度的三角棱柱体。具有一个低共熔点的三元系统相图（如图4.50（a）所示），是最简单的三元系统相图。三棱柱的三条棱边 AA'，BB'，CC' 分别表示纯 A，B，C 状态，最高点 A'，B'，C' 即其熔点，每一侧面分别表示3个最简单的二元系统 A-B，B-C，C-A，E_1，E_2，E_3 为相应的二元低共熔点。三元立体相图上点、线、面、体等几何要素的意义分别介绍如下。

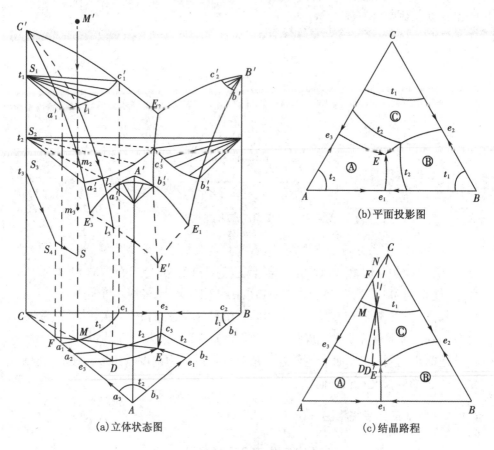

(a) 立体状态图   (b) 平面投影图   (c) 结晶路程

图 4.50　具有一个低共熔点三元系统相图

① 液相面。

二元系统中的液相线在三元立体状态图中发展为液相面，如液相面 $A'E_1E'E_3$ 即是从 A 组元在 A-B 二元系统中的液相线 $A'E_1$ 和在 A-C 二元系统中的液相线 $A'E_3$ 发展而成。因而 $A'E_1E'E_3$ 液相面是一个饱和曲面。在液相面上为固、液两相平衡共存，面上每一点的温度也表示开始析出晶相 A 的温度。凡在此液相面上方的高温熔体冷却到此液相面的温度时，便开始对 A 晶相饱和，析出 A 的晶体，也称为 A 初晶相。所以液相面代表了一种二相平衡状态，根据相律，在液相面上相数 $P=2$，自由度数 $F=2$。在 $B'E_1'E'E_2'$ 液相面上是液相与 B 晶相两相平衡，冷却到此液相面的温度时，便开始对 B 晶相饱和，析出 B 的晶体，也称为 B 初晶相。同理，在 $C'E_2'E'E_3'$ 液相面上则是液相与 C 晶相平衡，冷却到此液相面的温度时，便开始对 C 晶相饱和，析出 C 的晶体，也称为 C 初晶相。液相面也可以理解为是连接不同组成的三元混合物恰好完全熔融的温度而得到的曲面，液相面 $A'E_1'E'E_3'$，$B'E_1'E'E_2'$、$C'E_2'E'E_3'$ 是 3 个向下弯曲如花瓣状的曲面。

② 低共熔曲线。

根据熔点降低原理，当二元系统中加入第三元组分时，随加入量的增加，二元低共熔点不断下降，从而形成三条低共熔曲线 E_1E'，E_2E'，E_3E'，它们分别是 3 个液相面中任意两个液相面的交界线，称为界限曲线（或界线），在界线上液相与两个晶相平衡共存，低共熔曲线上的液相同时对两种晶相饱和。所以低共熔曲线代表了一种三相平衡状态，根据相律，在低共熔曲线上相数 $P=3$，自由度数 $F=1$。如在 E_1E' 界线上平衡共存的是液相、A 晶相和 B 晶相，而在 E_2E' 界线上平衡共存的是液相、B 晶相和 C 晶相，同理在 E_3E' 界线上平衡共存的是液相、A 晶相和 C 晶相。

③ 三元低共熔点。

三条界线在空中交汇于三曲面交汇点 E'，它是液相面和界线上的最低温度点，E' 点上的液相同时对 A，B，C 三种晶相饱和，冷却时将同时析出这三种晶相，因此，E' 点是三元系统低共熔点。在 E' 点上液相与 3 个晶相平衡共存，在 E' 点系统处于四相平衡状态，根据相律，在三元低共熔点上相数 $P=4$，自由度 $F=0$，因而是一个三元无变量点。通过 E' 点做的平行于底面的平面 $A_1B_1C_1$ 称为固相面，也就是结晶结束点，如图 4.51 所示。

④ 三相平衡区。

在整个立体状态图中，液相面以上的空间是液相存在的单相区；固相面以下是三种固相平衡共存的相区；在液相面和固相面之间的空间内是液相和一种晶相平衡共存的二相区或液相与两种晶相平衡共存的三相区。在液相面以下、固相面以上存在 6 个两相低共熔曲面（两相平衡曲面）$A_1A_3E_1E'A_1$，$B_1B_3E_1E'B_1$，$A_1A_2E_3E'A_1$，$C_1C_2E_3E'C_1$，$B_1B_2E_2E'C_1$，$C_1C_3E_2E'C_1$。为了分析的方便，这里以 $A_1A_3E_1E'A_1$ 和 $B_1B_3E_1E'B_1$ 为例进行讨论。

如图 4.52 所示，对于二元 A–B 相图，已知二元系 A–B 的低共熔线为 $A_3E_1B_3$，当冷却至低共熔温度时任何成分的二元高温熔体都将同时析出 A 晶体和 B 晶体，其自由度为零。这表明，三个平衡相的成分和温度都固定不变，液相的成

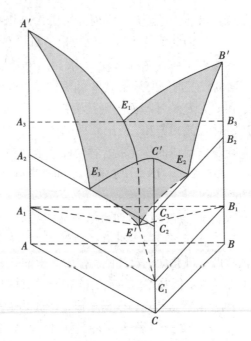

图 4.51 具有一个低共熔点三元系统相图中的固相面

分为 E_1，所析出的两个固相成分为 A_3 和 B_3，温度为 T_{E1}。对于三元 A-B-C 相图，相对于二元 A-B 相图，由于第三组元 C 的加入，自由度为 1，这表明，三个平衡相的成分是依赖温度而变化的，其中液相的成分沿二元低共熔线 E_1E' 变化，固相的成分分别沿 A_3A_1 和 B_3B_1 变化。这三条线代表了三个平衡相的成分随温度变化的规律，叫作单变量线，或称成分变化线。当温度确定后，自由度变为零，三个相的成分也随着温度而确定下来，三个平衡相的成分点之间即构成一个等温三角形。根据重心法则，只有成分位于此等温三角形之内的成分点会有此三相平衡。例如在温度为 T_n 时，三个平衡相 L、A、B 的成分分别为 E_n、A_n 和 B_n，这三个点组成的等温三角形 $\triangle E_n A_n B_n$ 即为连接三角形。因为三相平衡时，其中任意两相之间也必然平衡，三个两相平衡的连接线即构成了等温三角形，三角形的三个边 $E_n A_n$，$A_n B_n$，$B_n E_n$ 分别是 L+A，A+B 和 B+L 两相平衡的连接线。由此可见，二元低共熔曲面 $A_1 A_3 E_1 E' A_1$，$B_1 B_3 E_1 E B_1$ 和相图的侧面 $A_3 A_1 B_1 B_3$ A_3 实际上是三组两相平衡连接线在 T_{E1} 至 T_E 之间变化的轨迹。也可以说，二元低共熔曲面是由一系列水平线组成的，这些水平直线实质上都是共轭线，水平线的一端，表示固相的成分，位于相应的单变量线（此处即为相应的纵轴）上；水平线的另一端，表示液相的成分，位于二元低共熔线上。

由此可以看出，三元系统的三相区是以三条单变量线作为棱边的空间三棱柱体。即两相低共熔曲面 $A_1 A_3 E_1 E' A_1$，$B_1 B_3 E_1 E' B_1$ 和 A-B 系二元相图形成的

侧面 $A_3A_1B_1B_3A_3$ 围成的不规则三棱柱体构成了 L+B+A 的三相平衡区，在三相区中同时析出 A 晶体和 B 晶体。这个三相区起始于 B-A 二元系的低共熔线 $A_3E_1B_3$，终止于三元固相水平面 $\triangle A_1E'B_1$。E_1E'，A_3A_1，B_3B_1 分别代表了 3 个平衡相的成分随温度的变化规律，因此称为单变量线。同理，两相低共熔面 $A_1A_2E_3E'A_1$，$C_1C_2E_3E'C_1$ 和 A-C 系二元相图形成的侧面 $A_2A_1C_1C_2A_2$ 围成的不规则三棱柱体构成了 L+C+A 的三相平衡区，在三相区中同时析出 A 晶体和 C 晶体；两相低共熔曲面 $B_1B_2E_2E'B_1$，$C_1C_3E_2E'C_1$ 和 B-C 系二元相图形成的侧面 $B_2B_1C_1C_3B_2$ 围成的不规则三棱柱体构成了 L+C+B 的三相平衡区，在三相区中同时析出 B 晶体和 C 晶体。

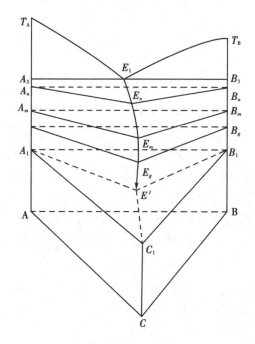

图 4.52　三相平衡区与二元低共熔曲面

⑤ 两相平衡区。

两相低共熔曲面与液相面之间的相空间分别为三个两相平衡区 L+A、L+B、L+C，图 4.53 是 L+A 两相区的形状。

综合以上的分析可以看出，在固态完全互不溶解的三元系统相图中，三个液相面、6 个二元低共熔面和 1 个三元固相水平面把相图分割成 9 个相区：液相面以上的区域为液相区 L；液相面和二元低共熔面之间的区域为 L+A，L+B，L+C 3 个两相区；二元低共熔曲面和三元固相水平面之间的区域为 L+A+B，L+B+C，L+C+B 3 个三相区；三元固相水平面之下是 A+B+C 三相区；包含 E' 点的

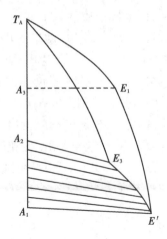

图 4.53　L+A 两相平衡区

三元固相水平面是 L 与 A，B，C 三个固相共存的四相区。3 条二元低共熔线 E_1E'，E_2E'，E_3E' 既是液相面间的交线，也是二元低共熔曲面间的交线，同时又是液相区与二元低共熔面的交线。

　　综上所述，三元系统中，是将二元系统的液相线引申为液相面。液相面是两相平衡面，面上点表示和一种晶相平衡的三元系统状态点，当成分处于该液相面与某一纯固相物质 A 之间时，$F=2$，将析出 A，由该液相面包围的区域就称为 A 的初晶相。而两个液相面相交得一条界线（共熔线、转熔线等），界线上的点表示同时与两种晶相处于平衡的三元液体的状态点，即在界线上液相同时对二种组分晶相达到饱和，冷却时有二种晶相同时析出，为三相共存，$F=1$。3 条界线相交于 E' 点，即低共熔点，在该点，液相同时对 3 种组分晶相都达到饱和，冷却时有 3 种晶相同时析出，四相共存，$F=0$。

　　三元立体相图上点、线、面、体等几何要素的意义如表 4.9 所示。

表 4.9　三元立体相图（图 4.50(a)）上几何要素的意义

分类	符号（或部位）	名称	平衡关系	相律
点	A'，B'，C'	纯组分熔点	L⟺单固相	单元
	E_1，E_2，E_3	二元低共熔点	L⟺双固相	二元
	E'	三元低共熔点	L⟺A+B+C	$P=4$，$F=0$
线	E_1E'，E_2E'，E_3E'	低共熔线（界线）	L⟺双固相	$P=3$，$F=1$
面	$A'E_1E'E_3$	A 液相面	L⟺A	$P=2$，$F=2$
	$B'E_1E'E_2$	B 液相面	L⟺B	$P=2$，$F=2$
	$C'E_2E'E_3$	C 液相面	L⟺C	$P=2$，$F=2$

表4.9(续)

分类	符号(或部位)	名称	平衡关系	相律
体(空间)	液相面以上	液相空间	(L)	$P=1$, $F=3$
	固相面以下	固相空间	(A+B+C)	$P=3$, $F=1$
	液相面与固相面之间	液相与单固相平衡共存空间	L⇔单固相	$P=2$, $F=2$
		液相与双固相平衡共存空间	L⇔双固相	$P=3$, $F=1$

(2)平面投影图

三元系统的立体状态图易于建立三元相图的立体概念,但不便于实际应用。为方便应用,一般将三维透视图投影到平面上,即将立体图上所有点、线、面均垂直投影到浓度三角形底面上,如图 4.50(b)所示,它是图 4.50(a)的投影结果。此时,温度和组成的变化可以在同一平面浓度三角形中表示出来,三角形坐标标出组成,温度用等温线(常省略),界线上温度下降方向用箭头表示。

如图 4.50(b)所示,在平面投影图上,三角形的 3 个顶点 A, B, C 是 3 个单元系统的投影,3 条边 AB、BC、CA 是 3 个二元系统 A-B、B-C、C-A 的投影,e_1, e_2, e_3 分别为 3 个二元低共熔点 E_1, E_2, E_3 在平面上的投影,E 是三元低共熔点 E' 的投影。e_1E、e_2E、e_3E 是空间中的 3 条二元低共熔线 E_1E', E_2E', E_3E' 的投影,3 个初晶区 Ⓐ (Ae_1Ee_3),Ⓑ (Be_1Ee_2),Ⓒ (Ce_2Ee_3) 是 3 个液相面 $A'E_1'E'E_3'$,$B'E_1'E'E_2'$,$C'E_2'E'E_3'$的投影。投影图上各点、线、区中平衡共存的相数与自由度数和立体图上对应的点、线、面上相同。此外,AEe_1,BEe_1,BEe_2,CEe_2,CEe_3,AEe_3 则分别为六个二元低共熔曲面 $A_1A_3E_2E'A_1$,$B_1B_3E_1EB_1$,$B_1B_2E_2EB_1$,$C_1C_3E_2EC_1$,$C_1C_2E_3E'C_1$,$A_1A_2E_3E'A_1$ 的投影,三元固相面 $A_1B_1C_1$ 的投影仍为 △ABC。

平面投影图上的温度通常用以下方法表示:

① 对于一些特殊点,如纯组元或化合物的熔点,二元和三元的无变量点等,通常将这些固定的点的温度直接标在图上这些点的附近。

② 对于三元相图上的一元、二元、三元无变量点,其温度也常列表表示。

③ 在界线上,用箭头表示三元界线温度的下降方向;在三角形边上,则用箭头表示二元系统中二元液相线温度下降的方向,如图 4.50(b)所示。

④ 在初晶区内,为了能在平面投影图上表示温度,采取截取等温线的方法(类似地图上的等高线)。在立体图上通过温度轴每隔一定温度间隔作平行于浓度三角形底面的等温截面(如图 4.50(a)立体图中的 t_1 和 t_2 等温面),这些等温截面与液相面相交即得到许多等温线,如图 4.50(a)中的 $a_1'c_1'$,$a_2'c_3'$,然后将

其投影到底面，并在投影线上标上相应的温度值，便得到投影图初晶区内的等温线。图 4.50(a)底面上的 a_1c_1 即空间等温线 $a_1'c_1'$ 的投影，其温度为 t_1；a_2c_3 即空间等温线 $a_2'c_3'$ 的投影，其温度为 t_2。根据投影图上的等温线可以确定熔体在某温度下开始析晶以及系统在某温度下与固相平衡的液相组成。如所有组成在 a_1c_1 上的高温熔体冷却到 t_1 时开始析出 C 晶体，而组成在 $a_2'c_3'$ 上的高温熔体则要冷却到比 t_1 低的 t_2 时才开始析出 C 晶体。显然，液相面愈陡，投影图上等温线愈密。所以，投影图上等温线的疏密可以反映液相面的陡势。由于等温线使相图图面变得复杂，故在一些相图上等温线往往被省略不画。

⑤ 可根据分析析晶路程来判断点、线、面上温度的相对高低，对于界线的温度下降方向则往往需要运用将要学习的连线规则独立加以判断，界线上的温度下降方向将在后面详细介绍其判断方法。

(3)冷却析晶过程。

由于实际应用的主要是投影图，而不是立体状态图，所以三元熔体的冷却析晶过程的讨论通常以投影图为主。在投影图上分析一个熔体的冷却析晶过程，亦即讨论冷却过程中液相组成点和固相组成点的变化路线以及最终析晶的产物。现以图 4.50(c)中物系组成点 M 为例，并结合图 4.50(a)立体图进行分析。

① 析晶过程分析。

当温度很高时，物质 M 全部熔融为三元高温熔体 M′，完全熔融后，系统所处的状态由图 4.50(a)上的 M′ 点表示。将组成为 M 的高温熔体 M′ 冷却，三元熔体 M′ 在析晶过程中虽然不断有晶体析出，固、液相组成都在不断地变化，但它们仍都在系统内，并没有逸出，所以系统的总组成不发生变化，只是温度下降。表现在投影图上，系统的总组成点 M 在冷却过程中始终不变。高温熔体 M′ 的具体析晶过程如下：

(i) $T>t_1$：随着温度的降低，系统中此时只有一个液相，液相点与系统点重合，此时系统中 $P=1$，根据相律，则 $F=3$，温度可继续下降，液相点与系统点二者同时沿着 $M'M$ 线向下移动。

(ii) $T=t_1$：随着温度的降低，因 M 位于 C 初晶区，并处于 t_1 等温线上，所以，当液相点与系统点移动到组分 C 的液相面 $C'E_2'E'E_3'$ 上 t_1 等温线 $a_1'c_1'$ 上的 l_1 点时，液相开始对 C 饱和，析出 C 的第一粒晶体。因此，冷却到 t_1 时的瞬间，组分 C 的晶相开始结晶析出，即发生 L→C。因为固相中只有 C 晶体，所以固相点的位置处于 CC' 上的 S_1 点。此时系统中 $P=2$，根据相律，$F=2$，温度可继续下降。

(iii) $t_1>T>t_3$：随温度下降，液相点将沿着液相面 $C'E_2'E'E_3'$ 变化，但液相面上的温度下降方向有许多路线，液相点究竟沿哪条路线走呢？此时需要运用杠杆规则（或定比例规则）来加以判断。当液相在 C 的液相面上析晶时，因为只有 C 晶体析出，根据杠杆规则，析出的晶相 C、系统总组成点 M 与液相组成点必在一条直线上，因此在投影图中 L 液相组成必沿着平面投影图上（图 4.50（c））CM 连线延长线的方向变化。在空间图上，在液相面上的液相状态点就是沿着 CM 与 CC' 形成的平面与液相面的交线 l_1l_3 变化。也可以理解为，此时系统中 P = 2，根据相律，F = 2。但因为只有 C 晶体析出，无晶相 A 和晶相 B 析出，则液相中 A 与 B 的比例保持不变，根据等含量规则，因受液相中 A 和 B 的量的比例不变这一条件的限制，系统表现出单变量的性质，即随着系统温度的下降，液相状态点只能沿着液相面 $C'E_2E'E_3$ 上的 l_1l_3 线变化。当系统冷却到 t_2 温度时，系统点到达 m_2，液相点到达 l_2，固相点则到达 S_2。随着温度的继续下降，在投影图上液相组成沿 CM 射线向离开 C 方向变化，直到 D，即液相组成沿 MD 线由 M 点向 D 点移动，同时不断析出 C 晶相。在空间图上，液相面上液相状态点从 l_1 向 l_3 变化，因只有 C 析出，相应的固相状态点从 CC' 棱上的 S_1 变化到 S_3，在投影图上固相组成在 C 点。运用杠杆规则不难看出，虽然系统中的固相组成未变，仍为纯 C，但固相量随温度下降是不断增加的。

（iv）T = t_3：随着温度的降低，在空间图上，当液相状态点到达界线 E_3E' 上的 l_3 点，即投影图上界线 e_3E 上的 D 点时，系统点到达 m_3。因 E_3E' 是 C 和 A 的液相面相交的界线，液相对晶相 A 与晶相 C 都饱和，所以继续冷却，晶体 C 和 A 将同时从 l_3 液相中结晶析出，即 L→A+C。此时三相共存，P = 3，F = 1，故系统温度可继续下降。

（v）t_3＞T＞t_E：随着温度的降低，在空间图上，液相状态点沿着与 A、C 晶相平衡的 E_3E' 向 E' 变化，在投影图上液相线沿 DE 向 E 变化，即从 D 向 E 变化。相应的固相状态点，在空间图上，由于固相中已不是纯 C 晶相，而是含有了不断增加的 A 晶相，因而固相点将离开 CC' 轴上的 S_3 点，由于固相中只有晶相 A 和晶相 C，故其组成点只能在投影图中的 CA 二元系统上，即沿着 $C'CAA'$ 二元侧面从 S_3 点向 S_4 点移动。在投影图上，固相状态点也只能在成分三角形的 CA 边上；此外，因根据杠杆规则，液相组成点、系统的总组成点 M 和固相组成点应在同一条直线上，所以随着析晶过程的进行，杠杆以系统的总组成点 M 为支点旋转，当液相线沿 DE 界线向 E 点变化时，杠杆与 CA 边的交点即为与液相平衡的固相组成点。例如，当液相组成点达到 D' 点时，与该液相平衡的固相的组成点在杠杆与 CA 边的交点 N 处。当液相组成刚变化到 E 点时，相应的固相组成点即到达 F 点。所以，在投影图上，当液相组成沿着 DE 向 E 点变化时，其固相组成点只能在投影图中的 CA 二元系统上，从 C 向 F 点变化。

（vi）$T=t_E$：在此析晶过程中，当系统冷却到三元低共熔温度 t_E 时，在空间图上，液相点到达三元低共熔点 E'，固相点到达 S_4 点，系统点到达 S 点。按杠杆规则，这三点必在同一条等温的直线上。在投影图上，液相点到达 E 点，固相点到达 F 点，系统点到达 M 点，这三点也在同一条直线上。此时，从液相中将开始同时析出 C，A，B 三种晶体，即 L→A+B+C，此时四相共存，$P=4$，$F=0$，系统为无变量平衡，温度保持不变。在这个等温析晶过程中，在空间图上，系统点停留在 S 点不动，液相点保持在 E' 点不变，但液相的量在逐渐减少。由于固相中除了 C、A 晶体又增加了 B 晶体，固相已是 A，B，C 三种晶相的混合物，所以固相组成点必离开 S_4 点向三棱柱内部运动。由于此时系统点 S 及液相点 E' 都停留在原地不动，按照杠杆规则，固相点必定沿着 $E'SS_4$ 直接向 S 点推进。当固相点回到系统点 S，意味着最后一滴液相在 E' 点结晶结束。在这个等温析晶过程中，在投影图上，液相组成在 E 点不变，相应的固相组成点离开 F 点进入三角形内部，沿 FM 线从 F 点向 M 点变化，直到液相量全部变成固相量，固相组成到达 M 点（即原始组成点）。这时结晶过程结束，结晶产物为晶相 A，B 和 C。因为此时 $P=3$，$F=1$，系统温度可继续下降直到室温为止，最后获得的结晶产物为晶相 A，B，C。

②　析晶过程的冷却曲线。

图 4.50（c）投影图中熔体 M 的冷却析晶过程和图 4.50（a）中熔体的冷却析晶过程是一致的。将两图结合起来则更能加深对三元系统中熔体冷却析晶过程的理解。

熔体 M 结晶过程的冷却曲线如图 4.54 所示。图上的 M、D、E 与投影图上相应的点对应。

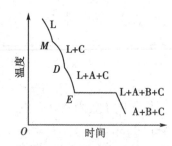

图 4.54　熔体 M 结晶过程的冷却曲线

上面讨论的熔体的结晶路程用文字表达很冗繁，因此常用析晶过程中在平面投影图上固相、液相点位置的变化简明地加以表述。投影图中熔体 M 的冷却析晶过程可用下式表示：

液相

$$M(\text{熔体}) \xrightarrow[P=2,\ F=2]{L \to C} D \xrightarrow[P=3,\ F=1]{L \to A+C} E(\text{到达}) \xrightarrow[P=4,\ F=0]{L \to A+B+C} E(\text{消失})$$

固相

$$C \xrightarrow{A+C} F \xrightarrow{A+B+C} M$$

③ 析晶过程的规律。

根据以上对 M 结晶过程的分析，可以总结出在具有一个低共熔点的三元系统投影图上表示熔体冷却析晶过程的规律。

（i）从原始组成点位置可判断最初晶相产物，原始熔体 M 在哪个初晶区内，冷却时，从液相中首先析出该初晶区所对应的那种晶相，M 熔体所处等温线温度表示析出初晶相的温度。在初晶相的析出过程中，根据三角形性质，可决定初晶区内析晶后液相组成变化的方向。液相组成点的变化路线遵守背向线规则。

（ii）冷却析晶过程中系统的总组成点在投影图上位置不动，由杠杆规则，结晶过程中液相组成点、原始组成点和固相组成点三点必定在一条直线上，此杠杆随液相组成点变化，以原始组成点为支点而旋转。液相组成点的变化途径一般是从系统的组成点开始，经过相应的初晶区、界线，直到三元低共熔点为止；固相组成点的变化途径则一般是从三角形的某一个顶点开始，经过三角形的一条边，进入三角形内部，直到与系统的总组成点重合。当从液相中只析出一种晶相时，固相组成点在三角形的某一个顶点上；当从液相中同时析出两种晶相时，固相组成点在三角形的一条边上；当从液相中同时析出三种晶相时，固相组成点在三角形内部；当结晶结束时，固相组成点与系统的总组成点重合。固、液相的变化途径形成一条首尾相接的曲线。

（iii）根据重心规则，这样的系统中，不论原始组成在 $\triangle ABC$ 内哪个位置，其最终产物必定是 3 个组分 A、B、C 的晶相，但比例不同。结晶结束点必定在三个组分初晶相相交的无变量点上。因此，三元低共熔点一定是结晶的结束点。

④ 结晶过程中各相量的计算。

根据杠杆规划，在三元系统投影图上，液相点、固相点、总组成点这三点在任何时刻必须处于一条直线。这就使应用杠杆规则可以确定结晶过程中每一时刻内成平衡状态的液相和固相组成，以及计算系统中各相的相对含量。以上面 M 点的结晶过程为例：

（i）在晶体 C 的结晶过程结束时，即当液相组成点刚到 D 点时，系统中存在组成为 D 的液相和晶体 C 两相。根据杠杆规则，它们的相对含量为液相量/固相量（C）$= CM/MD$，即液相量（%）$= CM/CD \times 100\%$，固相量（C）（%）$= MD/$

$CD \times 100\%$。

(ii)当 A、C 共同析晶过程结束,即液相组成点刚到 E 点时,系统中有组成为 E 的液相、A 晶相、C 晶相三相平衡共存,欲求得每一相的含量必须两次使用杠杆规则,首先求出液相量和总的固相(包含 A、C 两种晶相的混合物)量,则:液相量/固相量(A+C)= FM/ME,则有液相量(%)= $FM/FE \times 100$,固相量(A+C)(%)= $ME/FE \times 100$。

然后再求 A、C 两种晶相的含量,因在固相中 A、C 两种晶相的比例为:固相量(A)/固相量(C)= CF/AF,则有 固相量(A)(%)= $(ME/FE) \times (CF/AC) \times 100$,固相量(C)(%)= $(ME/FE) \times (AF/AC) \times 100$。

(iii)全部结晶结束,系统中只有 A、B、C 三种晶相,固相组成回到原始组成点 M,固相 A、B、C 的相对含量,则可以通过原始组成点 M 作 $\triangle ABC$ 任意二边平行线,在第三条边上即可得到它们的相对含量。

(4)加热熔融过程

加热熔融过程与冷却析晶过程相反,现以图 4.50(c)投影图中组成为 M 的三元混合物为例,并结合图 4.50(a)立体图进行分析。组成为 M 的三元混合物的具体加热熔融过程如下:

(i)$T = T_E$:当组成为 M 的三元混合物加热到 T_E 温度时,固相 A、B、C 共同熔融,开始出现组成为 E 的液相,系统中四相平衡,$P = 4$,根据相律,则 $F = 0$。自由度为零,系统为无变量平衡,因而系统温度保持恒定。在这个等温熔融过程中,液相组成保持在 E 点不变,但液相量不断增加,三种晶相的量不断减少,固相组成沿着 EM 连线的延长线由 M 向 F 变化。

(ii)$t_3 > T > T_E$:当固相组成达到 F 点时,B 晶相首先熔融结束,系统处于三相平衡,$P = 3$,根据相律,则 $F = 1$,温度可以继续升高。随着温度的升高,液相组成离开 E 点沿界线 Ee_1,向 D 点变化,固相沿 CA 边由 F 点向 C 点变化,A 晶相和 C 晶相不断熔融,液相量继续增加。

(iii)$t_1 > T > t_3$:当固相组成达到 C 点时,A 晶相熔融结束,系统中只剩下液相和 C 晶相两相,这时液相组成为 D。系统处于两相平衡,$P = 2$,根据相律,则 $F = 2$,温度可以继续升高。继续加热,C 晶相不断熔融,液相组成点在初晶区内沿 DMC 线,由 D 点向 M 点变化。运用杠杆规则不难看出,虽然系统中的固相组成未变,仍为纯 C,固相点仍在 C 点,但固相量随温度升高是不断减少的。

(iv)$T = t_1$:当温度升高到 M 点所对应等温线温度 t_1 时,液相组成点到达 M 点,C 晶相也完全熔融,t_1 为 M 三元固体混合物完全熔融温度,系统成为单一的液相,$P = 1$,根据相律,则 $F = 3$。

M 三元混合物的加热熔融过程可用下式表示:

液相

$$E(到达)\xrightarrow[P=4,F=0]{A+B+C\rightarrow L}E(离开)\xrightarrow[P=3,F=1]{A+C\rightarrow L}D\xrightarrow[P=2,F=2]{C\rightarrow L}M(熔体,C消失)$$

固相

$$M\xrightarrow{A+B+C}F\xrightarrow{A+C}C$$

下面三元系统相图的讨论全部使用投影图,不再特别说明。

4.4.2.2　具有一个一致熔融二元化合物的三元系统相图

（1）三元系统相图

在三元系统中某两个组分生成的二元化合物,其组成点必处于浓度三角形的某一条边上,若组成点又位于其自身的初晶区内,则生成的就是一个一致熔融化合物。具有一个一致熔融二元化合物的三元系统相图如图 4.55 所示,其特点是在 A-B 二元系统中形成一个一致熔融二元化合物 $S(A_mB_n)$,虚线为与 AB 对应的具有一个一致熔融化合物的二元系统相图。在 A-B 二元系统相图中,在 A、B 两组分间生成一个一致熔融化合物 S,其熔点为 S',S' 点相当于化合物 $S(A_mB_n)$ 液相曲线温度最高点,S 与 A 的二元低共熔点为 e_1',S 与 B 的二元低共熔点为 e_2'。在 A-B 二元相图上的 $e_1'S'e_2'$ 是化合物 S 的液相线,这条液相线在三元相图上必然会发展出一个 S 的液相面,即 S 初晶区,S 组成点位于其初晶区内。在三元系统相图平面图上,A,B,C,S 的液相面在空间相交,共得五条界线 e_1E_1、e_4E_1、e_2E_2、e_3E_2、E_1mE_2;A,B,C,S 的液相面在空间相交,还得到两个三元低共熔点 E_1 和 E_2。在平面图上 E_1 位于 Ⓐ、Ⓢ、Ⓒ 三个初晶区的交汇点,与 E_1 点液相平衡的晶相是 A,S,C。E_2 位于 Ⓑ、Ⓢ、Ⓒ 三个初晶区的交汇点,与 E_2 点液相平衡的是 S,B,C 晶相。

一致熔融化合物 S 的组成点位于其初晶区 S 内,这是所有一致熔融二元或一致熔融三元化合物在相图上的特点。S 是一个稳定化合物,如果将化合物 S 看作一个纯组分,它可以与组分 C 形成新的二元系统,则连结 C-S 就可构成一个独立的二元系统,C-S 与 E_1E_2 界线的交点 m 是该二元系统的低共熔点。由图 4.55 可见,连线 CS 把相图分成两个副（分）三角形:△ASC 和△SBC,则每个副三角形相当于一个具有一个低共熔点的简单三元系统相图,图中 E_1 和 E_2 分别是这两个三元相图的低共熔点,其中温度较低者为该系统的最低共熔点。显然,如果原始配料点落在△ASC 内,液相必在 E_1 点结束析晶,析晶产物为 A,S,C 晶相;如落在△SBC 内,则液相在 E_2 点结束析晶,析晶产物为 S,B,C 晶相。

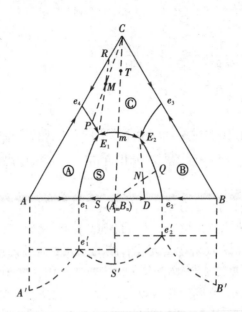

图 4.55 具有一个一致熔融二元化合物的三元系统相图

因此，具有一个一致熔融二元化合物的三元系统相图共有 4 个初晶区 Ⓐ，Ⓑ，Ⓒ，Ⓢ；5 条界线 e_1E_1，e_4E_1，e_2E_2，e_3E_2，E_1mE_2；2 个三元无变量点 E_1 和 E_2；另有一条 CS 连线。

（2）马鞍点

在 C-S 二元系统中，连线 CS 同划分 C，S 两相的初晶区 Ⓒ，Ⓢ 的界线 E_1E_2 相交于 m 点，如同 e_4 是 A-C 二元低共熔点一样，m 点可以视为 C-S 二元系统的低共熔点，因此它是 CS 连线上温度的最低点。例如 CS 连线上组成为 T 的熔体，开始析出的是组分 C 的晶体。液相组成沿着 CS 由 T 向 m 移动，到 m 点时，液相对化合物 S 也开始饱和，C 和 S 的二元低共熔物结晶析出，该结晶过程将一直进行到液相完全消失为止。凡是组成点落在 CS 连线上的三元熔体，其结晶路程都只在 CS 线上，而且都是在 m 点 C 和 S 的二元低共熔物结晶结束。

在三元分系统 ASC 中，m 是分三元系统 ASC 的界线 mE_1 上的一个点，因 E_1 是三元分系统 ASC 的三元低共熔点，则当在 m 点组成的熔体中加入组分 A 后，在结晶过程中，温度将由 m 向 E_1 方向降低，所以 m 点又是界线 mE_1 上温度的最高点。同理，在三元分系统 SBC 中，m 是分三元系统 SBC 的界线 mE_2 上的一个点，因 E_2 是三元分系统 SBC 的三元低共熔点，则当在 m 点组成的熔体中加入组分 B 后，在结晶过程中，温度将由 m 向 E_2 方向降低，所以 m 点又是界线 mE_2

上温度的最高点。因此，m 点是界线 E_1E_2 上温度的最高点。

相图中的 m 点有其特殊性，如图 4.56 所示。m 点是 C-S 二元系统的低共熔点，是 CS 线上的温度最低点。而从 E_1E_2 界线上看，其温度下降方向由 m 点分别指向 E_1 和 E_2，所以 m 点又是界线 E_1E_2 的温度最高点，称 m 点为鞍形点（范雷恩点）。

通常，连线与相应相区界线的交点都具有这样的特征：它既是连线上的温度最低点，也是界线上的温度最高点，该交点通常被称为"马鞍点"，或称"范雷恩点"，如图 4.56 所示。

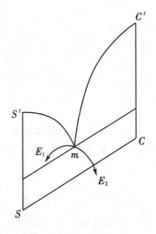

图 4.56　马鞍点

（3）析晶过程

图 4.55 中组成点 M 和 N 的结晶过程如表 4.10 所示。由表可见析晶过程的起点和终点有以下规律：

（i）物系组成点在哪个初晶区，则先析出哪种晶相；如 M 点在初晶区 Ⓒ，则先析出 C 晶相。

（ii）物系组成点在哪个副三角形内，则在该副三角形对应的无变量点析晶结束；如 M 点在副三角形 $\triangle ASC$ 内，则在副三角形 $\triangle ASC$ 对应的无变量点 E_1 析晶结束。

（iii）最终析晶产物是副三角形 3 个顶点代表的晶相（即在无变量点平衡共存的 3 个固相）。如 M 点最终析晶产物是副三角形 $\triangle ASC$ 三个顶点 A，S，C 代表的晶相，即在无变量点 E_1 平衡共存的三个固相 A，S，C。

表 4.10 具有一个一致熔融二元化合物的三元系统相图(图 4.55)中组成点 M, N 的析晶过程

物系点	液相组成点	固相组成点	固相组成
M	M	—	—
在 C 初晶区内	$M \to P$	C	C
先析出 C	P	C	C
	$P \to E_1$	$C \to R$	C+A
在 $\triangle ASC$ 内 E_1 点	$E_1 \to$ 消失	$R \to M$	C+A+S
析晶结束	—	M	C+A+S
N	N		
在 S 初晶区内	$N \to Q$	S	S
先析出 S	Q	S	S
	$Q \to E_2$	$S \to D$	S+B
在 $\triangle BSC$ 内 E_2 点	$E_2 \to$ 消失	$D \to N$	S+B+C
析晶结束	—	N	S+B+C

4.4.2.3 具有一个不一致熔融二元化合物的三元系统相图

(1)三元系统相图

图 4.57 为具有一个不一致熔融二元化合物 $S(A_mB_n)$ 的三元系统相图。A、B 组分间生成一个不一致熔融化合物 S。下方的虚线表示与 AB 对应的具有一个不一致熔融化合物的二元系统相图。AB 边就是该二元系统相图的投影。在 A-B 二元相图中,$e_1'p'$ 是与 S 平衡的液相线,该液相线没有最高点,即化合物 S 没有熔点。此外,化合物 S 的组成点不在其液相线 $e_1'p'$ 的组成范围内。液相线 $e_1'p'$ 在三元立体状态图中发展为液相面,其在平面图中的投影即 ⑤初晶区。显然,在三元相图中不一致熔融二元化合物 S 的组成点仍然不在其初晶区 ⑤范围内。这是所有不一致熔融二元或三元化合物在相图上的特点。因与 S 平衡的液相线没有最高点,所以温度由纯组分 A、B 熔点下降到低共熔点 e_1,由图中 AB 线上的箭头表示出来。

由于 S 是一个高温分解的不稳定化合物,在 A-B 二元系统中,它不能和组分 A、组分 B 形成分二元系统,在 A-B-C 三元系统中,它自然也不能和组分 C 构成二元系统。因此,连线 CS 与图 4.55 中的连线 CS 不同,它不代表一个真正的二元系统,它不能把 A-B-C 三元系统划分成两个分三元系统。

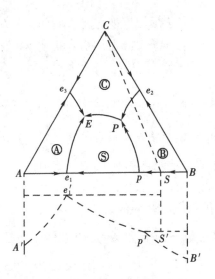

图 4.57　具有一个不一致熔融二元化合物的三元系统相图

　　划分初晶区 Ⓐ、Ⓢ的界线 e_1E 为从二元低共熔点 e_1（立体图上 e_1' 在底面的投影）发展而来，冷却时，在 e_1E 线上进行的是低共熔过程：L→A+S，即从此界线上的液相将同时析出晶相 A 和晶相 S。因此，界线 e_1E 是一条共熔线。而划分初晶区 Ⓢ、Ⓑ的界线 pP 为从二元转熔点 p（立体图上 p' 在底面上的投影）发展而来，冷却时，在 pP 线上进行的是转熔过程：L+B→S，即冷却时，此界线上的液相将回吸 B 晶体而析出 S 晶体，晶相 S 结晶析出，而原先已析出的晶相 B 将溶解（被回吸）。因此，界线 pP 是一条转熔线。因此，如同二元系统中有共熔点和转熔点两种不同的无变量点一样，三元系统中的界线也有共熔和转熔两种不同性质的界线。判断界线性质可采用下面要介绍的切线规则。在相图上，进行转熔过程的界线用两个箭头来表示温度下降方向，以区别于低共熔线。

　　图中两个无变量点 E 与 P 所处位置不同，性质不同。无变量点 E 位于三个初晶区 Ⓐ, Ⓢ, Ⓒ 的交汇点，与 E 点液相平衡的晶相是 A, S, C。E 点位于这三个晶相组成点所连成的三角形 $\triangle ASC$ 内，处于重心位置，是三元低共熔点，冷却时在 E 点产生的变化是低共熔过程：L→A+S+C，即系统同时析出晶相 A、晶相 S 和晶相 C。而无变量点 P 位于初晶区 Ⓢ, Ⓑ, Ⓒ 的交汇点，与 P 点液相平衡的晶相是 S, B, C。P 点处于 $\triangle BSC$ 之外，处于交叉位，冷却时在 P 点进行的是转熔过程：L+B→C+S，即冷却时，晶相 C 与晶相 S 结晶析出，而原先已析出的晶相 B 将溶解（被回吸），P 点为转熔点，且是一种晶相被转熔，称单转熔点。所以，三元系统中的无变量点也有共熔点与转熔点之分。由图中还可发现，在 E 点与 P 点上，三条界线温度变化是不同的，在 E 点，三条界线上箭头都指向 E 点，而在 P 点，有两条界线上的箭头指向 P，但一条界线上的箭头离开 P。此时的 P 也叫"双升点"。确定一个无变量点是低共熔点还是转熔点，可用重心规则来判断。

与具有一个一致熔融二元化合物的三元系统相图一样，具有一个不一致熔融二元化合物的三元系统相图共有 4 个初晶区 ⓒ，ⒶⒶ，Ⓢ，Ⓑ；5 条界线 e_1E，e_3E，e_2P，PE，pP；两个三元无变量点 E，P。差别在于一致熔融时，其化合物的组成点在其初晶区内，而不一致熔融时，化合物组成点 S 在其初晶区之外。由于化合物性质的变化，图 4.57 中的一些无变量点、连线及界线的分布与性质也产生了变化，如 CS 不与 Ⓢ 和 ⓒ 的界线 EP 相交，而是与界线 e_2P 相交，ASC 三相区交点 E 位于 $\triangle ASC$ 内，而 BSC 三相区交点 P 则位于 $\triangle BSC$ 之外，P 点性质与 E 点不同，称为转熔点，在转熔点的析晶过程与低共熔点的析晶过程是不同的。同样，相区界线 pP 与其他几条低共熔线如 e_1E，e_3E 等的性质也不同，它是一条转熔线。在转熔线上的析晶过程与低共熔线上的析晶过程也有较大差异。

相图 4.57 中各相区、界线及无量变点的含义总结如表 4.11 所示。

表 4.11　图 4.57 中各点、线、面的含义

点、线、面	性质	相平衡	点、线、面	性质	相平衡
e_1E	共熔线，$P=3$，$F=1$	L⇔A+S	Ⓑ	B 的初晶区，$P=2$，$F=2$	L⇔B
e_3E	共熔线，$P=3$，$F=1$	L⇔A+C	ⓒ	C 的初晶区，$P=2$，$F=2$	L⇔C
e_2P	共熔线，$P=3$，$F=1$	L⇔C+B	Ⓢ	S 的初晶区，$P=2$，$F=2$	L⇔S
PE	共熔线，$P=3$，$F=1$	L⇔S+C	E	低共熔点，$P=4$，$F=0$	L_E⇔A+C+S
pP	转熔线，$P=3$，$F=1$	L+B⇔S	P	转熔点，$P=4$，$F=0$	L_p+B⇔S+C
Ⓐ	A 的初晶区，$P=2$，$F=2$	L⇔A			

（2）析晶过程

为了便于理解具有一个不一致熔融二元化合物的三元系统相图中熔体的结晶过程，将图 4.57 中富 B 部分的局部区域相图放大，如图 4.58 所示，并在图上列出四个配料点 1，2，3，4，分别讨论其冷却析晶过程中的固液相组成和产物的变化。组成点 1，2，3，4 的结晶过程分析如下。

① 组成点 1。

因组成点在 $\triangle BSC$ 内，故结晶产物必为 B，S，C，且结晶结束点也必在初晶区 Ⓑ，Ⓢ，ⓒ 所包围的无变量点 P 点结束。由于组成点位于初晶区 Ⓑ，故当高温熔体冷却到通过 1 点的等温线所表示的温度 T_1 时，先析出 B 晶相。因从液相

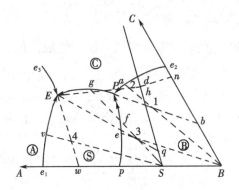

图 4.58　图 4.57 所示相图的局部区域放大图

中不断析出 B 晶相，故根据背向规则，液相组成点将沿 $B1$ 连线的延长线方向变化，随后液相组成点沿 $B1$ 延长线从 1 点向低共熔线 e_2P 上的 a 点变化，a 点为 $B1$ 延长线与低共熔线 e_2P 的交点。

液相组成到 a 点后，液相同时对晶相 C 和晶相 B 饱和，故除了晶相 B 之外，晶相 C 也开始析出，此时，$P=3$，$F=1$。系统温度可继续下降，液相组成点沿 e_2P 线逐渐向温度下降方向的 P 点变化。因晶相 B 和晶相 C 同时析出，固相中新增加了 C 晶相，故相应的固相组成点将离开单一组元 B 点向 B、C 二元共存的 BC 边变化，固相组成沿 BC 线从 B 点向 C 方向变化。

当系统温度刚冷却到 T_P，转熔过程尚未开始时，液相组成刚到 P 点，固相组成到达 $P1$ 延长线与 BC 边的交点 b 点。由于 P 为转熔点，故液相到 P 点后，系统中将立即开始下述转熔过程：$L_P+B \rightarrow C+S$，系统从三相平衡进入四相平衡共存，$F=0$，温度保持不变，液相组成也不变化，但液相量和晶相 B 量不断减少，晶相 C 和晶相 S 的量不断增加。因转熔过程中固相中有晶相 B、晶相 C 和晶相 S 三种固相共存，固相中新增加了 S 晶相，故随着转熔的进行，固相组成点将离开 BC 边上 B，C 二元共存的 b 点向 B，C，S 三元共存的 $\triangle BSC$ 内变化，固相组成沿 $b1$ 线从 b 点向 1 点变化，直到液相消失，固相组成到达 l 点，回到原始配料组成，转熔结束，结晶过程结束，获得 B，S，C 三种晶体。

组成点 1 的析晶路程可用液、固相点的变化表示为：

液相点

$$1(\text{熔体}) \xrightarrow[P=2, F=2]{L \rightarrow B} a \xrightarrow[P=3, F=1]{L \rightarrow B+C} P \underset{P=4, F=0}{(L_P+B \rightarrow C+S)}$$

固相点

$$B \xrightarrow{B} B \xrightarrow{B+C} b \xrightarrow{B+C+S} 1$$

② 组成点 2 点。

因组成点 2 在 △ASC 内，故结晶产物必为 A，S，C，结晶结束点在初晶区 Ⓐ、Ⓢ、Ⓒ 所包围的无变量点 E 点结束。由于组成点位于初晶区 Ⓑ，当高温熔体冷却到通过 2 点的等温线所表示的温度 T_2 时，晶相 B 开始析出。因从液相中不断析出 B 晶相，故根据背向规则，液相组成点将沿 B2 连线的延长线方向变化，液相组成点沿 B2 延长线从 2 点向低共熔线 e_2P 上的 a 点变化，a 点为 B2 延长线与低共熔线 e_2P 的交点。

液相组成到达 a 点后，液相同时对晶相 C 和晶相 B 饱和，晶相 C 和晶相 B 同时析出。此时，$P=3$，$F=1$，系统温度可继续下降，液相组成点沿 e_2P 线逐渐向温度下降方向的 P 点变化，液相组成从 a 点向 P 点变化。因晶相 B 和晶相 C 同时析出，固相中新增加了 C 晶相，故相应的固相组成点将离开单一组元 B 点向 B，C 二元共存的 BC 边变化，固相组成沿 BC 线从 B 点向 C 点方向变化。

当系统温度刚冷却到 T_P，转熔过程尚未开始时，液相组成刚到 P 点，固相组成到达 P2 延长线与 BC 边的交点 n 点。由于 P 为转熔点，故液相组成点到 P 点后，发生转熔过程：L+B→C+S。系统从三相平衡进入四相平衡的无变量状态，$F=0$，系统温度不能改变，液相组成也不能改变，但液相量和晶相 B 量不断减少，晶相 C 和晶相 S 的量不断增加。因转熔过程中固相中有晶相 B、晶相 C 和晶相 S 三种固相共存，固相中新增加了 S 晶相，故随着转熔的进行，固相组成点将离开 BC 边上 B，C 二元共存的 n 点向 B，C，S 三元共存的 △BSC 内变化，固相组成点沿 n2 线从 n 点向 2 点变化。但当固相组成点到达 n2 线与 CS 线的交点 d 点时，固相中只有晶相 C 和晶相 S 两种晶相共存，说明转熔过程中晶相 B 先消失。此时，晶相 B 已被全部回吸，转熔结束。但仍有多余液相存在，结晶并未结束，此时 $P=3$，$F=1$，温度可继续下降，液相组成沿 PE 线从 P 点向 E 点变化，因液相同时对晶相 C 和晶相 S 饱和，晶相 C 和晶相 S 同时析出。进而固相组成沿 CS 线从 d 点向 h 点变化，h 点为 E2 延长线与 CS 线的交点。

液相组成到达 E 点后，液相同时对晶相 C、晶相 S 和晶相 A 饱和，产生低共熔过程：L_E→A+C+S，即同时析出晶相 A，S，C，此时，系统从三相平衡进入四相平衡的无变量状态，$F=0$，系统温度不能改变，液相组成也不能改变，但液相量不断减少，晶相 C、晶相 S 和晶相 A 的量不断增加。因低共熔过程中固相中有晶相 C、晶相 S 和晶相 A 三种固相共存，因固相中新增加了 A 晶相，故随着低共熔过程的进行，固相组成点将离开 CS 边上 C，S 二元共存的 h 点向 C，S，A 三元共存的 △ASC 内变化，固相组成点沿 h2 线从 h 点向 2 点变化，直到液相消失，固相组成到达 2 点，回到原始配料组成，低共熔过程结束，结晶过程结束，获得 A，S，C 三种晶相。

组成点 2 的析晶路程可用液、固相点的变化表示为：

液相点

$$2\,(\text{熔体}) \xrightarrow[P=2,\ F=2]{L\to B} a \xrightarrow[P=3,\ F=1]{L\to B+C} P\,(L_P+B\to C+S) \xrightarrow[P=3,\ F=1]{L\to C+S} E\,(L_E\to C+S+A)$$
$$\qquad\qquad\qquad\qquad\qquad\qquad\qquad\qquad P=4,\ F=0 \qquad\qquad\qquad\qquad\qquad\quad P=4,\ F=0$$

固相点

$$B \xrightarrow{B} B \xrightarrow{B+C} n \xrightarrow{B+C+S} d \xrightarrow{C+S} h \xrightarrow{C+S+A} 2$$

③ 组成点 3。

因组成点在 △ASC 内，故结晶产物必为 A，S，C，且结晶结束点也必在初晶区 Ⓐ，Ⓢ，Ⓒ 所包围的无变量点 E 结束。

由于组成点 3 位于初晶区 Ⓑ，故当高温熔体冷却到通过 3 点的等温线所表示的温度 T_3 时，仍先析出晶相 B，因从液相中不断析出晶相 B，故根据背向规则，随后液相组成点沿 B3 延长线从 3 点向转熔线 pP 上的 e 点变化，e 点为 B3 延长线与转熔线 pP 的交点。到 pP 界线上的 e 点后，产生单变量转熔过程：L+B→S，即晶相 S 析出，已析出的晶相 B 熔解（回吸），此时 P=3，F=1。温度可继续下降，液相组成沿 pP 界线从 e 点向温度下降方向的 P 点变化。因转熔过程中固相中有晶相 B 和晶相 S 两种固相共存，固相中新增加了 S 晶相，故随着转熔的进行，固相组成点将离开单一组元 B 点向 B、S 二元共存的 BS 边变化，固相组成沿 BS 线从 B 点向 S 点变化，当固相组成到达 S 点时，晶相 B 被全部回吸，此时液相组成到达 f 点，f 点为 S3 延长线与转熔线 pP 的交点。

液相组成到达 f 点，固相点到达 S 点，意味着固相中的全部晶相 B 已耗尽，固相中只有晶相 S，此时，P=2，F=2。按照相平衡的观点，此时液相将不能继续沿与 B、S 二晶相平衡的 pP 界线变化，而只能沿与晶相 S 平衡的液相面向温度下降的方向变化，在平面图上即沿 Sf 延长线方向穿过 S 的初晶区。即液相组成点开始离开 pP 界线发生"穿相区"，液相组成从 f 点沿 S3 射线穿过 S 相区向 g 点变化，并从液相中析出 S 晶体，g 点为 Sf 延长线与低共熔线 PE 的交点。

液相组成点到达 g 点后，系统又同时对晶相 C 和晶相 S 饱和，故同时析出晶相 C 和晶相 S，此时 P=3，F=1，温度可继续降低，液相沿 PE 线从 g 点向温度下降方向的 E 点变化。因低共熔过程中固相中有晶相 S 和晶相 C 两种固相共存，固相中新增加了 C 晶相，故随着低共熔的进行，固相组成点将离开单一组元 S 点向 S、C 二元共存的 SC 线变化，固相组成沿 SC 线从 S 点向 C 点方向变化。当液相组成到达低共熔点 E 后，固相组成点到达 q 点，q 点为 E3 延长线与 SC 线的交点。

液相组成到达低共熔点 E 后，因液相同时对晶相 C、晶相 S 和晶相 A 饱和，产生低共熔过程：$L_E \to A+S+C$，即同时析出晶相 A，S，C。此时，四相平衡，$F=0$，系统从三相平衡进入四相平衡的无变量状态，系统温度不能改变，液相组成也不能改变，但液相量不断减少，晶相 C、晶相 S 和晶相 A 的量不断增加。因低共熔过程中固相中有晶相 C、晶相 S 和晶相 A 三种固相共存，固相中新增加了晶相 A，故随着低共熔过程的进行，固相组成点将离开 CS 边上 C，S 二元共存的 q 点向 C，S，A 三元共存的 $\triangle ASC$ 内变化，固相组成点沿 $q3$ 线从 q 点向 3 点变化，直到液相消失，固相组成到达 3 点，回到原始配料组成，低共熔过程结束，结晶过程结束，获得 A，S，C 三种晶相。

组成点 3 的析晶路程可用液、固相点的变化表示为：

液相点

$$3（熔体）\xrightarrow[P=2,\ F=2]{L \to B} e \xrightarrow[P=3,\ F=1]{L+B \to S} f \xrightarrow[P=2,\ F=2]{L \to S} g \xrightarrow[P=3,\ F=1]{L \to S+C} E\ (\underset{P=4,\ F=0}{L_E \to S+C+A})$$

固相点

$$B \xrightarrow{B} B \xrightarrow{B+S} S \xrightarrow{S} S \xrightarrow{S+C} q \xrightarrow{S+C+A} 3$$

④ 组成点 4。

因组成点 4 在 $\triangle ASC$ 内，故结晶产物必为 A，S，C，且结晶结束点也必在初晶区 Ⓐ，Ⓢ，Ⓒ 所包围的无变量点 E 结束。

由于组成点位于初晶区 Ⓢ，故当高温熔体冷却到通过 4 点的等温线所表示的温度 T_4 时，先析出 S 晶相。因从液相中不断析出 S 晶相，故根据背向规则，液相组成点将沿 $S4$ 连线的延长线方向变化，液相组成点沿 $S4$ 延长线从 4 点向低共熔线 e_1E 上的 v 点变化，v 点为 $S4$ 延长线与低共熔线 e_1E 的交点。

液相组成到达 v 点后，液相同时对晶相 S 和晶相 A 饱和，故除了晶相 S 之外，晶相 A 也开始析出。此时，$P=3$，$F=1$，系统温度可继续下降，液相组成点沿 e_1E 线逐渐向温度下降方向的 E 点变化。因晶相 S 和晶相 A 同时析出，固相中新增加了 A 晶相，故相应的固相组成点将离开单一组元 S 点向 S，A 二元共存的 SA 边变化，固相组成沿 SA 线从 S 点向 A 点方向变化。当系统温度刚冷却到 T_E，低共熔过程尚未开始时，液相组成刚到 E 点，固相组成到达 $E4$ 延长线与 SA 边的交点 w 点。

液相组成到达低共熔点 E 后，因液相同时对晶相 C、晶相 S 和晶相 A 饱和，产生低共熔过程：$L_E \to A+S+C$，即同时析出晶相 A，S 和 C。此时，四相平衡，$F=0$，系统从三相平衡进入四相平衡的无变量状态，$F=0$，系统温度不能改变，液相组成也不能改变，但液相量不断减少，晶相 S、晶相 A 和晶相 C 的量不断增加。因低共熔过程中固相中有晶相 C、晶相 S 和晶相 A 三种固相共存，固相中新增加了C晶相，故随着低共熔过程的进行，固相组成点将离开SA边上S，A二元共存的w点向S，A，C三元共存的△ASC内变化，固相组成点沿w4线从w点向4点变化，直到液相消失，固相组成到达4点，回到原始配料组成，低共熔过程结束，结晶过程结束，获得S，A，C三种晶相。

组成点4的析晶路程可用液、固相点的变化表示为：

液相点

$$4(\text{熔体}) \xrightarrow[P=2,\ F=2]{L\to S} v \xrightarrow[P=3,\ F=1]{L\to A+S} E \underset{P=4,\ F=0}{(L_E\to A+S+C)}$$

固相点

$$S \xrightarrow{S} S \xrightarrow{S+A} w \xrightarrow{A+S+C} 4$$

（3）析晶过程的规律

从以上析晶过程的讨论，可以总结出在具有不一致熔融二元化合物的三元系统投影图上表示熔体冷却析晶过程的规律：

① 熔体结晶，一定是在与熔体组成点所在副三角形相对应的无变量点结束，与此无变量点是否在该三角形内无关。如组成点1在副三角形△BSC内，虽然副三角形△BSC相对应的无变量点P不在该三角形内，但熔体1结晶仍在无变量点P结束；组成点2、3、4，结晶都在与其熔体组成点所在副三角形△ASC相对应的无变量点E结束。

② 低共熔点E一定是结晶结束点，转熔点P可以是结晶结束点，也可以不是。在P点进行的转熔过程包括以下三种情况：i）液相比被转熔的晶相B先消失，如组成点1，P点是结晶结束点；ii）晶相B比液相先消失，如组成点2，P点不是结晶结束点；iii）液相和晶相B同时消失，此时转熔过程与结晶过程同时在P点结束，凡组成点在CS连线上的系统结晶过程都按这种方式进行。

③ 在转熔线上，有些熔体的结晶过程要进行"穿相区"。凡组成点在pPS区域内的系统都会出现这种情况，如组成点3，结晶过程中会穿过S相区。

以上析晶过程的规律，可总结于表4.12。

表4.12　不同组成熔体的析晶规律

组成	无量变点的反应	析晶终点	析晶终相
组成在△ASC内	$L_E \Leftrightarrow A+S+C$，B先消失	E	A+S+C
组成在△BSC内	$L_P+B \Leftrightarrow S+C$，$L_P$先消失	P	B+S+C
组成在SC连线上	$L_P+B \Leftrightarrow S+C$，B和$L_P$同时消失	P	S+C
组成在pPS扇形区	$L_E \Leftrightarrow A+S+C$，穿相区，不经过P点	E	A+S+C
组成在PS连线上	$L_E \Leftrightarrow A+S+C$，在P点不停留	E	A+S+C

（4）平衡加热熔融过程

平衡加热熔融过程应是平衡析晶过程的逆过程。从高温平衡冷却和从低温平衡加热到同一温度，系统所处的状态应是完全一样的。在分析了平衡析晶之后，下面说明平衡加热熔融过程。

对于组成点在副三角形 $\triangle ASC$ 内的组成点，其高温熔体平衡析晶终点是 E，因而配料中开始出现液相的温度应是 T_E。假设系统中的 B 组分在低于低共熔温度 T_E 时已通过固相反应按 $S(A_mB_n)$ 中的比例完全与组分 A 化合形成了 S，B 已耗尽。则加热到低共熔温度 T_E 时，开始出现组成为 E 的液相。即在 T_E 温度下，A，S，C 晶体不断低共熔生成 E 组成的熔体，进行四相无变量的低共熔过程：A+S+C→L。随着低共熔过程的推进，会发生三种情况：一种晶相消失，两种晶相同时消失，三种晶相同时消失。当一种晶相消失时，因为 $P=3$，$F=1$，系统温度可继续升高，液相组成将离开 E 点到界线上。若是两种晶相同时消失，则因为 $P=2$，$F=2$，液相组成将离开 E 点到初晶区去。若是三种晶相同时消失，则因为 $P=1$，$F=4$，此种情况对应的组成点则刚好在 E 点，组成点 E 的混合物在 T_E 全部熔融，液相点与系统点（原始配料点）重合，系统进入高温熔体的单相平衡状态。

对于组成点 4 的加热熔融过程，当加热到 T_E 温度时，由于四相平衡，液相点保持在 E 点不变，固相点则沿 $E4$ 连线的延长线方向变化。作 $E4$ 连线并延长与 AS 连线交于 w 点，说明上述四相无变量的低共熔过程将以 C 晶相的消失而结束。当固相中的 C 晶体熔完时 $P=3$，系统自由度由 $F=0$ 变为 $F=1$，系统温度可以继续上升。由于系统中此时残留的晶相是 A 和 S，因而液相点不可能沿其他界线变化，只能沿与 A、S 晶相平衡的 e_1E 界线向升温方向的 e_1 点运动。e_1E 是一条共熔界线，升温时发生下列单变量的共熔过程：A+S→L。A 和 S 晶体继续熔入熔体，固相组成由 w 点沿 AS 连线向 S 点变化，当液相组成到达 v 点时，固相组成到达 S 点，表明系统中晶相 A 已全部熔融。系统进入液相与 S 晶体的二相平衡状态，此时 $P=2$，$F=2$，系统温度可以继续上升，随温度升高液相组成点将沿 $v4$ 线从 v 点向 4 点变化。当温度升高到液相面上的 4 点温度时，最后一粒 S 晶体熔完，晶相 S 消失，至此组成点 4 的混合物全部都熔融完，液相点与系统点（原始配料点）重合，系统进入高温熔体的单相平衡状态。不难看出，此平衡加热过程恰是组成点 4 熔体的平衡冷却过程的逆过程。

4.4.2.4 具有一个一致熔融三元化合物的三元系统相图

具有一个一致熔融三元化合物的三元系统相图如图 4.59 所示。在三元系统中生成一个三元化合物 $S(A_mB_nC_q)$，其初晶区为 Ⓢ。由图可见，三元化合物 S 的组成点落在它自己的初晶区 Ⓢ 内，因而化合物 S 是一个一致熔融化合物，即在三元系统中生成一个一致熔融的三元化合物 $S(A_mB_nC_q)$，S 是三元化合物

$A_mB_nC_q$ 液相面的最高点，即 S 点是一致熔融三元化合物 $A_mB_nC_q$ 的熔点。

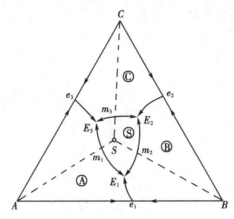

图 4.59　具有一个一致熔融三元化合物的三元系统相图

根据划分副三角形的方法，从 S 点向 A，B，C 三点引出连线 AS，BS 和 CS，进行副三角形化，可以把系统划分为三个副三角形 $\triangle ABS$，$\triangle BCS$ 和 $\triangle CAS$。可以看出每一个副三角形都相当于一个最简单的三元系统，E_1，E_2，E_3 分别是三个副三角形对应的低共熔点，即各副三角形都有自己所对应的无变量点 E_1，E_2，E_3。由于生成的化合物 S 是一个稳定化合物，连线 AS，BS 和 CS 都代表一个独立的、真正的二元系统，m_1，m_2 和 m_3 都是鞍形点，分别为二元系统 AS，BS 和 CS 的二元低共熔点。e_1，e_2，e_3 分别为二元系统 AB，BC，CA 的二元低共熔点。

因此，相图中共有 4 个初晶区 Ⓐ，Ⓑ，Ⓒ，Ⓢ；6 条界线 e_1E_1，e_2E_2，e_3E_3，E_1E_2，E_2E_3，E_1E_3；3 个三元低共熔点 E_1，E_2，E_3；6 个二元低共熔点 m_1，m_2，m_3，e_1，e_2，e_3。用连线规则可以判断各界线的温度下降方向，并用标在界线上的箭头表示温度的下降方向，如图 4.59 所示。

4.4.2.5　具有一个不一致熔融三元化合物的三元系统相图

图 4.60 和图 4.61 三元系统相图中都形成了一个化合物 $S(A_mB_nC_q)$，化合物 S 的组成点都在三角形内，且该化合物的组成点 S 在其初晶区 Ⓢ 之外，因此，三元化合物 S 为不一致熔融三元化合物。图 4.60 和图 4.61 即形成了具有一个不一致熔融三元化合物的三元系统相图，根据组成点 S 在其初晶区之外的位置不同，这类相图又可分成两类：一为有双升点的，一为有双降点的。

（1）具有双升点的相图

这类相图如图 4.60 所示。系统中有 3 个三元无变量点 E_1，E_2，P，可以划分出 3 个副三角形 $\triangle ASC$，$\triangle BSC$，$\triangle ASB$。将该相图划分为 3 个副三角形后，可看出三个无变量点的性质：E_1，E_2 分别在其对应的副三角形 $\triangle ASC$，$\triangle BSC$ 内，因此，E_1，E_2 是低共熔点，而 P 在其对应的副三角形 $\triangle ASB$ 外，因此是转熔点，且 P 呈交叉位置，因此是单转熔点。

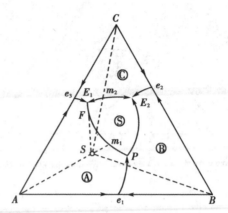

图 4.60　具有一个不一致熔融三元化合物的三元系统相图——有双升点的

界线的温度变化根据连线规则判断后标在图上。根据连线规则延长 AS 交 PE_1 界线于 m_1 点，则 m_1 点是该界线上的温度最高点，也是化合物 S 加热熔融分解的温度点。化合物的分解反应是

$$S \xrightarrow{\quad m_1 \text{ 点上温度} \quad} A + L_{(m_1)}$$

因为化合物为不一致熔融，故它的温度最高点在立体图上被液相曲面所掩蔽。

界线的性质用切线规则判断，可以看出 PE_1 界线性质比较复杂。由于 m_1 点是界线上的温度最高点，线上的温度由 m_1 分别向 E_1 和 P 下降。m_1P 段为转熔线，线上进行的过程是 $L+A\Leftrightarrow S$。而 m_1E_1 段的性质则有变化，m_1E_1 界线上的 m_1F 段为转熔性质，线上进行的过程是 $L+A\Leftrightarrow S$；但 m_1E_1 界线上的 FE_1 为共熔性质，线上进行的过程是 $L\Leftrightarrow A+S$，F 为界线性质转变点。

该相图的特点是 P 在对应 $\triangle ASB$ 之外的交叉位，从 P 点周围的三条界线温度下降方向看，有两条界线上的箭头指向它，故 P 点为双升点。在 P 点上的转熔平衡关系为

$$L_{(P)} + A \Leftrightarrow S + B$$

(2)具有双降点的相图

① 三元相图。

具有双降点的生成一个不一致熔融三元化合物的三元系统相图如图 4.61 所示。系统中有 3 个三元无变量点 E_1，E_2，R，可以划分出 3 个副三角形 $\triangle BSC$，$\triangle ASC$，$\triangle ASB$。将该相图划分为 3 个副三角形后，可看出三个三元无

变量点中，E_1，E_2 分别在其对应的副三角形 $\triangle BSC$，$\triangle ASC$ 内，因此，E_1，E_2 是低共熔点；而 R 点在其对应的副三角形 $\triangle ASB$ 外，因此是转熔点；且 R 呈共轭位置，因此是双转熔点。

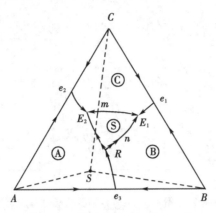

图 4.61　具有一个不一致熔融三元化合物的三元系统相图——有双降点的

界线的温度变化根据连线规则判断后标在图 4.61 上。由图可以看出 E_1E_2 是条共熔性质的界线，而 E_1R 界线性质比较复杂，E_1R 是条性质发生变化的界线，靠近 R 点一端的 nR 界线段是转熔性质的，线上进行的过程是 L+B⇔S，靠近 E_1 点一端的 nE_1 界线段是共熔性质的，线上进行的过程是 L⇔S+B。n 为界线性质转变点。

该相图的特点是无变量点 R 是在对应 $\triangle ASB$ 之外的共轭位，在 R 点上的转熔平衡关系为：

$$L_R + A + B \Leftrightarrow S$$

它表明 A、B 两种晶相同时发生转熔而析出化合物 S。由于在 R 点进行双转熔反应，故称 R 为双转熔点。又从图可见，在汇交 R 点的三条界线中，有两条界线上的温度是下降的，故又称 R 点为双降点。

② 析晶过程分析。

本系统熔体的冷却析晶路程因配料点位置不同而出现多种变化，特别是在转熔点附近区域内。下面以组成为 M_1 和 M_2 的熔体的冷却析晶过程为例分析本系统中熔体的冷却析晶过程。

图 4.62 是图 4.61 富 A 部分的放大图。熔体 M_1 和 M_2 都在 $\triangle BSC$ 中，且都在 A 的初晶区内，所以冷却过程中都是首先析出 A 晶相，最后在 E_1 点结晶结束，结晶产物为 B，S，C 晶相，但仔细分析可以发现它们的析晶路程并不相同。下面用表达式给出 M_1 和 M_2 两熔体的析晶过程。

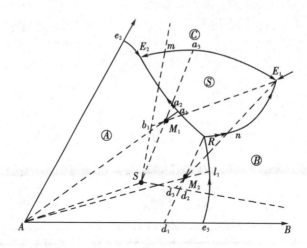

图 4.62　图 4.61 中有穿相区析晶过程放大图

熔体 M_1：

液相点

$$M_1(\text{熔体}) \xrightarrow[P=2,\ F=2]{L\rightarrow A} a_1 \xrightarrow[P=3,\ F=1]{L+A\rightarrow S} a_2(A\ \text{消失}) \xrightarrow[P=2,\ F=2]{L\rightarrow S} a_3 \xrightarrow[P=3,\ F=1]{L\rightarrow S+C} E_1 \underset{P=4,\ F=0,\ L\text{消失}}{(L_{E_1}\rightarrow B+S+C)}$$

固相点

$$A \xrightarrow{A} A \xrightarrow{A+S} S \xrightarrow{S} S \xrightarrow{S+C} b_1 \xrightarrow{B+S+C} M_1$$

熔体 M_2：

液相点

$$M_2(\text{熔体}) \xrightarrow[P=2,\ F=2]{L\rightarrow A} l_1 \xrightarrow[P=3,\ F=1]{L\rightarrow A+B} R \underset{F=0,A\text{消失}}{(L+A+B\rightarrow S)} \xrightarrow[P=3,\ F=1]{L+B\rightarrow S} n \xrightarrow[P=3,\ F=1]{L\rightarrow S+B} E_1 \underset{P=4,\ F=0,\ L\text{消失}}{(L_{E_1}\rightarrow B+C+S)}$$

固相点

$$A \xrightarrow{A} A \xrightarrow{A+B} d_1 \xrightarrow{A+B+S} d_2 \xrightarrow{S+B} d_3 \xrightarrow{B+S+C} M_2$$

由图 4.61 和 4.62 可以看出，在 $\triangle ARB$ 内的组成点，其结晶过程较复杂，它们都要经过或到达双降点 R，根据位置不同，在 R 点双转熔的结果可能出现以下几种情况：

(i)液相先消失，A 相、B 相有剩余，在 R 点析晶结束。在 $\triangle ASB$ 中的组成点都属于这种情况。

(ii)固相 A 和 B 同时转熔完，液相有剩余。液相和 S 相两相平衡共存，则液相组成将从 R 点开始穿相区 $S_{相}$。随后的析晶路线是液相组成沿 RE_1 界线继续变化。这种特殊的情况只有在 RS 连线上的组成点才出现。

（ⅲ）A 相先转熔完，B 相和液相有剩余。则 B 相、液相和 S 相三相平衡共存，液相组成沿 RE_1 界线继续变化，到 E_1 点析晶结束。在 $\triangle RSB$ 中的组成点属于这种情况。

（ⅳ）B 相先转熔完，A 相和液相有剩余。则 A 相、液相和 S 相三相平衡共存，液相组成沿 RE_2 界线继续变化，在 $\triangle RSA$ 中的组成点属于这种情况。由于 RE_2 界线是转熔线，其中 $\triangle RSj$ 中的组成点还会出现穿相区 $S_{相}$ 的现象（j 为 AR 与 SE_2 的交点），因此其结晶结束点可能在 E_1 点，也可能在 E_2 点。在 $\triangle ASj$ 中的组成点在 E_2 点析晶结束。

4.4.3 分析三元相图的方法

4.4.3.1 分析三元相图的重要规则

根据以上对三元相图的分析可以发现，复杂的三元相图往往有许多界线和无变量点，只有首先判明这些界线和无变量点的性质，才能讨论系统中任一配料在加热或冷却过程中发生的相变化。而对界线和无变量点的性质的判断可应用以下介绍的连（结）线规则、三角形规则、切线规则和重心规则。

（1）连（结）线规则

① 连（结）线规则的内容。

连结直线规则（判断界线上温度变化方向规则）：

三元系统两个晶相初晶区相交的界线（或其延长线），如果和这两个晶相组成点的连结线（或其延长线）相交，则交点是界线上的温度最高点，界线上的温度随着离开上述交点而下降。

也可表述为：将一界线（或其延长线）与相应的连线（或其延长线）相交，其交点是该界线上的温度最高点。所谓"相应的连线"，是指与界线上液相平衡的二晶相组成点的连接直线。

使用连线规则必须注意界线与连线之间的对应关系，相图中每一条连线必然有对应的界线。将界线两侧初晶区所代表的晶相组成点连接起来，即是与该界线相对应的连线。连线规则常被用来判断界线上温度的走向。

② 连（结）线规则的分类。

如图 4.63 所示，图中 C 和 S 表示两个相的组成点，CS 为组成点的连线。Ⓒ和Ⓢ表示 C 和 S 的初晶区，E_1E_2 表示Ⓒ初晶区和Ⓢ初晶区的界线，连线 CS 实际上也是与界线 E_1E_2 上液相平衡的两晶相 C、S 组成点的连接直线，箭头表示温度下降方向。三元系统中常见的连线与界线相交情况有三种，在图 4.63

(a)中，连线 CS 与界线 E_1E_2 相交，交点 m 为界线 E_1E_2 上的温度最高点，界线上的温度，由交点 m 向两侧下降；在图 4.63(b) 中，连线 CS 的延长线与界线 E_1E_2 相交，交点 m 为界线 E_1E_2 上的温度最高点，界线上的温度，由交点 m 向两侧下降；在图 4.63(c) 中，连线 CS 与界线 E_1E_2 的延长线相交，交点 m 为界线 E_1E_2 延长线上的温度最高点，界线上的温度，由交点 m 向 E_1、再由 E_1 向 E_2 下降。一致熔融化合物相图中会出现(a)的情况，而不一致熔融化合物则会出现(b)或(c)的情况。

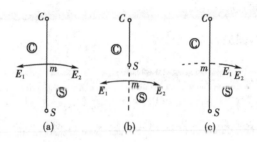

图 4.63　三元系统中常见的连线与界线相交情况

③ 连(结)线规则的实例。

针对图 4.63(a) 中的情况，可结合图 4.55 进行理解。如图 4.55 中一致熔融化合物 $S(A_mB_n)$ 组成点 S 与纯组分 C 的组成点 C 之间的连线 CS 所构成的 CS 连线就称为连(结)线。CS 连线的实质是由 C 和 S 为组分构成的二元系统，E_1E_2 界线划分 ⓒ 与 ⓢ 初晶区，CS 连线与 E_1E_2 界线交于 m 点，m 为 CS 的低共熔点，此时 m 为 CS 连线上温度最低点，在 CS 连线上任一点，最后结晶都在 m 点结束。如图中的 T 点，开始析出组分 C 的晶体，液相组成由 T 向 m 移动，到 m 点后，液相同时对 C、S 饱和，共同析出 C、S 相，直到液相消失。若向 m 点组成的熔体中引入组分 A 或 B，则 m 点将变为 mE_1 或 mE_2 界线，温度由 m 向 E_1 或 E_2 降低而去，故 m 点又是界线 E_1E_2 上的温度最高点。因此，连线与相应相区界线的交点是连线上的温度最低点，界线上的温度最高点。也可结合图 4.57 进行理解。图 4.57 中界线 e_2P 与初晶区 ⓑ、ⓒ 毗邻，与界线 e_2P 上的液相平衡的晶相是 B 晶相和 C 晶相，其组成点连线是 BC，界线 e_2P 与相应的连线 BC 交于 e_2 点，根据连线规则，e_2 点是界线 e_2P 上的温度最高点，表示温度下降方向的箭头应指向 P 点。

针对图 4.63(c) 中的情况，可结合图 4.57 进行理解。图 4.57 中界线 EP 与

初晶区 ⓒ，ⓢ毗邻，其相应连线是 CS，界线 EP 与连线 CS 不能直接相交，此时需延长界线 EP 使其相交，交点在 P 点右侧，因此，温降箭头应从 P 点指向 E 点。

针对图 4.63(b)中的情况，可结合图 4.60 进行理解。图 4.60 中的 E_1P 界线与相应的连线 AS 不直接相交，此时需延长连线 AS 与界线 E_1P 相交于 m_1 点，m_1 点是 E_1P 界线上的温度最高点，从 m_1 点应画两个箭头分别指向 E_1 点和 P 点。

(2)三角形规则

① 三角形规则的内容。

三角形规则(确定结晶产物和结晶结束点的规则)：

原始熔体组成点所在三角形的三个顶点表示的物质为其结晶产物，与这三种物质相应的初晶区所包围的三元无变量点是其结晶结束点。

② 副三角形的划分。

根据三角形规则可以判断原始熔体的结晶结束点，同时也可以判断哪些物质能够同时获得，哪些则是不可能的。因此，把一个复杂的三元系统相图划分为若干个副三角形，对于分析应用复杂的三元系统相图是非常重要的。而使用三角形规则的前提则是必须正确划分副三角形。

若要划分出有意义的副三角形，则其划出的副三角形应有相对应的三元无变量点，且副三角形之间不能重叠。其方法有两种：一种方法是根据三元无变量点划分，因为除多晶转变点和过渡点外，每个三元无变量点都有自己对应的副三角形。将与无变量点周围三个初晶区相应的晶相组成点连接起来，即可获得与该三元无变量点相对应的副三角形。另一种方法是把相邻两个初晶区所对应的晶相组成点连起来，不相邻的不要连，这样也可以划分出副三角形。

需要指出，与副三角形相对应的无变量点可在三角形内，也可在三角形外。后者出现于有不一致熔融化合物的系统中。

③ 三角形规则的实例。

针对三角形规则，可结合图 4.55 进行理解。由图 4.55 可见，连接 CS 线后，将原三元系统 ABC 划分成两个独立的最简单三元系统 ASC 和 BSC，这两个三角形称副三角形，每个副三角形也称分三元系统，其都有对应的三元低共熔点 E_1 和 E_2，每个副三角形内熔体结晶过程与具有一个低共熔点的简单三元系统一样，其最终产物由重心规则确定。原始组成点在 $\triangle ASC$ 中时，其最终产物为 A，S，C 晶体，并在 E_1 点结晶结束，若在 $\triangle BSC$ 内，则在 E_2 点结束，其最终产物为 B，S，C 晶体。

很明显，通过划分副三角形，再由三角形规则，就可以判断结晶产物及结晶结束点，即可判断哪些物质可同时获得，哪些不能同时获得。通常，三角形规则被用来确定结晶产物和结晶结束点。此外，运用三角形规则，还可以验证对结晶路程的分析是否正确。

（3）切线规则

① 切线规则的内容。

切线规则：通过界线上任意一点作切线，若切线与界线相应的两晶相组成点的连线相交，即交点都在连线之内，则进行的是低共熔过程，该界线为共熔界线；若切线与界线相应的两晶相组成点连线的延长线相交，则冷却时，进行的是转熔过程，且是远离交点的那个晶相被转熔，该界线为转熔界线；若交点恰好和一个晶相组成点重合，则该点为界线性质转变点，该界线性质会发生变化，在该转变点界线性质由共熔线转变为转熔线，其中一段为低共熔，另一段为转熔，在该点的液相只析出该晶相组成点所代表的晶相。通常，切线规则被用来判断相区界线的性质。为了在相图上区分不同性质的界线，在界线上表示温度下降方向时，共熔界线用单箭头表示，而转熔界线用双箭头表示。

② 切线规则的理解。

切线规则可以这样理解：界线上任一点的切线与相应连线的交点实际上表示了该点液相的瞬时析晶组成。瞬时析晶组成指液相冷却到该点温度下从该点组成的液相中所析出的晶相组成，与系统固相的总组成是不同的，固相总组成不仅包括了该点液相析出的晶体，而且包括了冷却到该点温度前从液相中所析出的所有晶体。如交点在连线上，根据杠杆规则，从瞬时析晶组成中可以分解出这两种晶体，即从该点液相中确实发生了共析晶。如在连线的延长线上，则意味着从该点液相中不可能同时析出这两种晶体，根据杠杆规则，只可能是液相回吸远离交点的晶相，生成接近交点的晶相。

图 4.64 中 pP 线是 Ⓐ、Ⓑ 两个初晶区之间的界线，相应两晶相组成点为 AB 线。通过 l_1 点作界线 pP 的切线，切线与 AB 连线的交点在 S_1 点。S_1 是液相在 l_1 点时的瞬时析晶成分。根据杠杆规则可知：$S = A + B$，即液相在 l_1 点析出的固相是由 A、B 两种晶相组成的，$L_{l_1} \rightarrow A + B$，故液相在 l_1 点进行的是低共熔过程。若通过 l_2 点作界线 pP 的切线，切线与连线 AB 的延长线相交于 S_2 点，根据杠杆规则：$A + S_2 = B$，即 $S_2 = B - A$，即析出组成为 S_2 的固相时有一部分 A 被溶解（回吸），$L_{l_2} + A \rightarrow B$，故液相在 l_2 点进行的是转熔过程。若通过 b 点作界线 pP 的切线，切线刚好与 B 点重合，则在 b 点的液相只析出 B 晶相，$L_b \rightarrow B$。可以看

出，这是一条性质发生变化的界线，高温 pb 段具有共熔性质而低温 bP 段具有转熔性质，界线性质转变点为 b 点。

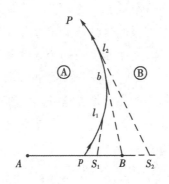

图 4.64　切线规则

③ 切线规则的实例。

针对切线规则，可结合图 4.57 和图 4.60 进行理解。过图 4.57 上的界线 e_1E 上任一点切线都交于相应连线 AS 上，所以界线 e_1E 是共熔界线，冷却时，从界线的液相中同时析出 A 晶相和 S 晶相。过图 4.57 上的界线 pP 上任一点作切线都交于相应连线 BS 的延长线上，所以界线 pP 是一条转熔界线，冷却时远离交点的 B 晶相被回吸，析出 S 晶相。过图 4.60 上的界线 E_1P 上任一点作切线与相应的连线 AS 相交有两种情况，在 E_1F 段，交点在连线上，而在 FP 段，交点在 AS 的延长线上。因此，E_1F 段界线具有共熔性质，冷却时从液相中同时析出 A，S 晶相；而 FP 段具有转熔性质，冷却时远离交点的 A 晶相被回吸，析出 S 晶相。F 点是界线 E_1P 上的一个转折点。

（4）重心规则

① 重心形规则的内容。

重心规则（判断三元无变量点性质）：

如果三元无变量点处于相应的副三角形之内，则该无变量点为低共熔点；如果无变量点处于相应副三角形之外的交叉位，则该无变量点是单转熔点，并且是远离该点的那个组分被转熔；如果无变量点处于相应副三角形之外的共轭位，则该无变量点是双转熔点，并且是远离该点的那两个组分被转熔。所谓相应的副三角形，指与该无变量点液相平衡的三个晶相组成点连成的三角形。通常，重心规则被用来判断三元无变量点的性质。

② 判断三元无变量点性质的其他方法。

判断三元无变量点性质，除了上述重心规则，还可以根据界线的温降方向。

任何一个无变量点必处于三个初晶区和三条界线的交汇点。凡属低共熔点，则三条界线的温降箭头一定都指向它。低共熔点也称为"三升点"，因为从该点出发有三条升温界线。凡属单转熔点，两条界线的温降箭头指向它，另一条界线的温降箭头则背向它，被回吸的晶相是温降箭头指向它的两条界线所包围的初晶区的晶相。因为从该无变量点出发有两个温度升高的方向，所以单转熔点又称"双升点"。凡属双转熔点，只有一条界线的温降箭头指向它，另两条界线的温降箭头则背向它，所析出的晶体是温降箭头背向它的二条界线所包围的初晶区的晶相。因为从该无变量点出发，有两个温度下降的方向，所以双转熔点又称"双降点"。

③ 判断三元无变量点性质的的实例。

针对重心规则，可结合图 4.57 和图 4.61 进行理解。图 4.57 中，两个无变量点 E 与 P 所处位置不同，与无变点 E 液相平衡的晶相是 A，S，C，这三个晶相组成点连成的三角形为 △ASC，E 点在 △ASC 内，处于重心位置，冷却时在 E 点产生的变化是低共熔过程：L→A+S+C，即系统同时析出晶相 A，S，C，E 点为低共熔点。在图 4.57 中，与无变点 P 液相平衡的晶相是 B，S，C，这三个晶相组成点连成的三角形为 △BSC，而 P 点在 △BSC 之外，处于交叉位，冷却时在 P 点进行的是转熔过程：L+B→C+S，P 点为转熔点。即冷却时，C 和 S 结晶析出，而原先析出的 B 则被重新溶解于液相中（被回吸）。由于是一种晶相被转熔，所以 P 点也称为单转熔点。在图 4.61 中无变量点 R 处于初晶区 A，B，S 的交点，其相应的副三角形是 △ABS，R 处于其相应的副三角形 △ABS 的共轭位，因而 R 是一个双转熔点。根据重心原理，被回吸的二种晶相是 A 和 B，析出的则是晶相 S，即在 R 点，液相 L_R 与 A，B，S 三晶相具有下列平衡方式：L_R+A+B→S。即冷却时，S 结晶析出，而原先析出的 A 和 B 则被重新溶解于液相中（被回吸）。由于是两种晶相被转熔，所以 R 点也称为双转熔点。

根据界线的温降方向，判断三元无变量点的性质，也可结合图 4.57 和图 4.61 进行理解。在图 4.57 中，E 点为三条界线 e_3E，e_1E，PE 的交会点，三条界线的温降箭头都指向它，因此 E 点为低共熔点，冷却时在 E 点产生的变化是低共熔过程：L_E→A+S+C，即系统同时析出晶相 A，S，C。低共熔点 E 也称为"三升点"，因为从该点出发有三条升温界线。而在图 4.57 中，P 点为三条界线 pP，e_2P，PE 的交会点，二条界线 pP，e_2P 的温降箭头指向它，另一条界线 PE 的温降箭头则背向它，因此 P 点为单转熔点。被回吸的晶相是温降箭头指向它的两条界线 pP，e_2P 所包围的初晶区 Ⓑ 的晶相，冷却时在 P 点进行的是转熔过程：$L_P+B\rightarrow C+S$。因为从该无变点出发有二个温度升高的方向，所以单转熔点 P 又称为"双升点"。在图 4.61 中，R 点为三条界线 e_3R，RE_1 和 RE_2 的交汇点，只有一条界线 e_3R 的温降箭头指向它，另二条界线 RE_1 和 RE_2 的温降箭头则背向它，因此 R 点为双转熔点。所析出的晶体是温降箭头背向它的二条界线 RE_1 和 RE_2 所包围的初晶区Ⓢ的晶相，即在 R 点，液相 L_R 与 A，B 和 S 三晶相具有下列平衡方式：$L_R+A+B\rightarrow S$。因为从该无变点出发，有二个温度下降的方向，所以双转熔点又称"双降点"。

4.4.3.2 分析复杂相图的主要步骤

以上讨论了几种三元系统相图的基本类型、分析方法和主要规律，它们是分析复杂相图的基础。与专业相关的实际相图，经常包含多种化合物，大多比较复杂。为了判断和分析复杂的相图，常常需要对复杂系统进行基本分析。现将其主要步骤概括如下。

① 判断化合物的性质：根据化合物组成点是否在其初晶区内，判断化合物性质属一致熔融或不一致熔融。

② 划分副三角形：按照三角形化的原则和方法划分副三角形，使复杂相图简单化。

③ 标出结线上温度下降方向：应用连线规则判断或标出界线上的温度箭头。

④ 判断界线性质：应用切线规则判断界线的性质，是低共熔线（标单箭头）还是转熔线（标双箭头）或是有性质转变点的界线。

⑤ 确定无变量点的性质：根据三元无变量点与其对应三角形的相对位置关系，或者根据汇交无变量点的三条界线上的温度下降方向，来确定无变量点的性质。

⑥ 分析冷却析晶过程（或加热熔融过程）：按照冷却（或加热）过程的相变规律，选择一些组成点分析析晶（或熔融）过程，用杠杆原理计算各相的相对含量。

4.4.4 三元系统相图应用

4.4.4.1 MgO-Al₂O₃-SiO₂三元系统相图

$MgO-Al_2O_3-SiO_2$ 系统与陶瓷、耐火材料和微晶玻璃的生产和使用密切相关，特别是与该系统有关的 $MgO-Al_2O_3-SiO_2$ 系统微晶玻璃。由于近代新材料的发展，微晶玻璃受到重视，尤其是与本系统有关的微晶玻璃，在高强度、高绝缘性方面具有独特的优点。

图 4.65 为 $MgO-Al_2O_3-SiO_2$ 系统中某些无机材料的组成分布，由图 4.65 可以看出，该系统包含两大类常用制品的组成，一类为高级耐火材料如镁砖、尖晶石砖、镁橄榄石砖等。它们的组成主要分布在方镁石（MgO）、尖晶石（MA）、镁橄榄石（M_2S）相区内。这类制品的特点是耐火度高，对碱性炉渣的抗腐蚀性强。另一类是镁质陶瓷，它是用于无线电工业的高频陶瓷材料，包括滑石瓷（A 区）、低损耗滑石瓷（B 区）、堇青石瓷（C 区）、镁橄榄石瓷（D 区）等。所以，本系统包括了很多不同的陶瓷、耐火材料、耐磨材料和微晶玻璃材料的组成。

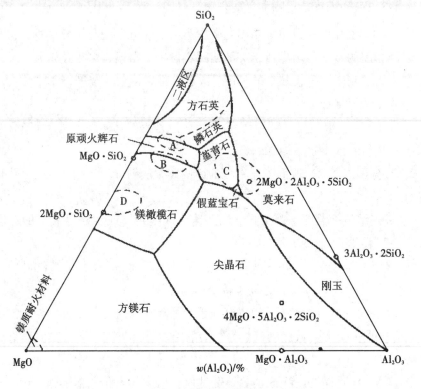

图 4.65　$MgO-Al_2O_3-SiO_2$ 系统中某些无机材料的组成分布

$MgO-Al_2O_3-SiO_2$ 系统相图如图 4.66 所示。系统中共有四个二元化合物：原顽火辉石（$MgO \cdot SiO_2$）、镁橄榄石（$2MgO \cdot SiO_2$）、尖晶石（$MgO \cdot Al_2O_3$）、莫来石（$3Al_2O_3 \cdot 2SiO_2$）和两个不一致三元熔融化合物：假蓝宝石（$4MgO \cdot 5Al_2O_3 \cdot 2SiO_2$）及堇青石（$2MgO \cdot 2Al_2O_3 \cdot 5SiO_2$）。其中，前者在 1482℃不一致熔融分解为尖晶石、莫来石和液体，而后者在 1465℃不一致熔融分解为莫来石和液体。各化合物的性质列于表 4.13 中。

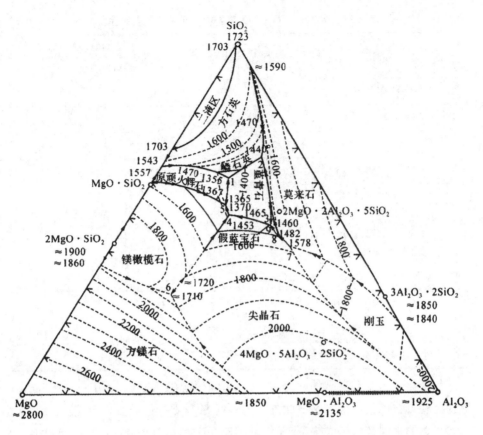

图 4.66 MgO-Al$_2$O$_3$-SiO$_2$ 系统相图

表 4.13 MgO-Al$_2$O$_3$-SiO$_2$ 系统中化合物的性质

化合物	性质	熔点/℃	化合物	性质	分解温度/℃
2MgO·SiO$_2$（M$_2$S，镁橄榄石）	一致熔融	1890	MgO·SiO$_2$（MS，原顽火辉石）	不一致熔融	1557
MgO·Al$_2$O$_3$（MA，尖晶石）	一致熔融	2135	2MgO·2Al$_2$O$_3$·5SiO$_2$（堇青石）	不一致熔融	1465
3Al$_2$O$_3$·2SiO$_2$（A$_3$S$_2$，莫来石）	一致熔融	1850	4MgO·5Al$_2$O$_3$·2SiO$_2$（假蓝宝石）	不一致熔融	1482

本系统共有 11 个三元无变量点，除 SiO$_2$ 初晶区内 1470℃ 的多晶转变等温线与界线的交点"10"和"11"是多晶转变点没有对应的副三角形外，其余 9 个无变量点都有对应的副三角形。11 个无变量点的性质、温度及组成列在表 4.14 中。

表 4.14 MgO–Al₂O₃–SiO₂ 系统中三元无变量点的性质

图上点号	相间平衡	平衡性质	平衡温度/℃	组成		
				$w(MgO)/\%$	$w(Al_2O_3)/\%$	$w(SiO_2)/\%$
1	L⇔MS+S+M₂A₂S₅	低共熔点	1355	20.5	17.5	62
2	L+A₃S₂⇔M₂A₂S₅+S	双升点	1440	9.5	22.5	68
3	L+A₃S₂⇔M₂A₂S₅+M₄A₅S₂	双升点	1460	16.5	34.5	49
4	L+MA⇔M₂A₂S₅+M₂S	双升点	1370	26	23	51
5	L⇔M₂S+MS+M₂A₂S₅	低共熔点	1365	25	21	54
6	L⇔M₂S+MA+M	低共熔点	≈1710	51.5	20	28.5
7	L+A⇔MA+A₃S₂	双升点	1578	15	42	43
8	L+MA+A₃S₂⇔M₄A₅S₂	双降点	1482	17	37	46
9	L+M₄A₅S₂⇔M₂A₂S₅+MA	双升点	1453	17.5	33.5	49
10	方石英⇔鳞石英	多晶转变	1470	5.5	18	76.5
11	方石英⇔鳞石英	多晶转变	1470	28.5	2.5	65

每个化合物都有自己的初晶区，SiO₂由于多晶转变，它的相区又分为鳞石英相区和方石英相区两部分；此外，在靠近SiO₂处还有个液相分层的二液区。需要注意的是假蓝宝石的初晶区范围很小，而且其组成点（4MgO·5Al₂O₃·2SiO₂）在尖晶石的初晶区内离自己的初晶区很远。

董青石的热膨胀系数很小（$\alpha = 2.3 \times 10^{-6}$），热稳定性好。董青石有三种晶型：陶瓷生产中合成出的2MgO·2Al₂O₃·5SiO₂化合物是高温型（α型），它相当于天然产的董青石。在925℃由成分与董青石相同的玻璃中析晶得到的一种纤维状晶体，称为μ型，它在1025℃转变为α型，并伴随巨大的体积变化。纯2MgO·2Al₂O₃·5SiO₂组成的玻璃在655℃、10000磅/平方英寸①的水热条件下结晶出的晶体是低温型（β型），它在830℃转变为高温型，α和β型之间的转变是可逆的。

本系统中，每个氧化物及大部分二元化合物因熔点都很高，具有良好耐火性，如氧化镁、镁橄榄石、莫来石等都为高级耐火材料，但因为三元无变量的温度大大下降，三元混合物的最低共熔点为1358℃，这样的温度已失去耐火性，三元混合物就失去这个性质，所以不同二元系列的耐火材料不能混合使用，

---

① 1 磅/平方英寸 = 6.88894kPa。

故镁质耐火材料与铝硅质耐火材料不能相互接触,以避免降低它们出现液相的温度和材料的耐火度。

由 MgO-Al_2O_3-SiO_2 系统所制备的陶瓷为镁质陶瓷范围,因副三角形 SiO_2-MS-$M_2A_2S_5$ 与镁质陶瓷生产密切相关。镁质陶瓷由于介电损耗小,热膨胀系数低,具有良好的介电性和热稳定性,被广泛用作无线电工业的高频瓷料,也用于航空及汽车发动机的火花塞。镁质陶瓷以滑石和黏土配料。图 4.57 上画出了经煅烧脱水后的偏高岭土及偏滑石的组成点位置,镁质陶瓷配料点大致在这两点连线上或其附近区域。滑石瓷是以原料命名的瓷,因为其配料以滑石为主,仅加入少量黏土,故称为滑石瓷。如图 4.67 中的 M,L,N 点的配料,由于配料点靠近副三角形 $\triangle SiO_2$-MS-$M_2A_2S_5$ 的顶点 MS,因此制品中的主要晶相是原顽火辉石(MS)。如果在配料中增加黏土含量,即把配料点拉向靠近堇青石($M_2A_2S_5$)一侧(有时在配料中还加入 Al_2O_3 粉),则制品中以堇青石晶相为主,这种瓷称为堇青石瓷,是以产品中的主晶相命名的瓷。由于堇青石的热膨胀系数非常小,因此堇青石质陶瓷的抗热冲击性能很好。在滑石瓷配料中加入 MgO,把配料点移向接近顽火辉石和镁橄榄石初晶区的界线(如图中 P 点),可改善瓷料的电学性能,制成低损耗滑石瓷。如果加入的 MgO 足够多,使坯料组成点到达 M_2S 组成点附近,则可制得以镁橄榄石为主晶相的镁橄榄石瓷。

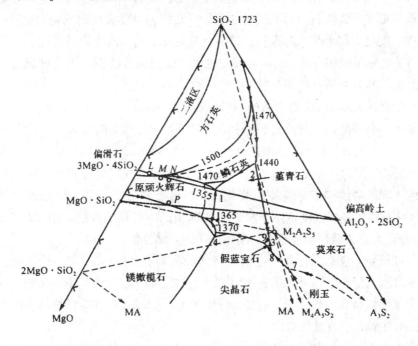

图 4.67 MgO-Al_2O_3-SiO_2 系统相图的富硅部分

滑石瓷的烧成温度范围狭窄，这由相图4.67很容易分析出来。滑石瓷配料点处于三角形 SiO_2-MS-$M_2A_2S_5$ 内，与该副三角形相对应的无变量点是1点，1点是一个低共熔点，因此平衡加热时，滑石瓷坯料将在1点的1355℃出现液相，系统中四相平衡共存。根据杠杆规则可知，升温时在1点首先完全熔融的是 $M_2A_2S_5$ 晶相，低共熔过程结束时消失的晶相是 $M_2A_2S_5$，随后液相组成点将离开1点沿与石英和顽火辉石平衡的界线向温度升高的方向变化，相应的固相组成点则可在 SiO_2-MS 边上找到。利用杠杆规则，可计算出任一温度下系统出现的液相量。在石英和顽火辉石初晶区的界线上画出了1440，1470，1500℃三条等温线，这些等温线分布宽疏，表明温度升高时，液相点位置变化迅速，液相量将随温度升高迅速增加。滑石瓷瓷坯在液相量35%时可充分烧结，但液相量45%时则已过烧变形，即液相量要控制在35%～45%。在图4.67中 L 点的配料中含5%的烧高岭土，根据杠杆规则可以计算出它在1460℃便玻化好（出现35%的液相），到1490℃过烧（出现45%的液相），烧成温度范围为30℃。M 点的配料中含10%的烧高岭土，它在1390℃玻化好，在1430℃过烧，烧成温度范围为40℃。而配料中含15%烧高岭土的 N 点，在1355℃时就已形成45%的液相，所以在滑石瓷配料中加入的黏土（以烧高岭土计）不超过10%，烧成温度范围只有30～40℃。这样窄的烧成温度范围给制品的烧成带来很大困难。在低损耗滑石及董青石瓷配料中用类似的方法计算其液相量随温度的变化，发现它们的烧成温度范围都很窄，工艺上常需要加入助烧结剂以改善烧结性能。研究表明，如果在瓷料中加入长石，则可大大地增加烧结温度范围。用这种配方制造的低绝缘材料具有较好的烧结特性，但电性能不太好。

对于低损耗滑石瓷（如图4.67中 MS-AS_2 线上方的 P 点配料）是在滑石、黏土中加入部分碳酸镁，以补充配料中的镁量不足，使其与游离 SiO_2 反应来提高介电性能。组成点位置约在20%的 AS_2 和80%的 MS 处，仍在 $\triangle SiO_2$-MS-$M_2A_2S_5$ 内，出现液相的温度也是1355℃（点1），然后液相组成将沿着 MS 和 $M_2A_2S_5$ 的初晶区之间的界线向鞍形点方向变化，从界线上鞍形点与点1的温度差值可知，这种配料的烧成温度范围更窄。在实际生产中必须加入助烧结剂（广泛采用碳酸钡）来扩大烧结温度范围，改善瓷料的烧结性能。

董青石瓷的烧结温度范围也很窄。这种瓷料在1355℃（1点）时开始出现液相而且在几摄氏度内液相增到40%以上，继续加热，液相量增加很快，难以烧结。这种瓷料如不作为电子陶瓷，可加入3%～10%长石作为助烧结剂可以增加烧结温度范围，改善烧结性能。

镁橄榄石瓷的配料组成位于 $\triangle$MS-M_2S-$M_2A_2S_5$ 内，这种瓷料烧结温度范围较宽，加热时最初出现液相的温度是在低共熔点1365℃（点5），其后液相量随温度变化并不明显，因此镁橄榄石瓷在烧成工艺中相对较易控制。图 4.68 所示为滑石瓷、堇青石瓷及镁橄榄石瓷的坯料在不同温度时的液相生成量。由图可看到，镁橄榄石瓷烧成时的液相形成起始温度虽高些，但玻化与过烧的温度范围则较宽些。

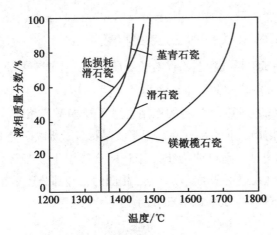

图 4.68 4 种瓷坯在不同温度时的液相生成量

从 MgO-Al$_2$O$_3$-SiO$_2$ 三元相图中的等温线（见图 4.66）也可以判断哪些瓷料烧结温度范围是宽的，哪些是窄的。如果等温线比较窄，说明相应液相面较陡，温度变化引起液相量变化不明显，这样的瓷料烧结温度范围可能较宽；相反，如果等温线稀疏，说明相应液相面平坦，温度变化引起液相量变化明显，因此瓷料烧结温度范围可能较窄。总的说来，烧成温度范围狭窄是 MgO-Al$_2$O$_3$-SiO$_2$ 系统中各类陶瓷制品烧成的共同特点，因此，严格控制烧成温度是制造这类瓷器的关键。

MgO-Al$_2$O$_3$-SiO$_2$ 系统相图也可用来指导生产细瓷。英国在 18 世纪就用滑石为主体的原料生产细瓷，但滑石瓷广泛用于日用器皿还是近期的事。滑石质细瓷是以原顽火辉石为主晶相，含有少量的游离石英。一般情况下作为瓷坯的组成点都处于烧高岭土（AS$_2$）和烧滑石（M$_3$S$_4$）的连线上或其附近，位于方石英和原顽火辉石的界线附近。这种瓷料所用滑石原料含有大量长石，所以瓷料实际上应属于滑石-黏土-长石系统。这种瓷料烧成的细瓷，质地细腻，呈乳白半透明状。如果在瓷坯中加入少量（0.2%）铈-镨黄色剂，则可在氧化焰下烧成象牙色。在釉中加入 0.8%Fe$_2$O$_3$，可以用还原焰烧成青色瓷，这就是我国新制成的鲁青瓷产品。滑石质细瓷一般用于生产高级日用器皿。

由 MgO-Al$_2$O$_3$-SiO$_2$ 系统得到的玻璃，其组成大多靠近原顽火辉石、堇青石、石英三相低共熔处，因此要到 1355℃ 才能出现液相。故这种玻璃的熔制温

度要比 $Na_2O-CaO-SiO_2$ 系统玻璃高。而且这种玻璃的黏度在一定范围内发生急剧变化(料性短)。由于 Mg^{2+} 场强较大,故玻璃的析晶倾向也大,正是由于这种玻璃容易析晶,当玻璃系统中加入 TiO_2,ZrO_2 等晶核剂时,该系统玻璃能制备出性能优异的微晶玻璃(glass-ceramic),其中主要晶相是堇青石,这种微晶玻璃具有较低的膨胀系数,也可用于电子技术和特种工程上。

4.4.4.2 $K_2O-Al_2O_3-SiO_2$ 三元系统相图

$K_2O-Al_2O_3-SiO_2$ 系统相图不仅对长石质陶瓷的生产有特别重要的意义,而且是釉料、玻璃等制造工艺中不可缺少的相图,选择耐火材料结合剂以及研究 K_2O 对 $Al_2O_3-SiO_2$ 系统耐火材料的作用也离不开本系统相图。但由于 Al_2O_3 和 SiO_2 都是难熔氧化物,而且 K_2O 在高温下又易挥发,所以研究 $K_2O-Al_2O_3-SiO_2$ 系统相图有许多困难。到目前为止,由于 K_2O 高温下易于挥发等实验上的困难,对本系统的研究还不全面、不充分,相图的某些部分还很粗略。图 4.69 仅给出了 SiO_2 质量分数在 30% 以上部分的相平衡关系图。

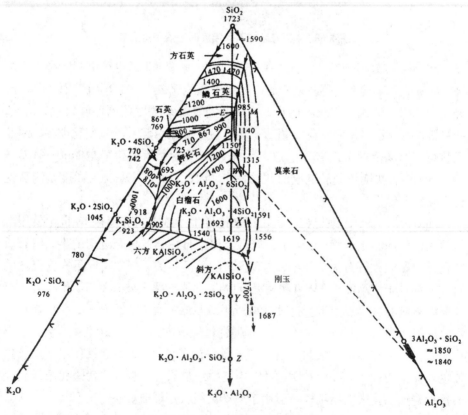

图 4.69 $K_2O-Al_2O_3-SiO_2$ 系统相图

K_2O-Al_2O_3-SiO_2 系统中 3 个纯组元 K_2O、SiO_2 和 Al_2O_3 之间能生成若干个化合物,目前已确定的有 5 个二元化合物和 4 个三元化合物,各化合物的性质列于表 4.15。4 个三元化合物中,K_2O 含量和 Al_2O_3 含量的比值是相同的,分别为钾长石 KAS_6、白榴石 KAS_4、钾霞石 KAS_2 以及化合物 KAS,根据等比例规则,它们的组成点均在连接 SiO_2 与 $K_2O \cdot Al_2O_3$(KA)组成点的直线上,且按 SiO_2 分子减少的顺序排列着。

表 4.15 K_2O-Al_2O_3-SiO_2 系统中化合物的性质

化合物	性质	熔点或分解点/℃
四硅酸钾 $K_2O \cdot 4SiO_2$(KS_4)	一致熔融	765
二硅酸钾 $K_2O \cdot 2SiO_2$(KS_2)	一致熔融	1045
偏硅酸钾 $K_2O \cdot SiO_2$(KS)	一致熔融	976
莫来石 $3Al_2O_3 \cdot 2SiO_2$(A_3S_2)	一致熔融	1850
钾长石 $K_2O \cdot Al_2O_3 \cdot 6SiO_2$($KAS_6$,$W$)	不一致熔融	1150(分解)
白榴子石 $K_2O \cdot Al_2O_3 \cdot 4SiO_2$($KAS_4$,$X$)	一致熔融	1686
钾霞石 $K_2O \cdot Al_2O_3 \cdot 2SiO_2$($KAS_2$,$Y$)	一致熔融	1800
钾铝硅酸盐 $K_2O \cdot Al_2O_3 \cdot SiO_2$($KAS$,$Z$)	尚未确定	
偏铝酸钾 $K_2O \cdot Al_2O_3$(KA)	尚未确定	

注:表中 W,X,Y,Z 分别为三元化合物在相图(图 4.70)中的组成点位置。

K_2O-Al_2O_3-SiO_2 系统相图上给出了 6 个化合物 SiO_2,KS_4,KS_2,A_3S_2,KAS_6,KAS_4 的初晶区,其他化合物的初晶区的位置尚未确定。SiO_2 具有多晶转变,它的初晶区又分为石英、鳞石英和方石英 3 个相区。相图上已经确定的有 11 个三元无变量点,除 3 个三元多晶转变点 a,b,c 外,其余 8 个三元无变量点均有对应的副三角形(见图 4.70)。根据三元无变量点与对应的副三角形的相对位置,可判断各三元无变量点的性质,各三元无变量点的性质见表 4.16。

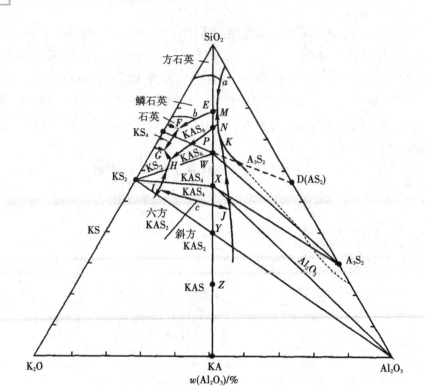

图 4.70 $K_2O-Al_2O_3-SiO_2$ 系统三元无变量点与对应副三角形

表 4.16 $K_2O-Al_2O_3-SiO_2$ 系统中三元无变量点的性质

图上点号	相平衡关系	平衡性质	平衡温度/℃
M	L⇔S(鳞石英)+KAS_6+A_3S_2	低共熔点	985
F	L⇔S(石英)+KS_4+KAS_6	低共熔点	800
G	L⇔KS_4+KS_2+KAS_6	低共熔点	695
H	L+KAS_4⇔KS_2+KAS_6	单转熔点	810
I	L⇔KS_2+KAS_2+KAS_4	低共熔点	905
J	L⇔KAS_4+KAS_2+Al_2O_3	低共熔点	1556
K	L+Al_2O_3⇔KAS_4+A_3S_2	单转熔点	1315
N	L+KAS_4⇔KAS_6+A_3S_2	单转熔点	1140
a	方石英 $\xrightleftharpoons{L,\ A_3S_2}$ 鳞石英	多晶转变点	1470
b	鳞石英 $\xrightleftharpoons{L,\ KAS_6}$ 石英	多晶转变点	867
c	斜方钾霞石 $\xrightleftharpoons{L,\ KAS_4}$ 六方钾霞石	多晶转变点	1540

钾长石 KAS_6 为不一致熔融化合物，分解温度较低，在 1150℃ 分解为白榴子石 KAS_4 和富硅液相，要到 1510℃ 时才完全熔融（见图 4.71）。KAS_6 有三种晶型，高温型为透长石，在 900℃ 以上稳定。低温型为钾微长石与冰长石，冰长石在 600℃ 以下稳定。由于钾长石具有较低温度下不一致熔融而出现熔体数量占 50% 左右的特性，因而是一种重要的熔剂性矿物，在陶瓷工业中常用作助熔剂，它可为烧结过程提供大量液相，促使固相反应和烧结在高温下迅速进行，玻璃工业也用它作为熔剂。白榴子石 KAS_4 为一致熔融化合物，在 1680℃ 一致熔融。KAS_4 有两种晶型，即 α 型和 β 型，其中 α 型为高温型，β 型为低温型，它们之间的转变温度为 620℃（图中未示出）。钾霞石 KAS_2 为一致熔融化合物，在 1800℃ 一致熔融。KAS_2 也有斜方（高温型）、六方（低温型）两种晶型，晶型转变温度为 1540℃（通常高温型晶体的对称性高，但霞石的高、低温型的对称性例外）。而化合物 KAS 研究很少，其性质迄今未明，初晶相的范围也未确定。

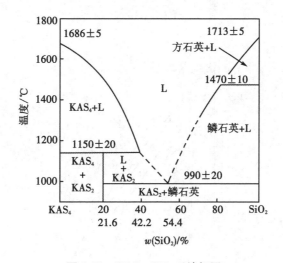

图 4.71　KAS_4-SiO_2 系统相图

图 4.70 中的 M 点和 E 点是两个不同的无变量点。M 点处于莫来石、鳞石英和钾长石三个初晶区的交点，是一个三元无变量点，按重心规则，这是一个低共熔点（985℃）。M 点左侧的 E 点是鳞石英和钾长石初晶区界线 MF 与相应连线 SiO_2-W 的交点，是该界线上的温度最高点，也是鳞石英和钾长石的低共熔点（990℃）。E 点下方的 P 点是钾长石和白榴子石初晶区界线 NH 与相应连线 SiO_2-W 的交点，也是钾长石的不一致熔融分解点（1150℃）（见图 4.71）。图 4.70 中除界线 NH 为转熔线外，其余各界线均为共熔线。NH 转熔线的相平衡关系为 L+KAS_4⇔KAS_6。

由图 4.69 可看到从 M 点（985℃）起，温度急剧上升，等温线密集。其中

1000、1100、1200、1300 与 1400℃等温线非常接近，说明液相面很陡，这表明处于对应副三角形 $SiO_2-KAS_6-A_3S_2$ 内的配料组成加热到 M 点形成一定量的液相后随温度升高时，其液相量变化不大，这将有利于陶瓷的实际生产，即烧成温度范围较宽。所谓烧成温度范围是指瓷件在烧到性能符合要求时所允许的温度波动范围。烧成温度范围宽，则工艺上易于控制。

$K_2O-Al_2O_3-SiO_2$ 系统与日用瓷、卫生瓷、电瓷艺术瓷、化学瓷等的生产密切相关，这类陶瓷都是以长石作助熔剂，因此统称为长石质陶瓷。长石质陶瓷一般用黏土(高岭土)、长石和石英配料。高岭土主要矿物组成是 $Al_2O_3 \cdot 2SiO_2 \cdot 2H_2O$，煅烧脱水后的化学组成为 $Al_2O_3 \cdot 2SiO_2$，称为偏高岭土。图 4.72 上的 D 点即偏高岭土的组成点。D 点不是相图上原有的二元化合物组成点，而是一个附加的辅助点，用以表示配料中的一种原料组成。

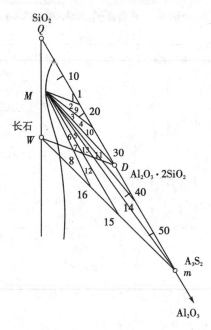

图 4.72　配料三角形和产物三角形

为了使瓷器具有足够的机械强度和良好的热稳定性以及一定的半透明度，要求瓷体中具有一定数量的莫来石晶相和足够的玻璃相。这是由于莫来石能以细小的针状晶体交叉分布，形成网状骨架，从而增强瓷体的机械强度和热稳定性；玻璃相是在煅烧过程中产生的液相经不平衡冷却得到的，足够的玻璃相可以填充瓷体中的空隙，使其致密化并具有一定的半透明度。

应用图 4.72 可以看到单用长石和石英配料是得不到莫来石的。只有加高岭土，使配料组成点移到辅助三角形 SiO_2-KAS_6-AS_2（$\triangle QWD$）内，由于$\triangle QWD$大部分处于莫来石初晶区内，且在相图中副三角形 SiO_2-KAS_6-A_3S_2（$\triangle QWm$）中，而$\triangle QWm$ 则是与产物有关的三角形，则在烧成的瓷体中便会含有莫来石晶相，这样获得的制品中晶相为莫来石、石英和长石。通常将$\triangle QWD$ 称为配料三角形，$\triangle QWm$ 称为产物三角形。

在长石质瓷配料中若高岭土量一定，虽用不同配比的长石与石英，但产品中莫来石晶相含量不变。例如，在配料三角形$\triangle QWD$ 中，1~8 线表示一系列配料组成点，1~8 线平行于 QW 边，则根据等含量规则，所有处于该线上的配料中含等量的偏高岭土（50%）与不同量的长石（0~50%）和石英（50%~0）。而在产物三角形$\triangle QWm$ 中，1~8 线平行于 QW 边，意味着在平衡析晶时从 1~8 线上各配料所获得的产品中莫来石量是相等的。故产品中莫来石量取决于配料中的黏土量。

当以高岭土、长石和石英或以高岭土和长石配料，加热到 985℃时就产生组成为 M 的液相。由于天然长石中一般含有钠长石，所以实际出现液相的温度还要低些。由低共熔点 M 画线通过上述配料点至$\triangle QWm$ 的边上，从这些线可看出液相量与晶相量的比例，以及加热到低共熔点时，与低共熔物相平衡的晶相组成。

组成 1 是由石英和烧高岭石配料而成，达平衡后有莫来石和石英，但没有组成为 M 的液相。配料点由 1 变至 2，即烧高岭石量不变而增加长石，加热至低共熔点 M，出现了 M 组成的液相。液相是由长石、石英与很少量的莫来石所形成（组成为 K_2O 9.5%、Al_2O_3 10.9%、SiO_2 79.6%）。相应的固相组成点 9，表示与低共熔物相平衡的晶相组成只有石英与莫来石，没有长石，所以长石全部熔入液相。由于 M 点附近等温线密集，温度进一步升高，对液相量和晶相组成影响不大。因 M 点熔体中的 SiO_2 含量很高，液相黏度极大，结晶困难，即在不平衡冷却时系统中的液相往往凝固形成介稳的玻璃相，从而使瓷质呈半透明状。由图 4.72 可以看出从点 1 至点 6，长石愈多，液相量愈大，则瓷体中玻璃相的含量越高。组成 6 在低共熔点 M 与莫来石组成点 m 连线上，则加热至 985℃下平衡时，长石消失，石英全部熔融，只有莫来石与玻璃相残留。配料在 985℃下低共熔过程结束时首先消失的晶相取决于配料点的位置。如组成点 7 点，因 M-7 连线的延长线交 Wm 边于 15 点，则首先熔解完的晶相是石英，固相中保留的是莫来石和长石。若长石太多，如 7、8 点配料，则固相组成点会出现在莫来石一条长石线上，说明瓷体中会有长石和莫来石晶相存在。由以上分析可知，瓷体的晶相构成和玻璃相含量的多少与配料组成有关。

以组成点 3 为例分析其冷却析晶过程和平衡加热过程：

（1）冷却析晶过程

系统冷却到析晶温度时，首先析出莫来石，液相组成点沿 A_3S_2-3 连线的延长线方向变化到石英与莫来石初晶区的界线后，从液相中同时析出莫来石和石英，液相组成点沿此界线到达 985℃ 的低共熔点 M 后，同时析出莫来石、石英和长石，析晶过程在 M 点结束。

（2）平衡加热过程：

随温度升高，长石、石英和通过固相反应生成的莫来石将在 985℃ 下低共熔形成 M 组成液相，即 $A_3S_2+KAS_6+S \rightarrow L_M$，此时 $F=0$，液相组成保持在 M 点不变，固相点则从 M 点沿 M-3 连线的延长线变化，当固相组成点到达 Qm 边上的 10 点时，固相中 KAS_6 已首先用完，固相中留下的晶相是莫来石和石英。此时 $F=1$，可继续升温，液相沿与莫来石和石英平衡的界线向温度升高方向变化，莫来石与石英继续熔入液相，固相点则从 10 点沿 Qm 边向 A_3S_2 变化。由于 M 点附近界线上的等温线很紧密，说明此阶段液相组成及液相量随温度升高变化不大，日用瓷的烧结温度大致处于这一区间。当固相组成到达 A_3S_2 后，意味着固相中的石英已完全熔解到液相中。此后液相组成将离开与莫来石、石英平衡的界线 A_3S_2-3 连线的延长线进入莫来石初晶区，最后液相组成点回到配料点 3 点。

由于长石质瓷包含多种用途的瓷，不同产品有不同的使用要求，因此可以通过合理选择配料点，恰当地控制冷却过程，就能在瓷体中获得所要求的相组成，从而控制产品的性能。根据长期生产实践和科学研究的积累，用高岭土、长石和石英制造各种长石质陶瓷制品的配方范围如图 4.73 所示。

图 4.73 中的硬瓷是指瓷料中高岭土含量较多，熔剂成分如长石较少，烧成温度较高（1320～1450℃），从而瓷体中的莫来石含量较多，玻璃相含量较少，硬度较高的一类瓷，如卫生瓷。软瓷则与硬瓷相反，配方中熔剂原料较多，烧成温度比硬瓷低，瓷体中玻璃相含量较高，半透明性较好，但瓷质较软，如艺术瓷。日用瓷有硬瓷也有软瓷。化学瓷要求具有良好的耐腐蚀性和耐急冷急热性，因此配料组成中含高岭土较多，石英较少。这是因为加入高岭土多，Al_2O_3 含量高，则耐腐蚀性能好；而石英在升（或降）温过程中，常常发生多晶转变，产生较大的体积效应，引起耐急冷急热性能降低，所以石英晶相含量少即可提高耐急冷急热性。所以化学瓷的配料组成点选择在远离石英、靠近高岭土的一端。电瓷要求有高的机械强度和电绝缘性，瓷体中通常仅含有单一莫来石晶相和玻璃相，则其配方长石含量较低。精陶的配方中长石含量很低，烧成温度下产生的液相量很少，因而它的烧结程度最低，烧成后还含有较高的气孔率。牙科瓷要求有高的半透明性并能制成小而简单的形状，因此需要高含量长石、低含

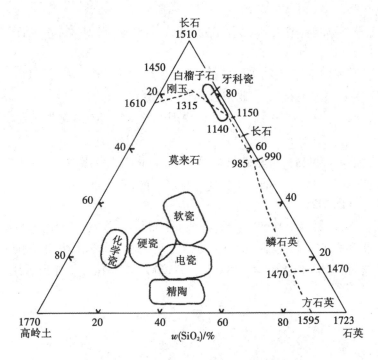

图 4.73　以高岭土、长石和石英为原料的瓷料配方范围

量高岭土。

　　我国日用瓷的矿物组成质量分数范围一般为黏土物质 40%～50%、长石 20%～30%、石英 25%～35%，日用瓷的实际烧成温度在 1250～1450℃，系统中要求形成适宜数量的液相，以保证坯体的良好烧结，液相量不能过小，也不能过大，由于 M 点附近等温线密集，液相量随温度变化不敏感，使这类瓷的烧成温度范围较宽，工艺上易于控制。此外，因 M 点与临近界线均接近顶角，熔体中 SiO_2 的含量较高，液相黏度大，结晶困难，在冷却时系统中的液相往往形成玻璃相，从而使瓷质呈半透明状。

参 考 文 献

［1］　陆佩文.无机材料科学基础:硅酸盐物理化学［M］.武汉:武汉工业大学出版社,1996.

［2］　Kingery W D,Bowen H K,Uhlmann D R.陶瓷导论［M］.清华大学新型陶瓷与精细工艺国家重点实验室,译.北京:高等教育出版社,2010.

［3］　石德珂.材料科学基础［M］.北京:机械工业出版社,2003.

［4］　叶瑞伦,方永汉,陆佩文.无机材料物理化学［M］.北京:中国建筑工业出版

社,1986.

［5］　樊先平,洪樟连,翁文剑.无机非金属材料科学基础［M］.杭州:浙江大学出版社,2004.

［6］　李言荣,恽正中.材料物理学概论［M］.北京:清华大学出版社,2001.

［7］　李见.材料科学基础［M］.北京:冶金工业出版社,2000.

［8］　贺蕴秋,王德平,徐振平.无机材料物理化学［M］.北京:化学工业出版社,2005.

［9］　胡志强.无机材料科学基础教程［M］.北京:化学工业出版社,2011.

［10］　Gibbs J W. The Collected Works:Vol.1［M］.London:Longmans,Green & Co.,Ltd.,1928.

［11］　刘智恩,材料科学基础［M］.2 版.西安:西北工业大学出版社,2003.

［12］　张联盟.材料科学基础［M］.2 版.武汉:武汉理工大学出版社,2008.

［13］　崔忠圻,覃耀春.金属学与热处理［M］.2 版.北京:机械工业出版社,2007.

第 5 章　陶瓷中扩散

陶瓷材料的组织结构、加工处理，以及物理与机械性能的变化都与其中发生的扩散过程有关。一方面，研究陶瓷材料中扩散可以忽略原子性质与晶体结构，按照一个连续固态介质方式处理；另一方面，可以从固体中原子(或离子)级别考察物质的扩散迁移，例如原子或离子(空位)的热振动和跳跃迁移过程。陶瓷材料的固相反应、晶粒生长、致密化、高温蠕变等过程以及电导率、热导率等物理性能与陶瓷材料扩散微观机制直接相关，对陶瓷材料扩散微观机制的认识十分重要。

5.1　扩散现象

5.1.1　扩散的概念

扩散是一种传质过程，微观上表现为质点的无规则运动，宏观上表现为物质的定向迁移。当物质内有梯度(化学位、浓度、应力等)存在时，大量原子的迁移运动引起物质的宏观扩散。对于固体晶体来说，扩散是原子或晶体缺陷从一个平衡位置到另一个平衡位置跃迁的过程，而且是大量原子或缺陷经过无数次跃迁的结果。通常用扩散系数作为表征扩散的一个参量。扩散系数与扩散机制、扩散介质和外部条件有关，扩散系数是物质的一个物理性质指标。

扩散唯象理论证明，表征扩散的扩散系数 D 与温度的关系可以表示为

$$D = D_0 \exp(-\Delta G / RT)$$

其中，T 是绝对温度，K；R 是气体常数，J/(mol·K)；ΔG 是扩散激活能，J/mol，即在跃迁时一个间隙原子或者空位克服晶格势垒所需要的能量。

当不存在外场作用时，晶体中原子或离子的迁移是由热振动引起的。当存在外场作用时，粒子的迁移可以形成定向的扩散流。原子或离子扩散流的推动力通常是浓度梯度，但是，更普遍的是扩散系统中的化学势梯度。

5.1.2 扩散的分类

固体晶体中原子、离子的随机行走称作自扩散，它是最简单的一种物质扩散方式。陶瓷中自扩散可以是组成物质的任何一个组分，例如，MgO 陶瓷中可以是 Mg 的自扩散，也可以是 O 的自扩散。对于这种以离子键为主的晶体，其中组成组分的自扩散也是 Mg^{2+} 和 O^{2-} 的离子扩散。但是，它们的扩散机制可能不同，Mg^{2+} 常常通过空位扩散，而一些小尺寸离子按照间隙扩散。由于扩散离子及其缺陷都来自陶瓷化合物自身，因此此类扩散属于本征扩散。相反的，在陶瓷晶体中外来原子或离子等组分的扩散，则属于非本征扩散；如果外来组分的数量较多，可以称为"溶质"扩散；如果外来组分含量很少或者仅是杂质原子或离子参与的扩散，则可称为"杂质"扩散。

根据扩散物质传输的途径，在多晶陶瓷中离子的扩散可以分为：在晶粒内部点阵位置进行的扩散，称为点阵扩散（也称作体积扩散或晶格扩散）；在晶体表面进行的扩散，称为表面扩散；在晶界上进行的扩散，称为晶界扩散。此外还存在沿位错线、层错面的扩散，称为位错扩散。陶瓷晶体中的扩散沿着表面、晶界、相界面、位错线等位置进行时，由于扩散路径缩短，扩散速度快，也称为"短路扩散"。

▨ 5.2 连续扩散方程

从宏观的角度出发，扩散可以看作物质粒子从高浓度区域向低浓度区域的连续运动。基于对宏观扩散现象的研究，菲克（Adolf Fick）于 1855 年首先对这种物质质点扩散过程进行定量描述，提出物质从高浓度区向低浓度区扩散的定量公式。

5.2.1 菲克第一定律

扩散时，参与扩散物质的浓度随着空间位置而异。在扩散过程中，单位时间内通过单位横截面积的物质扩散流量与浓度梯度（∇C）成正比：

$$\boldsymbol{J} = -D\,\nabla C = -D\left(\boldsymbol{i}\,\frac{\partial C}{\partial x} + \boldsymbol{j}\,\frac{\partial C}{\partial y} + \boldsymbol{k}\,\frac{\partial C}{\partial z}\right) \tag{5.1a}$$

其中，D 为扩散系数，cm^2/s；负号表示扩散是从浓度高向着浓度低的方向进行，即浓度梯度的逆方向；$\boldsymbol{J}$ 为扩散流量，表示单位时间内通过单位横截面的粒子数，$mol/(s \cdot m^2)$。物质的扩散流是具有方向性的矢量。假设扩散系数 D 与方向无关，并且仅考虑一维 X 方向的扩散时，则式(5.1a)表示为

$$J = - D \frac{\partial C}{\partial x} \tag{5.1b}$$

菲克第一定律是描述扩散的唯象关系式,不涉及扩散系统内部结构及原子运动等微观过程。扩散系数是反映扩散物质的固体结构和物理性质的特征值。式(5.1a)和式(5.1b)不仅适用于扩散系统的任何位置,而且适用于扩散过程的任一时刻。菲克第一定律描述的扩散属于稳态扩散,在垂直于扩散方向的任一平面上,单位时间内通过该平面单位面积的粒子数一定,任一点的扩散物质浓度不随时间而变化,即 $\partial C / \partial t = 0$。

5.2.2　菲克第二定律

在一般情况下,实际扩散系统中物质的浓度和浓度梯度可以不断变化,它们是扩散距离和时间的函数,所以菲克第一定律描述的稳态扩散的情况很少。绝大多数扩散属于非稳态扩散过程。在扩散体系中,扩散物质的浓度分布随着时间和位置而改变。对于这类不稳态扩散的处理,需要从物质的平衡关系着手,建立扩散微分方程式。

假设扩散按照一维方向进行,如图 5.1 所示,沿着 x 轴方向物质通过扩散厚度为 dx、面积为 ds 的平面层,在 dt 时间内物质通过 1 面从左进入平面层内的物质的量为

$$dM_1 = - \left(D \frac{\partial C}{\partial x} \right)_x dsdt \tag{5.2a}$$

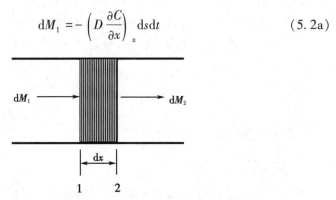

图 5.1　扩散流通过微小体积的情况

而通过 2 面离开平面层的物质的量为

$$dM_2 = - \left(D \frac{\partial C}{\partial x} \right)_{x+dx} dsdt \tag{5.2b}$$

在 dt 时间内,在平面层内净增加的物质的量为

$$\mathrm{d}M = \mathrm{d}M_1 - \mathrm{d}M_2 = \left[\left(D\frac{\partial C}{\partial x} \right)_{x+\mathrm{d}x} - \left(D\frac{\partial C}{\partial x} \right)_x \right] \mathrm{d}s\mathrm{d}t = \frac{\partial}{\partial x}\left(D\frac{\partial C}{\partial x} \right) \mathrm{d}x\mathrm{d}s\mathrm{d}t$$

$$(5.2c)$$

如果以物质量的浓度表示，有

$$\mathrm{d}C = \frac{\mathrm{d}M}{\mathrm{d}x\mathrm{d}s} = \frac{\partial}{\partial x}\left(D\frac{\partial C}{\partial x} \right) \mathrm{d}t \tag{5.2d}$$

则

$$\frac{\partial C}{\partial t} = \frac{\partial}{\partial x}\left(D\frac{\partial C}{\partial x} \right) \tag{5.2e}$$

式(5.2e)即菲克第二定律公式。如果扩散系数 D 与扩散方向无关，则式(5.2e)写成

$$\frac{\partial C}{\partial t} = D\frac{\partial^2 C}{\partial x^2} \tag{5.3}$$

式(5.3)是非稳态扩散的基本动力学方程，它适用于不同性质的扩散体系。在一定边界条件和初始条件下，可以通过求解此方程获得扩散物质原子浓度对扩散距离和时间的分布函数 $C=f(x, t)$。

5.2.3 扩散动力学方程的解

(1)薄膜中扩散

假设薄层扩散物质(例如示踪原子，沉积物质量 Q)沉积在无限长固体圆棒的一个端面上。在 $t=0$ 时，取沉积物位置为 x。菲克第二定律[式(5.3)]的数学解为

$$C(x, t) = \frac{A}{\sqrt{t}}\exp\left(-\frac{x^2}{4Dt} \right) \tag{5.4a}$$

其中，A 是任意常数。式(5.4a)是式(5.3)的解时，需同时满足边界条件：

$t \to \infty$ 时，$|x| > 0$，$C \to 0$；

$t \to 0$ 时，$x = 0$，$C \to \infty$。

设想在沉积扩散物质层的一端再连接相同无限长的纯固体圆棒，这样组成由两个半无限棒之间夹扩散薄层的三明治结构，然后在一定温度下加热处理，使薄膜物质扩散。在单位横截面积圆棒中扩散总量 Q 保持不变，有

$$Q = \int_{-\infty}^{\infty} C(x, t) \mathrm{d}x \tag{5.4b}$$

式(5.4a)中指数项变换为

$$\frac{x^2}{4Dt} = \xi^2$$

并且
$$\mathrm{d}x = 2\sqrt{Dt}\mathrm{d}\xi$$

则扩散总量为

$$Q = 2AD^{\frac{1}{2}} \int_{-\infty}^{\infty} \exp(-\xi^2) d\xi = 2A(\pi D)^{\frac{1}{2}} \tag{5.4c}$$

由式(5.4a)和式(5.4b)可以得到一定的扩散物浓度 C 与质量 Q、时间 t 的关系

$$C(x, t) = \frac{Q}{2\sqrt{\pi Dt}} \exp\left(-\frac{x^2}{4Dt}\right) \tag{5.4d}$$

图 5.2 所示为 3 个不同 Dt 值时的浓度-距离曲线。只有在扩散厚度很小的时候，扩散物质浓度与 $(Dt)^{1/2}$ 服从高斯分布。

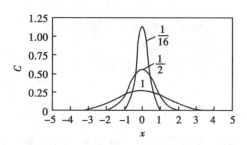

图 5.2　瞬时平面源的浓度-距离曲线(数字代表 Dt 的数值)

如果固体圆棒的长度小于物质扩散距离，即相当于扩散只是在+x 方向的半无限长圆棒中进行。把上面的扩散沉积薄膜设想成一半向正 x 方向扩散，一半向负 x 方向扩散，在 $x=0$ 位置没有物质渗透，则可以认为-x 方向的扩散叠加在+x 方向上，所有物质都扩散流向+x 方向，进入 $x>0$ 区域。Q 总量保持恒定，这种情况下扩散公式[式(5.3)]的数学解为

$$C(x, t) = 2\frac{Q}{2(\pi Dt)^{\frac{1}{2}}} \exp\left(-\frac{x^2}{4Dt}\right) = \frac{Q}{(\pi Dt)^{\frac{1}{2}}} \exp\left(-\frac{x^2}{4Dt}\right) \tag{5.5}$$

(2)在一对半无限固体中扩散

假设纯固体 A 一个端面与纯固体 B 的一个端面"焊接"在一起，二者之间不发生互扩散，初始物质浓度分布如图 5.3 所示。扩散的初始边界条件为

$t = 0$ 时，$x > 0$，$C = 0$；

$t = 0$ 时，$x < 0$，$C = C_0$。

设想将 $x>0$ 的区域分为 n 个单位横截面积固定的薄片，每个薄片的厚度是 $\Delta\xi$。其中任一特定厚度的薄片中含有扩散溶质 $C_0\Delta\xi_i$。如果其周围区域的初始溶质浓度为 0，则扩散一段时间后浓度分布就等于式(5.4d)。于是，整个区域的溶质浓度分布等于这些薄片的叠加浓度分布。设 ξ 是第 i 薄片到 $x=0$ 位置的距离，扩散溶质的浓度分布方程为

$$C(x, t) = \frac{C_0}{2(\pi Dt)^{1/2}} \int_0^{\infty} \exp\left(-\frac{(x-\xi)^2}{4Dt}\right) d\xi \tag{5.6a}$$

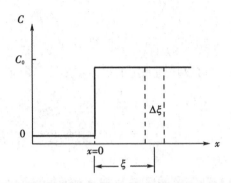

图 5.3　扩展初期物质浓度分布

假设 $\eta = \dfrac{x - \xi}{2\,(Dt)^{1/2}}$。式(5.6a)类似于误差函数

$$\mathrm{erf}(z) = \frac{2}{\pi^{\frac{1}{2}}} \int_0^z \exp(-\eta^2)\,\mathrm{d}\eta \tag{5.6b}$$

利用误差函数的特征值 $\mathrm{erf}(-z) = -\mathrm{erf}(z)$，$\mathrm{erf}(0) = 0$，$\mathrm{erf}(\infty) = 1$，积分式 (5.6b)，得

$$\int_z^\infty \exp(-\eta^2)\,\mathrm{d}\eta = \int_0^\infty \exp(-\eta^2)\,\mathrm{d}\eta - \int_0^z \exp(-\eta^2)\,\mathrm{d}\eta = 1 - \mathrm{erf}(z)$$

$$\tag{5.6c}$$

则式(5.6a)可以表示为

$$C(x,\ t) = \frac{1}{2}\,C_0\,\mathrm{erfc}\left(\frac{x}{2\,\sqrt{Dt}}\right) \tag{5.6d}$$

在 $t>0$ 时，每一个 C/C_0 对应一个特定的 $z = x/(2\sqrt{Dt})$ 值。$z=1$ 时，$C/C_0 = 0.92$；$x=0$ 时，$C/C_0 = 1/2$。

（3）限制在一个区间内的扩散

扩散物质被限定在一个区间内（$-h<x<+h$），推导类似于式(5.6d)，这种情况可以使用误差函数的加和。如图 5.4 所示为限定在一个棒中的物质扩散情况。按照前面的积分推导过程，利用方程式(5.6c)在 $x-h$ 和 $x+h$ 区间内积分，得

$$C = \frac{1}{2}\,C_0 \left[\mathrm{erf}\left(\frac{h-x}{2\sqrt{Dt}}\right) + \mathrm{erf}\left(\frac{h+x}{2\sqrt{Dt}}\right) \right] \tag{5.7}$$

式(5.7)表示于图 5.5 中，曲线上数字代表了 $(Dt/h^2)^{\frac{1}{2}}$ 的值。

在上面方程中，扩散系数 D 是恒定的，在扩散流量 J 的一般表达式上没有考虑驱动力作用。不同条件下获得的数学解决定于所考察扩散系统的初始和边界条件。

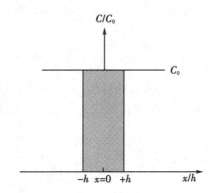

图 5.4　扩散物质在 ($-h<x<+h$) 区间浓度分布

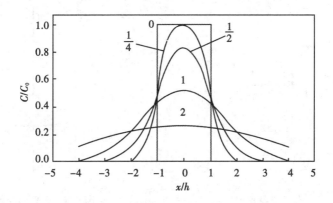

图 5.5　限定区间内浓度–距离曲线

（4）其他类型的不稳态扩散数学解

① 初始浓度 C_0 的半无限源，表面保持恒定浓度 C_s（见图 5.6）：

$$\frac{C(x,\ t)\ -\ C_s}{C_0\ -\ C_s} = \mathrm{erfc}\left(\frac{x}{2\sqrt{Dt}}\right) \tag{5.8}$$

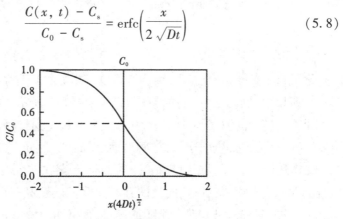

图 5.6　半无限扩展源的浓度–距离曲线

② 物质的量为 M 的有限点源，扩散进入初始浓度为零的无限体积中浓度分布(见图 5.7)

$$C(r, t) = \frac{M}{8(\pi Dt)^{\frac{3}{2}}} \exp\left(-\frac{r^2}{4Dt}\right) \qquad (5.9)$$

③ 物质的量为 M 的有限线状源扩散进入零初始浓度的无限体积中的浓度分布(见图 5.8)

$$C(r, t) = \frac{M}{4\pi Dt} \exp\left(-\frac{r^2}{4Dt}\right) \qquad (5.10)$$

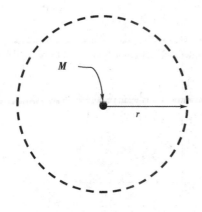

图 5.7　有限点源扩散

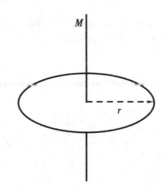

图 5.8　有限线状源扩散

5.3　原子扩散过程

5.3.1　随机行走理论

随机行走扩散是原子从当前位置可以以相等的概率跳跃到任意相邻位置的过程。假设随机行走发生在一维的方向，如图 5.9 所示。图中示意的每一个原子面上都含有不同浓度(n_i)的黑色原子，浓度从左到右降低且存在一个线性梯度 dC/dx。标黑色的原子可以在面与面之间任意跳跃。按照菲克第一扩散定律，在达到稳定态时，在浓度梯度下降方向上存在一个恒定的原子扩散流量。假设标记原子在相邻近原子面之间互相交换的跳跃频率(即每秒钟跳跃次数)为 Γ，扩散原子浓度十分低，跳跃是独立、互不相关的，那么跳跃频率 Γ 在 $+x$ 和 $-x$ 两个方向上相等。原子每一次跳跃的距离为 λ。在随机指定的面 1 和面 2

上，1 中黑色原子跳入 2 面的频率是 $(1/2)n_1\Gamma$，相反的，从 2 到 1 的跳跃频率是 $(1/2)n_2\Gamma$，于是从 1 面到 2 面跳跃频率的净差值是

$$J = \frac{1}{2}(n_1 - n_2)\Gamma \tag{5.11a}$$

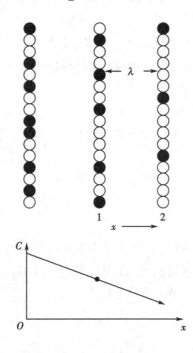

图 5.9　具有物质浓度梯度的原子面排列

因为在 1 和 2 两个面上的标记原子浓度分别是 $C_1 = n_1/\lambda$ 和 $C_2 = n_2/\lambda$，其中 λ 等于原子面间距。在 x 方向浓度梯度是 $-\mathrm{d}C/\mathrm{d}x = (C_1 - C_2)/\lambda = (n_1 - n_2)/\lambda^2$，代入式(5.11a)，得

$$J = -\left(\frac{1}{2}\lambda^2\Gamma\right)\frac{\mathrm{d}C}{\mathrm{d}x} \tag{5.11b}$$

将式(5.11b)与菲克第一扩散定律比较，则扩散系数表达式为

$$D = \frac{1}{2}\lambda^2\Gamma \tag{5.11c}$$

式(5.11c)是固态扩散系数的一般形式，它是点阵几何因子(1/2)、跳跃距离 λ 的平方和跳跃频率 Γ 的乘积。在三维固体中几何因子决定于结构中原子相邻配位数。例如在简单立方点阵中跳跃可以发生在 3 个方向上，而且各向同性，那么在任何一个方向上跳跃频率为 $\frac{1}{6}\Gamma$，所以固体中扩散系数更普遍的形

式为

$$D = \frac{1}{6}\lambda^2\Gamma \tag{5.12}$$

在式(5.11a)至(5.12)中，跳跃频率 Γ 是各向同性的。这意味着沿着浓度梯度下降方向的原子扩散流动不会被原子的跳跃方向改变，迁移仅仅是各自原子面上浓度差的结果。在前面的扩散公式中都没有考虑驱动力作用，如果存在驱动力，例如温度梯度、化学势梯度、电场梯度和应力梯度等，则扩散过程可以改变。

将式(5.12)中数字因子用 $\gamma = 1/N$ 的形式代替，表示点阵几何因子，其中 N 是原子可以跳跃进入的相邻位置数。例如岩盐结构中阳离子只能跳跃进入相邻阳离子位置，而阴离子也只能进入另一个阴离子位置。因为结构中离子配位数是12，都沿着 1/2<110> 矢量方向跳跃相同距离，则扩散系数表示为

$$D = \gamma\lambda^2\Gamma = \frac{1}{2}\left(\frac{a_0\sqrt{2}}{2}\right)^2\Gamma \tag{5.13}$$

其中，a_0 为点阵常数。一般不同类型化合物和晶体结构的几何因子和跳跃距离差别不大，但是实际测量的扩散系数可以相差几个数量级。这种变化与扩散迁移能、温度和跳跃频率以及点阵缺陷浓度有关。

5.3.2 自扩散系数

自扩散是物质中组成原子在热起伏运动下进行的无规则行走，是一种简单的不存在浓度梯度或化学势梯度时的原子扩散。在陶瓷中的任何组成组分都可以产生自扩散，但是它们各自的扩散机制可以不同。Al_2O_3 陶瓷中 Al^{3+}，MgO 中 Mg^{2+} 常常以空位扩散机制进行，尺寸较小的离子一般通过间隙机制扩散。不同于金属，陶瓷材料中至少含有两个不同扩散组分，空位类型分为负离子空位与正离子空位两种，或间隙类型的间隙正离子与间隙负离子两种。

陶瓷中缺陷自扩散是指一种特定点缺陷的运动，这时扩散系数可以指定是一个空位 (D_v) 或间隙的扩散系数 (D_i)，或者一个缔合的杂质-空位对 (D_{assoc})，或者其他类型缺陷缔合体的扩散。缺陷浓度较低时，缺陷之间没有互作用。化学组分中不存在浓度梯度，空位浓度是一个与位置无关的常数，空位扩散系数也与其浓度无关。因为一个扩散中的空位只能与一个离子交换位置，不能与另一个空位交换位置，所以每次空位-离子之间互换的结果是造成离子与空位的相向运动。当空位浓度稀少时，相邻点阵位置实际上都被离子占据，这样能够与空位交换的相邻点阵位置的概率接近于1，结果是每个空位迁移时不会与其他空位发生互作用。因此，空位扩散与其自身的浓度无关。低浓度的间隙离子

扩散也是如此，因为相邻近的间隙位置都未被占据，总是可以提供给扩散的间隙离子利用。

但是，点阵离子(包括基体离子、溶质离子和放射性同位素示踪离子)的自扩散系数强烈依赖于其相反方向上的扩散缺陷浓度。点阵离子自扩散系数体现了基体离子的迁移特征，这是烧结和扩散蠕变等许多组织演变过程中的一个重要系数。当离子晶体固体中存在正离子空位浓度梯度时，就会存在一个反方向的正离子浓度梯度。空位向浓度梯度降低方向流动，对应地产生一个相等的反方向点阵离子运动，一般用自扩散系数 D^* 表示这个流量大小。如果这个点阵离子扩散通过空位机制进行，则自扩散系数由空位扩散系数 D_v 和空位浓度[V]确定，即 $D^* = [V] D_v$；如果离子的间隙扩散很快而且在扩散中占主导，这时 $D^* = [M_i] D_i$，其中[M_i]是间隙离子浓度。晶体中离子的扩散系数与缺陷浓度成正比。另外，无论是按照空位还是间隙机制迁移，点阵自扩散系数还受溶质浓度、气氛和温度等因素影响。

对于一个二元化合物 MN，当其组分的分压恒定时，空位浓度[V]与温度的变化成指数关系，参考跳跃概率随着温度变化的关系式，自扩散系数 D^* 的一般表示式可以写为

$$D^* = A\exp\left(-\frac{G_m + G_v}{kT}\right) \tag{5.14}$$

其中，G_m 为离子迁移时所需要的激活能；G_v 为形成一个空位所需要的空位形成能；A 为离子迁移的频率因子。空位浓度也会随着晶体的组分发生很大变化。特别是温度升高或者固相组分偏离化学计量比较多时，空位缺陷的浓度相应地增加，自扩散系数也随之变化。

5.3.3　关联系数

上面关于自扩散系数的讨论是建立在原子随机行走模型基础上，无论是空位扩散或间隙扩散，均假定晶体内各原子的跳跃是完全无关联的、独立的、无规则的。或者说第 n 次跳跃与之前的第 $n-1$ 次跳跃没有任何关联。独立的原子跃迁是指原子从一个晶面跃迁到邻近的晶面上的数目，它由跃迁的概率和单位面积上原子数的乘积决定。当晶体中空位浓度很小，只有一种组分原子沿着浓度梯度扩散时，上面假设是适用的。因为每一个空位周围最邻近的配位圈内几乎没有空位，而且配位原子都是相同的，这时空位在任何方向上跃迁的概率相同，原子的跃迁是无规则的。

但是，在扩散过程中即使仅考虑某单一类型缺陷控制的原子跳跃过程，原子扩散也可能存在相互关联。设想利用放射性同位素示踪原子测定自扩散系数，并且假设阳离子自扩散是以空位流动为主。因为不可能把单个的运动中的

离子"标注"出来，基体中所有离子进入一个空位的概率相等，事实上发生迁移的离子只能是点阵中随机出现的任何一个。在自扩散过程结束后，可以观察到物质发生了净迁移，只是无法确定具体哪个原子发生了移动。如果在基体离子体系中分布了少量标记示踪离子，可以观察到示踪离子的运动。在原子级别上，示踪原子也随着参与扩散，连续跳跃的原子是相互关联的。可以预测示踪离子跳跃一次后，下一次跳跃时存在一定的返回先前位置的概率，而且很可能再跳回到先前的空位里，这样来回跃迁的结果，使示踪原子前后跃迁的效果互相抵消，即没有发生位移。在考虑沿特定方向原子的扩散时，由于存在这种"无效"跳跃运动，结果是示踪原子自扩散系数($D_{示踪}$)小于自扩散系数(D^*)，或者说示踪原子的自扩散系数只相当于无规则自扩散系数的一部分。将扩散公式进行修正

$$D_{示踪} = f D^* \qquad (5.15)$$

其中，f为关联系数(correlation factor)，它是由晶体结构和扩散机理所决定的小于1的常数。实验测量的$D_{示踪}$接近但不完全等于D^*。表5.1是以空位机理扩散时示踪原子的关联系数。

表5.1　不同晶体结构中空位扩散的示踪原子的关联系数

结构类型	配位数	相关系数
金刚石	4	0.5
简单立方	6	0.6531
体心立方	8	0.7272
面心立方	12	0.7815
密排六方	12	$f_x = f_y = f_z = 0.7815$

假设只允许最邻近的原子发生跳跃，由表5.1可见，配位数越大，在一次跳跃中一个空位可以利用交换的原子数越多，关联因数越接近1。另外，在一个无序的A和B组成的固溶体中，原子A和B都处于同样晶格位置上并且在同样的点阵间跃迁，其空位扩散决定于A和B的相对跃迁频率以及晶体的几何结构。对于间隙型扩散，一个间隙位置被占据后构成一个点缺陷，其周围的间隙位置没有被占据的概率接近于1，所以直接间隙扩散机制的关联系数等于1。这时，紧邻一个间隙原子周围的间隙几乎完全是空的，间隙原子的跃迁方向就和前一次的跃迁无关。

5.3.4　扩散系数实验测定

研究固体扩散的实验方法都是测定扩散物质在固体试样中的浓度分布及其对时间和温度的依赖关系。可以采用不同物理和化学的方法测定扩散物质的浓

度分布情况，例如用发射光谱、质谱、X 射线荧光光谱、光电子能谱及示踪原子和化学分析方法等。无论是对金属或陶瓷，放射性示踪剂方法一直被广泛利用。此外，一些现代测试技术如 SIMS、NMR、电导率等也特别适合测定陶瓷材料扩散的扩散系数。最后，大多数实验测量结果以扩散浓度分布数学公式进行表达。

放射性同位素示踪原子法是测定固体材料自扩散系数的常用方法。在示踪扩散技术里，示踪剂是具有放射活性、稳定的同位素。放射活性示踪原子法的基本原理是使用 γ-光谱等技术探测放射性元素衰减，在示踪元素消失之前，放射性同位素的半衰期足够能完成元素浓度探测。使用示踪扩散技术可以研究扩散物质的自扩散和杂质扩散。最简单的是通过沉积示踪原子薄膜，测量示踪元素渗透浓度分布，计算扩散系数 D 数值，一般使用计算公式 $C(x, t) = \dfrac{A}{\sqrt{t}}\exp\left(-\dfrac{x^2}{4Dt}\right)$ 或者 $\ln C = A\left(-\dfrac{x^2}{4Dt}\right)$。

简要的测量过程是：在测量的陶瓷表面沉积一层薄的放射性同位素，在设定温度下退火加热一段时间，使同位素元素扩散渗透足够深。应该采用不挥发的同位素原子，否则测量的扩散材料可能被污染。沉积放射性同位素覆盖了整个样品，除了用于测量的一维方向渗透表面外，被测试材料其他所有表面上的同位素必须去除。陶瓷一般很难切削，可以用研磨方法把不需要的表面上的放射性同位素磨掉。如果采用化学方法去除不需要的表面上的同位素，扩散表面必须使用适当的阻隔材料保护好，阻隔材料在化学清洗表面时不会溶解掉。测试样品必须磨掉足够深，这样在测量中不会有其他同位素作用。退火扩散处理前，可以采用含有示踪剂的液体以滴定方式沉积在研究表面，然后蒸发干燥，沉积同位素。在一定温度下经过一定时间的扩散退火之后，将试样切割成薄片，分别测量各片中放射性元素浓度，确定示踪原子的浓度沿着扩散距离的变化，求得扩散系数。陶瓷中化学键比金属的键性强，熔点温度较高。在大多数扩散实验中扩散退火温度远远高于 $0.5T_m$，所以测定陶瓷材料的扩散退火温度很高。

5.4　扩散机制

在完整的固体晶体中，扩散不易进行。实际晶体中存在各种缺陷，扩散可以通过各种类型的缺陷进行。图 5.10 所示为固体中的扩散机制，在固体晶体中扩散物质的传输机制主要包括：① 直接易位扩散：在密堆积晶格中两个相邻的原子或离子直接位置互换，见图 5.10(a)；② 环形易位扩散：三个或更多原子同时发生环形互换位置，活化能较低，见图 5.10(b)；③ 间隙扩散：扩散的原子在晶格间隙的位置之间运动，一些间隙式固溶体中杂质原子的扩散，见图 5.10(c)；④ 准间隙扩散：间隙位置的原子将点阵格点上的原子撞击离开格点进入间隙中，且取而代之占据该格点位置，见图 5.10(d)；⑤ 空位扩散：以空位为传输途径，空位周围临近的原子跃入空位，该原子或离子原来占据的格点位置成为新的空位，构成空位可以在晶格中随机移动，见图 5.10(e)。

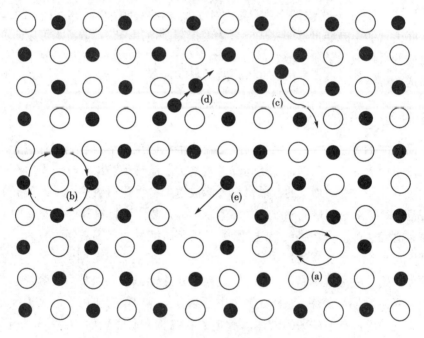

图 5.10　固体中的扩散机制

在以上各种扩散机制中，环形扩散中两个相邻的原子直接互换位置，因为引起较大晶格变形，需要很高的活化能，这种互换扩散概率很低。但是如果三个或更多原子同时发生环形位置互换，发生的畸变小，活化能较低，扩散可能进行。空位扩散所需活化能最小，因而空位扩散是陶瓷晶体中最常见的扩散机制，其次是间隙扩散和准间隙扩散。另外在晶界、表面和位错密度大的位置上，结构疏松、缺陷浓度高、扩散活化能低，原子和杂质原子扩散运动显著。

🔺 5.5　固体中扩散过程

由扩散过程的宏观现象和微观机制分析可知，固体中扩散首先是在晶体内部存在或者形成缺陷，例如通过热激活过程在离子晶体结构中形成本征空位及间隙缺陷，这些缺陷可以从一个能量相对较高平衡位置迁移到另一个相对平衡位置。利用固体缺陷化学及反应速度理论的相关知识就可建立不同扩散机制下的扩散系数。陶瓷晶体中经常含有外加助剂或者混入的杂质以及由于产生组分的非化学计量而形成的缺陷，这也直接影响陶瓷晶体的扩散过程。

5.5.1　扩散作为热激活过程

原子的扩散迁移也是一个热激活过程。理论上讲，固体晶体中的原子被晶体场束缚在一个极小的区间内，在各自平衡位置附近振动。振动的原子之间互换能量，偶尔某个原子或离子获得了高于平均值的能量，有可能脱离晶体点阵格点位置跳跃到相邻的空位上去，被这个新的晶格点位的势能陷阱束缚住，直到再发生下一次跃迁。如图 5.11 所示，以间隙原子的运动为例，处于间隙位置的间隙原子势能相对最小，在两个间隙之间位置的势能值最大(称为势垒)。间隙原子在点阵平衡位置作热振动，振动频率为 $10^{12} \sim 10^{13}\,\mathrm{s}^{-1}$，平均振动能约为 RT。间隙原子迁移到相邻间隙位置必须越过势垒。势垒 ΔG 的量级约为几个 eV，即使在 1000℃，原子的振动能只有 1/10eV，因此能够成功跳跃的间隙原子必须通过热起伏获得大于势垒的能量。能够获得大于势垒能量的原子能量分布概率服从玻耳兹曼定律，可以表示成 $\exp(-\Delta G/RT)$。将其乘以振动频率 ν，即可以得到一个原子的跳跃频率 $\Gamma = \nu\exp(-\Delta G/RT)$。

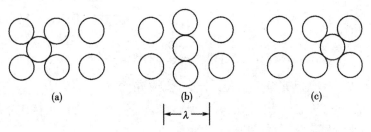

$$(a) \qquad (b) \qquad (c)$$

$$\vdash\!\!\!-\lambda-\!\!\!\dashv$$

图 5.11　原子跳跃示意图

按照绝对反应速度理论，在给定温度下，单位时间内晶体中的原子成功地跳跃势垒(ΔG^*)的次数或跳跃频率 Γ 为

$$\Gamma = \nu \exp\left(-\frac{\Delta G^*}{RT}\right) = \nu \exp\left(\frac{\Delta S^*}{R}\right)\exp\left(-\frac{\Delta H^*}{RT}\right) \tag{5.16a}$$

其中，ν 为原子在晶格平衡位置上的振动频率；ΔG^* 为原子迁移激活能，即原子从一个位置跳跃到另一个相邻位置的势垒，且考虑到热力学关系 $\Delta G^* = \Delta H^* - T\Delta S^*$，$\Delta H^*$ 为迁移焓，ΔS^* 为迁移时的熵变。

物质能够发生扩散的原因在于材料系统内存在化学势梯度。如果在一定浓度梯度或化学势梯度作用下原子发生扩散，如图 5.12 所示，则将跳跃频率 Γ 代入式(5.13)，得扩散系数

$$D^* = \gamma\lambda^2\Gamma = \gamma\lambda^2\nu\exp\left(-\frac{\Delta G^*}{RT}\right) = \gamma\lambda^2\nu\exp\left(\frac{\Delta S^*}{R}\right)\exp\left(-\frac{\Delta H^*}{RT}\right)$$

$$\tag{5.16b}$$

取

$$D_0 = \gamma\lambda^2\nu\exp\left(\frac{\Delta S^*}{R}\right)$$

因此在热激活情况下，原子自扩散系数形式为

$$D^* = D_0\exp\left(-\frac{\Delta H^*}{RT}\right) \tag{5.16c}$$

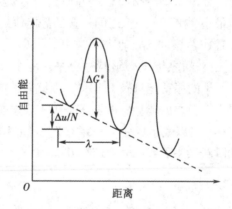

图 5.12　在化学势梯度下的热激活扩散

① 假如以热激活形成的空位缺陷为主导扩散机制。因为 $D_v = D^*[N_v]$，所以空位扩散系数与空位浓度 $[N_v]$ 成正比。如果空位来自晶体结构中本征缺陷，例如 Schottky 缺陷，空位的平均浓度为

$$[N_v] = \exp\left(-\frac{\Delta G_f}{RT}\right) = \exp\left(\frac{\Delta S_f}{R}\right)\exp\left(-\frac{\Delta H_f}{RT}\right) \tag{5.17a}$$

其中，ΔG_f 为空位形成的自由能；ΔH_f 为空位形成的焓变；ΔS_f 为形成空位时的熵变。

$$D_{\mathrm{v}} = D^*[\mathrm{N_v}] = \gamma\lambda^2\nu\exp\left(-\frac{\Delta G^* + \Delta G_{\mathrm{f}}}{RT}\right)$$

$$= \gamma\lambda^2\nu\exp\left(\frac{\Delta S^* + \Delta S_{\mathrm{f}}}{R}\right)\exp\left(-\frac{\Delta H^* + \Delta H_{\mathrm{f}}}{RT}\right) \tag{5.17b}$$

令

$$D_0 = \gamma\lambda^2\nu\exp\left(\frac{\Delta S^* + \Delta S_{\mathrm{f}}}{R}\right)$$

取

$$Q = \Delta H^* + \Delta H_{\mathrm{f}}$$

则

$$D_{\mathrm{v}} = D_0\exp\left(-\frac{Q}{RT}\right) \tag{5.17c}$$

此为空位扩散系数的宏观表达式，其中 D_0 为频率因子，Q 为空位扩散活化能。

② 假设原子扩散是按间隙扩散机制进行。一般晶体中间隙原子浓度很小，实际上间隙原子所有邻近间隙位置都是空的。因此，可供间隙原子跃迁的位置概率可近似地看成 1。这样，按照间隙机制的扩散系数（D_{i}）为

$$D_{\mathrm{i}} = D^*[\mathrm{N_i}] = \gamma\lambda^2[\mathrm{N_i}]\nu\exp\left(-\frac{\Delta G^*}{RT}\right)$$

$$= \gamma\lambda^2[\mathrm{N_i}]\nu\exp\left(\frac{\Delta S^*}{R}\right)\exp\left(-\frac{\Delta H^*}{RT}\right) \tag{5.18a}$$

间隙扩散系数也可表示为

$$D_{\mathrm{i}} = D_0\exp\left(-\frac{Q}{RT}\right) \tag{5.18b}$$

其中，D_0 为频率因子；Q 为间隙扩散活化能。

在固体晶体中空位扩散和间隙扩散是主要扩散机制，因此，可将固体中扩散系数的宏观表达式都写成

$$D = D_0\exp\left(-\frac{Q}{RT}\right) \tag{5.19}$$

5.5.2　化学计量化合物中扩散

在离子晶体中，以 NaCl 为例，其中的点缺陷可以来自两个方面。一种来自热激活产生的本征点缺陷，例如 Na^+ 及其空位之类点缺陷引起的扩散，称为本征扩散；另一种是由于掺入了价数与溶剂离子不同的杂质原子或离子，在晶体中产生点缺陷。例如在 NaCl 晶体中掺入 $CaCl_2$，则将发生如下离子置换反应，在晶体中产生了正离子空位：

$$CaCl_2 \xrightarrow{\text{NaCl}} Ca_{Na}^{\cdot} + V_{Na}' + 2Cl_{Cl} \tag{5.20}$$

这类由掺杂引起缺陷进而引起的扩散称作非本征扩散。

因此在这类离子晶体中空位缺陷 $[N_v]$ 包括温度所决定的本征空位浓度 $[N_v^I]$ 与外来杂质浓度决定的非本征空位浓度 $[N_v^{II}]$ 两个部分，$[N_v] = [N_v^I] + [N_v^{II}]$，得

$$D_v = \gamma\lambda^2\Gamma[N_v]$$

$$= \gamma\lambda^2([N_v^I] + [N_v^{II}])\nu\exp\left(\frac{\Delta S^*}{R}\right)\exp\left(-\frac{\Delta H^*}{RT}\right) \tag{5.21a}$$

当温度低时，由温度所决定的本征缺陷浓度 $[N_v^I]$ 很低，与杂质缺陷浓度 $[N_v^{II}]$ 相比，可以近似忽略不计。于是，在低温区扩散系数主要受非本征缺陷浓度主导。杂质浓度 $[N_v^{II}] = [V'_{Na}] = [Ca'_{Na}]$。

$$D_v = \gamma\lambda^2\Gamma[N_v^{II}]$$

$$= [N_v^{II}]\gamma\lambda^2\nu\exp\left(\frac{\Delta S^*}{R}\right)\exp\left(-\frac{\Delta H^*}{RT}\right) = D_0\exp\left(-\frac{Q}{RT}\right)$$

$$= D_0\exp\left(-\frac{Q}{RT}\right) \tag{5.21b}$$

其中

$$D_0 = [N_v^{II}]\gamma\lambda^2\nu\exp\left(\frac{\Delta S^*}{R}\right), \quad Q = \Delta H^*$$

此时离子晶体的扩散系数属于非本征扩散系数。

当温度高时，由温度决定的本征缺陷浓度 $[N_v^I]$ 不能再忽略，温度越高，本征缺陷浓度越高，从而有

$$D_v = \gamma\lambda^2\Gamma[N_v^I] = \gamma\lambda^2\exp\left(-\frac{\Delta G_f}{2RT}\right)\nu\exp\left(\frac{\Delta S^*}{R}\right)\exp\left(-\frac{\Delta H^*}{RT}\right)$$

$$= \gamma\lambda^2\nu\exp\left(-\frac{\Delta H_f}{2RT}\right)\nu\exp\left(\frac{\Delta S_f}{2R}\right)\exp\left(\frac{\Delta S^*}{R}\right)\exp\left(-\frac{\Delta H^*}{RT}\right)$$

$$= D_0\exp\left(-\frac{Q}{RT}\right) \tag{5.22}$$

此时离子晶体的扩散系数属于本征扩散系数，有

$$D_0 = \gamma\lambda^2\nu\exp\left(\frac{\Delta S^* + \Delta S_f/2}{R}\right)$$

$$Q = \Delta H^* + \Delta H_f/2$$

按照式(5.21b)或式(5.22)所表示的扩散系数与温度的关系，将公式的两边取自然对数，可得 $\ln D = -Q/RT + \ln D_0$，利用 $\ln D - 1/T$ 作图得到扩散系数与温度之间的线性关系。实验测定结果表明，由于本征与非本征扩散的活化能不

同,如图 5.13 所示,在 NaCl 晶体的扩散系数与温度的关系图上出现因两种扩散的活化能不同导致的线段弯曲或转折。这种弯曲或转折相当于从受杂质控制的非本征扩散向本征扩散的变化。在高温区活化能大的应为本征扩散控制,热缺陷起主要的作用,线段斜率为 $-(\Delta H^* + \Delta H_f/2)/R$;在低温区的活化能较小的应为非本征扩散控制,此阶段主要是受杂质固溶度的影响,线段斜率为 $(-\Delta H^*/R)$。

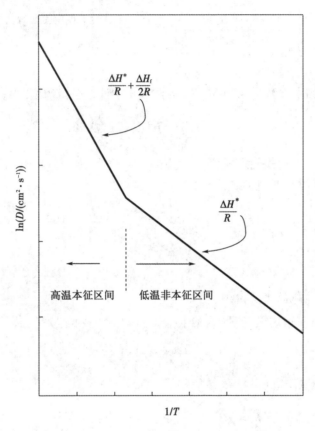

图 5.13 微量 CdCl₂ 掺杂的 NaCl 单晶中 Na⁺ 自扩散系数与温度的关系

5.5.3 非化学计量氧化物中扩散

除了杂质或掺杂引起的点缺陷造成陶瓷中出现非本征扩散外,在一些含有过渡金属元素的非化学计量氧化物中也会发生非本征扩散。一般可以将这类氧化物中产生的非化学计量空位缺陷简单地分成两种类型,即金属离子空位型和氧离子空位型。

5.5.3.1 金属离子空位型

当环境中氧分压升高时,化合物中产生很大浓度的阳离子空位。同时化合物中部分过渡金属离子的价态升高,例如二价过渡金属离子变成三价金属离子,缺陷反应为

$$2M_m + \frac{1}{2}O_2(g) = O_0 + V_m'' + 2M_m^{\cdot}$$

当缺陷反应平衡时,平衡常数 K_0 由反应自由能 ΔG_0 控制,有

$$K_0 = \frac{[V_m''][M_m^{\cdot}]^2}{P_{O_2}^{\frac{1}{2}}} = \exp\left(-\frac{\Delta G_0}{RT}\right)$$

反应平衡时,$[M_m^{\cdot}] = 2[V_m'']$,因此非化学计量空位浓度 $[V_m'']$ 为

$$[V_m''] = \left(\frac{1}{4}\right)^{\frac{1}{3}} P_{O_2}^{\frac{1}{6}} \exp\left(-\frac{\Delta G_0}{3RT}\right)$$

将 $[V_m'']$ 的表达式代入式(5.21)中的空位浓度项,则得非化学计量空位缺陷对金属离子空位扩散系数的贡献

$$D_m = \left(\frac{1}{4}\right)^{\frac{1}{3}} \gamma\lambda^2\nu P_{O_2}^{\frac{1}{6}} \exp\left(\frac{\Delta S^* + \frac{\Delta S_0}{3}}{R}\right) \exp\left(-\frac{\Delta H^* + \frac{\Delta H_0}{3}}{RT}\right) \quad (5.23)$$

若保持温度不变,根据式(5.23),用 $\ln D_m$ 与 $\ln P_{O_2}$ 作图所得直线斜率为 1/6。

5.5.3.2 氧离子空位型

当环境中氧偏压较低时,化合物中产生阴离子空位,产生如下缺陷反应

$$O_0 = \frac{1}{2}O_2(g) + V_O^{\cdot\cdot} + 2e'$$

反应平衡常数 K_r 为

$$K_r = P_{O_2}^{\frac{1}{2}}[V_O^{\cdot\cdot}][e']^2 = \exp\left(-\frac{\Delta G_0}{RT}\right)$$

当缺陷平衡时,$[e'] = 2[V_O^{\cdot\cdot}]$,得

$$[V_O^{\cdot\cdot}] = \left(\frac{1}{4}\right)^{\frac{1}{3}} P_{O_2}^{-\frac{1}{6}} \exp\left(-\frac{\Delta G_0}{3RT}\right)$$

由非化学计量空位引起的氧离子空位扩散系数为

$$D_0 = \left(\frac{1}{4}\right)^{\frac{1}{3}} \gamma\lambda^2\nu P_{O_2}^{-\frac{1}{6}} \exp\left(\frac{\Delta S^* + \frac{\Delta S_0}{3}}{R}\right) \exp\left(-\frac{\Delta H^* + \frac{\Delta H_0}{3}}{RT}\right) \quad (5.24)$$

其中,ΔH_0 为氧气"溶解"的自由熵。如果在非化学计量化合物中同时考虑本

征缺陷空位、杂质缺陷空位以及由于气氛改变所引起的非化学计量空位对扩散系数的贡献, 当氧分压一定时, $\ln D - 1/T$ 图由含两个折点的直线段构成, 如图 5.14 所示。

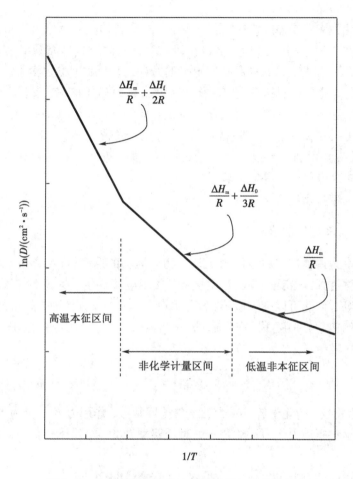

$$\frac{\Delta H_m}{R} + \frac{\Delta H_f}{2R}$$

$$\frac{\Delta H_m}{R} + \frac{\Delta H_0}{3R}$$

$$\frac{\Delta H_m}{R}$$

$\ln(D/(cm^2 \cdot s^{-1}))$

高温本征区间　　　非化学计量区间　　低温非本征区间

$1/T$

图 5.14　在缺氧的氧化物中扩散系数与温度的关系

在 $\ln D - (1/T)$ 图中, 在高温区时本征热缺陷占主导, 故斜率为 $-\left(\Delta H^* + \dfrac{1}{2}\Delta H_f\right)/R$; 在中温区氧空位浓度随温度变化, 非化学计量缺陷占主导, 斜率为 $-\left(\Delta H^* + \dfrac{1}{3}\Delta H_0\right)/R$; 在低温区本征热缺陷影响很小, 氧空位浓度受杂质浓度控制, 斜率为 $-\left(\Delta H^*\right)/R$。

5.6 陶瓷中电导

一般认为陶瓷是高度绝缘材料，但是工业陶瓷的电导率值可以从高度绝缘到高导电性，变化范围达到 25 个数量级。陶瓷中离子扩散系数的变化也接近 10 个数量级。目前，具有高离子导电率的陶瓷在传感器、电化学泵、固体电解质、各类电池等多方面都有应用。如果考虑带电缺陷迁移率，陶瓷在电导体中的应用范围更广泛。一些陶瓷氧化物中存在金属键，室温电导率能够与金属类似。例如 $La_{2-x}Sr_xCuO_4$ 等铜基超导体氧化物陶瓷的特定晶向（Cu—O 晶面内）上存在金属键，在另外一些晶向上属于共价键和离子键，使得晶体导电具有各向异性。许多陶瓷材料都是宽带隙半导体（$E_g = 2.5 \sim 3.5 eV$），而大部分绝缘性陶瓷化合物的带隙超过 7eV。

5.6.1 迁移率与扩散速度

迁移率为在单位驱动力作用下某一物质运动的速率（$M = V/F$）。根据具体考察的迁移过程，驱动力可以是化学势梯度、电势梯度、晶界能梯度、弹性应变能梯度等。借此可以确定原子、离子、电子、晶界及其他种类物质的迁移率。

在负的化学势梯度下，在扩散的一个原子或离子上的虚拟作用力 F_i 驱动微观粒子扩散传导。

$$F_i = \frac{1}{N_A}\left(\frac{d\mu_i}{dx}\right) \tag{5.25a}$$

其中，μ_i 为物质 i 的化学势；N_A 为阿伏伽德罗常数，作用力 F_i 单位为 $10^{-7} J/cm$。

此化学势驱动力作用下的粒子绝对迁移率 B_i 为

$$-B_i = \frac{速度}{作用力} = \frac{v_i}{(1/N_A)d\mu/dx} \tag{5.25b}$$

单位是 $10^7 cm^2/(J \cdot S)$。为了获得迁移率与扩散速度的联系，扩散流量 J_i[单位是 $mol/(cm^2 \cdot s)$]的一般形式用浓度（C_i）和速度（v_i）表示

$$J_i = C_i v_i = C_i B_i F_i \tag{5.25c}$$

将式（5.25a）代入，得

$$J_i = \frac{1}{N_A}\left(\frac{d\mu_i}{dx}\right)B_i C_i \tag{5.25d}$$

对于理想溶液，物质 i 单位活度为 $\mu_i = \mu_i^0 + RT\ln C_i$，化学势变化为

$$d\mu_i = RTd\ln C_i = \frac{RT}{C_i}dC_i \tag{5.25e}$$

所以，化学势梯度为

$$\frac{\mathrm{d}\mu_i}{\mathrm{d}x} = \frac{RT}{C_i}\frac{\mathrm{d}C_i}{\mathrm{d}x} \tag{5.25f}$$

代入式(5.25d)后得

$$J_i = -\frac{RT}{N_A}B_i\frac{\mathrm{d}C_i}{\mathrm{d}x} \tag{5.25g}$$

与菲克第一定律比较，可得扩散系数(D_i)正比于原子绝对迁移率

$$D_i = kTB_i \tag{5.25h}$$

其中，$k(=R/N_A)$ 为玻耳兹曼常数。

式(5.25h)是 Nernst-Einstein 公式。在讨论材料电导率时，采用易于测量的电势(Φ)梯度比较方便，依据电场电势梯度计算扩散驱动力 F_i 得

$$F_i = z_i e\frac{\mathrm{d}\Phi}{\mathrm{d}x} \tag{5.25i}$$

其中，$z_i e$ 为颗粒电荷。扩散流量公式

$$J_i = -B_i n_i z_i e\frac{\mathrm{d}\Phi}{\mathrm{d}x} \tag{5.25j}$$

电流密度 I 为

$$I = J_i z_i e = -B_i n_i (z_i e)^2 \frac{\mathrm{d}\Phi}{\mathrm{d}x} \tag{5.25k}$$

假设单位电场强度下电导率 σ_i 为

$$\sigma_i = \frac{I}{-\dfrac{\mathrm{d}\Phi}{\mathrm{d}x}} = B_i n_i (z_i e)^2 \tag{5.25l}$$

将 $B_i = D_i/kT$ 代入式(5.25l)，得

$$\sigma_i = \frac{n_i D_i (z_i e)^2}{kT} \tag{5.25m}$$

式(5.25m)是 Nernst-Einstein 公式的另一种形式。通过该方程式可以确定带电缺陷电导率，或者根据电导率确定扩散系数。

陶瓷化合物同时包含正离子和负离子，其电传导包括所有带电载流子的扩散迁移，陶瓷材料的总电导率 σ_t 来自包括正离子、负离子和电子等载流子在内的电传导，即 $\sigma_t = \sigma_{cat} + \sigma_{an} + \sigma_e + \cdots + \sigma_i + \cdots$。

$$t_t = t_{cat} + t_{an} + t_e + \cdots = 1 \tag{5.26a}$$

其中，每种载流子对总电流的贡献分数或迁移数(t_i)为 σ_i/σ_t。

物质 i 的导电率是

$$\sigma_i = \sigma_t t_i \tag{5.26b}$$

将扩散系数 D 微观机制表达式(5.12)与 Nernst-Einstein 公式结合,得

$$\sigma T = \frac{n_i\,(z_i e)^2 f \lambda^2 \Gamma}{6k} \tag{5.26c}$$

如果按照间隙扩散考虑,将式(5.16a)代入式(5.26c),σT 可以表示为

$$\sigma T = \frac{n_i\,(z_i e)^2 f \lambda^2}{6k} \nu \exp\left(-\frac{\Delta G^*}{kT}\right) \tag{5.26d}$$

其中间隙扩散的关联因子 f 近似等于 1,对于 NaCl 离子晶体,其中离子的跳跃距离 $\lambda = \left(\dfrac{a}{2}\right) \times 2^{1/2}$,$a$ 为晶格常数,利用 $\Delta H - T\Delta S$ 替换 ΔG,式(5.26d)变为

$$\sigma T = \frac{n_i\,(z_i e)^2 \dfrac{a^2}{2}}{6k} \nu \exp\left(\left(\frac{\Delta H^*}{kT} - \frac{\Delta S^*}{k}\right)\right) \tag{5.26e}$$

采用类似于扩散系数的指数前因子的形式,引入频率因子 A,式(5.26e)写成

$$\sigma T = A \exp\left(-\frac{\Delta H^*}{kT}\right) \tag{5.26f}$$

其中

$$A = \frac{n_i\,(z_i e)^2\, a^2}{12k} \nu \exp\left(\frac{\Delta S^*}{k}\right)$$

式(5.26f)中 ΔH 为 NaCl 晶体导电活化焓,按照式(5.26f)可得到导电率(σ)与温度倒数($1/T$)的对数是一条直线,利用该直线的斜率可以计算活化焓,从截距得到 A 常数。

5.6.2　离子晶体的电传导

5.6.2.1　氧化钴和氧化镍

研究陶瓷中缺陷结构时,其中的一个主要方法是测量其电导率。在 MO 型过渡金属氧化物中电传导属于自氧化引起的 p 型电子电导。在整个温度范围内电子空穴迁移率远高于离子迁移率,所以完全属于电子型传导。如果能测量得到电子空穴迁移率,则可以通过电导率来确定电子空穴浓度,并进一步确定离子空位浓度。如图 5.15 所示为 CoO 的钴扩散系数与对应的氧分压的关系。其中控制电中性条件是 $p = [V'_{Co}] + 2[V''_{Co}]$。

与 CoO 相似,NiO 中也是正离子空位主导机制,而且具有相似的 p 型电传导结果。如图 5.16 所示为 NiO 电导率与氧分压的关系。

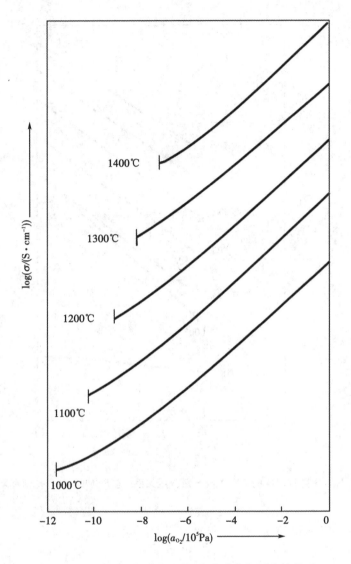

图 5.15　在不同温度下 CoO 电导率与氧活度的关系

5.6.2.2　MgO 中的电子–离子混合传导

　　MgO 陶瓷熔点温度很高，在一定温度下，当晶体内只有本征缺陷时，MgO 中能够发生电子传导还是离子传导需要考虑二者的迁移率相对大小和浓度高低。MgO 陶瓷在 1600℃ 本征的 Schottky 缺陷浓度（约 $1.4 \times 10^{11} \, \mathrm{cm}^{-3}$）比电子缺陷（约 $3.6 \times 10^{9} \, \mathrm{cm}^{-3}$）高 40 倍。因为晶体中的正离子空位比氧空位更容易迁移，故离子电流主要是由正离子空位引起的。正离子（Mg^{2+}）空位扩散系数为

$$D_{\mathrm{V}_{\mathrm{Mg}}''} = 0.38 \exp\left(\frac{-2.29 \mathrm{eV}}{kT}\right) \tag{5.27}$$

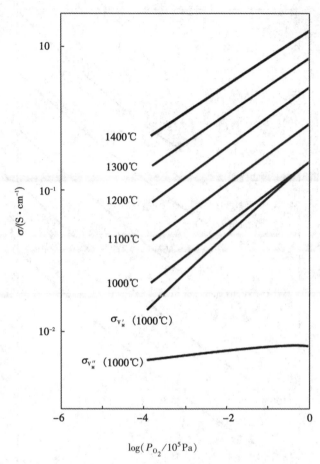

图 5.16   在不同温度下 NiO 的 p 型电导与氧分压关系(电子空穴补偿单电荷和双电荷 Ni 离子空位)

按 Nernst-Einstein 关系计算 1600℃时正离子空位的电迁移率:

$$I_{V''_{Mg}} = \frac{2eD_{V''_{Mg}}}{kT} = 3.63 \times 10^{-6} \tag{5.28}$$

但是,在这个温度区域的电子和电子空穴迁移率分别是 24 和 7cm²/(V·s),这比正离子空位迁移率高约 10⁶倍。尽管电子和电子空穴浓度比正离子和负离子空位浓度低,但从理论上可以预期本征的 MgO 应该是电子导体。

实际的 MgO 陶瓷中经常是杂质占主导。MgO 中掺杂 400×10⁻⁶的 Al(10¹⁹cm⁻³)时,产生的缺陷平衡近似为 $[Al_{Mg}^{\cdot}] = 2[V''_{Mg}]$。如果不考虑缺陷缔合,离子电导大部分来源于正离子空位,离子电导率是

$$\sigma_{ion} = \sigma_{V''_{Mg}} = z_{V''_{Mg}} e \, C_{V''_{Mg}} I_{V''_{Mg}} = 2e(2\times10^{19})(3.63\times10^{-6}) = 2.4\times10^{-5}(S/cm)$$

$$\tag{5.29a}$$

根据环境中氧分压的高低，其电子传导可以是 p 型或 n 型。但是从带有异价掺杂的 MgO 中 Schottky 缺陷平衡角度分析，低氧分压时，电子浓度较高；高氧分压时，电子空穴浓度较高。在空气压力下（$P_{O_2} = 0.21$），材料的电传导属于 p 型电导。通过氧化反应公式可计算出空穴浓度：

$$\frac{1}{2}O_2 \rightarrow V''_{Mg} + O_O^\times + 2h^\cdot \tag{5.29b}$$

反应平衡常数是

$$K_o = \frac{\left[V''_{Mg}\right]p^2}{P_{O_2}^{1/2}} \approx 10^{64}\exp\left(\frac{-6.24\text{eV}}{kT}\right) \tag{5.29c}$$

其中，$\left[V''_{Mg}\right]$ 为空位缺陷浓度，cm^{-3}；P_{O_2} 为氧分压，MPa；p 为电子空穴浓度。利用外掺杂质浓度确定 Mg^{2+} 空位浓度，然后采用式（5.29c）可以计算出 1600℃ 空气条件下的电子空穴浓度 p，并且用式（5.29d）进一步计算电子传导率：

$$\sigma_{elec} \approx \sigma_h = peI_h = (5 \times 10^{13})e \times 7 = 5.6 \times 10^{-5}\ (\text{S/cm}) \tag{5.29d}$$

从式（5.29a）和式（5.29d）计算得到离子（t_{ion}）和电子（t_{elec}）迁移数分别是 0.3 和 0.7。所以即使离子缺陷浓度（$2 \times 10^{19} cm^{-3}$）大于电子缺陷浓度（5×10^{13} cm^{-3}）约 10^5 倍，但 MgO 陶瓷仍是离子与电子混合导体。当氧分压降低时，从式（5.29c）和式（5.29d）可见 p 型电子传导率会下降，然后产生 n 型电传导。对应地，因为整个过程中离子迁移率始终保持不变，t_{ion} 应该先上升而后下降。实验测量 400×10^{-6} Al 掺杂的 MgO 时，电子传导率发生从 n 型到 p 型的 V 形转变，见图 5.17（a）。离子迁移数与氧分压的函数关系见图 5.17（b），图中存在一个离子迁移数峰值，其对应着最小电子传导率值。

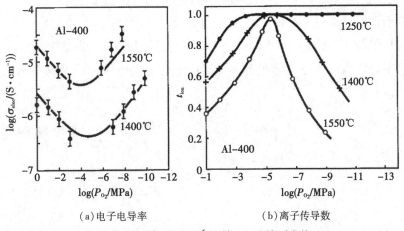

（a）电子电导率　　　　（b）离子传导数

图 5.17　掺 400×10^{-6} Al 的 MgO 的测定值

5.6.2.3　SrTiO$_3$电传导

钙钛矿型(BaTiO$_3$，SrTiO$_3$)结构中存在 2 个阳离子亚点阵，阳离子容易被还原而且可以被异价阳离子置换。因为钙钛矿型化合物组分中阳离子化学计量变化呈线性，阳离子 Ba/Ti 和 Sr/Ti 之比都十分接近整数 1。在 1200℃ 以下，$m(\text{Ba})/m(\text{Ti})$ 和 $m(\text{Sr})/m(\text{Ti})$ 组分比值偏离最大不到万分之一。为了获得良好的 n 型半导体，经常将 La^{3+}，Nb^{5+}，Ta^{5+} 等溶质离子加入 SrTiO$_3$ 中，在带隙中形成浅能级。另一方面，没有掺杂的 SrTiO$_3$ 中常含有 Fe^{3+} 和 Al^{3+} 三价阳离子杂质，它们置换 Ti^{4+} 时也充当受主掺杂。

例如，少量 Al^{3+} 杂质置换 Ti^{4+}，产生受主掺杂的 SrTiO$_3$，缺陷形成过程为

$$\text{Al}_2\text{O}_3 + 2\text{SrO} \xrightarrow{\text{SrTiO}_3} 2\text{Al}'_{\text{Ti}} + 2\text{Sr}^{\times}_{\text{Sr}} + 5\text{O}^{\times}_{\text{O}} + \text{V}^{\cdot\cdot}_{\text{O}} \tag{5.30a}$$

掺杂后为了保持阳离子化学计量比，组分需要增加 SrO 或者减少 TiO$_2$。式(5.30a)表示在钙钛矿 SrTiO$_3$ 基体中形成离子缺陷补偿受主掺杂；如果这是缺陷主导机制，那么缺陷平衡近似为 $[\text{Al}'_{\text{Ti}}] = 2[\text{V}^{\cdot\cdot}_{\text{O}}]$。也可能存在另一个极端情况，即 Al 受主掺杂完全被电子缺陷补偿，发生如下缺陷反应过程：

$$\text{Al}_2\text{O}_3 + 2\text{SrO} + \frac{1}{2}\text{O}_2(\text{g}) \xrightarrow{\text{SrTiO}_3} 2\text{Al}'_{\text{Ti}} + 2\text{Sr}^{\times}_{\text{Sr}} + 6\text{O}^{\times}_{\text{O}} + 2h^{\cdot} \tag{5.30b}$$

这时，近似缺陷平衡为 $[\text{Al}'_{\text{Ti}}] = p$。

在 SrTiO$_3$ 和 BaTiO$_3$ 实验中观察说明，受体掺杂主要是被离子缺陷补偿。实验测量接近纯 SrTiO$_3$ 的单晶(Ba$_{0.03}$Sr$_{0.97}$TiO$_3$)电导率，如图 5.18 所示。在导电率-氧分压的对数关系图中，直线线段的斜率分为三个区域，$-1/6$，$1/4$，$-1/4$，从这些数据可分析与解释材料中缺陷结构。

在低氧分压、高温区域，陶瓷化合物的自还原反应形成控制性缺陷。考虑到钙钛矿结构中不容易再容纳间隙阳离子，很可能还原反应同时会形成氧空位，缺陷反应为

$$\text{O}^{\times}_{\text{O}} = \frac{1}{2}\text{O}_2(\text{g}) + \text{V}^{\cdot\cdot}_{\text{O}} + 2e' \tag{5.31a}$$

反应平衡常数为

$$K_{\text{r}} = [\text{V}^{\cdot\cdot}_{\text{O}}] \, n^2 \, P^{1/2}_{\text{O}_2} = K^0_{\text{r}} \exp\left(-\frac{\Delta H_{\text{R}}}{kT}\right) \tag{5.31b}$$

其中，$K^0_{\text{r}} = 1.52 \times 10^{69} \text{ cm}^9/\text{Pa}^{\frac{1}{2}}$，$\Delta H_{\text{R}} = 5.19\text{eV}$。因为近似缺陷平衡时 $2[\text{V}^{\cdot\cdot}_{\text{O}}] = n$，从式(5.31b)可知 $n \propto P_{\text{O}_2}^{-\frac{1}{6}}$。这与图 5.18 中低氧分压和高温区的直线斜率 $-$

1/6 相吻合。因为随着氧分压增加，氧空位浓度降低，所以电传导率减小，一直直线到斜率转折为 -1/4。这个直线斜率变化与理论预期一致，因为氧空位浓度不再受还原反应控制，而是被受主掺杂控制在一个恒定水平，即 $[Al'_{Ti}]$ = $2[V_O^{··}]$。如果 $[V_O^{··}]$ 是恒定的，从式(5.31b)可以推导得到 $n \propto Po_2^{-\frac{1}{4}}$。说明材料中发生的是受主掺杂补偿了氧空位。

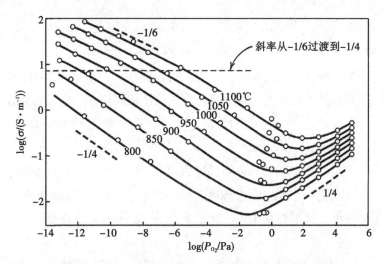

图 5.18　在不同温度下 $Ba_{0.03}Sr_{0.97}TiO_3$ 陶瓷的 O_2 分压与电导率的关系

另外，如果电子浓度随着 $P_{O_2}^{-\frac{1}{4}}$ 而降低，则电子空穴浓度必然随着 $P_{O_2}^{+\frac{1}{4}}$ 升高。在相同的缺陷平衡条件下，可发生从 n 型到 p 型的传导性质转变。如图 5.18 中的高 P_{O_2} 区域属于 p 型电传导，而且氧分压与电导率的关系与缺陷平衡（$[Al'_{Ti}]$ = $2[V_O^{··}]$）关系相一致。需要注意的是因为空位缺陷与间隙缺陷两个模型都与氧偏压有关系，所以利用氧分压与电导率之间的变化关系解释缺陷结构时需要慎重。例如当 TiO_2 被还原时，产生的缺陷可以是氧空位，也可以是 Ti^{4+} 间隙，单独依据电导率与 P_{O_2} 的关系不能区别两个缺陷模型。

5.6.3　电化学势

离子晶体中化学势梯度与电势梯度同时对缺陷的迁移产生作用。即使没有外加电场，由于晶体内部带电物质成分分布不均匀也会产生内电场。最终物质发生扩散传输的总驱动力是电化学势而不是单独的化学势。材料中物质(i)的电化学势(η_i)是化学势(μ_i)与电场电势(Φ)的加和，即

$$\eta_i = \mu_i + z_i F \Phi \tag{5.32a}$$

其中，z_i 为有效电荷数；F 为法拉第常数。作用在扩散离子上的实际作用力是负的电化学势梯度

$$F_i = -\frac{1}{N_A}\left(\frac{d\eta_i}{dx}\right) \tag{5.32b}$$

其中，N_A 为阿伏加德罗常数。

$$J_i = -\frac{C_i B_i}{N_A}\frac{d\eta_i}{dx} = -\frac{C_i B_i}{N_A}\left(\frac{d\mu_i}{dx} + z_i F\frac{d\Phi}{dx}\right) \tag{5.32c}$$

传输物质的扩散流量也是电场 $d\Phi/dx$ 的函数。电场可以是外加的电场，也可以是由于物质内载流电荷分离而产生的内部电场。在电场作用下，带不同电荷物质产生对偶扩散。带电载荷本身可以是离子或者电子，它们可以在共同一个方向平行扩散或按照相反方向扩散，只是在对偶扩散过程中固体必须保持电中性。

因为电化学势是化学势与电势梯度的两项之和，所以独立改变其中一项会引起另一项随之变化。外加化学势梯度可以产生电势差，反过来电势差也可以产生化学势梯度。这是燃料电池、电化学传感器和离子活度探针等基本工作原理。

图 5.19 是机动车尾气排放装置中氧传感器示意图。传感器由 $ZrO_2-Y_2O_3$ 氧离子导体将不同活度的氧分隔开。当电化学势平衡时，氧的化学势差会在氧传感器的两侧产生一个电势差。传感器输出的电势差值可以被输送回反馈电路回路，从而控制空气与燃料的比例，实现优化燃烧，减小排放。

在氧压力梯度作用下，固体电解质 $ZrO_2-Y_2O_3$ 中氧离子通过扩散产生一个氧浓度梯度。在固体电解质内部不能存在电子传导以防止内部短路，而只能有离子传导，即 $t_i=1$。在整个系统处于平衡态时，固体电解质两侧电化学势相等，即

$$\eta_i(\text{I}) = \eta_i(\text{II}) \tag{5.33a}$$

固体电解质两侧的电势差与化学势差之间的关系为

$$\mu_i(\text{I}) - \mu_i(\text{II}) = \int_{\text{I}}^{\text{II}} - z_i F\frac{d\Phi}{dx} = -z_i F\Delta\Phi \tag{5.33b}$$

氧气的化学势是 $\mu_0 = \mu_0^0 + \frac{1}{2}RT\ln P_{O_2}$，假设作用在传感器两侧的氧气分压分别是 $P_{O_2}^{\text{I}}$ 和 $P_{O_2}^{\text{II}}$，将这些数值代入式(5.33b)，则作用在固体电解质上的电势差为

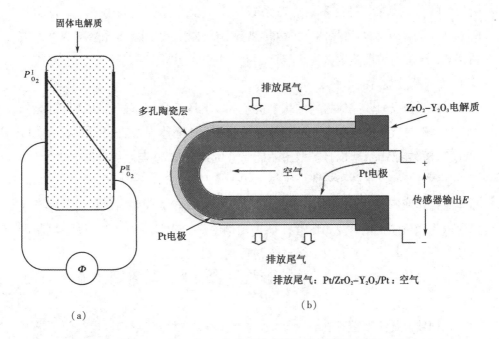

图 5.19　ZrO_2-Y_2O_3陶瓷传感器工作原理示意图

$$\Delta\varPhi = \frac{RT}{4F}\ln\frac{P_{O_2}^{I}}{P_{O_2}^{II}} \tag{5.33c}$$

测定的电势差值与固体电解质两侧氧分压比值有关。在机动车的氧气传感器中，一侧是空气（$P_{O_2}^{I} \approx 0.021MPa$）；另一端是还原性排放气体（$P_{O_2}^{II}$为$10^{-22}\sim$ $10^{-10}MPa$），在常见的 350℃ 工作温度下，传感器电压值为 0.25～6V。

高温燃料电池也是基于同样的原理。在 ZrO_2 固体电解质一侧通过还原气体（例如 H_2 或 H_2/O_2 混合气体），另一侧通过空气或氧气，由此产生一个电势差。产生的电势差大小主要决定于电解质中化学扩散物质，在多数离子导体或固体电解质应用中，普遍需要低电阻和高离子传导率的材料。

5.7　影响扩散的因素

扩散是一个与时间关联的动力学过程，对陶瓷制备、加工，微观组织结构形成以及材料使用过程中性能变化起着决定性的作用。了解影响扩散的因素对深入理解扩散理论以及应用理论解决实际问题有重要帮助。扩散系数是决定扩散速度的重要参量，讨论影响扩散系数因素需要基于其一般表达式，即 $D = D_0\exp(-Q/RT)$。固体晶体中扩散是热激活的过程，按照扩散系数与温度的关系公式，温度对扩散系数具有决定性影响。其他一些重要因素则包含在对扩散因子 D_0 和扩散激活能 Q 的影响中。

首先，构成固体晶体材料的化学键不同，扩散系数也不同。在共价键晶体中，化学键具有方向性和饱和性，键合力作用强，晶体中形成缺陷的激活能以及缺陷迁移能较高，所以自扩散激活能高。例如金属 Ag 与半导体 Ge 的熔点相近，但是二者的自扩散激活能分别是 184kJ/mol 和 289kJ/mol。其次，扩散基质晶体结构越紧密，扩散越困难。当晶体结构中存在较大间隙时，有利于离子或原子以间隙机制扩散，例如在萤石 CaF_2 结构中 F^- 与 UO_2 中 O^{2-} 都以间隙机制进行迁移，这时离子的扩散激活能与熔点无关。最后，如果能够形成固溶体系统，则固溶体结构类型对扩散有着显著影响，一般间隙型固溶体比置换型容易扩散。

在固体晶体中普遍存在各种缺陷，这些缺陷为材料传输扩散提供了所谓短路或快速通道。例如，原子或离子在晶界上扩散比在晶粒内部扩散快，因为晶界上原子或离子排布紊乱，结构开放，集聚杂质时畸变程度较高。在一些氧化物晶体材料的晶界对离子的扩散有选择性的增加作用，例如在 Fe_2O_3，CoO，$SrTiO_3$ 等材料中晶界或位错有增加 O^{2-} 的扩散作用，但在 BeO，UO_2，Cu_2O 和 $(Zr,Ca)O_2$ 等材料中则无此效应。这种晶界对离子扩散的选择性作用与晶界位置电荷分布有关。

图 5.20 给出了一些常见氧化物中的阳离子或阴离子的扩散系数随温度的变化关系。需要指出的是，多数实际的固体晶体材料中或多或少地含有一定量的杂质以及具有不同的热加工过程，因而温度对其扩散系数的影响往往不完全如图 5.20 所示那样，$\lg D \sim 1/T$ 间均成直线关系，而可能出现曲线或者不同温度区间出现不同斜率的直线段。这一差别主要是由扩散活化能随温度变化所引起的。

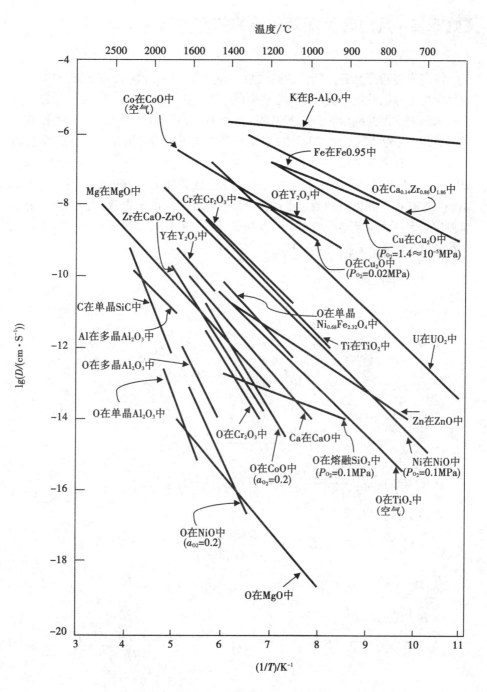

温度/℃

图 5.20　部分氧化物陶瓷中离子扩散系数与温度的关系

5.8 几个典型陶瓷化合物扩散系数

许多先进陶瓷具有高熔点、高硬度、高强度、高耐磨损、良好的力学性能与化学稳定性以及电、热、磁、光等物理性能，它们已经被广泛应用于各个工业技术领域。因此测量和分析先进陶瓷的自扩散和其他扩散特性，对控制陶瓷材料烧结、晶粒生长、蠕变和固相反应过程，获得理想性能十分关键。陶瓷材料多含有一种或一种以上的金属元素以及一种或一种以上的非金属元素，例如氧、碳、氮等组分，形成的化合物可以是晶态或者非晶玻璃态的。而且陶瓷晶体中一般存在不同类型和数量的缺陷，所以陶瓷材料的扩散数据的测量与分析解释比金属晶体更复杂。以下分别给出氧化铝、氧化镁及氮化硅等几种陶瓷化合物的自扩散、杂质扩散以及其他类型扩散数据。

5.8.1 氧化铝陶瓷

单晶中自扩散：

$$\text{Al：} D(^{26}\text{Al}) = (7.2^{+66}_{-65}) \times 10^{-6} \exp\left(-\frac{375\text{kJ/mol} \pm 31\text{kJ/mol}}{RT}\right) \text{m}^2/\text{s}$$

$$\text{O：} D_{\text{无掺杂}} = (6.8^{+20}_{-1.5}) \times 10^{-4} \exp\left(-\frac{6.1 \pm 0.2\text{eV}}{kT}\right) \text{m}^2/\text{s}$$

多晶中自扩散：

$$\text{Al：} D = 28\exp\left(-\frac{114000\text{J/mol} \pm 6300\text{J/mol}}{RT}\right) \text{m}^2/\text{s}$$

$$\text{O：} D = 2.0\exp\left(-\frac{110000\text{J/mol} \pm 6300\text{J/mol}}{RT}\right) \text{m}^2/\text{s}$$

晶界上自扩散：

$$\text{Al：} D_{\text{Al}_{\text{gb}}}\delta = 2.475 \times 10^{-5} \exp\left(-\frac{60400}{RT}\right) P_{\text{O}}(\text{Ⅱ})^{3/16} \text{m}^2/\text{s}$$

$$\text{O：} D_{\text{O}_{\text{gb}}}\delta = 2.207 \times 10^{-9} \exp\left(-\frac{467000}{RT}\right) P_{\text{O}}(\text{Ⅰ})^{-1/6} \text{m}^2/\text{s}$$

晶界上杂质扩散：

$$\text{Cr：} \delta D_{\text{b}} = (4.77 \pm 0.24) \times 10^{-7} \exp\left(-\frac{264.78\text{J/mol} \pm 47.68\text{kJ/mol}}{RT}\right) \text{cm}^2/\text{s}$$

$$\text{Ni：} D'\delta = 0.66 \left(\frac{4D}{t}\right)^{1/2} \left(\frac{\partial \lg c}{\partial x^{6/5}}\right)^{-5/3} \text{m}^2/\text{s}$$

Ag：$P = D' \alpha' \delta = 9.2 \times 10^{-6} \exp\left(-\dfrac{321 \text{kJ/mol}}{RT}\right)$ m^2 / s

氧化铝中位错扩散：

Al：$D_{\text{sb}}^{\text{Al}} = 1.3 \times 10^{-14} \exp\left(-\dfrac{850}{RT}\right)$ m^2 / s

O：$D_{\text{sb}}^{\text{O}} = 10^{17} \times \exp\left(-\dfrac{980 \text{kJ/mol}}{RT}\right)$ m^2 / s

氧化铝中杂质的位错扩散：

Cr：$a^2 D_{\text{p}}^{\text{eff}} = (1.4 \times 10^{-26} - 1.3 \times 10^{-20}) \exp\left(-\dfrac{3.2_{-0.9}^{+0.9} \text{eV}}{kT}\right)$ m^2 / s

Ti：$a^2 D_{\text{p}}^{\text{eff}} = (6.5 \times 10^{-30} - 2.9 \times 10^{-20}) \exp\left(-\dfrac{1.9_{-1.5}^{+1.4} \text{eV}}{kT}\right)$ m^2 / s

5.8.2　氧化镁陶瓷

MgO 单晶中自扩散：

Mg：$D_{\text{Mg}} = (8.44 \pm 1.44) \times 10^{-6} \exp\left(-\dfrac{(2.23 \pm 0.19) \text{原子}}{kT}\right)$ cm^2 / s

O：$D_{\text{O}} = (1.8_{-1.1}^{+2.9}) \times 10^{-10} \exp\left(-\dfrac{(3.24 \pm 0.13) \text{eV/原子}}{kT}\right)$ cm^2 / s

MgO 多晶体中自扩散：

O：$D_{\text{O}} = 4.5 \times 10^{-7} \exp\left(-\dfrac{60200}{RT}\right)$ cm^2 / s

MgO 晶界自扩散：

O：$D_{\delta}' \delta = 10^{-(6.5 \pm 2.2)} \exp\left(-\dfrac{4.06 \text{eV} \pm 0.78 \text{eV}}{kT}\right)$ cm^2 / s

MgO 中位错扩散：

Mg：$D^d = (1.2_{-1.2}^{+67.5}) \times 10^{-8} \exp\left(-\dfrac{139.4 \text{J/mol} \pm 38.2 \text{kJ/mol}}{RT}\right)$ cm^2 / s

O：$D^d a^2 = 10^{-(15.9 \pm 1.9)} \exp\left(-\dfrac{3.20 \text{eV} \pm 0.58 \text{eV}}{kT}\right)$ cm^2 / s

5.8.3　氮化硅陶瓷

Si_3N_4 单晶体中扩散：

Si：$D_{\alpha}(Si^{4+}) = 6.4 \times 10^{-14} \exp\left(-\dfrac{197 \text{kJ/mol}}{RT}\right)$ m^2 / s

$$N: D_{\alpha}(N^{3-}) = 1.2 \times 10^{-12} \exp\left(-\frac{223.9 \text{ kJ/mol}}{RT}\right) \text{ m}^2/\text{s}$$

Si_3N_4多晶体中扩散：

$$Si: D_{Si}(\alpha - Si_3N_4) = 2 \times 10^{-6} \exp\left(-\frac{4.9\text{eV} \pm 0.4\text{eV}}{kT}\right) \text{ m}^2/\text{s}$$

$$N: D_N = 1 \times 10^{-6} \exp\left(-\frac{4.9\text{eV}}{kT}\right) \text{ m}^2/\text{s}$$

Si_3N_4非晶体中扩散：

$$N: D_N(\alpha - Si_3N_4) = 1 \times 10^{-9} \exp\left(-\frac{3.6\text{eV} \pm 0.4\text{eV}}{kT}\right) \text{ m}^2/\text{s}$$

参考文献

［1］ 苏勉增.固体化学导论［M］.北京：北京大学出版社，1986.

［2］ Shewmon P G.Diffusion in solids［M］.New York：McGraw-Hill，1963.

［3］ Pelleg J.Diffusion in ceramics［M］.Berlin：Springer，2016.

［4］ Kingery W D，Bowen H K，Uhlmann D R.陶瓷导论［M］.清华大学新型陶瓷与精细工艺国家重点实验室，译.北京：高等教育出版社，2010.

［5］ 陆佩文.无机材料科学基础：硅酸盐物理化学［M］.武汉：武汉理工大学出版社，1996.

［6］ Clark J.The mathematics of diffusion［M］.2nd．Oxford：Oxford University Press，1975.

［7］ Chiang Y-M，Birnie D，Kingery W D.Physical ceramics［M］.New York：John Wiley & Sons，Inc.，1997.

［8］ Mapother D，Crook H N，Maurer R.Self-diffusion of sodium in sodium chloride and sodium bromide［J］.Journal of Chemical Physics，1951（18）：1231.

［9］ Dieckmann R.Cobaltous Oxide point defect structure and non-stoichiometry，electrical conductivity，cobalt tracer diffusion［J］.Z.Physik.Chemie N F.，1977，107（2）：189.

［10］ Peterson N L.Point defects and diffusion mechanisms in the monoxides of the iron-group metals［J］.Mat Sci Forum，1984（1）：85.

［11］ Sempolinski D，Kingery W D，Tuller H L.Ionic conductivity and magnesium vacancy mobility in magnesium oxide［J］.Journal of the American Ceramic Society，1980，63（11/12）：664.

［12］ Sempolinski D，Kingery，W D.Electronic conductivity of single crystalline magnesium oxide［J］.Journal of the American Ceramic Society，1980，63（11/

12）:664.

[13] Choi G M, Tuller H L.Defect structure and electrical properties of single-crystal $Ba_{0.03}Sr_{0.97}TiO_3$[J].Journal of the American Ceramic Society,1988,71 (4):201.

[14] Bernard L.Some aspects of diffusion in ceramics[J].Journal of Physics,Ⅲ France,1994(4):1833-1855.

[15] Heuer A H,Lagerlof K P D.Oxygen self-diffusion in corundum(α-Al_2O_3):a conundrum[J].Philosophical magazine letters,1999,79(8):619-627.

[16] Le Gall M,Lesage B,Bernardini J.Self-diffusion in α-Al_2O_3:I.Aluminium diffusion in single crystals[J].Philosophical magazine A,1994,70(5),761-773.

[17] Le Gall M,Huntz A M,Lesage B.Self-diffusion in α-Al_2O_3:Ⅲ.Oxygen diffusion in single crystals doped with Y_2O_3[J].Philosophical Magazine A,1996, 73(4):919-934.

[18] Kijima K,Shirasaki S-I.Nitrogen self-diffusion in silicon nitride[J].Journal of Chemical Physics,1976,65:2668.

[19] Schmidt H,Geckle U,Bruns M.Simultaneous diffusion of Si and N in silicon nitride[J].Physical Review B,2006,74:045203.

[20] Schmidt H,Gupta M,Bruns M.Nitrogen diffusion in amorphous silicon nitride isotope multilayers proped by neutron reflectometry[J].Physical Review Letters,2006,96:055901.

[21] Doremus R H.Diffusion in almina[J].Journal of Applied Physics,2006,100: 101301.

[22] Fielitz P,Borchardt G,Ganschow S, et al.[26]Al tracer diffusion in titanium doped single crystalline alfa-Al_2O_3[J].Solid State Ionics,2008,173:373.

[23] Yoo H-I,Wuensch B J,Petuskey W Y.Oxygen self-diffusion in single-crystal MgO:secondaryion mass spectrometric analysis with comparison of results from gas-solid and solid-solid exchange[J].Solid State Ionics,2002,150:207.

第 6 章　固相反应

固相反应是无机固体材料的高温过程中一个普遍的物理化学现象，是一系列合金、传统硅酸盐材料以及各种新型无机材料生产所涉及的基本过程之一。由于固体的反应能力比气体和液体低很多，在较长时间内人们对它的了解和认识甚少。如今，固相反应已成为材料制备过程中的基础反应。与一般气、液相反应相比，固相反应在反应机理、动力学和研究方法方面都具有特点。

6.1　固相反应（凝聚态体系反应）的基本特征

较被普遍接受的固相反应定义是：固相物质作为反应物直接参与化学反应的动力学过程，同时在此过程中，在固相内部或外部存在使反应得以持续进行的传质过程。从反应的控制过程及影响因素来分析，控制固相反应速度的不仅有界面上的化学反应，而且包括反应物和产物的扩散迁移等过程。固相反应的研究对象包括所涉及的化学反应热力学、过程动力学、传质机理与途径、反应进行条件与影响控制因素等。其特征是反应在界面上进行和物质在相内部扩散，在无机固体材料的高温过程中是一个普遍的物理化学现象，它是一系列合金、传统硅酸盐材料以及各种新型无机材料生产所涉及的基本过程之一。广义地讲，凡是有固相参与的化学反应都可称为固相反应。例如固体的热分解、氧化以及固体与固体、固体与液体之间的化学反应等都属于固相反应范畴。但在狭义上，固相反应常指固体与固体间发生化学反应生成新的固体产物的过程。

6.1.1　固相反应特点

① 固相反应是发生在两组分相界面上的非均相反应，反应首先在相界面上发生，然后逐渐向其内部深入发展直至完全反应为止；通常包括相界面上的化学反应和反应物通过产物层扩散两个过程。

② 图 6.1 所示为物质 A 和 B 进行固相反应生成 C 的反应过程模型：反应一开始是反应物颗粒之间的混合接触，并在界面发生化学反应形成细薄且含大量结构缺陷的产物新相，随后发生产物新相的晶体生长和结构调整。当在两反

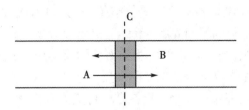

图 6.1　物质 A 和 B 进行固相反应生成 C 的反应过程模型

应颗粒间所形成的产物层达到一定厚度后，进一步的反应将依赖于一种或几种反应物通过产物层的扩散，这种扩散过程可能通过晶体表面、晶界、位错晶体裂缝或晶格内部（空位）进行。

③ 固相反应开始温度远低于反应物的熔点或系统低共熔点，通常相当于反应物内部开始呈现明显扩散作用的温度，称为泰曼温度或烧结开始温度。不同物质的泰曼温度与其熔点（T_M）间存在对应关系：

金属：$0.3 \sim 0.4 T_M$；

盐类：$0.57 T_M$；

硅酸盐：$0.8 \sim 0.9 T_M$。

当反应物之一存在多晶转变时，此转变温度往往也是反应开始变得显著的温度——海德华定律。

④ 固相反应速率较慢。原因：由于晶体质点间作用力大，拆散晶格需要较大能量，则界面化学反应进行较慢；固体质点由于迁移困难，扩散系数小，则扩散进行较慢。

⑤ 固相反应在有气相、液相参加的情况下，由于扩散过程可在气相或液相中发生，则气相或液相的存在将对固相反应起到重要作用。

⑥ 固相反应一般在高温下才能显著发生。温度升高，界面化学反应速率加快，特别是扩散速率加快，则固相反应加速。

⑦ 浓度因素在固相反应中相对不是很重要。由于有界面的存在，因此固体的面结构缺陷对固相反应有很大的影响。

⑧ 固相反应是固体直接参与化学作用并起化学变化，同时至少在固体内部或外部的某一过程中起控制作用的反应，则控制反应速率的因素不仅限于化学反应本身，如反应新相晶格缺陷调整速率、晶粒生长速率以及反应体系中物质和能量的输送速率等因素都将影响反应速率。

6.1.2　固相反应过程

6.1.2.1　相界面上化学反应

以 ZnO 和 Fe_2O_3 固相反应合成 $ZnFe_2O_4$（锌铁尖晶石）为例来说明相界面化

学反应过程，其反应式为 $ZnO(s)+Fe_2O_3(s)\longrightarrow ZnFe_2O_4(s)$，将反应混合物 $ZnO(s)+Fe_2O_3(s)$ 加热到不同温度，然后迅速冷却后综合研究其状态及性能变化，可根据固相反应合成 $ZnFe_2O_4$ 的相界面化学反应历程，分析一般固相反应的相界面化学反应的普遍规律。对于不同反应系统，相界面化学反应不一定都划分为6个阶段，但都包括3个过程：① 反应物混合接触，产生表面效应——固相反应发生；② 化学反应，新相形成——固相反应结果；③ 晶体长大，结构缺陷校正——固相反应达到稳定。

6.1.2.2　反应物通过产物层的扩散

固相反应通过相界面化学反应形成产物层后，进一步化学反应将依赖于一种或几种反应物通过产物层的扩散。扩散通道有表面、晶界、位错、裂缝、内部晶格(空位)。一般来讲，硅酸盐的固相反应，往往扩散步骤控制高于相界面反应，反应由扩散过程控制。

6.1.3　固相反应分类

固相反应可依据参加反应物质的聚集状态、反应的性质或反应进行的机理进行分类。按照反应的性质划分，固相反应可分成如表6.1所列的不同类别。而依反应机理划分，可分成化学反应速率控制过程、晶体长大控制过程、扩散控制过程等。不同性质的反应，其反应机理可以相同也可以不同，甚至不同的外部条件也可导致反应机理的改变。

表6.1　固相反应依性质分类

名　称	反应式	例　子
加成反应	$A(s)+B(s)\longrightarrow AB(s)$	$MgO(s)+Al_2O_3(s)\longrightarrow MgAl_2O_4(s)$
氧化反应	$A(s)+B(g)\longrightarrow AB(s)$	$Zn(s)+1/2O_2(g)\longrightarrow ZnO(s)$
还原反应	$A(s)+B(g)\longrightarrow AB(s)$	$Cr_2O_3(s)+3H_2(g)\longrightarrow 2Cr(s)+3H_2O$
置换反应	$A(s)+BC(s)\longrightarrow AC(s)+B(s)$	$Cu(s)+AgCl(s)\longrightarrow CuCl(s)+Ag(s)$
	$AB(s)+CD(s)\longrightarrow AD(s)+BC(s)$	$AgCl(s)+NaI(s)\longrightarrow AgI(s)+NaCl(s)$
转变反应	$\beta\text{-}A(s)\longrightarrow \alpha\text{-}A(s)$	$\beta\text{-}$石英$(s)\longrightarrow \alpha\text{-}$石英$(s)$
分解反应	$AB(s)\longrightarrow A(s)+B(g)$	$MgCO_3(s)\longrightarrow MgO(s)+CO_2(g)$

6.2　固相反应动力学

固相反应动力学是化学反应动力学的一个组成部分,主要研究固相之间的反应速度、机理和影响反应速度的因素。固相反应的过程本身很复杂,一个固相反应的过程,除了界面上的化学反应、产物层间的扩散等方面之外,还可能包括很多化学反应以及物理变化等过程。因此,研究特定的固相反应时,一般认为其反应速度由构成的反应及其过程的各种反应速度组成。在不同的固相反应中,往往整个过程的速度由其中速度最慢的一环所控制。从反应机理的研究和实际应用角度考虑,对控制整个反应速度及进程快慢的反应控制速度的研究往往是固相反应动力学研究的重点。

研究动力学是把反应量和时间的关系用数学公式表达出来,以便可以定量地了解和掌握在某个反应温度与反应时间的条件下,反应进行的程度,反应要经多少时间完成等重要数据。对于不同的反应机理,其动力学公式是不一样的。因此,研究未知的固相反应时,可以通过实验测定不同温度、不同时间条件下的反应速度,并与具体的动力学方程进行对比分析,以便发现被研究体系的反应规律与机理,进而寻找反应的控制因素。

通常,反应速度是以单位时间内、单位体积中反应物的减少(或产物的增加)来表示的,对于最简单的反应 A ——→B,反应速度可表示为

$$v = \frac{dC_B}{dt} \tag{6.1a}$$

或

$$v = -\frac{dC_A}{dt} \tag{6.1b}$$

其中,C 为反应物浓度。

对于 $mA+nB = xD+yE$ 的反应,反应速度为

$$v = -\frac{dC}{dt} = KC_A^m C_B^n \tag{6.2}$$

其中,K 为反应速度常数,可以表示为

$$K = A\exp\left(-\frac{\Delta G}{RT}\right) \tag{6.3}$$

其中,ΔG 为反应活化能。

6.2.1 一般固相反应动力学关系

固相反应通常由若干简单的物理和化学过程，如化学反应、扩散、结晶、熔融和升华等步骤结合而成，整个过程速度由其中最慢的步骤所控制。

例如金属氧化反应 $M(s)+O_2 \longrightarrow MO(s)$，反应过程如图 6.2 所示：首先在 I 界面(M-O 界面)上形成一层 MO 氧化膜，经 t 时间后，MO 氧化膜厚度为 δ；然后 O_2 通过 MO 层扩散到 II 界面(M-MO 界面)，并继续进行氧化反应。整个固相反应过程由金属氧化反应和 O_2 通过 MO 层的扩散两个过程组成。根据化学动力学的质量作用定律(化学反应速率与反应物浓度的乘积成正比)和菲克(Fick)第一定律，有

反应速率
$$v_P = \frac{dQ_P}{dt} = KC \tag{6.4}$$

扩散速率
$$v_D = \frac{dQ_D}{dt} = D\frac{dC}{dx} = D\frac{C_0 - C}{\delta} \tag{6.5}$$

其中，dQ_P 为 dt 时间内消耗于反应的 O_2 量；dQ_D 为 dt 时间内扩散到 M-MO 界面的 O_2 量；C_0，C 为 MO 表面和 M-MO 界面上 O_2 的浓度；K 为化学反应速率常数；D 为 O_2 通过 MO 层的扩散系数。

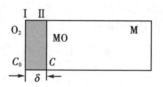

图 6.2　金属 M 氧化反应模型

对于任何固相反应，经过一段时间后，只可能出现如下三种情况：

① 反应速度等于扩散速度，$v_P = v_D$。此时，反应量等于扩散量，在反应界面上反应物浓度保持不变；

② 反应速度远远大于扩散速度，反应物扩散到反应界面上就立刻被反应掉，这样在反应界面上，就有 $C=0$；

③ 扩散速度远远大于反应速度，最终会使反应界面上的浓度 C 趋近于 C_0。

一般当反应速度与扩散速度大致相当时，反应可以达到一个平衡状态。因为，若 $v_P \geqslant v_D$，则 C 逐渐减少，到一定程度后，$C_0 - C$ 增加，v_D 增加，最终使得 $v_P = v_D$；反之，若 $v_P \leqslant v_D$，则 C 逐渐增加，到一定程度后，$C_0 - C$ 减少，v_D 减少，使得 $v_P = v_D$。当反应过程达到平衡，即反应量等于扩散量的时候，$v_P = v_D$。

当过程达到平衡时，固相反应总速度为

$$KC = D\,\frac{C_0 - C}{\delta} \tag{6.6}$$

即

$$C = \frac{C_0}{1 + \dfrac{K\delta}{D}} \tag{6.7}$$

则固相反应速度为

$$v = KC = \frac{1}{\dfrac{1}{KC_0} + \dfrac{\delta}{DC_0}} \tag{6.8}$$

讨论：

① 当 $v_P \leqslant v_D$ 时，即 $K \leqslant \dfrac{D}{\delta}$（或 $C = C_0$），则 $v = KC_0 = v_P$ 最大，说明固相反应总速度由相界面化学反应速度控制，称为化学动力学范围；

② 当 $v_P \geqslant v_D$ 时，即 $K \geqslant \dfrac{D}{\delta}$（或 $C = 0$），则 $v = D\,\dfrac{C_0}{\delta} = v_D$ 最大，说明固相反应总速度由扩散速度控制，称为扩散动力学范围；

③ 当 $v_P \approx v_D$ 时，即 $K \approx \dfrac{D}{\delta}$，则

$$v = KC = \frac{1}{\dfrac{1}{KC_0} + \dfrac{\delta}{DC_0}} = \frac{1}{\dfrac{1}{v_{P(\max)}} + \dfrac{1}{v_{D(\max)}}}$$

说明固相反应总速度由化学反应速度及扩散速度控制，称为过渡动力学范围。

结论：由若干物理和化学步骤综合组成的固相反应过程的一般动力学关系为

$$v = \frac{1}{\dfrac{1}{v_{1\max}} + \dfrac{1}{v_{2\max}} + \dfrac{1}{v_{3\max}} + \cdots + \dfrac{1}{v_{n\max}}} \tag{6.9}$$

其中，$v_{1\max}$，$v_{2\max}$，$v_{3\max}$，$\cdots$，$v_{n\max}$ 分别对应于化学反应、扩散、熔融、结晶、升华等步骤的最大可能速率。

6.2.2　化学动力学范围

如果在某一固相反应中，扩散、升华等过程的速度非常快，而界面上的反应速度很慢，则此时整个固相反应速度主要由接触界面上的化学反应速度所控制，称为化学动力范围。

6.2.2.1　化学反应速度通式

对于均相二元系统，假设反应式为 $m\mathrm{A}+n\mathrm{B}\Longrightarrow x\mathrm{D}+y\mathrm{E}$ 的反应，化学反应的速率方程为

$$v = KC_A^m C_B^n \tag{6.10}$$

其中，C_A 为反应物 A 的浓度；C_B 为反应物 B 的浓度；K 为反应速度常数，它与温度之间存在阿累尼乌斯关系

$$K = K_0 \exp(-\Delta G_R / RT) \tag{6.11}$$

其中，K_0 为常数；ΔG_R 为反应活化能。

若反应过程中只有一个反应物浓度可变，则

$$v = K_n C^n$$

假设经 t 时间反应后，浓度为 X 的反应物已耗尽，剩下的反应物浓度为 $(C-X)$，则化学反应速度

$$v = \frac{\mathrm{d}X}{\mathrm{d}t} = \frac{-\mathrm{d}(C_0 - X)}{\mathrm{d}t} = K_n (C_0 - X)^n \tag{6.12}$$

其中，C_0 为反应物初始浓度；X 为消耗掉的反应物浓度；(C_0-X) 为剩余反应物浓度。

根据初始条件：$t=0$ 时，$X=0$，对式（6.12）积分

$$\int_0^X \frac{\mathrm{d}X}{(C - X)^n} = \int_0^t K_n \mathrm{d}t \tag{6.13}$$

得

$$\frac{1}{(n-1)}\left(\frac{1}{(C-X)^{n-1}} - \frac{1}{C^{n-1}}\right) = K_n t \tag{6.14}$$

其中，n 为反应级数。

6.2.2.2　反应级数及反应速度公式

由式（6.14），结合不同反应级数（取 0，1，2 时分别对应零级反应、一级反应和二级反应）讨论相应的反应速度式。

（1）零级反应的情形

对于零级反应，$n=0$，则有

$$X = K_0 t \tag{6.15}$$

（2）一级反应的情形

对于一级反应，$n=1$。直接根据式（6.13）作 $n=1$ 积分

$$\int_0^X \frac{\mathrm{d}X}{C - X} = \int_0^t K_1 \mathrm{d}t \tag{6.16}$$

可得

$$\ln \frac{C - X}{C} = -K_1 t \qquad (6.17\text{a})$$

即

$$C - X = C\exp(-K_1 t) \qquad (6.17\text{b})$$

（3）二级反应的情形

对于二级反应，$n = 2$，则

$$\frac{1}{C - X} - \frac{1}{C} = K_2 t \qquad (6.18\text{a})$$

即

$$\frac{X}{C(C - X)} = K_2 t \qquad (6.18\text{b})$$

6.2.2.3 转化率为变量的反应速度公式

（1）简化模型

前述指出，多数的固相反应都是在界面上进行的非均相反应，故反应颗粒之间的接触面积 F 在描述固相反应速度时也要考虑进去。对于二元系统的非均相反应，考虑接触面积 F 后的反应速度方程为 $v = K_n F C_A^m C_B^n$。当只有一个反应物可变时，反应式简化为 $v = K_n F C^m$。其中，接触面积 F 将随反应进程的进行而不断变化。

材料制备过程中所用的原料大多为颗粒状，大小不一，形状复杂，其结构的简要示意图如图 6.3 所示。随着反应的进行，反应物的接触面积将不断变化，所以要准确求出接触面积及其随反应过程的变化是很困难的。

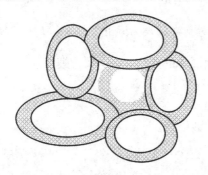

图 6.3 粉料混合物中颗粒表面反应物层示意图

为了简化起见，设反应物颗粒是半径为 R_0 的球体或半棱长为 R_0 的立方形粉体，经 t 时间反应后，每个颗粒表面形成的产物层厚度为 x，反应物与反应产物数量的变化用质量分数表示。假设反应物与反应产物间体积密度相近，则反应物与反应产物的质量变化可以用体积变化（体积分数）表示，并定义转化率

G，所谓转化率一般定义为参与反应的一种反应物，在反应过程中消耗了的体积分数。$G=$反应产物量/反应物总量，则有

$$G = \frac{V - V_1}{V} = \frac{\frac{4}{3}\pi R_0^3 - \frac{4}{3}\pi (R_0 - x)^3}{\frac{4}{3}\pi R_0^3} = \frac{R_0^3 - (R_0 - x)^3}{R_0^3} \qquad (6.19)$$

其中，V 为反应物总体积；V_1 为反应后残余体积。由式(6.19)可得

$$R_0 - x = R_0 (1 - G)^{\frac{1}{3}} \qquad (6.20\text{a})$$

即

$$x = R_0 \left[1 - (1 - G)^{\frac{1}{3}} \right] \qquad (6.20\text{b})$$

(2)反应速度通式

对于半径为 R_0 的球体，相应于每个颗粒的反应表面积 F' 与转化率 G 的关系为

$$F' = 4\pi R_0^2 (1 - G)^{\frac{2}{3}} \qquad (6.21)$$

若系统中有 N 个颗粒，则总表面积为

$$F = NF' = N4\pi R_0^2 (1 - G)^{\frac{2}{3}} \qquad (6.22)$$

由于 $N = \dfrac{1}{\frac{4}{3}\pi R_0^3 \gamma}$，其中 γ 为反应物的表观密度，则有

$$F = \frac{3}{\gamma R_0} (1 - G)^{\frac{2}{3}} = A (1 - G)^{\frac{2}{3}} \qquad (6.23)$$

其中，常数 $A = \dfrac{3}{\gamma R_0}$，对于半棱长为 R_0 的立方体，$F' = 24R_0^2 (1 - G)^{\frac{2}{3}}$。

考虑反应接触界面面积的变化，化学反应速度为

$$-\frac{\mathrm{d}(C - X)}{\mathrm{d}t} = FK_n (C - X)^n \qquad (6.24)$$

将式(6.24)作一定的变换，得

$$-\frac{\mathrm{d}C\left(1 - \dfrac{X}{C}\right)}{\mathrm{d}t} = FK_n C^n \left(1 - \frac{X}{C}\right)^n \qquad (6.25)$$

而 $G = X/C$，则

$$\frac{\mathrm{d}G}{\mathrm{d}t} = FK_n' (1 - G)^n \qquad (6.26)$$

其中，$K_n' = K_n C^n$。

（3）零级反应的速度

① 球状颗粒的情形。

对于零级反应，$n=0$，则有

$$\frac{\mathrm{d}G}{\mathrm{d}t} = FK_0' = K_0'A\,(1-G)^{\frac{2}{3}} = K_0''(1-G)^{\frac{2}{3}} \qquad (6.27)$$

由初始条件：当 $t=0$ 时，$G=0$。对式（6.27）积分

$$\int_0^G \frac{\mathrm{d}G}{(1-G)^{\frac{2}{3}}} = \int_0^t K_0''\mathrm{d}t \qquad (6.28\mathrm{a})$$

得

$$F_0(G) = 1-(1-G)^{\frac{1}{3}} = K_0''t \qquad (6.28\mathrm{b})$$

② 圆柱状颗粒的情形。

若是圆柱状颗粒，则有关系式

$$F_0(G) = 1-(1-G)^{\frac{1}{2}} = K''t \qquad (6.29)$$

③ 平板状颗粒的情形。

若是平板状颗粒，则有关系式

$$F_0(G) = G = K_0''t \qquad (6.30)$$

（4）一级反应的速度

对于一级反应，$n=1$，则有

$$\frac{\mathrm{d}G}{\mathrm{d}t} = K_1''F(1-G) = K_1'A\,(1-G)^{\frac{5}{3}} = K_1''(1-G)^{\frac{5}{3}} \qquad (6.31)$$

积分可得

$$F_1(G) = (1-G)^{-\frac{2}{3}} - 1 = K_1''t \qquad (6.32)$$

式（6.32）已被一些固相反应的实验结果所证实。

6.2.3　扩散动力学范围

由于物质质点在固体中的扩散速度较慢，特别是随着反应时间的延长，产物层厚度增加，扩散阻力相应增大，使扩散速度减慢，从而使扩散速度逐渐控制整个固相反应速度。因此，由扩散速度控制的固相反应情况较为普遍。

菲克（Fick）定律是描述固相反应扩散动力学的基础理论。由于固体中的扩散常常通过缺陷进行，故晶体缺陷、界面、物料分散度、颗粒形状等因素对扩散速度有本质影响。

从材料学角度讲，对由扩散控制的固相反应动力学问题已进行过较多的研究。理论上，往往先建立不同的扩散结构模型，并根据不同的前提假设，推导出多种扩散动力学方程。下面对几种经典的扩散模型和动力学方程进行讨论。

6.2.3.1　抛物线型方程

（1）推导模型

图 6.4 所示为平板模型，反应物 A，B 均为平板状，界面反应产物为 AB。由于界面反应快，A 在产物层中的浓度［A］直线下降，从 100%直到 0。

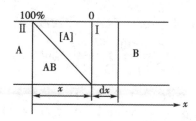

图 6.4　平板扩散模型

（2）推导条件

稳定扩散，且扩散截面积保持不变。

（3）推导过程

例：固相反应　　　　　　　A+B ——→AB

设：经 t 时间形成的 AB 产物层的厚度为 x，A 物质为扩散相，A 物质在 Ⅰ，Ⅱ 两点处的浓度分别为 100% 和 0，浓度梯度为 $\dfrac{\mathrm{d}C}{\mathrm{d}x}$，A，B 两平板颗粒间的接触面积为 S，$\mathrm{d}t$ 时间内通过 AB 层扩散的 A 物质量为 $\mathrm{d}m$。根据菲克（Fick）第一定律

$$\frac{\mathrm{d}m}{\mathrm{d}t} = DS\frac{\mathrm{d}C}{\mathrm{d}x} \tag{6.33}$$

由于 $\mathrm{d}m = aS\mathrm{d}x$，其中，$S\mathrm{d}x$ 为产物体积，a 为系数，所以

$$\frac{aS\mathrm{d}x}{\mathrm{d}t} = DS\frac{1}{x} \tag{6.34a}$$

即

$$\frac{\mathrm{d}x}{\mathrm{d}t} = \frac{D}{a}\frac{1}{x} \tag{6.34b}$$

积分，得

$$F_2(G) = x^2 = 2\frac{D}{a}t = K_2 t \tag{6.35}$$

因 $x\text{-}t$ 曲线为抛物线，故称其为抛物线速度方程。其物理意义为：产物层的厚度与时间的平方根成正比。

6.2.3.2　卡特（Carter）方程

卡特方程的扩散结构模型如图 6.5 所示，原始半径为 r_0 的 A 组分球状颗粒，在表面上与很细的粉末反应，此反应的速度由扩散过程控制。

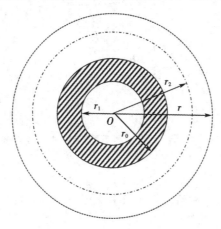

图 6.5　卡特方程模型

r_1 为反应一段时间后组分 A 的半径，当 G 从 0→1 时，r_1 从 r_0→0；r_2 为反应一段时间后，未反应的组分加上反应物层的球半径；r 为 $G=1$ 时，即组分 A 全部反应后的全部产物的半径。显然，产物体积与反应物 A 的体积不一样；Z 为消耗一个单位体积的组分 A 所生成的产物的体积，即等价体积比。这样有如下的关系式

$$r_3^2 = r_3^1 + Z(r_0^3 - r_1^3) = Zr_0^3 + r_1^3(1 - Z) \tag{6.36}$$

因为 $G = \dfrac{r_0^3 - r_1^3}{r_0^3}$，则有

$$r_1 = (1 - G)^{\frac{1}{3}} r_0 \tag{6.37}$$

时间为 t 时，剩余 A 的数量 Q_A 为

$$Q_A = \frac{4}{3}\pi r_1^3 \tag{6.38}$$

则有

$$\frac{dQ_A}{dt} = \frac{4}{3}\pi 3 r_1^2 \frac{dr_1}{dt} \tag{6.39}$$

而 Q_A 的变化速度又等于以扩散方式通过厚度为 r_2-r_1 的球外壳的流量，则

$$\frac{dQ_A}{dt} = \frac{4\pi K r_1 r_2}{r_2 - r_1} \tag{6.40}$$

其中，K 为反应速度常数。式(6.40)适用于稳态扩散。

上述讨论的情况下，扩散层中通过半径不同的每一个球壳的物质流量是相等的，即反应物 A 的变化量 dQ_A/dt 等于扩散通过产物层的量，故有

$$4\pi r_1^2 \frac{dr_1}{dt} = \frac{4\pi K r_1 r_2}{r_2 - r_1} \tag{6.41}$$

即

$$r_1 \frac{dr_1}{dt} = \frac{K r_2}{r_2 - r_1} \tag{6.42}$$

则 $r_1\left(1 - \dfrac{r_1}{r_2}\right) dr_1 = -Kdt$。把 r_2 值代入，有

$$\left\{ r_1 - \frac{r_1^2}{[Zr_0^3 + r_1^3(1 - Z)]^{\frac{1}{3}}} \right\} dr_1 = -Kdt \tag{6.43}$$

将式(6.43)从 $r_0 \to r_1$ 积分，得

$$[(1 - Z)r_1^3 + Zr_0^3]^{\frac{2}{3}} - (1 - Z)r_1^2 = Zr_0^2 + 2(1 - Z)Kt \tag{6.44}$$

将式(6.37)带入，得

$$F(G) = [1 + (Z - 1)G]^{\frac{2}{3}} + (Z - 1)(1 - G)^{\frac{2}{3}} - Z = K_t t \tag{6.45}$$

其中，$K_t = \dfrac{2(1 - Z)K}{r_0}$。

卡特方程的特点是考虑了反应面积的变化及产物与反应物间体积密度变化，因此比前述的杨德方程具有更好的适用性。卡特将镍球的氧化过程用该方程式处理，发现一直到 100% 的转化率为止，仍能符合得很好。用杨德方程，则在转化率 $G > 0.5$ 时就不相符了。

6.2.3.3 杨德(Jander)方程

(1)杨德模型

如图 6.6 所示为球体模型，假设反应物为球状颗粒，称为杨德模型。

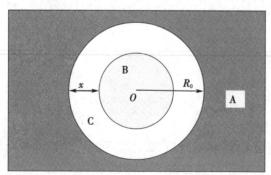

图 6.6 杨德方程扩散模型

(2)推导条件

在许多材料的生产中通常采用粉状物料作原料。这时，反应过程中的颗粒间接触面积往往是不断变化的。因此，用简单的平板模型来分析大量粉状颗粒

上反应层厚度变化是很困难的。为此，杨德在抛物线方程的基础上采用"球体模型"，推导出改进动力学方程。

杨德球体模型的 3 个基本条件为：

① 反应物 B 是半径为 R_0 的球体；

② 反应物 A 是扩散相，即 A 成分总是包围着 B 的颗粒，且 A，B 同产物 C 是完全接触的。A 通过产物层 C 到达 B 表面，反应从 B 球表面向中心进行，经 t 时间形成的产物层 AB 的厚度为 x；

③ A 在产物层 AB 中的浓度梯度是线性的，反应产物扩散层的截面不变。

（3）推导过程

对于球状颗粒，反应物颗粒初始体积为 $V_1 = \dfrac{4}{3}\pi R_0^3$，未反应部分体积为 $V_2 = \dfrac{4}{3}\pi (R_0 - x)^3$，产物体积为 $V = \dfrac{4}{3}\pi [R_0^3 - (R_0 - x)^3]$，其中 x 为产物层厚度。

令以 B 物质为基准的转化程度为 G，则

$$G = \frac{V}{V_1} = \frac{R_0^3 - (R_0 - x)^3}{R_0^3} = 1 - \left(1 - \frac{x}{R_0}\right)^3 \tag{6.46}$$

可得
$$\frac{x}{R_0} = 1 - (1 - G)^{\frac{1}{3}} \tag{6.47a}$$

即
$$x = R_0 \left[1 - (1 - G)^{\frac{1}{3}}\right] \tag{6.47b}$$

代入抛物线型方程式（6.35），得

$$x^2 = R_0^2 \left[1 - (1 - G)^{\frac{1}{3}}\right]^2 = K_3 t \tag{6.48}$$

$$F_J(G) = \left[1 - (1 - G)^{\frac{1}{3}}\right]^2 = \frac{K_3}{R_0^2} t = K_J t \tag{6.49}$$

将式（6.49）微分，得

$$\frac{\mathrm{d}G}{\mathrm{d}t} = \frac{K_J (1 - G)^{\frac{2}{3}}}{1 - (1 - G)^{\frac{1}{3}}} \tag{6.50}$$

其中，K_J 为杨德方程速度常数。

（4）适用范围

① 引用抛物线型方程的近似，杨德方程仅适用于转化率较小（$G<0.5$）或 x/R_0 值较小的范围，且随 G 增加，误差增大。

原因：虽然采用球状颗粒，但保留扩散截面积不变的不合理假设。随着反应的进行，尤其到反应后期，反应物间的接触面积有较大改变，应用抛物线型方程（扩散面积不变）则会产生误差，从而给杨德方程也带来误差。

② 模型的假设中，B 的体积缩小，代表产物 C 的体积增加。引入 B，C 密度相同的条件，故杨德方程仅适用于反应物 A 和产物 C 密度相差不大的状况。

6.2.3.4　金斯特林格方程

（1）推导模型

金斯特林格模型以杨德模型为基础，只适用于转化率不大的情况。采用球体模型，假设反应物是半径为 R_0 的球状颗粒，在 R_0 不变的情况下，认为产物层厚度 x 可变，如图 6.7 所示。

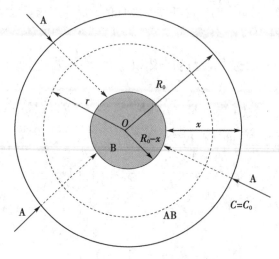

图 6.7　金斯特林格模型

（2）推导条件

① 考虑反应过程中反应截面随反应进程变化这一事实，认为实际反应开始以后生成的 AB 产物层是一个球壳而不是一个平面。

② 当反应物 A 和 B 混合均匀后，若 A 熔点低于 B，A 可以通过表面扩散或通过气相扩散而布满整个 B 的表面。

③ 在产物层 AB 生成之后，反应物 A 在产物层中扩散速度远大于 B，并且在整个反应过程中，反应产物球壳外壁（即 A-AB 界面）上，扩散相 A 的浓度恒为 C_0；而产物球壳内壁（即 B-AB 界面）上，由于化学反应速度远大于扩散速度，扩散到 B 界面的反应物 A 可立即与 B 反应生成 AB，其扩散相 A 的浓度恒为零。故整个反应速度完全由 A 在产物球壳 AB 中的扩散速度所决定。

（3）推导过程

① A 物质在 AB 层内的浓度分布。

过程为不稳定扩散，符合菲克第二定律，以球坐标形式表示，即

$$\frac{\partial C}{\partial t} = D\left(\frac{\partial^2 C}{\partial^2 r} + \frac{2}{r}\frac{\partial C}{\partial r}\right) \tag{6.51}$$

有初始条件：$t=0$，$x=0$。

边界条件：$t>0$，$r=R_0$，$C_{(R_0,\ t)}=C_0$；$t>0$，$r=R_{0-x}$，$C_{(R_{0-x},\ t)}=0$。

② 转化率(G)与时间(t)的关系-速度方程。

为化简求解，设等效稳定扩散条件下，在 AB 层厚度为任意 x 时，单位时间通过该层的 A 物质量 $M(x)$ 仅与位置 x 有关，而与时间无关，因而单位时间内将有相同数量的 A 扩散通过任一指定的 r 球面，即 $M(x) = D\left(\frac{\partial C}{\partial r}\right)4\pi r^2 = $ 常数，

则

$$\frac{\partial C}{\partial r} = \frac{M(x)}{4\pi r^2 D} \tag{6.52}$$

积分，得

$$C_0 = \frac{M(x)x}{4\pi DR_0(R_0 - x)} \tag{6.53}$$

所以

$$M(x) = \frac{4\pi DR_0(R_0 - x)C_0}{x} \tag{6.54}$$

则

$$\left(\frac{\partial C}{\partial r}\right)_{r=R_0-x} = \frac{C_0 R_0(R_0 - x)}{Cr^2} = \frac{C_0 R_0(R_0 - x)}{x(R_0 - x)^2} = \frac{C_0 R_0}{x(R_0 - x)} \tag{6.55}$$

那么

$$\frac{\mathrm{d}x}{\mathrm{d}t} = \frac{K_0 R_0}{x(R_0 - x)} \tag{6.56}$$

其中，$K_0 = \dfrac{DC_0}{\varepsilon}$。

积分，得

$$x^2\left(1 - \frac{2}{3}\frac{x}{R}\right) = 2K_0 t \tag{6.57}$$

将 $x = R_0\left[1 - (1-G)^{\frac{1}{3}}\right]$ 代入式(6.57)，整理得

$$R_0^2\left[1 - \frac{2}{3}G - (1-G)^{\frac{2}{3}}\right] = K_0 t \tag{6.58}$$

则

$$F_0(G) = 1 - \frac{2}{3}G - (1-G)^{\frac{2}{3}} = K_K t \tag{6.59}$$

微分，得

$$\frac{\mathrm{d}G}{\mathrm{d}t} = K_K'\frac{(1-G)^{\frac{1}{3}}}{1 - (1-G)^{\frac{1}{3}}} \tag{6.60}$$

其中，$K_K' = \dfrac{1}{3}K_K$，K_K'，K_K 均称为金斯特林格方程速率常数。

(4)适用范围

金斯特林格方程在一定范围内具有普遍性，与实际较吻合，适用范围为 $0.5<G<0.9$，但 $G>0.9$ 以后就不准确了，这是因为：

① 与杨德方程一样，金斯特林格方程假定了产物 AB 和反应物 B 的密度相同，这是一种近似；

② 金斯特林格方程推导中，以稳定扩散代替不稳定扩散，引入误差，但一般硅酸盐反应进行得很慢，扩散过程很慢，上述假定引入的误差并不大。

6.2.3.5　金斯特林格方程与杨德方程的比较

① 实验证明金斯特林格方程比杨德方程适用于更大反应程度。

② 金斯特林格方程具有更大范围的普遍性。

令 $\xi = \dfrac{x}{R}$，得

$$\frac{\mathrm{d}x}{\mathrm{d}t} = K \frac{R_0}{(R_0 - x)x} = \frac{K}{R_0} \frac{1}{\xi(1-\xi)} = \frac{K'}{\xi(1-\xi)} \tag{6.61}$$

作 $\dfrac{1}{K'} \dfrac{\mathrm{d}x}{\mathrm{d}t} - \xi$ 关系曲线，得产物层增厚速率 $\dfrac{\mathrm{d}x}{\mathrm{d}t}$ 随 ξ 变化规律。

当 ξ 很小即转化率很低时，$\dfrac{\mathrm{d}x}{\mathrm{d}t} = K/x$，方程转为抛物线速率方程。此时金斯特林格方程等价于杨德方程。随着 ξ 增大，$\dfrac{\mathrm{d}x}{\mathrm{d}t}$ 很快下降并经历一最小值($\xi = 0.5$)后逐渐上升。当 $\xi \to 1$(或 $\xi \to 0$)时，这说明在反应的初期或终期扩散速率极快，故而反应进入化学反应动力学范围，其速率由化学反应速率控制。

比较金斯特林格方程(6.60)与杨德方程(6.50)，令 $Q = \left(\dfrac{\mathrm{d}G}{\mathrm{d}t}\right)_K \bigg/ \left(\dfrac{\mathrm{d}G}{\mathrm{d}t}\right)_J$ 得

$$Q = \frac{K_K (1-G)^{1/3}}{K_J (1-G)^{2/3}} = K (1-G)^{-1/3} \tag{6.62}$$

作 Q-G 曲线，可见当 G 值较小时，$Q=1$，说明两方程一致；随着 G 逐渐增加，Q 值不断增大，尤其到反应后期 Q 值随 G 陡然上升。这意味着两方程偏差越来越大。因此，如果说金斯特林格方程能够描述转化率很大情况下的固相反应，那么杨德方程只能在转化率较小时才适用。

③ 金斯特林格方程并非对所有扩散控制的固相反应都能适用。从以上推导可看出，杨德方程和金斯特林格方程均以稳定扩散为基本假设，它们之间所不同的仅在于其几何模型的差别。因此，不同的颗粒形状的反应物必然对应着不同形式的动力学方程。例如，对于半径为 R 的圆柱状颗粒，当反应物沿圆柱表面形成的产物层扩散的过程起控制作用时，其反应动力学过程符合依轴对称

稳定扩散模式推得的动力学方程式

$$F_3(G) = (1 - G)\ln(1 - G) + G = Kt \tag{6.63}$$

④ 金斯特林格方程与杨德方程一样,也没有考虑反应物与产物密度不同所带来的体积效应,因此仍然存在误差。

6.2.4　过渡范围

当整个反应中各个过程的速率可以相比拟而都不能忽略时,较难用一个简单方程来描述,只能按不同情况采用一些近似关系式表达。

例如,当化学反应速率和扩散速率均不能忽略时,有泰曼经验式: $\dfrac{\mathrm{d}x}{\mathrm{d}t} = \dfrac{K}{t}$ 。

积分,得

$$x = K\ln t \tag{6.64}$$

其中, K 为速率常数,与温度、扩散系数和颗粒接触条件有关; x 为产物层厚度; t 为反应时间。

6.3　影响固相反应的因素

固相反应是一种非均相体系的化学反应和物理变化过程,影响固相反应的因素很多也很复杂。因此,影响化学反应的因素,除像均相反应一样,有反应物的化学组成、特性和结构状态以及温度、压力等因素外,凡是可能活化晶格、促进物质的内外传输作用的因素均会对反应有影响。

6.3.1　反应物化学组成与结构

反应物化学组成与结构是影响固相反应的内因,是决定反应方向和反应速率的重要因素。从热力学角度看,在一定温度、压力条件下,反应可能进行的方向是自由焓减少($\Delta G < 0$)的方向。而且 ΔG 的负值越大,反应的热力学推动力也越大。从结构的观点看,反应物的结构状态质点间的化学键性质以及各种缺陷的多寡都将对反应速率产生影响。晶格松弛、结构内部缺陷增多,则反应和扩散能力增加。另外,颗粒尺寸相同的 A 和 B 反应形成产物 AB,若改变 A 与 B 的比例就会影响到反应物表面积和反应截面积的大小,从而改变产物层的厚度和影响反应速率。

6.3.2　反应物颗粒尺寸及分布

在杨德方程式、金斯特林格方程式中反应速率常数 $K \propto 1/R^2$,则在其他条件不变的情况下，反应速率受到颗粒尺寸大小的强烈影响。

① 物料颗粒尺寸越小，反应体系比表面积越大，反应界面和扩散界面相应增加则反应速率增大。

② 根据威尔表面学说解释，随物料颗粒尺寸减小，键强分布曲线变平，弱键比例增加，反应和扩散能力增强。

理论分析表明，由于物料颗粒大小以平方关系影响着反应速率，颗粒尺寸分布越是集中对反应速率越是有利。因此，缩小颗粒尺寸分布范围，以避免少量较大尺寸的颗粒存在，可以显著延缓反应进程，是生产工艺在减少颗粒尺寸的同时应注意到的另一个问题。

③ 物料的级配对反应速度也有影响。

6.3.3 反应温度、压力与气氛

6.3.3.1 反应温度

温度是影响固相反应速率的重要外部条件之一。温度升高，固体结构中质点热振动能量增大，反应能力和扩散能力均增强，则大大有利于固相反应进行。

当固相反应过程由化学反应速度控制时，根据阿雷尼乌斯方程，其速率常数与温度之间有如下关系

$$K = A\exp\left(-\frac{\Delta G_R}{RT}\right)$$

其中，ΔG_R 为化学反应活化能；A 为与质点活化机构（单元）相关的指前因子；对于扩散，其扩散系数 $D = D_0\exp\left(-\frac{Q}{RT}\right)$，其中，$Q$ 为扩散活化能，D_0 是频率因子。因此，无论是扩散控制的或化学反应控制的固相反应，温度的升高都将提高扩散系数或化学反应速率常数，且由于扩散活化能（Q）<化学反应活化能（ΔG_R），而使温度的变化对化学反应影响远大于对扩散的影响。

6.3.3.2 压力与气氛

对于不同的体系，压力影响不同。在一个没有气相和液相参加的纯固相反应过程中，提高压力可显著地改善粉料颗粒之间的接触状态，如缩短颗粒之间距离，增加接触面积等并提高固相反应速率。但有液相、气相参与的固相反应，由于传质过程主要不是通过颗粒的接触进行的。因此，提高压力有时并不表现出积极作用，甚至会适得其反。此外气体影响，也很重要，主要通过固体反应物吸附影响表面反应活性。

6.3.4 添加剂

在固相反应体系中加入少量非反应物物质或由于某些可能存在于原料中的

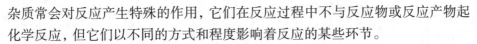

杂质常会对反应产生特殊的作用,它们在反应过程中不与反应物或反应产物起化学反应,但它们以不同的方式和程度影响着反应的某些环节。

添加剂作用:

① 与反应物形成固溶体,使其晶格化,反应能力增加;

② 与反应物形成低共熔物,使物系在较低温度下出现液相,加速扩散和对固相的溶解作用;

③ 与反应物形成活性中间体而处于活化状态;

④ 添加剂离子对反应物的极化作用,促使其晶格畸变和活化。

参考文献

［1］　宋晓岚,黄学辉.无机材料科学基础［M］.北京:化学工业出版社,2006.

［2］　陆佩文.无机材料科学基础:硅酸盐物理化学［M］.武汉:武汉理工大学出版社,1996.

［3］　樊先平,洪樟连,翁文剑.无机非金属材料科学基础［M］.杭州:浙江大学出版社,2004.

第7章 相 变

物相是物质系统中具有相同化学组成、聚集状态和相同物理与化学性质的物质部分的总成。在一定的条件(如温度、压力、电场、磁场等)下，处于热力学平衡状态的物质将以一种由该条件所决定的聚集状态或结构形式存在，这种形式就是相。相变则是指在外界条件发生变化的过程中，物相中原来均匀的化学组成或结构在某一特定条件下发生突变。例如：从一种聚集状态变化为另一种聚集状态，相同化学物质组成的气相、液相和固相间的相互转化，或固相中不同晶体结构之间的转变；物相中化学组分起伏或突变，如均匀溶液的分凝或固溶体的脱溶分解等；物相中某些序结构变化并引起物理性质的突变，如顺磁体与铁磁体、顺电体与铁电体、正常导体与超导体的转变等。

人们发现相同化学成分的晶态物质在结构上的多样性及其相互转变的现象，认识到钢铁材料在热处理前后存在显微组织上具有差异的物相(如奥氏体、马氏体、珠光体等)及它们之间在一定条件下可以相互转变。随着对相变现象及其规律的认识逐步加深，人们开始提出相变的有关理论。

相变理论要解决的问题是：① 相变为何会发生？② 相变是如何进行的？前一个问题的热力学答案是明确的，但不足以解决具体问题。后一个问题的处理则涉及物理动力学(physical kinetics)、晶格动力学、各向异性的弹性力学，乃至远离平衡态的形态发生(morphogenesis)。这方面的理论还处于从定性或半定量阶段向定量阶段过渡的状态。

7.1 相变的分类及基本结构特征

7.1.1 基本概念

19 世纪初期，热力学只研究热和机械能之间的转化规律，随着科学技术的发展，目前它所研究的范围不论广度和深度都已超出原有的范畴。学习相变理论时，首先应明确一些热力学基本概念。

为了研究方便，常常人为地将研究对象从与其相互作用的体系中划分出来，被划分出来的这部分物体就是热力学的研究对象，被称为系统，而把系统边界以外且和系统发生作用的物体称为系统的环境。系统和环境之间的各种相互作用可使系统的状态发生变化。根据系统和环境之间所进行的物质和能量交换的差异，可将系统分为以下三种类型：

① 敞开系统。系统和环境之间，既有物质交换，也有能量交换；

② 封闭系统。系统和环境之间，没有物质交换，只有能量交换；

③ 孤立系统。系统和环境之间，既没有物质交换，也没有能量交换。

系统的性质可以通过一些宏观变量来确定，如质量、温度、压力、体积、密度、黏度、表面张力、组成等。这些物理性质和化学性质的总和确定了系统的状态。当系统的这些性质确定后，系统的状态也就确定了。若系统的任一性质发生变化，就意味着系统的状态也将发生改变。这些由状态所决定的性质，统称为状态函数。热力学状态函数对系统的状态及其所发生的现象给出宏观的描述，而无须考虑系统内部的结构细节。

热力学过程是在环境作用下，系统从一个平衡态变化到另一个平衡态的过程。对热力学过程的描述包括系统状态的变化、经历的途径，以及系统与环境间能量的传递。在实际过程中，系统所经历的一系列状态，一般都是不平衡状态。如果所经历的状态都无限接近于平衡态，并且没有摩擦，则为可逆过程。可逆过程是理想过程，无有效能损失，是实际过程可趋近的极限。

7.1.2 固态相变特征

固态相变与气-液、液-固相变一样，以新相和母相之间的自由能差作为相变的驱动力，通常表示为 $\Delta G^{\alpha-\beta} = G_\beta - G_\alpha < 0$。常见的涉及晶格类型变化的固态相变一般包含形核和长大两个过程，降温转变时需要过冷获得足够的驱动力，过冷度 ΔT 对固态相变形核、生长机制和速率都会产生重要影响。但由于固态相变的新相、母相均是固体，故又有不同于气-液、液-固相变的特点。对于常见的以形核长大方式发生的固态相变，固态的母相约束大，不可忽视；母相中晶体缺陷对形核起促进作用，新相优先于晶体缺陷处形核。

7.1.2.1 相界面

固态相变时，新相与母相的相界面是两种晶体的界面，按其结构特点可以分为共格界面、半共格界面和非共格界面三种，如图 7.1 所示。

（1）共格界面

所谓共格界面，是指界面上的原子同时位于两相晶格的结点上，即两相的晶格是彼此衔接的，界面上的原子为两者共有。共格界面的结构示意图如 7.1 （a）所示。

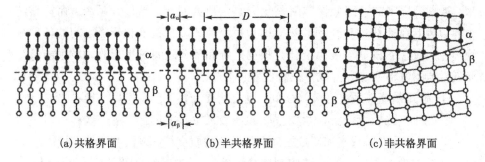

(a)共格界面　　　　　　　(b)半共格界面　　　　　　　(c)非共格界面

图 7.1　固态相变界面结构示意图

共格界面特征：界面两侧保持一定的位向关系，沿界面两相具有相同或近似的原子排列，两相在界面上原子匹配得好，基本上是一一对应的。理想的完全共格界面只在孪晶面(界)出现。

(2)半共格界面

若两相邻晶体在相界面处的晶面间距相差较大，则在相界面上不可能做到原子完全的一一对应，于是在界面上将产生一些位错，以降低界面的弹性应变能，这时界面上两相原子只能部分地保持匹配，这样的界面称为半共格界面或部分共格界面。半共格界面结构如图 7.1(b)所示。

半共格界面结构特征：沿相界面每隔一定距离产生一个刃型位错，除刃型位错线上的原子外，其余原子都是共格的。所以半共格界面是由共格区和非共格区相间组成的。

(3)非共格界面

当两相在相界面处的原子排列相差很大时，两相在相界面处完全失配，只能形成非共格界面。非共格界面结构如图 7.1(c)所示。非共格界面上可以存在刃型位错、螺型位错和混合型位错，呈复杂的缺陷分布，相当于大角度晶界。

相界面处结构排列的不规则以及成分的差异会使系统能量增加，称为界面能。界面能包括两部分：一部分是相界面处同类键、异类键的强度和数量变化引起的化学能，称为界面能中的化学项或界面化学能；另一部分是由界面原子不匹配(失配)、原子间距发生变化导致的界面弹性应变能，称为界面能中的几何项。

不同类型的相界面具有不同的界面能，并且构成界面能的化学项和几何项变化趋势也各不相同。由于非共格界面上原子分布较为紊乱，故其界面化学能较半共格界面要高；而半共格界面的界面化学能较共格界面要高。另外，相界面两侧的原子间距有差异，界面上原子若要一一对应，必然因为错配而产生界面弹性应变能，其大小显然与界面类型密切相关。界面应变能和界面化学能与界面类型的变化趋势相反，当形成非共格界面时，界面弹性应变能很小，而当形成共格界面时,界面弹性应变能最高,半共格界面的弹性应变能位于共格界面和非共格界面之间。

共格界面上弹性应变能的大小取决于相邻两界面上原子间距的相对差值 δ,该相对差值即错配度,表示为 $\delta = \Delta a/a$。

7.1.2.2 应变能

应变能是以应变和应力的形式储存在物体中的势能,又称变形能。一般以形核长大方式发生固态相变时,由于相变前后两相的比容不同,母相的约束会造成新相形核长大过程中产生体积应变能,如图7.2所示。

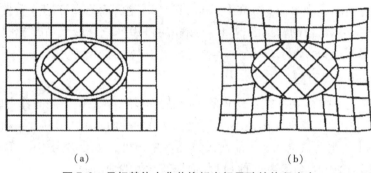

(a)   (b)

图7.2 母相基体中非共格析出相导致的体积应变

Nabbaro 计算了在各向同性基体上均匀的不可压缩包容物的体积应变能:

$$\Delta G_{\mathrm{S}} = \frac{2}{3}\mu\,\Delta^2 V f(c/a)$$

其中,V 为基体中不受胁的空洞体积(见图7.2(a));Δ 为体积错配度;f 是形状因子。可见,体积应变能一方面正比于体积错配度的平方 Δ^2,另一方面还受析出新相形状的影响(见图7.3),圆盘(片状)的体积应变能最小,针状次之,球状最大。

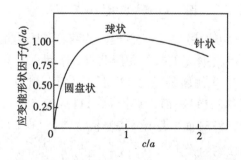

图7.3 应变能形状因子随新相轴比的变化关系

由于两相的界面错配将会产生界面应变能,一般计入界面能中。共格界面的界面应变能最大，半共格界面次之，而非共格界面的界面应变能则为零。

相变阻力的产生是新相与母相之间界面能和应变能共同作用的结果。

7.1.2.3 位向关系

为了减少界面能，新相与母相之间往往存在一定的晶体学关系，它们常由原子密度大而彼此匹配较好的低指数晶面相互平行来保持这种位向关系。当然，如果界面结构为非共格，则新、旧相之间没有确定的晶体学关系。在固态相变时，新相与母相之间的位向关系通常以新相的某些低指数晶面与母相的某些低指数晶面平行，以及新相的某些低指数晶向与母相的某些低指数晶向平行的关系来表示。例如，碳钢中的马氏体相变，就是由面心立方的 γ 转变为体心立方的 αM 时，母相的密排面 $\{111\}$ 与新相的 $\{110\}$ 面平行，母相的密排面方向 <110> 与母相 <111> 平行。

7.1.2.4 惯习面

固态相变时，新相往往在母相的一定晶面开始形成，这个晶面称为惯习面，可能是相变中原子移动距离最小(即畸变最小)的晶面。例如，从亚共析钢的粗大奥氏体中析出的铁素体，除沿奥氏体晶界析出外，还沿奥氏体的 $\{111\}$ 面析出，呈魏氏组织(见图 7.4)，此 $\{111\}$ 面即铁素体的惯习面。

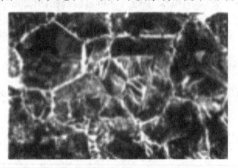

图 7.4 亚共析钢的魏氏组织

马氏体总是在母相的特定晶面上析出。伴随着马氏体相变的切变，一般与此晶面平行，此晶面为基体与马氏体相所共有，称为马氏体惯习面。马氏体惯习面是宏观上无畸变、无倾转的晶面，称不变平面。例如，0~0.4%C 的碳钢，αM 的惯习面是奥氏体的 $\{111\}$ 面，表示为 $\{111\}_{\gamma}$；0.5%~1.4%C 的碳钢，αM 的惯习面是奥氏体的 $\{225\}$ 面，表示为 $\{225\}_{\gamma}$。

7.1.2.5 晶体缺陷的作用

晶体缺陷对相变尤其对固态相变具有显著的作用。晶体缺陷能够促进形核、长大及扩散。螺位错的存在可促进多型性相变的发生，如 $6H-\alpha-SiC \Rightarrow 4H-$

α-SiC；由于空位使溶质原子扩散加速，因此淬火空位及形变空位对扩散型相变具有重要作用。晶体缺陷对无扩散相变也有影响，阻碍位错运动。比如，晶体缺陷可以使马氏体转变的 M_s 点降低。晶界和位错等缺陷有时虽对新相的形核有利，但往往阻碍新相长大（相界面移动困难），且双相组织不易粗化。这是因为界面牵动过程与其他位错交互作用，使得界面牵动困难。

7.1.2.6 过渡相

过渡相，又称中间亚稳相或亚稳态。在热力学上，亚稳相是指在一定的温度和压力下，物质的某个相尽管在热力学上不如另一个相稳定，但在某种特定的条件下这个相也可以稳定存在。奥斯特瓦尔德(Ostwald)提出，物质从一种稳态向另一种稳态的转变过程将经由亚稳态（只要它存在），即经由稳定性逐渐增加的阶段。然而这并未解释为何产生这种倾向，仅认为这是物质的固有性质。

原则上讲，亚稳态迟早要转化成最终平衡态，问题是这一弛豫过程将持续多长时间，这是典型的动力学问题。换言之，亚稳态的存在取决于其寿命(τ)，必须大于实验观测的时间尺度(τ_{obs})，而分子的弛豫时间(τ_{rel})要比亚稳态寿命短得多，满足 $\tau > \tau_{obs} \gg \tau_{rel}$。另外亚稳态向平衡态的弛豫还必须克服能垒 ΔG^*。

在相变尤其是固态相变中，有时先产生亚稳定的过渡相，然后过渡相再向稳定相转化。例如，在快速凝固时能得到亚稳相及非晶相（非晶相经加热后又转变为晶态）。铁碳合金中 γ 分解时，Fe_3C 为过渡相，如下面两个转变

$$\gamma \longrightarrow \alpha + Fe_3C$$
$$Fe_3C \longrightarrow Fe + C$$

在 Al-Cu 合金时效时，先形成结构相同并保持完全共格的富铜区（溶质源于偏聚区，即 GP 区）；随后过渡到成分及结构与 $CuAl_2$ 相近的 θ″ 相和 θ′ 相，同时共格关系被逐渐破坏；最后形成非共格的具有正方结构的 θ 相。概括起来是

$$\alpha_{过饱和} \longrightarrow GP 区 \longrightarrow \theta''过渡相 \longrightarrow \theta'过渡相 \longrightarrow \theta(CuAl_2)稳定相$$

对于高分子材料而言，相变显得更加复杂，更加丰富多彩。高分子材料比金属和陶瓷材料具有更多的聚集状态，除通常的固态、液态外，还有玻璃态、半结晶态、液晶态、高弹态、黏流态及形形色色的共混-共聚态等。这些状态间的变化规律各不相同。与小分子相比，大分子链有其尺寸、形状及运动形式上的特殊性。大分子链尺寸巨大，分子链形状具有显著的各向异性特征，分子运动时间长，松弛慢，松弛运动形式多样化，松弛时间谱宽广。这些特征决定了高分子材料的相转变要比小分子材料"慢"得多。

从宏观上，可以运用热力学原理说明相变过程中始态和终态的关系，但是相转变过程的快慢却取决于微观分子运动的速度，即主要由动力学因素所决定。这种"慢"运动特征以及某些亚稳态到稳定态的很高的势垒，决定了一些

材料尤其是高分子材料和某些无机化合物的最终热力学稳定态往往是很难达到的，故材料相变过程中存在着各种类型的亚稳态。达到亚稳态的时间相对来说要短得多，且亚稳态也具有相当的稳定性，因此亚稳态成为材料相变过程中的一种普遍存在，并能观察到有趣的物理现象。这也充分说明了固态相变过程的复杂性和多样性。

7.1.3 重构型相变和位移型相变

根据对大量晶态物质相变时结构变化特征的研究结果，人们发现相变时晶体结构的变化可以分成重构型和位移型两种基本类型。如图 7.5 所示，重构型相变表现为在相变过程中物相的结构单元间发生化学键的断裂和重建，并形成一种新的结构，其形式与母相在晶体结构上没有明显的位向关系。位移型相变与此完全不同，在相变过程中不涉及母相结构中化学键的断裂和重建，而只有原子或离子位置的微小位移，或其键角的微小转动。

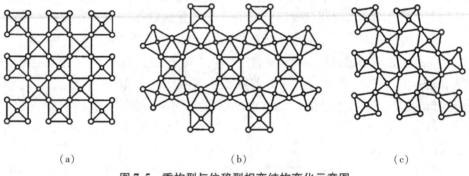

（a）　　　　　　　　　　（b）　　　　　　　　　　（c）

图 7.5　重构型与位移型相变结构变化示意图

重构型相变和位移型相变的典型例子是石墨、金刚石和石英变体间的转变。如图 7.6 所示，石墨和金刚石都是由碳元素组成的，石墨具有层状结构，其特点为层内每个碳原子与周围 3 个碳原子形成共价键，而层间由相对较弱的分子键相连。但是在高温、高压下石墨可转变成结构完全不同的金刚石，结构中每个碳原子均以共价键与其配位的 4 个碳原子相连，从而使金刚石具有完全不同于石墨的力学和电学性能。

石英是自然界中广泛存在的矿物原料，其众多变体间的转换既有重构型相变又有位移型相变。如图 7.7 所示的横向转变过程中，石英变体中 α-石英、α-鳞石英和 α-方石英间的转化涉及结构中化学键的断裂和重建，其特点是构成结构的硅氧四面体有着完全不同的连接方式，相应的转变过程具有势垒高、动力学速率低和相变潜热大等特点。相反，图 7.7 所示纵向过程，石英、鳞石英和方石英本身 α，β 或 γ 变体间的转变在结构上仅表现为 Si—O—Si 键角的微小变化，并在动力学上经历了势垒低、相变潜热小，因而具有较快的相变速率，以至于有时无法用淬火的方法将高温相保留到室温。

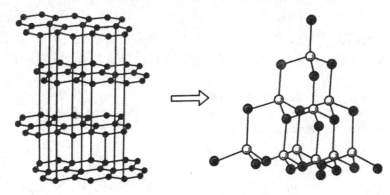

图 7.6　石墨与金刚石的晶体结构

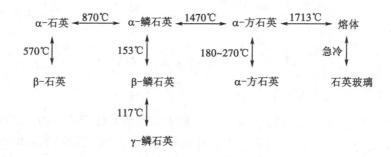

图 7.7　不同温度下石英变体间的相变关系

重构型相变不仅涉及大量晶态材料不同晶相间的转变，实际上一些非共价键物质的气相、液相、固相间的相互转变也应归属于这一类型的相变。一般来说，这些物质的液相与固相在结构上均具有显著的差异。液相原子呈无规则排列，每个原子周围均可被其他原子以等概率的方式配位，从而使液相的内部结构具有很高的统计对称性和局部不规则性。相反，晶相中原子的排列具有严格的规则性和周期性。因而，液、固相间的转变往往涉及原子间键的断裂和重组，并伴随着较大的热效应。

与重构型相变相比，位移型相变不及重构型相变那样广泛存在，但由于其相变时伴随原子位移特征明显，而且和一些重要的物理性质(如铁电性和反铁电性)的变化耦合在一起，位移型相变已成为现代凝聚态物理学和材料科学有关分支的广泛研究对象。其中具有钙钛矿 ABO_3 结构的氧化物相变是最受关注的例子之一。如图 7.8 所示为典型的钙钛矿晶体结构，A 离子位于晶胞的中心，B 离子位于晶胞的 8 个顶角，而氧离子位于晶胞棱边的中位。在高温时，钙钛矿型结构具有立方对称性，降低温度并在通过某一临界相变温度时，B 离子可沿某一个四次轴方向，或沿某个两个四次轴构成的平面，或沿 3 个四次轴的对角线方向发生微小的位移，从而使原来的立方对称结构遭到破坏而分别降成四方、正交和三方菱面体对称结构。正是这种离子位移相变的发生，使钙钛矿结构的离子晶体内部发生自发极化，进而使其成为铁电体或反铁电体。

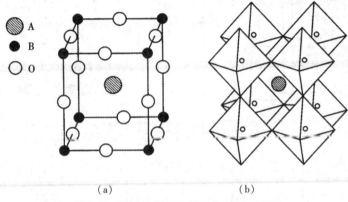

(a)   (b)

图 7.8　钙钛矿型氧化物晶体结构示意图

7.1.3.1　马氏体相变

马氏体（martensite）是钢高温淬火过程中通过相变得到的一种高硬度产物，其对应的相变称为马氏体相变。马氏体相变在许多金属、合金固溶体和化合物中都可以观察到，本质上属于以晶格畸变为主、无成分变化、无扩散的位移型相变，是晶体极其迅速的剪切畸变。这种相变在热力学和动力学上特点显著，如相转变无特定温度点、转变动力学速率可高达声速等，尤其是具有鲜明的晶体学特点。

图 7.9(a)所示是一个具有四方结构的母相（常称为奥氏体，austenite），图 7.9(b)所示为从母相中形成马氏体单晶片后的示意图。其中 $A_1'B_1'C_1'D_1'-A_2B_2C_2D_2$ 是母相奥氏体通过切变变成的马氏体。相变使原来母相中的直线 $PQRS$ 变成了由线段 PQ，QR' 和 $R'S'$ 构成的折线。但应注意到，相变前后连接母相和马氏体的平面 $ABCD$ 既不发生扭曲也不发生旋转，通常称为习性平面（habit plane）。同时，$A_1'B_1'$ 和 A_2B_2 两条棱的直线性表明了马氏体相变宏观上剪切的均匀整齐性。因此，马氏体相变可以概括为沿母相习性平面生长、形成与母相保持着确定的切变共格结晶学关系的新相的相变过程。这一点是马氏体相变最重要的结晶学特点。

马氏体相变不仅仅发生在金属中，在大量的陶瓷材料中也存在。例如，SiO_2 的三角-六角结构转变；水泥中硅酸二钙（$2CaO \cdot SiO_2$）的正交-单斜结构转变；钙钛矿结构 $BaTiO_3$，$PbTiO_3$ 等的高温顺电立方相-低温铁电四方相以及 ZrO_2 中都存在这种结构相变；利用 ZrO_2 在 1170℃ 附近单斜-四方马氏体相变可以有效地进行脆性陶瓷材料的增韧。

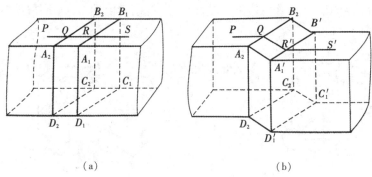

（a）　　　　　　　　　　　（b）

图 7.9　奥氏体-马氏体相变结晶学关系示意图

7.1.3.2　有序-无序相变

　　有序-无序相变在结构上往往涉及多组元固溶体中两种或多种原子在晶格点阵上的有序-无序排列。当温度降低时，一些多组元固溶体常会发生晶格格点上原子从原统计学随机分布的状态向不同原子占据不同亚点阵的有序化状态转变。例如，组分为 AB 的合金，在无序状态时，A，B 原子随机地占据同一个点阵。当温度降低到某一临界值时，一种原子开始优先占据某一个亚点阵，而另一种原子则趋于占据另一个亚点阵，从而形成一种部分有序的结构。随着温度的继续降低，这种结构的有序化程度可能会进一步增加，直至形成完全有序的固溶体。这类相变属于结构性相变，它们发生于某一温度区间并涉及原子或离子的长程扩散和系统序参量的变化。

　　有序-无序相变的典型例子包括连续固溶体中的 CuZn 合金和 $AuCu_3$ 合金，如图 7.10 所示。由 X 射线衍射分析得知，在高温无序状态下，$AuCu_3$ 合金中 Au 和 Cu 原子近乎完全无规则地排列在面心立方（fcc）点阵上，当温度降至其临界温度（$T_c = 390℃$）时，合金中 Au，Cu 原子开始发生偏聚，Au 原子择优占据立方体的顶点，Cu 原子则择优占据立方体的面心位置，如图 7.10(b) 所示。随着温度的降低，这种 Au，Cu 原子的有序化程度进一步增加，最后达到一种完全有序的结构。此时，原面心立方晶胞可看成由四个分别被一种原子占据的、相互穿插的简单立方亚点阵组成。

　　为描述上述固溶体在不同温度下的有序程度，可定义一个反映系统长程有序度的序参量 ξ：

$$\xi = \frac{\gamma_A - x_A}{1 - x_A} \text{ 或 } \xi = \frac{\gamma_B - x_B}{1 - x_B}$$

其中，x_A，x_B 为 A，B 原子的摩尔分数；γ_A，γ_B 为 A，B 两种亚点阵被正确类型原子所占有的概率。

显然，固溶体呈完全有序时，$\gamma_A = \gamma_B = 100\%$，$\xi = 100\%$；完全无序时，$\gamma_A = x_A$，$\gamma_B = x_B$，$\xi = 0$。$\xi$ 的值在 0 和 1 之间变化，随着 ξ 值的增大，固溶体有序化程度增加。

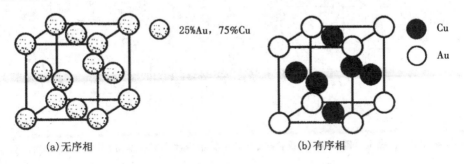

(a) 无序相   25%Au，75%Cu   (b) 有序相   Cu   Au

图 7.10　$AuCu_3$ 合金的有序-无序相变示意图

有序-无序相变的发生常会伴随着超结构（superstructure）现象的出现。这是因为有序化过程使结构中出现富 A（或完全被 A 占据）的晶面与富 B（或完全被 B 占据）的晶面交替排列的情况，从而使布拉菲衍射图上出现超结构衍射线。如图 7.11 所示，铜-金合金中 CuAu 在高温时呈无序的面心立方结构，在 385℃以下退火则变为有序的四方结构。沿着结构的 c 轴，出现交替排列的 Cu 原子层和 Au 原子层。有序-无序相变在金属材料中是普遍的，在无机非金属材料中也屡见不鲜。例如，在几乎所有的尖晶石结构铁氧体中，高温时阳离子可同时无序地处在八面体或四面体位置，并且无自发磁化现象。随着温度降至某一临界值，结构中开始出现离子在不同亚点阵上的择优占据有序化过程，并使材料出现铁磁性。相似的相变也出现在如 KDP（KH_2PO_4）的氧化物铁电材料中，氢离子在其临界温度以下发生的靠近 PO_4^{3-} 基团的有序化排列导致了顺电-铁电-反铁电等相变，如图 7.12 所示。

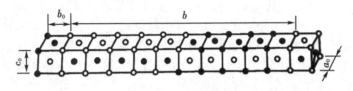

图 7.11　CuAu 的超结构示意图

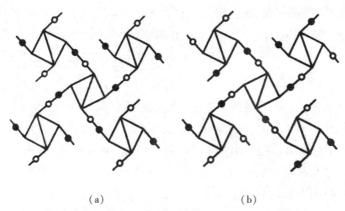

（a） （b）

图 7.12 KDP 晶体结构中氢离子排列的有序化

7.1.3.3 无公度相变

在丰富的材料系统中，除前面所述的相变形式外，还存在一些有着特殊意义的相变形式，如无公度相变。所谓无公度相变是指晶态物质失去平移对称性的相变过程。人们发现，某些晶态材料在温度降低至某温度 T_1 时，由于其长程关联作用使晶格不再具有严格的三维平移周期性，局域原子的性质受到一个周期性调节，调制波的波长与母相中晶体结构的周期之比为无理数，故称为无公度调制，其相变产物为无公度相。涉及的调制波，可以是结构上的调制、成分上的调制，乃至更细微层次如自旋结构上的调制。图 7.13 所示为两种无公度调制的结构。随着温度的继续降低并达到所谓锁定温度（T_L），材料的晶格平移性会重新出现而进入另一公度相。新相晶胞尺寸将是高温向晶胞边长的整数倍。因此，无公度相就存在于 T_1 和 T_L 之间。无公度相变本质上也属于结构相变。在相变发生时，虽然母相每个晶胞中的原子位移量互不相同，但其位置仍

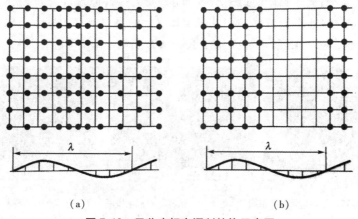

（a） （b）

图 7.13 无公度相变调制结构示意图

被某一个周期函数所调制而保持着长程有序。目前，已发现100多种材料具有无公度相变，如$NaNO_3$，$(NH_4)BeF_4$，$BaMnF_4$，$KSeO_4$，SiO_2等。无公度相变存在的温度区间，窄的只有1~2℃，宽的可达数十摄氏度甚至上百摄氏度。

7.1.3.4 准重构型相变

在结晶学领域，根据晶体中原子位移的程度，固态相变被清晰地分为两类：一类是位移型相变，这种相变保持了初始相化学键的稳定性；另一类是重构型相变，这种相变预示着初始结构的化学键已经遭到了破坏。一般认为位移型和重构型相变之间有明显的界限。北京高压科学研究中心的胡清扬研究员与中山大学的朱升财副教授合作的研究发现碲化锌（ZnTe）在差应力（不均一压力）的诱导下发生了一种介于位移型和重构型间的"准重构型相变"，该相变兼具两种相变类型的特点，处于位移型和重构型相变间的灰色地带。在化学和晶体学中，一阶相变通常分类为置换相变（保持原始化学键的完整性）和重建相变（由初始结构的化学键破坏表示）。重建相变构成了最普遍的相变。

自然界中的一阶相变通常伴随着原子的显著位移、人潜热、缓慢的跃迁滞后和晶体形态的演化。尽管在大多数情况下具有适当的热力学控制，在外部应力下，同一材料系统有时会发生两种类型的相变。有趣的是，有可能经历具有两种类型特征的相变，从而发现了先前未定义的"灰色区域"过渡——在置换性和重建性过渡之间。在本书中，将其称为准重构过渡。

碲化锌是典型的具有宽带隙的Ⅱ~Ⅵ组半导体材料，因为具有光导、荧光等特性，在绿光发射器件、太阳能电池、波导和调制器等光电器件方面也有广泛应用。之前人们发现碲化锌在高压作用下会经历两次位移型相变，而未有Ⅱ~Ⅵ组半导体常见的重构型相变。庄毓凯博士等利用同步辐射X射线衍射、高压拉曼、扫描电镜测量（如图7.14所示）及第一性原理计算发现在差应力的诱导下，碲化锌原本的位移型相变产生了巨大的晶格畸变，显示出部分重构型相变的特征。图7.15所示为样品在10GPa时的相变动力学图。

 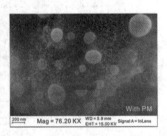

（a）初始样品扫描电镜图　（b）非静水压卸压样品扫描电镜图　（c）静水压卸压样品扫描电镜图

图7.14　扫描电镜测量

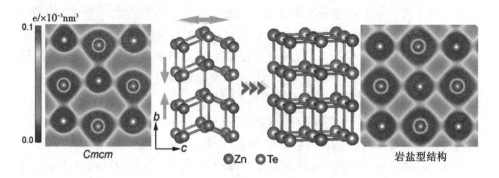

图 7.15 样品在 10GPa 时的相变动力学图

伴随着新化学键的形成、巨大的热力学滞后与相对较小的原子位移，碲化锌经历了较为复杂的一组相变，其既不完全属于位移型相变，也不完全属于重构型相变。因此，将其定义为准重构型相变。这项研究结果表明在压力等外部极端环境下，某些工业材料的结构及性能可以进一步得到优化。尽管差应力以前被认为是材料制作领域的绊脚石，但是有时也有助于设计相关相变路径甚至是控制相变动力学，优化下一代光合材料的宽带隙。

7.2 液-固相变过程热力学

材料系统所处的状态及其变化趋势决定了系统的热力学性质，而系统的状态及其变化是由一系列热力学函数所确定的，热力学函数的意义及其相互关系是解决相变问题的基本理论。

7.2.1 相变过程的不平衡状态及亚稳区

从热力学平衡的观点看，将物体冷却(或者加热)到相变温度，则会发生相变而形成新相。由图 7.16 所示的单元系统 $T-P$ 相图中可以看到，OX 线为气-液相平衡线；OY 线为液-固相平衡线；OZ 线为气-固相平衡线。当处于 A 状态的气相在恒压 P' 下冷却到 B 点时，达到气-液平衡温度，开始出现液相，直到全部气相转变为液相为止，然后离开 B 点进入 BD 段液相区。继续冷却到 D 点达到液-固反应温度，开始出现固相。直至全部转变为固相，温度才能下降离开 D 点进入 DP' 段的固相区。

但实际上，当温度冷却到 B 或 D 的相变温度时，系统并不会自发产生相变，也不会有新相产生。而要冷却到比相变温度更低的某一温度，例如 C(气-液)和 E(液-固)点时才能发生相变，即凝聚成液相或析出固相。这种在理论上应发生相变而实际上不能发生相转变的区域(如图7.16所示的阴影区)称为介稳区。在介稳区内,旧相能以亚(介)稳态存在,而新相还不能生成。这是由于当一个新相形成时,它是以一微小液滴或微小晶粒出现。由于颗粒很小,其饱和蒸气压和溶解度远高于平面状态的蒸气压和溶解度,在相平衡温度下,这些微粒还未达到饱和就重新蒸发和溶解。

结论:① 亚稳区具有不平衡状态的特征,是物相在理论上不能稳定存在,而实际上却能稳定存在的区域;② 在亚稳区内,物系不能自发产生新相,要产生新相,必然要越过亚稳区,这就是过冷却的原因;③ 在亚稳区内虽然不能自发产生新相,但是当有外来杂质存在时,或在外界能量影响下,也有可能在亚稳区内形成新相,使亚稳区缩小。

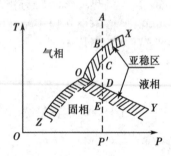

图 7.16　单元系统相变过程图

7.2.2　相变过程推动力

相变过程推动力是相变过程前后自由焓的差值,在恒温恒容条件下或者在恒温恒压条件下,系统总是向自由能降低的方向进行,在平衡状态下,自由能达到极小,称为最小自由能原理。

7.2.2.1　相变过程温度条件

由热力学可知,在等温等压下,有

$$\Delta G = \Delta H - T\Delta S \tag{7.1}$$

在相变温度(即熔点 T_m)时的平衡条件下,有

$$\Delta G = \Delta H - T_m\Delta S = 0 \tag{7.2}$$

则

$$-\Delta S = \frac{\Delta H}{T_m} \tag{7.3}$$

其中,T_m为相变平衡温度,即熔点;ΔH为相变热。

在任意温度 T 的不平衡条件下,则有

$$\Delta G = \Delta H - T\Delta S \neq 0 \tag{7.4}$$

若 ΔH 与 ΔS 不随温度而变化,将式(7.3)代入式(7.4),得

$$\Delta G = \Delta H - T\frac{\Delta H}{T_m} = \Delta H \frac{T_m - T}{T_m} = \Delta H \frac{\Delta T}{T_m} \tag{7.5}$$

其中,$\Delta T = T_m - T$。

① 结晶过程(放热):$\Delta H < 0$,若相变自发进行,必须使 $\Delta G < 0$,则要求 $\Delta T < 0$,即 $T < T_m$,即过程须过冷才能保证析晶继续进行。

② 熔融过程(吸热):$\Delta H < 0$,若相变自发进行,必须使 $\Delta G < 0$,则要求 $\Delta T < 0$,即 $T < T_m$,即过程须过热才能保证熔融继续进行。

结论:从相变过程的热效应出发,相变推动力可以表示为过冷度(过热度)的函数,即相平衡理论温度与系统实际温度之差 $\Delta T = T_m - T$ 为该相变过程的推动力。

对于一级相变,随着温度升高,比定压热容 c_p 单调增大,焓 H 单调增大,自由能 G 则单调下降。如果平衡两相是 α 和 β,由于它们的比定压热容 c_p 不同,两相的自由能-温度曲线必然在某一临界温度 T_0 处相交,T_0 是两相自由能相等的温度,即相平衡温度。

当 $T < T_0$ 时,$\Delta T = T_0 - T$ 称为过冷度,将发生一系列 α→β 转变,相变驱动力为 $\Delta G_V^{\alpha \to \beta} = G_V^{\beta} - G_V^{\alpha}$;当 $T > T_0$ 时,$\Delta T = T - T_0$ 称为过热度,将发生 β→α 转变,相变驱动力为 $\Delta G_V^{\beta \to \alpha} = G_V^{\alpha} - G_V^{\beta}$。

在降温时,α→β 转变的驱动力与过冷度的关系如下:

在恒温恒压条件下,温度 T 时:

$$\Delta G_V^{\alpha \to \beta}(T) = \Delta H_V^{\alpha \to \beta}(T) - T\Delta S_V^{\alpha \to \beta}(T) \tag{7.6}$$

当 $T = T_0$ 时

$$\Delta G_V^{\alpha \to \beta}(T_0) = \Delta H_V^{\alpha \to \beta}(T_0) - T_0 \Delta S_V^{\alpha \to \beta}(T_0) = 0 \tag{7.7}$$

由式(7.7),得

$$\Delta S_V^{\alpha \to \beta}(T_0) = \frac{\Delta H_V^{\alpha \to \beta}(T_0)}{T_0} \tag{7.8}$$

如果过冷度不大,采取如下近似:

$$\begin{cases} \Delta H_V^{\alpha \to \beta}(T) \approx \Delta H_V^{\alpha \to \beta}(T_0) \\ \Delta S_V^{\alpha \to \beta}(T) \approx \Delta S_V^{\alpha \to \beta}(T_0) \end{cases} \tag{7.9}$$

将式(7.9)带入式(7.6),得

$$\Delta G_V^{\alpha \to \beta}(T) = \frac{\Delta H_V^{\alpha \to \beta}(T_0)\Delta T}{T_0} \tag{7.10}$$

其中,$\Delta H_V^{\alpha \to \beta}(T_0)$ 为相变潜热。

可以看出,相变驱动力与过冷度成正比,温度越低,过冷越大,驱动力

越大。温度越低，晶核的临界半径、临界体积和形核功越小，形核越容易（见图 7.17）。

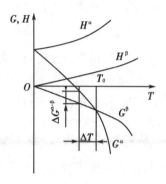

图 7.17　两相自由焓和焓随温度的变化

对于二级相变，比定压热容 c_p 并非随温度升高而单调增加，升温时，无磁性转变的 c_p 随温度变化如图 7.18 中的虚线所示，有磁性转变的 c_p 随温度变化如图 7.18 中的实线所示。当由低温铁磁性转变为高温顺磁性时，c_p 在居里点附近急剧增大，表明有额外的能量吸收，这部分额外能量被消耗于加热时的磁有序结构的消失。因此，有磁性转变的金属或合金的 c_p 包含与结构转变有关的比定压热容和与磁性转变有关的比定压热容两部分。热容的异常变化将使自由能-温度曲线发生变化，影响到相的自由能大小及相的状态。计算结果表明，在居里点以下，铁磁状态比顺磁状态具有更低的自由能，稳定性更高，这一点将影响到铁磁性金属或合金的相变驱动力。

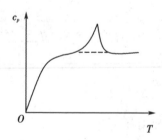

图 7.18　二级相变居里点附近的比定压热容变化

7.2.2.2　相变过程压力和浓度条件

从热力学知道，在恒温可逆不作有用功时，$\Delta G = V \mathrm{d} P$。

（1）对理想气体

$$\Delta G = \int V dP = \int \frac{RT}{P} dP = \frac{RT \ln P_2}{P_1} \tag{7.11}$$

若气液（固）平衡蒸气压力为 P_0，当过饱和蒸气压力为 P 的气相凝聚成液相或固相时，有

$$\Delta G = RT \ln \frac{P_0}{P} \tag{7.12}$$

要使凝聚相变能自发进行，必须使 $\Delta G < 0$，$P > P_0$，即系统的饱和蒸气压 P 应大于平衡蒸气压 P_0。这种过饱和蒸气压差 $\Delta P = P - P_0$ 为凝聚相变过程的推动力。

（2）对溶液

当液相析晶时，可用浓度 c 代替式（7.12）中压力 P，有

$$\Delta G = RT \ln \frac{c_0}{c} \tag{7.13}$$

若是电解质溶液还要考虑电离度 a，式（7.13）改写为

$$\Delta G = aRT \ln \frac{c_0}{c} = aRT \ln \left(1 + \frac{\Delta c}{c} \right) \approx aRT \frac{\Delta c}{c} \tag{7.14}$$

其中，c_0 为饱和溶液浓度；c 为过饱和溶液浓度。

要使结晶相变过程自发进行，必须使 $\Delta G < 0$，$c > c_0$，即液相要有过饱和浓度，其间的差值 $\Delta c = c - c_0$ 即结晶相变过程的推动力。

综上所述，相变过程的推动力为：过冷度 $\Delta T = T_m - T > 0$、过饱和浓度 $\Delta c = c - c_0 > 0$、过饱和蒸气压 $\Delta P = P - P_0 > 0$，即相变时系统温度、浓度和压力与相平衡时温度、浓度和压力之差值。

假定由 A，B 组成二元系统，设 G_i^0 为组元 i 在一个大气压下的摩尔自由能，x_i 为组元 i 的摩尔分数，则体系的摩尔自由能可表达为

$$G_s = G_A^0 + (G_B^0 - G_A^0) x_B + \Delta G_m \tag{7.15}$$

其中，ΔG_m 为两组元间的混合自由能，其表达式为

$$\Delta G_m = \Delta H_m - T \Delta S_m \tag{7.16}$$

其中，ΔH_m 为混合焓，其意义微观上为溶体形成前后原子间结合能的变化，宏观上为形成溶体的热效应，经过推导，得

$$\Delta H_m = \Omega x_A x_B \tag{7.17}$$

其中，Ω 为原子间相互作用参数。

式（7.16）中 ΔS_m 为混合熵，微观上为形成溶体所引起的原子混乱度的度量，其值大于 0，若按理想溶体处理，则

$$\Delta S_m = - R (x_1 \ln x_1 + x_2 \ln x_2) \tag{7.18}$$

下面将体系自由能随成分的变化规律归纳如下：

① 理想体系由于溶质原子、溶剂原子以及溶质与溶剂原子之间的结合能相同，混合焓 $\Delta H_m = 0$，原子呈无序分布，得

$$\Delta G_m = \Delta H_m - T \Delta S_m = - T \Delta S_m < 0 \tag{7.19}$$

说明形成理想溶体的自由能比纯组元的自由能低，G_s 与成分的关系如图 7.19 所示。

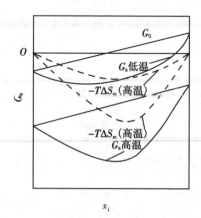

图 7.19　无序体系自由能-成分曲线

② 非理想体系 ΔS_m 仍按理想溶体处理，即忽略了震动熵变化和溶体有序及偏聚引起的熵的变化，而 $\Delta H_m \neq 0$。若形成溶体时放热，则 $\Delta H_m < 0$，原子呈有序分布，溶体自由能更低，G_s 与成分的关系如图 7.20 所示；若形成溶体时吸热，则 $\Delta H_m > 0$，原子呈偏聚分布，溶体自由能升高，当 ΔH_m 足够大时，溶体将在一定范围内分解为两相，出现了溶解度间隙，G_s 与成分的关系如图 7.21 所示。

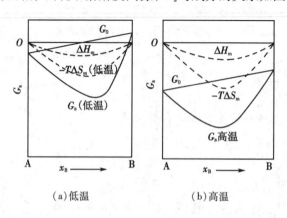

（a）低温　　　　　　　（b）高温

图 7.20　有序体系的自由能-成分曲线

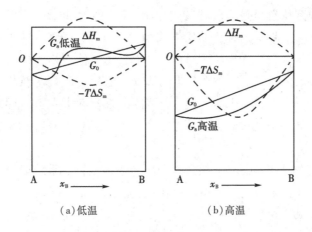

(a) 低温   (b) 高温

图 7.21 偏聚体系的自由能-成分曲线

从上面分析可以看出，在一定温度和压力下，体系中各相自由能是其成分的函数，作出各相在一定温度下的自由能-成分曲线，这种曲线对研究相变非常有用。

7.2.3 晶核形成条件

均匀单相并处于稳定条件下的熔体或溶液，一旦进入过冷或过饱和状态，系统就具有结晶的趋向，但此时所形成的新相的核胚十分微小，其溶解度很大，很容易溶入母相熔体(溶液)中。只有当新相的晶核形成足够大时，它才不会消失而继续长大形成新相。因此要形成结晶，需要经历两个过程：一是形成晶核(成核过程)，一是晶核长大(生长过程)，下面来考察能够形成新相的最小晶核尺寸。

处于过冷状态的液体或熔体，由于热运动引起组成和结构的种种变化，起伏形成后部分微粒从高自由能转变为低自由能而形成新相(例如析晶)，此过程的自由能由 ΔG_1 表示，为负值。同时，新相和母相之间形成新的界面，为此需要作功，造成系统自由能增加，此过程的自由能由 ΔG_2 表示，为正值，即界面能。

从液相形成晶核，不仅包含了一种液固相的转变，而且需要形成固-液界面，这使体系在能量上出现两个变化：① 一部分原子(离子)从高自由焓状态(液态)转变为低自由焓的另一状态(晶态)，使系统自由焓减少(ΔG_1)；② 产生新相，形成新的固-液界面需要作功，使系统的自由焓增加(ΔG_2)。

当起伏很小时，形成微粒尺寸太小，新相界面面积对体积比例大，界面能增加一向很大，使系统的自由能增加。新相的饱和蒸气压和溶解度都很大，会蒸发或溶解而消失于母相中。这种较小的不能稳定长大成新相的晶核称为晶胚。但是，热起伏总是遵循玻耳兹曼分布，总有某个局部区域起伏较大，形成新相的尺寸较大，界面对体积的比例减小。此时 ΔG_1 的降低有可能超过 ΔG_2 的增加，从而使体系自由能变化为负值，对于这样一种新相成核从能量角度看是有利的，能够自发进行，这一部分起伏就有可能稳定成长出新相。这种稳定成长的新相晶核称为临界晶核。尺寸小于临界晶核的就是晶胚。因此要在液体中析出晶体，首先必须通过热起伏等途径产生临界晶核，然后临界晶核进一步长大。

假设恒温恒压条件下，成核过程中不考虑应变能，系统能量变化只有 ΔG_1 和 ΔG_2 两项，并且生成的新相核胚呈半径为 r 的球形，则系统在整个相变过程中的自由焓（ΔG）变为

$$\Delta G = \Delta G_1 + \Delta G_2 = V\Delta G_V + A\gamma = \frac{4}{3}\pi r^3 n\Delta G_V + 4\pi r^2 n\gamma \tag{7.20}$$

其中，V 为新相的体积，$V = \frac{M}{\rho}$（M 为新相的摩尔质量，ρ 为新相的密度）；A 为新相总表面积；γ 为液-固界面能；r 为球形核胚的半径；n 为单位体积中半径为 r 的核胚数；ΔG_V 为单位体积旧相与新相间的自由焓差（$G_{液} - G_{固}$），有

$$\Delta G_V = \frac{\Delta G}{V} = \frac{\Delta H \Delta T}{V T_m} \tag{7.21}$$

分析 ΔG_1，ΔG_2，ΔG 与核胚半径 r 的关系，可得：

① ΔG_1 为负值，表示由液态转变为晶态时自由焓降低；ΔG_2 为正值，表示新相形成的界面自由焓增加。

② 当新相核胚很小（r 很小）和 ΔT 很小时，即系统温度接近熔点 T_m 时，$\Delta G_1 < \Delta G_2$，ΔG 随 r 增加而增大并始终为正值。

③ 当系统温度远离 T_m 时，即温度下降且核胚半径逐渐增大，ΔG 开始随 r 而增加，接着随 r 增加而降低，ΔG-r 曲线出现极大值，对应核胚半径分别为 r_{k2}，r_{k1}，称为临界半径。

④ 当 $r < r_k$ 时，ΔG 随 r_k 增长而增加，即 $\Delta G > 0$，此时系统内产生的新相不稳定；当 $r > r_k$ 时，ΔG 随新相核胚长大而减小，即 $\Delta G < 0$，故此核胚在母相中能稳定存在，并继续长大。

⑤ 在低于熔点 T_m 的温度下 r_k 才能存在，而且温度愈低，r_k 值愈小。r_k 值可通过曲线极大值处 $\frac{\mathrm{d}(\Delta G)}{\mathrm{d}r} = 0$ 点来确定，即有

$$\frac{\mathrm{d}\Delta G}{\mathrm{d}r} = 4\pi n \frac{\Delta H \Delta T}{T_0} r^2 + 8\pi n\gamma r = 0 \tag{7.22}$$

$$r_k = -\frac{2\gamma T_0}{\Delta H \Delta T} = -\frac{2\gamma}{\Delta G_V} \tag{7.23}$$

从式(7.23)可以得出:

① r_k 是新相可以长大而不消失的最小晶核半径,r_k 值愈小,表明新相形成愈容易。

② 系统温度接近相变温度(即熔点)T_m 时,$\Delta T \to 0$,则 $r_k \to \infty$,即要求 r_k 无限大,显然析晶不可能发生;ΔT 愈大,则 r_k 愈小,析晶愈易进行。

③ 在析晶过程中,γ_{LS} 和 T_m 均为正值;析晶相变系放热过程,则 $\Delta H < 0$,若要式(7.22)成立(r_k 永远为正值),则 $\Delta T > 0$,也即 $T_m > T$,表明系统要发生相变必须过冷,而且过冷度愈大,r_k 值愈小。

例如铁,当 $\Delta T = 10\,℃$ 时,$r^* = 0.04\,\mu m$,临界晶核由 1700 万个晶胞所组成。而当 $\Delta T = 100\,℃$ 时,$r_k = 0.004\,\mu m$,即由 1.7 万个晶胞就可以构成一个临界晶核。从熔体中析晶,一般 r_k 值为 $10 \sim 100nm$。

④ 影响 r_k 因素:物系本身的性质(如 M,ρ,T_m,γ_{LS},ΔH 等)。经验证明,原子量小(即 M 小)的元素,熔点 T_m 和液-固界面能 γ_{LS} 降低以及相变热 ΔH 增加均可使 r_k 变小,有利于结晶成核。外界条件,如 $\Delta T \to 0$,则 $r_k \to \infty$,即无过冷和过热,新相无法生成。

相应于临界半径 r_k 时系统中单位体积的自由焓变化可计算如下:

$$\Delta G_k = -\frac{32\pi n \gamma^3}{3\Delta G_V^2} + 16\frac{\pi n \gamma^3}{\Delta G_V^2} = \frac{1}{3} \cdot 16 \frac{\pi n \gamma^3}{\Delta G_V^2} \tag{7.24}$$

因为
$$A_k = 4\pi r_k^2 n = \frac{16\pi n \gamma^2}{\Delta G_V^2} \tag{7.25}$$

可得
$$\Delta G_k = \frac{1}{3} A_k \gamma \tag{7.26}$$

由式(7.26)可见:

① 要形成临界半径大小的新相,则需要对系统作功,其值等于新相界面能的三分之一,这个能量(ΔG_k)称为成核势垒,它是描述相变发生时所必须克服的势垒。这一数值越低,相变过程越容易进行。

② 液-固间的自由焓差值只能供给形成临界晶核所需表面能的三分之二,而另外的三分之一(ΔG_k)对于均匀成核而言,则需依靠系统内部存在的能量起伏来补足。

③ 通常描述系统的能量均为平均值,但从微观角度看,系统内不同部位由于质点运动的不均衡性,存在能量起伏,动能低的质点偶尔较为集中,即引起系统局部温度的降低,为临界晶核产生创造了必要条件。

系统内形成半径为 r^* 的临界晶核分数 $\dfrac{n_k}{n}$ 为

$$\frac{n_k}{n} = \exp\left(-\frac{\Delta G_k}{RT}\right) \tag{7.27}$$

其中，n_k 为单位体积中半径为 r_k 的临界晶核数目；n 为单位体积中原子或分子数目。即 ΔG_k 愈小，具有临界半径 r_k 的晶核粒子数愈多。

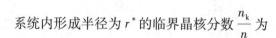 7.3 液-固相变过程动力学

7.3.1 晶核形成过程动力学

晶核形成过程是析晶第一步，分为均匀成核和非均匀成核。

均匀成核：熔体均匀自发成核，即晶核从均匀的单相熔体中产生的概率处处相等，又称均态核化。

非均匀成核：借助于异相界面，如熔体表面、气泡界面、容器壁以及杂质、成核剂等位置形成晶核的过程，又称非均态核化。

热激活形核是通过原子热运动使晶胚达到临界尺寸，其特点是不仅温度对形核有影响，而且时间对形核也有影响，晶核可以在等温过程中形成。一般扩散型相变发生在较高温度范围，故为热激活形核。在过冷度较小时，驱动力较小，晶核往往在缺陷处形成，属于非均匀形核；在过冷度很大时，驱动力增大，也可能发生均匀形核。非热激活形核不是通过原子扩散使晶胚达到临界尺寸，而是通过快速冷却在变温过程中形成的，故也称为变温形核。这种形核对时间不敏感，晶核一般不会在等温过程中形成。非热激活形核大都为非均匀形核，需要较大的过冷度，形核率极高。

经典的成核-生长相变理论认为，新相的出现首先是通过体系中区域能量或浓度大幅起伏涨落形成新相的颗粒而开始的，随后由源于母相中的组成原子不断扩散至新相表面而使新相的核得以长大。但是，在一定亚稳的条件下，并非任何尺寸的颗粒都可以稳定存在并得以长大而形成新相。尺寸过小的颗粒由于溶解度大很容易重新溶入母相而消失，只有尺寸足够大的颗粒才不会消失而成为可以继续长大形成新相的核。

7.3.1.1 均匀成核

母相中产生临界核胚后必须从母相中由原子或分子一个个逐步加到核胚上，使其生长成稳定的晶核，则成核速率取决于单位体积母相中核胚的数目及

母相中原子或分子加到核胚上的速率。

用成核速率来表示单位时间内，单位体积中所生成的晶核数目，用 I 表示。

成核速率，除了取决于单位体积熔体中的临界核胚的数目（n_r），还取决于原子排列到核胚上的速率（即单位时间到达核胚表面的原子数 q）以及与临界核胚相接触的原子数目（n_s）：

成核速率＝单位体积中临界核胚数×临界核胚周围的原子数×单个原子或分子与临界核胚相碰撞而附于其上的频率

即

$$I_V = \nu \cdot n_i \cdot n_k \qquad (7.28)$$

其中，I_V 为成核速率，晶核个数/$(s \cdot cm^2)$；ν 为单个原子或分子同临界晶核碰撞的频率；n_i 为临界晶核周界上的原子或分子数。

碰撞频率 ν 为

$$\nu = \nu_0 \exp\left(-\frac{\Delta G_m}{RT}\right) \qquad (7.29)$$

其中，ν_0 为原子或分子的跃迁频率；ΔG_m 为原子或分子跃过新旧界面的迁移活化能。

成核速率随温度变化的关系可以写成

$$I_V = B \cdot P \cdot D \qquad (7.30)$$

其中，P 为受成核势垒影响的成核率因子，$P = \exp\left(-\dfrac{\Delta G_k}{RT}\right)$；$D$ 为受原子扩散影响的成核率因子，$D = \exp\left(-\dfrac{\Delta G_m}{RT}\right)$；$B$ 为常数。

成核速率受成核位垒和扩散两个因子影响，当温度继续下降，过冷度增大，由于成核位垒下降，成核速率增大，直至达到最大值。若温度继续下降，液相黏度增加，原子或分子扩散速度下降，G_m 增大，使 D 因子剧烈下降，致使 I_V 降低。因此，只有在合适的过冷度下，P 与 D 因子的综合作用，才会使 I_V 具有最大值。

根据成核速率 I_V 随温度的变化曲线，可知 I_V 随着过冷度 ΔT 的增加而增加，经过最大值后继续冷却时，I_V 降低。原因：

① 当过冷度 ΔT 较小，温度 T 较高时，成核势垒 $\Delta G_k \propto 1/\Delta T^2$，因而随 ΔT 增大，ΔG_k 下降，成核速率增大，直至达到最大值；随温度 T 继续下降，ΔT 增大，液相黏度增加，ΔG_m 增大，原子或分子扩散速率显著下降，致使 D 因子剧烈下降，其影响占优势，I_V 随之降低。

② 成核速率 I_V 与温度的关系是曲线 P 和 D 的综合作用结果。在温度低时，

D 项因子抑制了 I_v 的增长；温度高时，P 项因子抑制了 I_v 的增长。只有在合适的过冷度下，P 与 D 因子的综合结果才能使 I_v 有最大值。

7.3.1.2　非均匀成核

以上讨论描述了均质成核，也就是在没有催化剂帮助的情况下生成临界晶核。实际上，凝聚相体系中的大多数转变都借助于催化剂，与此相应的成核过程称为异质成核。异质成核之所以比均质成核更容易发生，其主要原因是均质成核中新相颗粒与母相间的高能量界面被异质成核中新相颗粒与杂质异相间的低能量界面所取代。显然，这种界面的替代比界面的创生所需的能量要小，从而使成核过程所需越过的能垒降低，进而使异质成核能在较小的相变驱动力下进行。

熔体过冷或液体过饱和后不能立即成核的主要障碍是晶核要形成液-固相界面需要能量。如果晶核依附于已有的界面(如容器壁、杂质粒子、结构缺陷、气泡等)形成，则高能量的晶核与液体的界面被低能量的晶核与成核基体之间的界面所取代。显然这种界面的代换比界面的创生所需要的能量要少。因此，成核基体的存在可降低成核位垒，使非均匀成核能在较小的过冷度下进行。

如图 7.22 所示，假设晶核是在和液体相接触的固体界面上生成，晶核形状为球帽模型，其曲率半径为 R，核与固体接触界面的半径为 r，液体(L)-核(X)、核(X)-固体(S)和液体(L)-固体(S)的各界面能分别为 γ_{LX}，γ_{XS}，γ_{LS}，液体-核界面的面积为 A_{LX}。当形成新的液-核界面(LX)和核-固界面(XS)时，液-固界面(LS)减少了 πr^2，若 $\gamma_{LS} > \gamma_{XS}$，则 $\Delta G_s < \gamma_{LX} A_{LX}$，说明在固体界面上形成晶核所需能量小于均匀成核所需要能量。

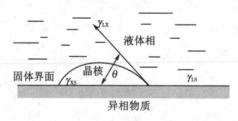

图 7.22　非均匀成核的球帽模型

结论：接触角越小的成核剂，越有利于核的生成，也即当晶核和成核剂有相似的原子排列或结构时，形成的界面有强烈的吸引力，这将为成核提供最有利条件。

由表 7.1 可见，因为 $f(\theta) \leqslant 1$，所以非均匀成核比均匀成核的势垒低，析晶过程容易进行；而润湿的非均匀成核又比不润湿的势垒更低，更易形成晶核。因此在生产实际中，为了在制品中获得晶体，往往选定某种成核基体(成核剂)

加入熔体中。例如在铸石生产中，一般用铬铁砂作为成核剂；在陶瓷结晶釉中，常加入硅酸锌和氧化锌作为成核剂。

表7.1 接触角对非均匀成核势垒的影响

	$\theta/(°)$	$\cos\theta$	$f(\theta)$	ΔG_k^*
润湿	0~90	1~0	0~1/2	$(0~1/2)\Delta G_k$
不润湿	90~180	0~-1	1/2~1	$(1/2~1)\Delta G_k$

非均匀晶核形成速率为

$$I_S = B_S\exp\left(-\frac{G_k^* + \Delta G_m}{RT}\right) \tag{7.31}$$

其中，ΔG_k^* 为非均匀成核势垒；B_S 为常数。

I_S 与均匀成核速率 I_V 公式极为相似，只是以 ΔG_k^* 代替 ΔG_k，用 B_S 代替 B 而已。

在固体中，尽管所用的催化剂不同，但可用同样的道理来说明异质成核，虽然可以相信，在某些固-固转变中，确实会发生均质成核，但在晶界、位错以及其他像夹杂那样的缺陷上，异质成核仍很普遍，如过饱和溶液在容器壁上的析晶；结晶釉：在需要的地方点上氧化锌晶种；油滴釉：在气泡的界面易析出含 Fe^{3+} 的微晶；微晶玻璃的析晶过程。

7.3.2 总的结晶速率

结晶过程包括成核和晶体生长两个过程，若考虑总的结晶速率，则必须将这两个过程结合起来。

成核(也就是生成相的微粒由母相中形成)和长大(也就是成核所得微粒的尺寸增大)两者都要求相应的自由能变化为负值。因此，可以预期，相变需要过热或过冷。也就是说，不可能恰好在平衡转变温度时发生转变，因为根据定义，在平衡温度时，各相的自由能相等。除了必须使 $\Delta G<0$ 之外，对于大多数相变，还有两个影响转变速率的基本障碍：第一个障碍，各种转变都涉及原子的重排，这是由于成分的变化、晶体结构的差异或两者兼而有之。由于这种重排通常是通过原子的扩散运动来完成的，因此扩散的快慢就限制了重排的速率。在许多情况下，成核速率和长大速率都要受到扩散的限制。另一个障碍较为微妙一些，就是生成相的微粒在成核时所遇到的困难，困难的主要原因在于成核相与母相间的界面存在着表面能。这就使自由能局部升高，而不是如预期的那样降低。

从平衡态热力学观点看，当外界条件(如温度、压力等)的变化使体系达到相转变点时，则会出现相变而形成新相。然而事实上并非如此，因为新相的出现往往需要母相经历一"过冷"或"过热"的亚稳态才能发生。其原因是,要使相变能自发进行,则必须使过程自由能变化 $\Delta G<0$,另外因为在非均相转变过程中,由涨落而诱发产生的新相颗粒与母相间存在着界面。它的出现使体系的自由能升高,所以新相核的出现所带来的体系自由能的下降必须足够大,才能补偿界面能的增加,于是必然出现"过冷"或"过热"等亚稳态。这种"过冷"或"过热"的状态与平衡态所对应的自由能差就是相变的热力学驱动力。

总的结晶速率常用结晶过程中已经结晶出晶体体积占原来液体体积的分数 (V_β/V) 和结晶时间 (t) 的关系来表示。假设将一物相 α 快速冷却到与它平衡的新相 β 的稳定区,并维持一定的时间 t,则生成新相的体积为 V_β,原始相余下的体积为 V_α,在 dt 时间内形成新相的粒子数 N_I 为

$$N_I = I_V V_\alpha \mathrm{d}t \tag{7.32}$$

其中,I_V 为成核速率,即单位时间、单位体积内形成新相的颗粒数。

假设形成新相为球状。u 为新相生长速率,即单位时间内球形半径的增长;u 为常数,不随时间 t 而变化。在 dt 时间内,新相 β 形成的体积 dV_β 等于在 dt 时间内形成新相的颗粒数与一个新相颗粒体积 V_β 的乘积,即

$$\mathrm{d}V_\beta = V_\beta \cdot N_I \tag{7.33}$$

经过 t 时间

$$V_\beta = \frac{4}{3}\pi r^3 = \frac{4}{3}\pi (ut)^3 \tag{7.34}$$

将式(7.33)、式(7.32)代入式(7.34),得

$$\mathrm{d}V_\beta = \frac{4}{3}\pi u^3 t^3 \cdot I_V V_\alpha \mathrm{d}t \tag{7.35}$$

在相转变开始阶段 $V_\alpha \approx V_\beta$,所以有

$$\mathrm{d}V_\beta \approx \frac{4}{3}\pi u^3 t^3 \cdot I_V V_\alpha \mathrm{d}t$$

在 t 时间内产生新相的体积分数为

$$\frac{V_\chi}{V} = \frac{4}{3}\pi I_V u^3 \int_0^t t^3 \mathrm{d}t = \frac{1}{3}\pi I_V u^3 t^4 \tag{7.36}$$

在相转变初期 I_V 和 u 为常数,与 t 无关:

$$\frac{V_\chi}{V} = \frac{4}{3}\pi I_V u^3 \int_0^t t^3 \mathrm{d}t = \frac{1}{3}\pi I_V u^3 t^4 \tag{7.37}$$

式(7.37)是析晶相变初期的近似速率方程,随着相变过程的进行,I_V 与 u 并非都与时间无关,而且 V_β 也不等于 V,所以该方程会产生偏差。

阿弗拉米(M. Avrami)1939 年对相变动力学方程作了适当的校正,导出公式:

$$\frac{V_\beta}{V} = 1 - \exp\left(-\frac{1}{3}\pi u^3 I_v t^4\right) \tag{7.38}$$

在相变初期,转化率较小时方程(7.38)可写成

$$\frac{V_\beta}{V} \approx -\frac{1}{3}\pi u^3 I_v t^4$$

即在这种特殊条件下式(7.38)可还原为式(7.37)。

克拉斯汀(I. W. Christin)在 1965 年对相变动力学方程作了进一步修正,考虑到时间 t 对新相核的形成速率 I_v 及新相的生长速率 u 的影响,导出如下公式:

$$\frac{V_\beta}{V} = 1 - \exp(-Kt^n) \tag{7.39}$$

其中,V_β/V 为相转变的转变率;n 为阿弗拉米指数;K 为新相核形成速率及新相的生长速率的系数。

7.3.3 影响结晶速率因素

(1)温度的影响

温度的影响即过冷程度的影响。低温阶段,物质粒子的动能低,聚集成晶体的速率快。但另一方面,液体黏度较大,扩散速率慢,因而它控制整个析晶过程。在这个阶段内如温度升高,则扩散速率加快,所以晶体生长速率提高。

(2)黏度影响

η 增大,扩散变慢,如在低温度下,则成核和晶体生长速率均变慢。

(3)液相界面能的影响

液相界面能越小,则成核和晶体生长所需要的能量越低,因而析晶速率越快。

(4)杂质的影响

杂质的存在既会影响晶核形成,也会影响晶体生长。表面活性物质有时易被吸附而抑制晶核的形成(比如吸附在容器壁上)。杂质影响晶体生长的机理也不一样,有的是通过改变溶液的结构或其饱和浓度,有的是通过改变固液相界面层的物性而影响溶质长入界面,有的是通过吸附在晶面上而发生阻挡作用。

参考文献

［1］ 曾燕伟.无机材料科学基础［M］.2 版.武汉:武汉理工大学出版社,2011.

［2］ 陆佩文.无机材料科学基础:硅酸盐物理化学［M］.武汉:武汉理工大学出

版社, 1996.

[3] Zhuang Y K, Wu L, Gao B, et al.Deviatoric stress-induced quasi-reconstructive phase transition in ZnTe[J].Journal of Materials Chemistry C, 2020, 8 (11): 3795-3799.

[4] 朱景川.固态相变原理[M].北京: 科学出版社, 2010.

第8章　烧结与显微组织结构

　　烧结是一种传统的材料制造工艺，它是诸多固体材料如陶瓷、耐火材料、粉末冶金、超高温材料等生产中的一个关键步骤。只有按照特定的烧结技术规范以及工艺处理，才会获得相应的组织结构及性能，制造出满足生产与生活需要的陶瓷制品。烧结过程中材料从多孔态或粉末状转变为致密固体，其间伴随着物质各种物理与化学变化。研究烧结的一个关键目标是了解烧结工艺参量如何影响材料组织结构演变及其各种性能，掌握烧结致密化规律，建立符合实际的烧结理论，为设计、加工与制造、控制产品质量、开发新型烧结材料提供指导。

8.1　烧结概要

8.1.1　定义与理论发展

　　一般烧结是粉体经过成型后，坯体在低于粉体材料主要成分的熔点温度以下加热，通过坯体内颗粒间相互黏结和物质传递、气孔排除、体积收缩、强度提高，逐渐成为具有一定的几何形状和强度的致密固体过程。从微观上，烧结是固体中质点(例如原子、离子)通过迁移，使粉体颗粒间发生黏结、再结晶、致密化。烧结的结果是预先成型的粉末组织结构变化，提高了材料体系强度并获得特定物理化学性能。从热力学上，烧结是一种颗粒粉体或多孔系统通过减小表面自由能，从较高系统能量态向热力学平衡态转变的过程。

　　尽管陶瓷烧结工艺实践已经有千年以上的历史，但是有关烧结原理的理论研究则开始于20世纪中期。在20世纪40年代，一些关键烧结理论模型被提出来。学者 Frenkel 发表了两篇论文：《晶体中黏性流动》建立了基于两个球体黏结的简化模型，提出由空位流动进行传质的烧结机制；《晶体表面蠕变与晶体表面粗糙度》提出颗粒表面微粒的蠕变迁移对烧结传质过程的作用。这些工作首次从物质的原子级别上研究烧结过程。同时期，Kuczynski 发表了论文《金属颗粒烧结过程中的自扩散》，提出基于扩散与蒸发-凝聚机制的烧结初期致密化理论。这些基础理论模型为后期烧结理论研究，尤其是烧结初期的物质传输与迁移奠定了基础。此外，还有诸如 Herring 提出的烧结尺度放大模型，Coble 和 Kingery 的烧结初期与中后期固相烧结动力学分析模型，Lenel 的非晶黏滞烧结动力学模型，Rhines 提出的烧结拓扑理论以及 Ashby 提出的热压烧结蠕变模型等。随着现代物理化学与力学理论的发展与测试技术方法的进步，以及计算机科学技术的应用，人们对烧结现象的研究与认识不断深入。数学模拟方法在烧结理论研究中逐渐被采用，Bross 采用计算机模拟研究了烧结颈部几何演化的过程，Ashby 采用计算机模拟计算并建立热压烧结压力-烧结图。利用计算机技术的计算与模拟能力，有望实现多种烧结参数变量、不同烧结机制和多种过程同时作用的研究，并实现预测与控制复杂的烧结过程。

陶瓷的烧结往往从粉体颗粒出发，制造的烧结体是一种多晶固体，其显微组织由晶体晶粒、玻璃体和气孔组成。显微组织的类型与变化直接决定了烧结过程中每个阶段的组织变化，而各种内在与外在的影响因素，例如原始粉体的特性、成型与烧结技术方法以及不同烧结参量都会对不同阶段的烧结体微观结构（包括晶粒尺寸、气孔尺寸和分布及晶界特性等）产生影响。人们研究分析烧结过程时，通常先提出各种假设或前提，将烧结过程中的材料特征及其动态变化与工艺参量、加工方法联系起来。经过几十年的理论与实验研究，从定性上讲，人们对烧结已经有了较好的理解。但是，因为烧结是一个复杂的物理化学过程，有时除了物理变化外，还会伴有固固反应、气固反应与液固反应等化学变化。目前，还没有一套理论和数学模型可以完整地将固体材料的烧结作定量化处理。要做到真正地了解复杂的烧结过程，实现完全可预测并控制烧结过程及产品性能，还需要不断研究。

8.1.2　烧结过程

将初始粉体材料经过不同的成型方式，例如模压、浇注和流延等制成具有一定形状的坯体，其中固体颗粒之间只有点接触，坯体内一般包含约 35% ~ 60% 气孔。将成型坯体在高温下加热时内部会发生一系列变化：通过物质传输，相互接触的固体颗粒间从开始的点接触演变为面接触，形成接触颈部，接触面积逐渐增大并形成固-固晶界。固体颗粒形状从近似球形逐渐变成多边体颗粒，颗粒发生聚集或轻微的粗化，颗粒间中心距缩短约 4%；气孔形状从连续分布的连通孔逐渐演变为柱状气孔、孤立圆形气孔，体积逐渐缩小、比率降低，最后大部分甚至全部气孔从晶体中排除；固体颗粒之间相互黏合、产生再结晶与晶粒长大或粗化。实际烧结过程中各种组织结构的特征变化连续且交错，为了能够准确地了解烧结的内在机制，一般把烧结过程简化处理成若干个阶段，从而能更好地定量分析烧结致密化及其动力学。

根据固相烧结组织与密度变化的特点，Coble 把多晶固体的烧结过程划分为初期、中期、后期 3 个阶段，如图 8.1 所示，初期阶段主要发生球形颗粒点接触(见图 8.1(a))以及形成颈部[见图 8.1(b)]；在烧结中期，颗粒呈十四面体且颗粒边缘是通道气孔[见图 8.1(c)]；在烧结后期残余气孔在 4 个十四面体的角上[见图 8.1(d)]。从现象上看，烧结初期特征：通过扩散、蒸发、塑性变形、黏性流动等物质传输过程，颗粒接触位置快速生长成烧结颈部。初始颗粒较大的表面曲率差值被减小，孔隙变形、缩小，烧结体的体积收缩很小。一般认为颈部半径可以生长到颗粒半径的 0.4～0.5 倍，对于一个坯体相对密度为 0.5 的粉体系统而言，这相当于坯体线收缩了 3%～5% 或者坯体相对密度增加到 0.65。烧结中期特征：物质传质以点阵扩散和晶界扩散为主，颗粒颈部不断长大形成固-固晶界，气孔连续分布在晶粒边缘，呈连续通道状。烧结坯体的收缩主要发生在中期阶段，相对密度可达到 0.9。烧结后期特征：物质传输仍然以点阵扩散和晶界扩散为主，晶粒主要发生长大或粗化，此阶段的典型特征是气孔从连通柱状变成孤立闭气孔，多数分布在多面体晶体颗粒顶角的位置。

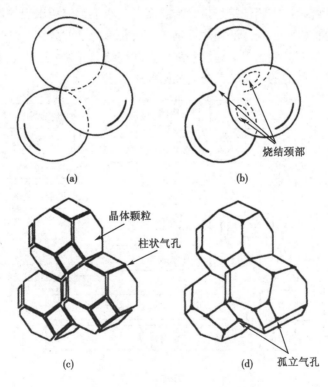

图 8.1 理想的烧结三个阶段模型

随着进一步烧结致密化，气孔连续收缩直到最后消失，密度达到95%以上，制品强度提高。如果烧结时施加外压力，则可能排除剩余气孔，使烧结体密度接近或达到理论密度值。

也有学者提出将烧结过程进一步分为4个阶段甚至7个阶段。例如分为：① 颗粒接触；② 颈部长大；③ 连通气孔封闭；④ 气孔圆化；⑤ 气孔收缩与坯体致密化；⑥ 孔洞粗化；⑦ 晶粒长大。不管如何划分阶段，烧结的各个阶段是交叉和连续的，简单地把烧结分成几个阶段仅仅是为了能够方便分析与研究。烧结过程中发生的物理变化过程不尽相同，每个阶段的热力学和动力学控制因素也十分复杂，分别具有不同的烧结历程与致密化动力学特点，很难单独用一个模型描述整个烧结过程。所以多数研究还是根据不同烧结阶段、不同条件和特点而提出相应的理论。

8.1.3 烧结分类

按照烧结过程中是否使用外加压力，可以将烧结分为无压烧结与压力烧结两大类。没有外部施加压力的烧结又根据在烧结中是否出现液相进一步分为固相烧结和液相烧结。固相烧结是指烧结温度下基本上无液相出现的烧结，如高纯氧化物陶瓷的烧结过程。液相烧结是指有液相参与下的烧结，如多组分物系在烧结温度下常有液相出现。施加外部压力的烧结又分为普通热压烧结与热等静压烧结两类。关键的烧结工艺分类如图8.2所示。

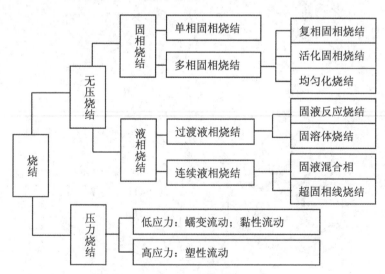

图8.2 烧结工艺分类

除了这些常见的烧结工艺与技术，近些年来，一些新型烧结技术也被大量用于烧制陶瓷、金属以及复合材料，例如微波烧结、放电等离子体烧结等。

8.1.4　粉体烧结活性

陶瓷粉体物料烧结致密化的基本驱动力是粉体颗粒的表面能。与块状材料相比较，粉体具有很大的比表面积，相应地具有很高的比表面能。以机械制粉为例，块体在粉碎和研磨过程中将消耗的机械能以表面能形式储存在粉体中。同样，以化学方法制造粉体时消耗的化学能，一部分也以表面能形式储存在粉体中。而且粉体颗粒尺寸越细小，其表面能越高。另外，粉体在制备过程中，可能在粉体表面和内部出现各种晶格缺陷，因此使晶格活化。由于这些原因，与块状烧结体相比，粉体处于能量较高的状态。

高能量的系统具有自发地向低能量状态转变的趋势。因此，粉体的过剩表面能就成为烧结致密化的基本动力。从热力学上看，烧结是一个不可逆过程，烧结后系统将转变为热力学相对稳定的状态。但是，陶瓷粉体的表面能约为数百上千 J/mol（一般低于 4180J/mol），与化学反应过程中能量变化可达几万至几十万 J/mol 相比，烧结推动力很小。所以烧结往往不能自动进行，必须对粉体加以高温处理，才能使粉体转变为致密烧结体。一种材料系统烧结活性的高低，可以用材料的表面能和晶界能的比值进行粗略的估计。表面能（γ_{sv}）大于晶界能（γ_{gb}）越多，则材料的烧结过程越易于完成。

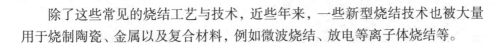　8.2　烧结驱动力与传质

8.2.1　烧结驱动力

8.2.1.1　颗粒表面能

烧结是一个系统自由能降低的过程。由于初始粉体颗粒尺寸很小，比表面积大，具有高的表面能。即使在成型坯体中，颗粒间接触面积很小，总表面积很大，系统处于较高能量状态，所以原始粉体颗粒表面自由能的减少是烧结的基本驱动力。假设没有外部压力和化学反应，将 1mol 粉末颗粒转变成完全致密固体，如果取表面能 $\gamma_{sv} = 1J/m^2$，粉末颗粒半径 $r = 1\mu m$，粗略计算减少的表面自由能或者说烧结驱动力只有 75J/mol。所以，依靠颗粒表面的过剩表面自由能降低产生的烧结驱动力很小，烧结材料完全致密化还需要其他驱动力作用。

8.2.1.2 毛细管压力

在实际烧结粉体体系中，细小颗粒的过剩表面自由能作用使得颗粒自发地形成团聚体。另外，成型坯体中的粉体颗粒紧密堆积，相互点接触的粉体间存在很多细小孔隙，产生与毛细管类似的几何结构。在弯曲的颗粒表面上产生与液相类似的毛细管表面张力，进而在粉体颗粒凸凹表面上产生压力差。

在液相中，表面张力会使弯曲液面产生毛细管力或在弯曲表面上产生附加压力差 ΔP。对于表面上相互垂直的两个曲率半径分别为 r_1 和 r_2 的接触球形曲面，压力差可以近似为

$$\Delta P \approx \gamma\left(\frac{1}{r_1} + \frac{1}{r_2}\right) \tag{8.1a}$$

其中，γ 为液体表面张力。

成型压坯内颗粒间接触的位置不是理想的点接触，而是一个具有一定面积的接触区域，称为"颈部"，如图 8.3(a)所示。假设两个接触颗粒呈球形，则颈部为半径等于 x 的圆形。将接触位置放大，如图 8.3(b)所示为球形颗粒接触区域的几何结构和可能的作用力分布。x 为颈部半径，ρ 为颈部外表面的曲率半径。类似于液相系统，在颗粒接触颈部产生的压力差 ΔP 等于毛细管作用力 σ，即

$$\sigma = \Delta P = \gamma\left(\frac{1}{x} - \frac{1}{\rho}\right) \tag{8.1b}$$

毛细管作用力方向指向颈部表面外侧，这相当于在两个球形颗粒接触面上作用了使颗粒中心靠近的压应力 P。显然，颗粒越细小，这种毛细管作用力越大。

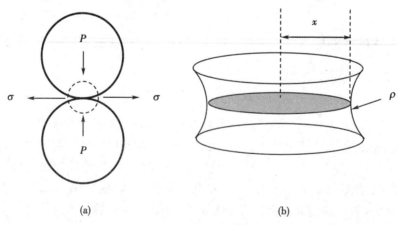

(a)　　　　　　　　　　　　　　(b)

图 8.3　球形颗粒接触颈部几何形状

8.2.1.3 化学势梯度

高温下，固体表面平衡蒸气压与表面形状有关，如图 8.4 所示，在局部位置，物质迁移受到具有不同曲率的曲面之间的化学势差（Δu）的作用。颗粒弯曲表面上的附加压力与球形颗粒（或颈部）曲率半径成反比，与粉体的表面能成正比。表面凹凸不平的固体颗粒，其凸位置呈正压，凹位置呈负压，故存在着部分物质从凸处向凹处迁移的趋势。弯曲表面与平表面的单位化学势差 Δu 为

$$\Delta u = u_{弯曲} - u_{平} = \Omega_{MX}\gamma_{sv}K \tag{8.2a}$$

其中，Ω_{MX} 为 MX 化合物单位体积；γ_{sv} 为固体表面能；K 为曲率（均匀球形 $K = 2/\rho$）。

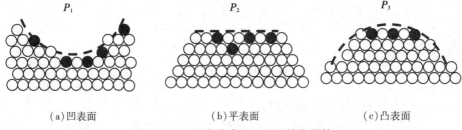

(a)凹表面　　　　　　　　(b)平表面　　　　　　　　(c)凸表面

图 8.4　不同弯曲表面下原子的化学势

将化学势差转为压力差形式：

$$\Delta u = kT\ln\frac{P_{弯}}{P_{平}} \tag{8.2b}$$

$$\ln\frac{P_{弯}}{P_{平}} = K\frac{\Omega_{MX}\gamma_{sv}}{kT} \tag{8.2c}$$

如果 $P_{弯}$ 与 $P_{平}$ 差异不大，则

$$\frac{\Delta P}{P_{平}} = \frac{P_{弯} - P_{平}}{P_{平}} = K\frac{\Omega_{MX}\gamma_{sv}}{kT} \tag{8.2d}$$

$$P_{弯} = P_{平}\left(1 + \frac{2\Omega_{MX}\gamma_{sv}}{\rho kT}\right) \tag{8.2e}$$

在高温下固体的蒸气压较高，由于存在蒸气压差，物质从颗粒凸球面蒸发，向颈部（凹面）迁移和凝聚。ΔP 是蒸发-凝聚机制引起的推动力，导致物质可以通过气相从凸表面向凹表面处传递。

如果以固体表面下的空位浓度（C）或固体在液相中溶解度（L）分别代替式（8.2b）中的蒸气压（P），则对于空位浓度和溶解度也都有类似于式（8.2e）的关系，并能推动物质的扩散与传输。例如，固体中平衡空位浓度是表面曲率的函数，在弯曲表面下的原子相对于平表面存在附加化学势 Δu。（设定凸表面曲率

为正,凹表面曲率为负)

平表面的平衡空位浓度 C_0,形成能 Q 和温度 T 的关系

$$C_0 = A\exp\left(-\frac{Q}{kT}\right) \tag{8.3a}$$

其中,A 为指数前常数。

弯曲表面下的空位浓度 C 为

$$C = A\exp\left(-\frac{Q + \Delta u}{kT}\right) = C_0\exp\left(-\frac{K\Omega_{MX}\gamma_{sv}}{kT}\right) \tag{8.3b}$$

多数条件下:$\Omega_{MX}\gamma_{sv}K \ll kT$,有

$$C = C_0\left(1 - \frac{K\Omega_{MX}\gamma_{sv}}{kT}\right) \tag{8.3c}$$

空位浓度差为
$$\Delta C = C - C_0 = -C_0\frac{K\Omega_{MX}\gamma_{sv}}{kT} \tag{8.3d}$$

即过剩空位是烧结驱动力。空位浓度差导致颗粒内部质点向固体颈部表面扩散,推动质点迁移,加速烧结过程。

假设固体球面周围是液体,同理,固体曲面半径差异引起溶解度差

$$\Delta C_L = C_{L_0} - C_L = -C_{L_0}\frac{2\Omega_{MX}\gamma_{sv}}{\rho kT} \tag{8.4}$$

其中,C_L 为颈部溶解度;C_{L_0} 为平面上溶解度;γ_{sv} 为表面张力;k 为玻耳兹曼常数;Ω_{MX} 为化合物单位体积;ρ 为球形颈部曲率半径。溶解度差 ΔC_L 是溶解-析出机制的烧结推动力。

除了上述导致烧结的驱动力之外,在烧结过程中施加外部压力也能提供致密化驱动力。而且多数情况下外加压力的作用远大于颗粒表面能提供的驱动力。例如外部压力对 1mol 颗粒系统作功(W)的近似值为 $W = p_a V_m$,其中 p_a 为施加压力,V_m 为摩尔体积。假设采用热压烧结中的典型压力,$p_a = 30$MPa,$V_m = 25\times10^{-6}$m³,则 $W = 750$J。

8.2.2 烧结传质机制

烧结是粉末系统在一定温度下加热时表面积减小、气孔排除进而致密化的过程。从微观机制分析,烧结致密化是从仅有点接触的粉体颗粒开始,经过高温下原子或空位迁移,逐渐填充孔隙的过程。只有保证颗粒之间在烧结推动力作用下进行有效的物质传输,才能使得颗粒的接触面积不断增加,气孔不断被排除,最后达到致密化的烧结目的。烧结过程的传质途径多种多样,主要可以归纳为蒸发-凝聚、流动、扩散和溶解-沉积等几种机制。

8.2.2.1 蒸发-凝聚

粉体颗粒组成的坯体中，自由粉末表面(凸)和颗粒间接触颈部位置(凹)的几何特征不同，或者说粉体颗粒表面各位置的曲率半径不同。根据 Kelvin 理论，曲率半径不同的表面的蒸气压不同。在一定温度下，处在凸表面位置的物质蒸气压较高，其蒸发后通过气相传输并凝聚到蒸气压较低的凹表面位置。例如物质从球形颗粒表面蒸发后传输到颈部位置，从而使得颈部生长、气孔被填充。

8.2.2.2 流动传质

在高温条件下，颗粒接触部分在毛细管表面张力和烧结应力作用下形变，发生由原子团、空位团和部分烧结体等流动引起的物质迁移。迁移方式包括黏性流动、蠕变流动和塑性流动。按照烧结初期 Frenkel 两球形颗粒黏性流动模型，空位团在毛细管力等外力作用下沿着表面张力作用方向移动，产生与表面张力大小成比例的物质迁移。在高温下物质的黏性流动分为相邻颗粒接触面增大、颗粒黏结至孔隙封闭，以及粉体气孔黏性压紧、残余封闭气孔逐渐缩小两个阶段。与黏性流动不同，如果表面张力足以使晶体产生位错，这时质点通过整排原子的运动或晶面的滑移来实现物质传递，这种过程称塑性流动。因为只有当作用力超过固体屈服点时才能产生，其流动服从宾汉(Bingham)型物体的流动规律。

8.2.2.3 扩散传质

扩散是固相烧结过程中最基本的物质传质途径，其可以按照不同方式或路径进行。假如在烧结过程中物质的扩散主要以空位的形式进行，考察不同路径的扩散，则存在表面扩散、点阵(体积)扩散、晶界扩散以及位错扩散。晶体中原子自扩散能力决定了材料扩散的能力和特性，而且材料中各种缺陷对扩散有重要影响。

8.2.2.4 溶解-沉积

当烧结材料体系中产生了液相并且固相在液相中具有一定溶解度时，物质的传输即可以通过溶解-沉积机制进行传质。固体颗粒越细小，具有的表面能越大，在液相中溶解度越大。高温下细小颗粒溶解进入液相后，通过液相传输到大颗粒表面，溶质浓度超过饱和浓度后会在大颗粒表面发生沉积，完成物质的传输过程。以液相作为传质通道使得物质发生迁移，造成烧结材料体系致密化。

实际烧结时，致密化过程中发生的物质迁移机制比较复杂。往往是多种机制同时作用或者发挥作用的程度不同，在不同阶段，不同机制发挥作用也不同。

而且当烧结材料、烧结工艺条件不同时，这些烧结传质机制的贡献也不相同。在特定条件下往往是某一种或几种机制起主导作用，需要结合烧结实践的具体情况进行分析。

 ## 8.3　固相烧结

固相烧结是高温下固体颗粒从粉体转变为致密固体的物理过程。早期对陶瓷烧结的认识主要是对烧结实践的唯象解释与经验性总结。从 20 世纪四五十年代开始，Kuczynski 和 Coble 等在微观物质扩散传质基础上，按照不同烧结阶段建立了烧结分析模型。尽管对粉体堆积几何结构的假设以及烧结的分段过程过于简化，但是这些分析模型为后期的理论研究奠定了基础，对陶瓷烧结实践也起到指引作用。除了广泛研究的烧结分析模型之外，重要的固相烧结理论还包括 Herring 的尺寸放大规则，烧结唯象理论以及拓扑烧结理论等。不同的理论对不同条件下烧结行为变化和机制以及预测都各有特点与局限性，一些新的模型仍在不断研究和完善中。

8.3.1　烧结分析模型

按照分析模型，在烧结的整个过程中烧结体内微观组织结构发生连续且剧烈的变化，单独一种晶粒几何模型不能有效地代表所有组织致密化过程，因此，分析模型把烧结过程分成几个不同阶段。根据不同烧结阶段特点，分别研究物质的传输机制并建立对应的烧结动力学方程，掌握粉体系统的烧结致密化规律。

8.3.1.1　初期模型与几何参数

Kuczynski 等提出的烧结分析模型中，将烧结初期的粉体颗粒简化成等径圆球体，坯体中球形颗粒之间是点接触，粉体的堆积排布可以有下面三种几何形式，如图 8.5 所示。图 8.5(a) 是球形颗粒的点接触模型，烧结过程颗粒中心距离不变；图 8.5(b) 是球形颗粒的点接触模型，但烧结过程中颗粒中心距离收缩；图 8.5(c) 是球形颗粒与平板的点接触模型，烧结过程中颗粒中心距离减小。几何模型中颗粒接触颈部表面半径曲率 ρ，颈部体积 V，颈部表面积 A，颗粒半径 r，接触颈部半径 x。当 x/r 值很小（<0.3）时，由简单的几何关系可以计算各近似计算值，如表 8.1 所示。

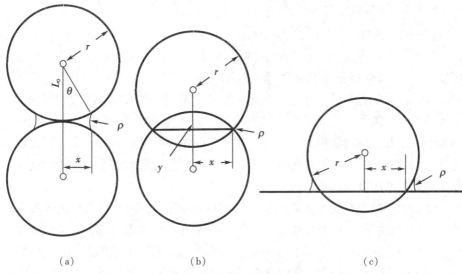

（a）　　　　　　　　　（b）　　　　　　　　　（c）

图 8.5　烧结初期模型

表 8.1　颈部体积 V、表面积 A 和表面曲率 ρ 与 r, x 的关系

	ρ	A	V
双球（中心矩不变）	$x^2/2r$	$\pi^2 x^3/r$	$\pi x^4/2r$
双球（中心矩减小）	$x^2/4r$	$\pi^2 x^3/2r$	$\pi x^4/4r$
平面-球体	$x^2/2r$	$\pi^2 x^3/r$	$\pi x^4/2r$

颈部长大和两球之间距离缩短引起烧结收缩。假设烧结后两球颗粒中心距从 L_0 收缩了 ΔL，则有

$$\frac{\Delta L}{L_0} = \frac{r - (r + \rho)\cos\theta}{r} \tag{8.5a}$$

在烧结初期 θ 很小，$\cos\theta \approx 1$，则有

$$\frac{\Delta L}{L_0} = -\frac{\rho}{r} \tag{8.5b}$$

因为 $\rho = \dfrac{x^2}{4r}$，则

$$\frac{\Delta L}{L_0} = -\frac{\rho}{r} = -\frac{x^2}{4r^2} \tag{8.5c}$$

烧结致密化时颗粒间颈部面积不断提高，在致密化过程中物质的传输速度等于颈部体积的增大速度，由此推导出各种烧结机制的动力学方程。当烧结进入中期和后期，由于颗粒间形成大量晶界，粉体颗粒与气孔形状发生聚集和变形，因此固相烧结中期与后期主要采用多面体颗粒几何形状模型。

8.3.1.2 烧结动力学公式

(1) 扩散机制

扩散传质是质点(或空位)借助浓度梯度推动而迁移的传质过程。高温下挥发性小的固体材料,烧结主要是通过扩散来实现的。固体晶体中存在许多缺陷,当缺陷出现浓度梯度时,就会从浓度高的地方向浓度低的地方定向扩散。若缺陷是间隙离子,则离子的扩散方向与缺陷扩散方向相同;若缺陷是空位,则离子的扩散方向与缺陷的扩散方向相反。晶体中的空位越多,离子迁移就越容易。假设在烧结初期空位形成与消失速度比扩散速度大很多,总体的烧结速度为空位扩散速度所控制。

离子的扩散与空位的扩散同属于物质的传输过程,因此研究扩散传质引起的烧结时,常用空位扩散描述烧结过程。在烧结颗粒体系内部,空位浓度比其他位置高的地方称为空位源。在两球状颗粒接触处的颈部呈凹曲面,表面自由能最低,容易产生空位,且空位浓度最大,所以颈部是空位源。另外晶粒内部的刃型位错和颗粒表面也可看作空位源。空位由空位源通过不同途径向浓度低的地方扩散并消失掉。使空位消失的地方称为空位阱。从颈部到晶粒内部存在一个空位浓度梯度,这样物质可以通过点阵扩散、晶界扩散和表面扩散等途径向颈部定向迁移,使颈部不断长大,逐渐完成烧结过程,如图8.6所示。

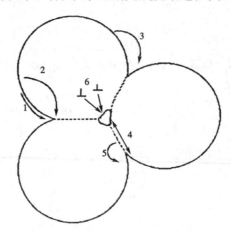

图 8.6　烧结初期物质扩散不同路径

1—表面扩散(从表面到颈部);2—点阵扩散(从表面到颈部);3—蒸发-凝聚(从表面到颈部);4—晶界扩散(沿着晶界到颈部);5—点阵扩散(从晶界到颈部);6—点阵扩散(从位错到颈部)

如果物质传输按照晶界扩散机制进行,如图8.6中路径4,进入颈部的原子流量是

$$J_a = \frac{D_v}{\Omega} \frac{dC_v}{dx} \tag{8.6a}$$

其中，D_v 为空位扩散系数；Ω 为原子或空位体积；dC_v/dx 为空位浓度梯度；C_v 为空位浓度。单位时间内物质传输到颈部的体积为

$$\frac{dV}{dt} = J_a A_{gb} \Omega \tag{8.6b}$$

其中，A_{gb} 为发生扩散横截面积。假设晶界扩散发生在恒定厚度 δ_{gb} 内，则有 $A_{gb} = 2\pi x \delta_{gb}$，其中，$x$ 是颈部半径，结合前两式并替代 A_{gb}，得

$$\frac{dV}{dt} = D_v 2\pi x \delta_{gb} \frac{dC_v}{dx} \tag{8.6c}$$

假设颈部表面到颈部中心之间的空位浓度不变，则 $dC_v/dx = \Delta C_v/x$，式中 ΔC_v 是颈部表面到颈部中心的空位浓度差。颈部中心空位浓度等于无应力平表面下空位浓度 C_{v_0}，所以

$$\Delta C_v = C_v - C_{v_0} = \frac{C_{v_0} \gamma_{sv} \Omega}{kT}\left(\frac{1}{r_1} + \frac{1}{r_2}\right) \tag{8.6d}$$

其中，r_1 和 r_2 为颈部表面两个主曲率半径。对于双球颗粒，$r_1 = \rho$，$r_2 = -x$。一般情况下 $x \gg \rho$，代入式(8.6d)得

$$\frac{dV}{dt} = \frac{2\pi D_v C_{v_0} \delta_{gb} \gamma_{sv} \Omega}{kTr} \tag{8.6e}$$

利用表 8.1 中双球颗粒模型中给定的 V 值和 ρ 值，并且晶界扩散系数 $D_{gb} = D_v C_{v_0}$，代入后得

$$\frac{\pi x^3}{2r} \frac{dx}{dt} = \frac{2\pi D_{gb} \delta_{gb} \gamma_{sv} \Omega}{kT}\left(\frac{4r}{x^2}\right) \tag{8.6f}$$

整理，得

$$x^5 dx = \frac{16 D_{gb} \delta_{gb} \gamma_{sv} \Omega r^2}{kT} dt \tag{8.6g}$$

设定边界条件 $t = 0$ 时，$x = 0$，积分后，得

$$x^6 = \frac{96 D_{gb} \delta_{gb} \gamma_{sv} \Omega r^2}{kT} t \tag{8.6h}$$

或者

$$\frac{x}{r} = \left(\frac{96 D_{gb} \delta_{gb} \gamma_{sv} \Omega}{kTr^4}\right)^{1/6} t^{1/6} \tag{8.6i}$$

从式(8.6i)判断颈部半径(x)与球体半径(r)的比值与时间成 1/6 次方关系。

将该作用机制下的致密化速率以线性收缩率形式表示为

$$\frac{\Delta L}{L_0} = -\left(\frac{3D_{gb}\delta_{gb}\gamma_{sv}\Omega}{2kTr^4}\right)^{\frac{1}{3}}t^{\frac{1}{3}} \tag{8.6j}$$

所以，按照晶界扩散时，烧结线收缩速率与时间的 1/3 次方成正比。

如果按照表面扩散机制进行烧结，如图 8.6 中路径 1 所示，烧结过程中两球中心距不变。此时离子沿着颗粒的表面扩散到颈部表面，物质迁移产生的结果仅改变了颗粒表面形状，可以促使气孔闭合、形状改变、颗粒表面积减小、表面自由能降低。表面扩散烧结时，球形颗粒颈部生长速度公式为

$$\frac{x}{r} = \left(\frac{56\gamma_{sv}\Omega\delta_s D_s}{kT}\right)^{\frac{1}{7}}r^{-\frac{4}{7}}t^{\frac{1}{7}} \tag{8.7}$$

其中，D_s 为表面扩散系数；δ_s 为表面层厚度。按照表面扩散烧结时，颈部半径的增大与烧结时间的 1/7 次方成正比。通常发生表面扩散开始温度比体积扩散要低，所以当粉体颗粒细时，在烧结初始阶段表面扩散的作用更明显。

如果按照体积扩散机制进行烧结，如图 8.6 中路径 5 所示，双球颗粒的中心距减小，扩散物质从晶界通过体积扩散迁移到颈部表面，也可以是空位从颈部表面通过晶格内部体积扩散到晶界处消失。这时，颈部生长体积增加速率等于单位时间内通过单位颈部表面积的空位扩散流量。由此推导出烧结初期以体积扩散时双球颗粒间颈部生长速率为

$$\frac{x}{r} = \left(\frac{80\pi D_1\gamma_{sv}\Omega}{kT}\right)^{\frac{1}{5}}r^{-\frac{3}{5}}t^{\frac{1}{5}} \tag{8.8}$$

其中，D_1 为点阵扩散系数；Ω 为原子或空位体积；γ_{sv} 为表面能；r 为颗粒半径；t 为烧结时间。

由此可见，烧结按照体积扩散烧结时，颈部半径的增大 (x/r) 与烧结时间 t 的 1/5 次方成正比。如果以 $\ln(x/r)$ 对 $\ln t$ 作图，得到一条斜率为 1/5 的直线。

烧结致密化过程以线性收缩率表示时：

$$\frac{\Delta L}{L_0} = -\frac{1}{4}\left(\frac{80\pi\Omega\gamma_{sv}D_1}{k_BT}\right)^{\frac{2}{5}}r^{-\frac{6}{5}}t^{\frac{2}{5}} \tag{8.9}$$

按照体积扩散机制时，烧结线收缩率与时间 t 的 2/5 次方成正比。

(2)蒸发-凝聚机制

由于颗粒表面各处的曲率不同，由 Kelvin 公式可知，不同曲率位置对应的蒸气压大小不同。物质容易从高势能的凸处(如球颗粒表面)蒸发，然后通过气相传递到低势能的凹处(如接触颈部)凝结，使颗粒颈部的接触面增大，改变烧结坯体中颗粒和空隙形状，如图 8.6 中路径 3。

按照这种蒸发-凝聚传质机制，推导出球形颗粒的接触面颈部生长速率：

$$\frac{x}{r} = \left(\frac{6\alpha\gamma_{sv}\Omega_{MX}^2 P_{\Psi}}{\sqrt{2\pi M_{MX}kT}\,[kT]} \right)^{\frac{1}{3}} r^{\frac{2}{3}} t^{\frac{1}{3}} \tag{8.10}$$

其中，α 为蒸发系数；M_{MX} 为蒸气气体分子质量；P_{Ψ} 为平表面蒸气压；Ω_{MX} 为分子体积。

当物质以蒸发-凝聚方式传输时，颈部生长速率 x/r 与时间 t 的 1/3 次方成正比，若以 $\lg(x/r)$ 对 $\lg t$ 作图，可得一条斜率为 1/3 的直线。

坯体中发生蒸发-凝聚传质时烧结颈部生长，球形颗粒与气孔的形状改变，但是球体之间的中心距离不变，即在这种传质机制下坯体没有发生收缩。由于烧结体内颗粒接触颈部面积增长，烧结体的机械强度有所增加。实际烧结过程中，对于微米级粉体，要求蒸气压最低达到 $1\sim10\text{Pa}$，才能看出明显的气相传质效果。Al_2O_3 陶瓷在 1200℃ 时蒸气压仍很低，所以烧结高温稳定氧化物陶瓷时这种传质方式并不多见。但是对于有些蒸气压较高的氧化物陶瓷，例如 ZnO，TiO_2 等高温烧结时此传质机制不可忽视。

（3）流动机制

高温下，颗粒接触的颈部可以发生变形，并伴有以原子团、空位团和部分烧结体流动为特征的流动传输。流动传输分为黏性流动、塑性流动和蠕变流动等几种方式。如果假设仅发生黏性流动传质，并且流变特征类似牛顿型液态黏性流体，黏性流变时消耗的能量速率等于颗粒表面积降低时获得的能量速率。

黏性流变时等径双球颈部生长，双球形颗粒产生对心运动，如图 8.7 所示。利用两球颗粒接触面的"黏结"速度公式表示黏性流动烧结的动力学规律。

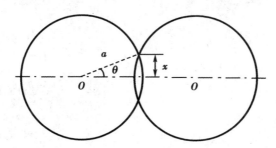

图 8.7　初始阶段黏性烧结双球模型

按照 Frenkel 的物质传输能量平衡的观点，推导出两球颗粒颈部生长速率公式：

$$\frac{x}{r} = \left(\frac{3}{2} \frac{\gamma_{sv}}{\eta r} \right)^{\frac{1}{2}} t^{\frac{1}{2}} \tag{8.11}$$

其中，r 为颗粒半径；x 为颈部半径；η 为流体黏度；γ_{sv} 为固-气界面的比表面能；t 为时间。式(8.11)说明黏性流动传质烧结时，颈部的生长与时间的 1/2 次方成正比。

(4)初期烧结总结

将 Kuczynski，Kingery，Coble 等推导的烧结初期的致密化动力学公式归纳为共同形式，以颈部生长公式(8.12)和烧结线性收缩率式(8.13)表示：

$$\left(\frac{x}{r}\right)^m = \frac{H}{r^n}t \qquad (8.12)$$

$$\left(\frac{\Delta L}{L_0}\right)^{\frac{m}{2}} = -\frac{H}{2^m r^n}t \qquad (8.13)$$

表 8.2 列出不同机制下动力学公式中各个参量值。从颈部生长公式可得 $\lg(x/r) \sim \lg t$ 是一条斜率为 $1/m$ 的直线，将理论预测与实验数据进行拟合可以得到 m 值。因为 m 与烧结机制有关，测量出 m 可以提供有关烧结机制的信息。但是，在许多粉体材料烧结过程中，只有一种传质机制作用的假设是不成立的。如果同时有一种以上机制起作用，测定的指数值可能完全对应着不同的机制。

表 8.2　烧结动力学公式(8.12)和式(8.13)中的常数值

机制	m	n	H
表面扩散*	7	4	$\dfrac{56 D_s \delta_s \gamma_{sv} \Omega}{kT}$
自表面的点阵扩散*	4	3	$\dfrac{20 D_l \gamma_{sv} \Omega}{kT}$
蒸发-凝聚*	3	2	$\dfrac{3 p_0 \gamma_{sv} \Omega}{(2\pi mkT)^{\frac{1}{2}}kT}$
晶界扩散	6	4	$\dfrac{96 D_{gb} \delta_{gb} \gamma_{sv} \Omega}{kT}$
自晶界的点阵扩散	5	3	$\dfrac{80 \pi D_l \gamma_{sv} \Omega}{kT}$
黏性流动	2	1	$\dfrac{3 \gamma_{sv}}{2\eta}$

*表示没有致密化，即 $\Delta L/L_0 = 0$；D_s，D_l，D_{gb} 分别为表面、点阵和晶界扩散系数；δ_s，δ_{gb} 分别为表面和晶界扩散厚度；γ_{sv} 为比表面能；p_0 为平表面蒸气压；m 为原子质量；k 为玻耳兹曼常数；T 为绝对温度；η 为黏度。

8.3.1.3 中期模型

当烧结进入中期后，颗粒间颈部长大，气孔从起初连续、不规则形状变成由 3 个颗粒包围、近似圆筒状并互相连通的气孔。与气孔接触的颗粒表面为空位源。物质可以通过体积扩散与晶界扩散达到气孔表面，最后气孔随着表面空位的扩散逐渐变小甚至消失。

烧结中期普遍采用 Coble 提出的多面体颗粒模型。假设烧结体是由等尺寸十四面体填充空间，每个十四面体代表一个晶粒。气孔呈圆柱状，分布在十四面体晶粒边界位置。单个颗粒包括十四面体及边缘的圆柱状气孔，如图 8.8 所示。每个十四面体看作八面体截去六个尖顶部，形成了 36 条边，24 个顶，14 个面的形状。该十四面体的体积为

$$V_t = 8\sqrt{2}\,l^3 \tag{8.14a}$$

其中，l 为十四面体的边长。每个圆柱状气孔被 3 个十四面体共有，圆柱状气孔的半径为 r，每个颗粒的总气孔体积为

$$V_p = \frac{1}{3} \times 36\pi r^2 l \tag{8.14b}$$

单位颗粒的气孔率（P_c）等于 V_p/V_t，即

$$P_c = \frac{3\pi}{2\sqrt{2}}\frac{r^2}{l^2} \tag{8.14c}$$

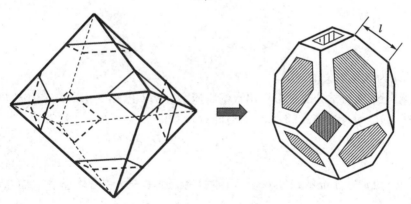

图 8.8 截头十四面体模型

烧结中期致密化主要按照体积扩散和晶界扩散机制进行。组织中圆柱状气孔几何形状均匀、表面的化学势相等，不考虑其他非致密化因素。

假设按照体积扩散完成烧结致密化，空位从一个圆形空位源呈圆周形扩散。扩散中晶界保持平直，晶界单位表面积空位流量等于整个晶界的流量。物质扩散流类似于电加热圆柱体表面冷却时的温度场分布。单位圆柱体长度内空

位扩散流量为

$$\frac{J}{I} = 4\pi D_v \Delta C \tag{8.15a}$$

其中 D_v 为空位扩散系数；ΔC 为气孔（空位源）与晶界（空位井）之间的空位浓度差；I 为圆柱形气孔的长度，等于流量场宽度，近似 $I = 2r$。从空位源流出的空位在空间上分叉，且在烧结过程中扩散流量方程不会改变。

根据以上假设，空位扩散流量为

$$J = 2 \times 4\pi D_v \Delta C \times 2r \tag{8.15b}$$

每个十四面体有 14 个面，每个面被 2 个十四面体共有，则单位时间内每个十四面体颗粒中空位的体积扩散速率为

$$\frac{dV}{dt} = \frac{14}{2}J = 112\pi D_v \Delta C r \tag{8.15c}$$

圆柱状气孔的 2 个主曲率半径分别是 r 和 ∞，所以 ΔC 为

$$\Delta C = \frac{C_{v_0} \gamma_{sv} \Omega}{kTr} \tag{8.15d}$$

代入式（8.15c），并且 $D_l = D_v C_{v_0}$，D_l 是点阵扩散系数，C_{v_0} 是平表面空位浓度，得

$$dV = \frac{112\pi D_l \gamma_{sv} \Omega}{kT}dt \tag{8.15e}$$

积分后，获得气孔率：

$$P_c \approx \frac{r^2}{l^2} \approx \frac{10 D_l \gamma_{sv} \Omega}{l^3 kT}(t_f - t) \tag{8.15f}$$

其中，t_f 为气孔消失的时间。

此烧结动力学公式也可以用致密化速率表示。已知气孔率 P_c 和相对密度 ρ 的关系，$P_c = 1 - \rho$，将式（8.15f）对时间微分，得

$$\frac{d}{dt}(P_c) = -\frac{d\rho}{dt} \approx -\frac{10 D_l \gamma_{sv} \Omega}{l^3 kT} \tag{8.15g}$$

设 l 近似等于晶粒尺寸 G，采用体积应变速率表示致密化速率，式（8.15g）变为

$$\frac{1}{\rho}\frac{d\rho}{dt} \approx \frac{10 D_l \gamma_{sv} \Omega}{\rho G^3 kT} \tag{8.15h}$$

所以，在密度固定情况下，烧结致密化速率与晶粒尺寸的 3 次方成反比。

当烧结中期是以晶界扩散为致密化控制机制时，气孔率收缩公式为

$$P_c \approx \frac{r^2}{l^2} \approx \left(\frac{2D_{gb}\delta_{gb}\gamma_{sv}\Omega}{l^4 kT}\right)^{\frac{2}{3}} t^{\frac{2}{3}} \tag{8.15i}$$

以相同的方法推导得到

$$\frac{1}{\rho}\frac{d\rho}{dt} \approx \frac{4}{3}\left[\frac{D_{gb}\,\delta_{gb}\,\gamma_{sv}\,\Omega}{\rho\,(1-\rho)^{\frac{1}{2}}\,G^4kT}\right] \tag{8.15j}$$

所以，烧结致密化速率与晶粒尺寸的 4 次方成反比。

8.3.1.4　烧结后期

在烧结最后阶段，烧结固体仍看作等尺寸十四面体在三维空间中的堆积。十四面体有 24 个孔分布在顶角，每个顶角分布相同尺寸圆形气孔。每个气孔为 4 个十四面体共有，所以，单个十四面体的气孔体积是 $V_p = \frac{24}{4} \times \frac{4}{3}\pi r^3$，$r$ 是球形气孔半径。每个十四面体的气孔率：

$$P_c = \frac{8\pi r^3}{8\sqrt{2}\,l^3} = \frac{\pi}{\sqrt{2}}\frac{r^3}{l^3} \tag{8.16a}$$

如烧结中期一样，气孔几何形状均匀，而且不存在其他非致密化机制因素的作用。把烧结过程看作以球形气孔表面为空位源，空位呈球形对称向外扩散，或者物质向气孔中心扩散，产生气孔收缩。

致密化以体积扩散机制控制时，推导出烧结致密化动力学公式：

$$P_s = \frac{6\pi}{\sqrt{2}}\frac{D_l\,\gamma_{sv}\,\Omega}{l^3kT}(t_f - t) \tag{8.16b}$$

其中，P_s 为在时间 t 的气孔率；D_l 为体积扩散系数；γ_{sv} 为固-气界面的比表面能；Ω 为原子体积；l 为十四面体边缘长度（近似等于晶粒尺寸）；t_f 为气孔消失的时间。

可见，烧结后期与烧结中期的致密化动力学公式形式相同。理论上讲，当温度和晶粒尺寸不变时，气孔率随烧结时间而线性减小，坯体致密度提高。

在以上不同的烧结分析模型中，Frenkel 的黏性烧结分析模型能较好地说明非晶材料例如玻璃的烧结行为。但是多晶材料和非晶材料之间的烧结现象与复杂性不同，对于多晶材料，烧结行为十分依赖粉体系统的组织结构细节。Kuczynski，Kingery，Coble 等的烧结分析模型比较简化，所以得到的定量分析结果不是十分精确。但是，从定性角度看，分析模型对理解不同的烧结机理，以及不同的关键参数例如颗粒尺寸、温度、压力等与烧结动力学的关系等很重要。另外，烧结分析模型中假设每个阶段仅存在一个简单的几何形状，粉末呈球形等尺寸，坯体中颗粒始终规则排列，初期没有晶粒生长等，而且每种致密化机制单独作用，互不影响，这些与陶瓷材料实际烧结过程中发生的现象不能完全吻合。人们不断尝试研究更符合实际烧结粉末系统中几何结构以及烧结机制同时作用的分析模型，借助这些较复杂的分析理论以深入理解陶瓷烧结过程。

8.3.2　尺寸放大规则

1950 年，Herring 首先提出烧结尺寸放大规则理论。该烧结模型中的基本参数是颗粒尺寸，其主要考察烧结过程中颗粒尺寸变化对微观组织结构以及烧结速率的影响。不同于 Coble 等的烧结分析模型，在尺寸放大规则中颗粒的几何形状没有特殊限制。该理论仅假设在烧结过程中，一个粉末系统(系统 1)的所有特征值(如晶粒、气孔的尺寸)等于另一个粉末系统(系统 2)所有特征值乘以一个数值因子，即系统 1 的尺寸＝λ×系统 2 尺寸，其中 λ 是数值因子。这相当于将一个粉末系统进行简单地几何放大，如图 8.9 所示。

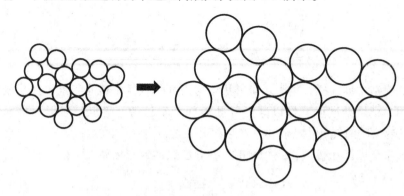

图 8.9　两个几何结构相似的随机圆球粉体系统

虽然该规则并不限定粉末颗粒的几何形状，但为了方便，仍使用双球颗粒接触模型。假如系统 1 经过一段时间(Δt_1)发生一定的组织结构变化，例如颈部半径生长到一定值 x_1。那么在系统 2 中会产生相似的几何变化需要的时间是(Δt_2)。

因为前后几何形状变化相似，两个系统的颗粒初始半径和颈部半径的关系是 $R_2 = \lambda R_1$ 以及 $x_2 = \lambda x_1$，如图 8.10 所示。物质扩散产生一定形状变化所需要的时间为

$$\Delta t = \frac{V}{JS\Omega} \tag{8.17a}$$

其中，V 为传输物质的体积；J 为扩散流量；S 为物质传输通过的横截面积；Ω 为原子体积。

可以得到

$$\frac{\Delta t_2}{\Delta t_1} = \frac{V_2 J_1 S_1}{V_1 J_2 S_2} \tag{8.17b}$$

利用式(8.17b)分析点阵扩散机制下的物质传输过程。因为扩散传输物质

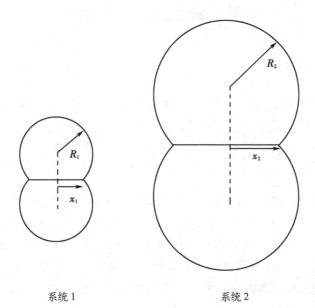

系统 1　　　　　　　　　　　　　系统 2

图 8.10　接触后的两球几何模型

的体积 (V) 正比于 R^3。因此 V_2 正比于 $(\lambda R)^3$ 或者 $V_2 = \lambda^3 V_1$。同时物质扩散通过面积 (S) 正比于 R^2，则 S_2 正比于 $(\lambda R)^2$ 或者 $S_2 = \lambda^2 S_1$。物质扩散流量 (J) 正比于化学势梯度 $(\nabla \mu)$。对于曲率半径为 r 的曲表面，化学势 μ 随 $1/r$ 而变化，于是 J 随着 $\nabla(1/r)$ 或 $1/r^2$ 而变化。J 正比于 $1/(\lambda r)^2$，则 $J_2 = J_1 / \lambda^2$。

总结以上各类参数的关系，可得

$$
\left.
\begin{aligned}
V_2 &= \lambda^3 V_1 \\
S_2 &= \lambda^2 S_1 \\
J_2 &= \frac{J_1}{\lambda^2}
\end{aligned}
\right\}
\tag{8.17c}
$$

代入式 (8.17b)，得

$$
\frac{\Delta t_2}{\Delta t_1} = \lambda^3 = \left(\frac{R_2}{R_1}\right)^3
\tag{8.17d}
$$

根据式 (8.17d)，在点阵扩散机制下产生相似几何变化需要的时间与颗粒尺寸增加呈立方关系。当物质扩散传输是以其他机制进行时，也可以推导出类似上面点阵扩散的规律。所以尺度放大规则的通式为

$$
\frac{\Delta t_2}{\Delta t_1} = \lambda^m = \left(\frac{R_2}{R_1}\right)^m
\tag{8.17e}
$$

其中，m 指数依赖于烧结机制。表 8.3 列出不同机制下的 m 指数值。

表 8.3　尺度放大规则中的 m 指数值

烧结机制	指数 m
表面扩散	4
点阵(体积)扩散	3
蒸发–凝聚	2
晶界扩散	4
塑性流动	1
黏性流动	1

　　采用尺度放大规则可以分析了解颗粒尺寸与烧结机制的联系，以及颗粒尺寸如何影响不同机制下的相对烧结速率。根据表 8.3 中的参数，选择有利于烧结致密化的控制机制，让能够促进致密化机制的速率大于非致密化机制的速率，控制陶瓷的微观组织结构，获得高致密度陶瓷。该模型的另一个特点是不需考虑粉末颗粒的具体几何形状，所以规则简单、通用，能应用于不同的粉末形状和任何烧结阶段。

8.3.3　烧结计算机模拟

　　烧结理论模型中普遍存在各种简化与假设，利用计算机模拟方法研究烧结过程可以提出更复杂的模型，更好地说明烧结的现象，例如可以模拟更接近实际的颗粒颈部几何形状，或者不同烧结机制同时作用的效果。分析模型中普遍假设颈部表面的横截面是与球形颗粒表面正切的圆形。但是实际烧结中，颈部表面与颗粒球表面之间的正切点位置的表面曲率半径的变化是不连续的，颈部横截面不是规则的圆形。

　　计算机模拟烧结时，通常采用两个或者一排圆柱状颗粒颈部的横截面，将真实的三维粉末颗粒简化成二维几何圆形进行模拟。把物质流动的微分方程转换成适当的有限差分方程，然后用计算机模拟颈部的生长和收缩。例如 Bross 等采用由一排相同半径圆柱组成的模型，模拟研究表面物质扩散，以及表面扩散和晶界扩散同时作用时的颈部变化情况。图 8.11 所示为颗粒接触颈部轮廓。在表面扩散机制为主导时，分析模型中颈部位置是近似圆形。与其不同，计算机模拟结果说明颈部的几何轮廓发生咬边或侵蚀，而且颈部表面曲率的变化是不连续的。受物质传输影响，颈部表面区域也发生扩大，扩大的范围远超过假设的近似圆形。但是，当表面扩散和晶界扩散同时作用时，颈部延展不明显。Svoboda 等模拟了物质表面扩散与晶界扩散同时进行时，两球颗粒颈部的形成过程。结果显示，当两面角 $\psi = 120°$，数值归一化后的颈部半径(x/a)与时间之间同样存在指数定律关系。但是随着表面扩散系数/晶界扩散系数的比值($D_s/$

D_{gb}）降低，颈部生长公式（8.12）中指数 m 从 5.5 增加到 7，这个趋势与烧结分析模型的预测相反。

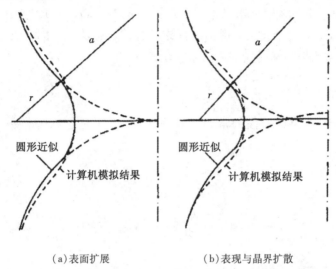

(a) 表面扩展　　　　　　　(b) 表现与晶界扩散

图 8.11　烧结时表面扩散和表面与晶界同时扩散的圆柱间颈部构型

　　有关黏性烧结的模拟研究普遍采用双球模型。从定性角度看，Frenkel 提出的黏性流动模型是正确的。模型中流体沿着双球中心轴向下流动，呈圆周形接近颈部外表面，大部分能量耗散在颈部附近。但是，定量分析时 Frenkel 模型存在误差。如果两球之间的线收缩率超过 5%，Frenkel 模型与实验数据普遍不匹配，原因是采用的数值参量不精确。

　　与分析模型进行比较，数字模拟可以分析十分复杂的烧结过程。在许多情况下，当烧结的结果不能以烧结关键参量与烧结动力学的关系表示时，使用模拟技术就比较方便。另外，烧结过程中物质不同的传输方式、微观组织、晶粒几何形状变化都可以用模拟方法进行预先设定与分析处理。将模拟技术与分析模型配合使用可以更清楚地掌握和说明烧结中许多复杂的现象。数字模拟对于晶粒长大和复合材料的烧结也可以提供有意义的见解，借助计算机的模拟计算能力，这个方法有望在未来获得更多应用。

8.3.4　烧结唯象理论与公式

　　唯象方法是利用烧结研究总结的经验公式拟合密度与时间的关系。尽管经验公式无助于理解烧结详细过程，但是它们可以提供一些有用的数字模型，在模型中还可以引入精确的致密化函数方程。

　　采用式（8.18a）能较好地拟合常规烧结和热压烧结的数据

$$\rho = \rho_0 + K\ln\frac{t}{t_0} \tag{8.18a}$$

其中，ρ_0 为起始时间 t_0 时的密度；ρ 为时间 t 时的密度；K 为与温度有关的参数。

按照 Coble 对这个表达式提出的理论解释，如果以点阵扩散机制进行，烧结三阶段模型的中期和后期的烧结致密化速率公式为

$$\frac{\mathrm{d}\rho}{\mathrm{d}t} = \frac{AD_1\gamma_{sv}\Omega}{G^3 kT} \tag{8.18b}$$

其中，A 为依存于烧结阶段的常数。假设以晶粒尺寸的三次方指数形式长大，而且 $G^3 \gg G_0^{\ 3}$，有

$$G^3 = G_0^3 + \alpha t \approx \alpha t \tag{8.18c}$$

则式（8.18b）变为

$$\frac{\mathrm{d}\rho}{\mathrm{d}t} = \frac{K}{t} \tag{8.18d}$$

其中，$K = \dfrac{AD_1\gamma_{sv}\Omega}{\alpha kT}$。

因为式（8.18d）在烧结中、后两个阶段的形式相同，对式（8.18d）积分后即得到式（8.18a），后者相当于是对烧结中、后期都有效的经验公式。

如果烧结过程中晶粒长大十分有限，烧结的收缩速率可以用式（8.18e）拟合：

$$\frac{\Delta L}{L_0} = K t^{\frac{1}{\beta}} \tag{8.18e}$$

其中，K 为与温度有关的参数；β 为整数指数。式（8.18e）与分析模型中的烧结初期收缩公式有相同形式。其他的烧结经验公式还包括：

$$\frac{V_0 - V_t}{V_0 - V_f} = Kt^n \tag{8.18f}$$

其中，V_0 为粉末压坯初始体积；V_t 为烧结 t 时间后的体积；V_f 为完全致密化固体体积，K 是与温度有关的参数。不同材料的 n 值为 $0.5 \sim 1.0$。另外有 Lvensen 提出的经验公式：

$$\frac{V_t^{\mathrm{P}}}{V_0^{\mathrm{P}}} = (1 + C_1 mt)^{\frac{-1}{m}} \tag{8.18g}$$

其中，V_0^{P} 为初始气孔体积；V_t^{P} 为烧结 t 时间后气孔体积；C_1 和 m 为常数。

这些经验公式中各个参数的具体物理意义还没有确切说明。因此，任意给出一组烧结数据，都可以用一种以上的经验公式进行拟合，这说明在选择经验公式时具有相当的随意性。针对 UO_2 陶瓷的烧结数据结果，可以同时用式

(8.18a)、式(8.18f)、式(8.18g)等几个公式拟合。

8.4　陶瓷中晶粒长大与粗化

在陶瓷材料烧结过程中,陶瓷坯体中晶体颗粒间的颈部面积不断增加,从开始的点接触逐渐生长形成晶界面,气孔体积与数量逐渐减少,烧结坯体强度提高。在进入烧结中、后期时,陶瓷组织致密化的同时往往伴随着晶粒长大和粗化。特别是在高温下,烧结后期陶瓷组织中晶粒明显长大。烧结陶瓷的显微组织结构(如晶粒尺寸与分布以及气孔大小与分布)直接影响陶瓷各种力学与物理性能。

8.4.1　初次再结晶

初次再结晶是指在发生塑性变形后,在具有应变的基质中,通过形核与长大形成新的无应变晶粒的过程。初次再结晶的推动力是基体材料中因塑性变形所增加的能量。初次再结晶在金属材料中经常发生。无机非金属材料中 NaCl,CaF_2 等软性材料也会发生初次再结晶过程。另外,无机非金属材料烧结前都要破碎研磨成粉料,粉体颗粒内会有残余应变,它们在烧结时出现初次再结晶现象。

初次再结晶也包括成核和长大两个步骤。晶粒长大通常需要一个诱导期,它相当于不稳定的核胚长大成稳定晶核所需的时间。该成核速率为

$$\frac{dN}{dt} = N_0 \exp\left(-\frac{\Delta G_n}{kT}\right) \tag{8.19}$$

其中,N_0 为常数;ΔG_n 为形核激活能。

晶粒长大时的生长速率(U)为

$$U = U_0 \exp\left(-\frac{\Delta G_u}{RT}\right) \tag{8.20}$$

其中,U_0 为常数;ΔG_u 为长大激活能。

最终初次再结晶的晶粒大小取决于成核和晶粒长大的相对速率。由于这两者都与温度相关,故总的结晶速率随温度迅速变化。由于晶粒长大速率比成核速率增加得更快,因此提高再结晶温度会使最终的晶粒尺寸增加。

8.4.2　晶粒长大

一般陶瓷中晶粒长大分成两类,即正常晶粒生长和异常晶粒长大。异常晶

粒生长也称为不连续晶粒生长或类似金属中的二次再结晶。在正常晶粒长大时，平均晶粒尺寸增加并且晶粒尺寸和形状保持在一定窄的范围内。生长前后的晶粒尺寸分布基本接近，分布形式不随时间发生变化，即晶粒尺寸分布在生长前后具有"自相似"特征，如图8.12所示正常晶粒生长。在异常晶粒生长时，有些大晶粒的相对生长速率远远大于周围基质中较小晶粒。晶粒尺寸分布生长前后发生剧烈变化，结果造成晶粒尺寸分布不均一，产生双峰式分布。这种情况下，颗粒尺寸分布与时间有关。如果时间延长，生长的大晶粒互相接触，有可能回到正常分布，如图8.12所示异常晶粒生长。

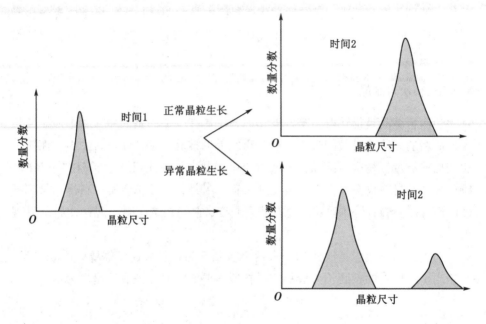

图 8.12　颗粒尺寸分布

8.4.3　致密多晶固体中正常晶粒长大

当进入中、后期，随着烧结的进行，细小晶粒开始逐渐长大，晶粒正常生长过程中有一部分晶粒的尺寸缩小或消失，造成陶瓷组织中平均晶粒尺寸增加。

8.4.3.1　Burke 和 Turnbull 模型

晶界相对于晶体晶粒具有较高的能量，所以晶粒长大的推动力是晶界过剩的自由能，晶界两侧物质的自由焓之差是使界面向曲率中心移动的驱动力。如图8.13(a)所示，A，B两个晶粒之间是具有一定曲率的弯曲晶界。其中A晶粒

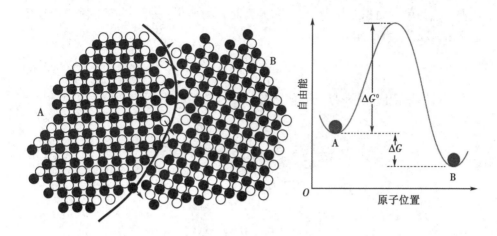

（a）晶界结构原子模型　　　　　　　（b）晶界迁移势垒

图 8.13　两个晶粒 A 和 B 之间的晶界结构原子模型和晶界迁移势垒

晶界面呈凸形，B 晶粒晶界面呈凹形。弯曲晶界两侧原子的化学势不同，其中曲率较大的 A 晶粒中的原子自由能高于曲率较小的 B 晶粒中的原子，结果引起 A 晶粒中原子向 B 晶粒中迁移。随着这种位置迁移的不断进行，A 与 B 之间的晶界不断向 A 晶粒的曲率中心移动，导致 B 晶粒长大而 A 晶粒减小，直到 A 和 B 晶粒间晶界平直化，晶界两侧的自由能相等，晶粒生长也停止。因为晶粒平均尺寸生长，晶粒整体的界面面积减小，伴随着总晶界面积减小，系统自由能降低，如图 8.13（b）所示。这里，晶界迁移速率代表晶粒生长速率，并且晶粒长大代表整个多晶固体的平均行为。另外，假设晶界能 γ_{gb} 各向同性，晶界宽度 δ_{gb} 保持不变。

　　按照 Burke 和 Turnbull 提出的致密多晶体固体中正常晶粒长大的理论模型，在晶界两侧压力差的驱动力或者跨过晶界的化学势梯度作用下，原子传输穿过晶界而使晶粒长大。假设晶界迁移平均速率或晶界速率 V_b 近似等于晶粒长大速率，则

$$V_b \approx \frac{\mathrm{d}G}{\mathrm{d}t} \tag{8.21a}$$

其中，G 为平均晶粒尺寸。已知 V_b 是晶界迁移驱动力 F_b 和晶界迁移率 M_o 的乘积，即

$$V_b = M_o F_b \tag{8.21b}$$

通过 Young-Laplace 公式确定跨晶界的压力差：

$$\Delta p = \gamma_{gb}\left(\frac{1}{r_1} + \frac{1}{r_2}\right) \tag{8.21c}$$

其中，γ_{gb} 为单位面积的晶界能；r_1 和 r_2 为晶界的两个主曲率半径，因为半径值正比于晶粒尺寸 G，则

$$\frac{1}{r_1} + \frac{1}{r_2} = \frac{\alpha}{G} \tag{8.21d}$$

其中，α 为决定于晶界形状的几何常数。穿过晶界的原子扩散驱动力等于化学势差，则

$$F_b = \frac{d\mu}{dx} = \frac{d}{dx}(\Omega \Delta p) = \frac{1}{\delta_{gb}} \frac{\Omega \gamma_{gb} \alpha}{G} \tag{8.21e}$$

其中，Ω 为原子体积，而且 dx 等于晶界宽度 δ_{gb}，穿过晶界的原子流量为

$$J = \frac{D_a}{\Omega kT} \frac{d\mu}{dx} = \frac{D_a}{\Omega kT} \frac{\Omega \gamma_{gb} \alpha}{\delta_{gb} G} \tag{8.21f}$$

其中，D_a 为原子迁移穿过晶界时的扩散系数，晶界迁移速率近似为

$$V_b \approx \frac{dG}{dt} = \Omega J = \frac{D_a}{kT} \frac{\Omega}{\delta_{gb}} \frac{\alpha \gamma_{gb}}{G} \tag{8.21g}$$

因为跨晶界压力差（$\Delta p = \alpha \gamma_{gb} / G$）等于驱动力（$F_b$），则 V_b 为

$$V_b \approx \frac{dG}{dt} = M_o \frac{\alpha \gamma_{gb}}{G} \tag{8.21h}$$

比较式（8.21h）和式（8.21b）得晶界迁移率 M_o 为

$$M_o = \frac{D_a}{kT} \frac{\Omega}{\delta_{gb}} \tag{8.21i}$$

积分式（8.21h），得

$$G^2 - G_0^2 = Kt \tag{8.21j}$$

其中，G_0 为初始晶粒尺寸（在 $t=0$ 时，$G=G_0$）；K 为与温度有关的长大因子，$K = 2\alpha \gamma_{gb} M_o$。

式（8.21j）是晶体正常生长抛物线定律。晶界迁移率 M_o 决定于原子跳跃跨过晶界的扩散系数 D_a，即本征晶界迁移率。在离子晶体中阳、阴离子都可以发生扩散，D_a 代表速率控制物质或者扩散速率最慢物质的扩散系数。在陶瓷材料中，实际测定的晶界迁移率很少如式（8.21i）给定的 M_b 那样高，因为陶瓷中往往存在溶质偏聚、沉积物、气孔和玻璃薄膜等，它们都会对晶界施加拖曳作用力。

8.4.3.2 平均场理论

Hellert 提出了有关晶粒生长的平均场理论。该方法考察嵌于基体材料中一个单个晶粒的尺寸变化，用它代表所有晶体颗粒的平均尺寸变化。首先选择一个半径为 r 的晶粒，其长大速率的公式为

$$\frac{\mathrm{d}r}{\mathrm{d}t} = \alpha_1 \gamma_{\mathrm{gb}} M_{\mathrm{o}} \left(\frac{1}{r^*} - \frac{1}{r} \right) \tag{8.22a}$$

其中，α_1 为几何因子，二维条件下等于 $1/2$，三维条件下等于 1；r 为二维圆形或者三维球体的半径；r^* 为临界晶粒半径。

式（8.22a）与界面反应控制的 Ostwald 粗化中晶粒的平均尺寸变化速率形式相同。最后推导出临界晶粒半径的变化速率公式：

$$\frac{\mathrm{d}\,(r^*)^2}{\mathrm{d}t} = \frac{1}{2} \alpha_1 \gamma_{\mathrm{gb}} M_{\mathrm{o}} \tag{8.22b}$$

假设式（8.22b）右侧中各项参数不随温度变化，积分后得到与 Burke 和 Turnbull 模型相近的抛物线型晶粒生长动力学关系。

目前，尽管人们提出许多不同的假设，但是正常晶粒长大速率的理论预测都有类似的抛物线规律。有时多晶致密固体中正常晶粒长大也被看作晶界控制的 Ostwald 粗化的一个特例。实际烧结结果说明多晶固体的晶粒生长数据并不完全服从理论预测的抛物线规律，更普遍的晶粒长大方程式一般写成

$$G^m - G_0^m = Kt \tag{8.23}$$

其中，指数 m 为 $2\sim4$，一般对陶瓷材料 $m=3$。数值偏离 2 时常被解释为存在一些其他的作用因素，例如晶界偏聚了杂质。但是高纯度、区域熔炼的金属晶界生长动力学也发现有偏离 $m=2$，解释是第二相颗粒和晶界能各向异性的影响。

烧结后的致密陶瓷主要由多晶颗粒聚集组成，稳定的晶粒或晶界需要满足一定相界能要求。如图 8.14 所示，在一个多晶固体组织的二维截面上，当晶粒

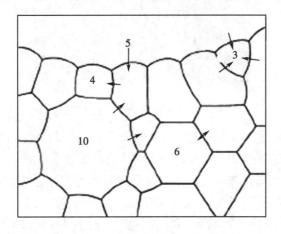

图 8.14　多晶体中晶粒长大示意图

之间界面能相等时，满足晶界上表面张力平衡的要求，结果是在二维晶粒组织中三条晶界汇合点处为 120°，每个晶粒应该成正六边形，并且晶界平直。实际

多晶系统中，多数晶粒间的界面能不相等，造成晶粒之间的晶界都有一定曲率。在二维截面上晶界边数大于六的多面体，晶界是向外弯曲的凹面，而少于六边形时，则是向外凸界面。由于晶界趋于向凸面曲率中心移动，故小于六条边的晶粒缩小甚至消失，而大于六条边的晶粒长大，结果是平均粒径增大。

8.4.4　晶粒异常长大

在烧结陶瓷的多晶微观组织中有时可以观察到基底中存在个别的粗大晶粒，这类大尺寸晶粒是异常生长的结果。图 8.15 中细晶粒 Al_2O_3 基底上有几个大尺寸单晶 Al_2O_3 晶粒。当发生晶粒异常长大时，大晶粒相对于周围细小晶粒有更快的生长速率，结果造成晶粒尺寸分布不均一。因为部分晶界移动速率很快，晶界上的气孔进入晶粒内部，成为不易排除的孤立闭气孔，这使烧结速率降低甚至停止。因为小气孔中气体的压力大，它可能迁移扩散到气压较低的大气孔中去，使晶界上的气孔随晶粒长大而变大。存在粗大晶粒不能获得高致密组织，对材料性能也有不利影响。

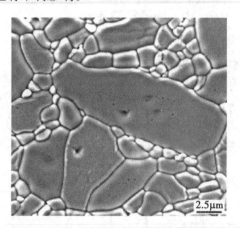

图 8.15　氧化铝陶瓷中晶粒异常生长

从理论上讲，晶粒发生异常生长的驱动力仍然是晶界过剩界面能。小颗粒的曲率半径小、表面能高，相邻近的大尺寸晶粒的表面能较低。在表面能推动下，大晶粒晶界向着曲率半径较小的晶粒中心移动，造成大晶粒进一步长大而小晶粒消失。当坯体中有若干大晶粒存在时，其作用类似于金属中二次再结晶的晶核。晶界可以越过杂质或气孔不断地向邻近小晶粒的曲率中心迁移。随着晶粒的进一步生长，增大了的晶界曲率，使生长过程不断加速，直到大晶粒的边界相互接触为止。

利用初始材料中晶粒尺寸分布可以说明异常晶粒长大过程。按照 Hillert 的分析结论，正常晶粒尺寸分布存在一个极限晶粒长大尺寸。当一个晶粒大于平均晶粒尺寸 2 倍时，就会超过临界晶粒稳定值而发生异常长大。但是，也有理论分析提出，在细晶粒基体组织中大尺寸晶粒并没有发生异常生长或逃逸式晶粒长大。利用蒙特卡洛方法模拟二维的细晶粒基体中大颗粒生长时，发现具有均匀晶界能和晶界迁移率的各向同性材料中，虽然确实存在大尺寸颗粒长大，但是并没有脱离正常的晶粒生长。相对于大尺寸晶粒，正常晶粒可以以较快的速率长大，最后晶粒组织能够重回正常尺寸分布。

另外，从显微组织角度分析细晶粒基底中大尺寸晶粒生长规律，设大尺寸晶粒半径为 r，其正常的生长速率可以表示为

$$\frac{dr}{dt} = 2M_o\gamma_{gb}\left(\frac{1}{r^*} - \frac{1}{r}\right) \tag{8.24a}$$

其中，r^* 为不发生长大和收缩的稳定晶粒的临界半径，则大尺寸颗粒相对生长速率为

$$\frac{d}{dt}\left(\frac{r}{r^*}\right) = \frac{1}{(r^*)^2}\left(r^*\frac{dr}{dt} - r\frac{dr^*}{dt}\right) \tag{8.24b}$$

因为材料组织中正常生长晶粒数目远远大于异常生长晶粒数目，稳定晶粒生长速率表示为

$$\frac{dr^*}{dt} = \frac{M_o\gamma_{gb}}{2r^*} \tag{8.24c}$$

将式（8.24a）和式（8.24c）代入式（8.24b），得

$$\frac{d}{dt}\left(\frac{r}{r^*}\right) = -\frac{M_o\gamma_{gb}}{2rr^*}\left(\frac{r}{r^*} - 2\right)^2 \tag{8.24d}$$

式（8.24d）表明，除了 $r=r^*$ 时之外，大尺寸晶粒的相对生长速率一直是负值。所以异常晶粒（$r>r^*$）不会超过正常晶粒分布，而是达到 $2r^*$ 上限时重新回到正常分布。当然，晶粒的形状不规则和大小不均匀，在重回正常晶粒分布后，它们的尺寸不一定绝对地等于 $2r^*$，但最终它们会不断降低尺寸差值，并逐渐回到正常分布。因此对于各向同性材料，单独的尺寸差别不足以引起晶粒异常生长。

有些情况下晶界性质发生改变可以引起晶界快速移动。首先是晶界的结构和位向。当两个晶粒只有轻微的相对位向差，这类特殊或小角度晶界比普通大角度晶界的能量低。物质会从周围晶粒向着低能量晶界上传输而造成异常晶粒生长。其次，一般的低能量晶界具有低迁移率，所以垂直于低能晶界的方向上生长速率慢，平行的生长速率高，由此产生晶体各向异性和异常生长。

不同类型晶界上的掺杂和杂质择优偏聚也会改变晶界相对迁移速率和能量。将 MgO 掺入 Al_2O_3 陶瓷中，MgO 可能抑制异常晶粒生长作用。其中单独添

加的 MgO 最重要的作用是降低晶界迁移率，同时 MgO 在降低表面能和晶界能及迁移率的各向异性方面也起重要作用。另外，有些物相可能在一些特殊类型晶界上发生择优偏聚，进而改变晶界能和迁移率或者选择性润湿特定晶界，例如 TiO_2 掺杂 Al_2O_3 可以增强晶粒各向异性异常生长。

晶界移动时释放出溶质、第二相颗粒和气孔也会造成晶界迁移速率快速增加，因此引起异常晶粒长大。液相也是引起异常长大的一个关键因素，在晶界上形成液相膜能够显著提高晶界迁移率。在 Al_2O_3 陶瓷中经常存在少量 SiO_2 杂质，在高温与其他杂质一起可能形成液相。实验已经观察到液相能选择性润湿低能量晶界，少部分类型的晶界没有发生润湿。润湿与没有润湿的晶界之间存在迁移率的速率差，这可能是造成晶粒异常生长的原因。微观组织中物理与化学的不均匀性（例如颗粒不均匀堆积以及溶质和第二相颗粒不均匀分布等）会造成局部微观组织变化，也是异常生长的一个主要原因。因此，局部组织变化引起晶界迁移率和能量不均匀等可以诱发晶粒异常生长。

陶瓷烧结致密化过程中往往需要抑制组织中的异常晶粒生长。但是异常晶粒生长不是在所有情况下都是有害的。甚至有时在一些陶瓷加工处理中需要可控制的异常晶粒生长。例如在细晶粒多晶陶瓷系统中，置入一个很大晶粒作为籽晶，借助单个晶粒快速生长的方法制造单晶铁氧体。

8.4.5　晶界迁移控制

在单相固体中，正常晶粒生长时晶界迁移率 M_o（或本征晶界迁移率）由跨过晶界的原子扩散所控制。陶瓷中常常存在杂质、掺杂、第二相细颗粒和气孔，在 Burke 和 Turnbull 的理论中，假设它们对原子扩散速率没有影响，忽略其对晶界迁移率的作用。但是，在实际陶瓷致密化过程中，晶粒晶界的迁移率明显低于正常生长时本征晶界迁移率理论值。掺杂或第二相沉积颗粒是控制晶界迁移率 M_o 的关键因素。

当固体材料中随机分散细小的不可溶、不可移动的第二相颗粒时，晶界移动通过夹杂物后，晶界能被降低，界面变得平直，晶粒生长逐渐停止。

8.4.5.1　第二相细颗粒

Zener 首先提出了细颗粒抑制晶粒生长的定量模型。假设在多晶固体中沉积有球形、单一尺寸、不溶、固定不动且随机分布的第二相颗粒，弯曲晶界的主曲率半径分别为 ρ_1 和 ρ_2，则单位面积晶界受到的扩散驱动力是

$$F_b = \gamma_{gb}\left(\frac{1}{\rho_1} + \frac{1}{\rho_2}\right) \tag{8.25a}$$

假设 ρ_1 和 ρ_2 正比于晶粒尺寸 G，则有

$$F_b = \frac{\alpha\,\gamma_{gb}}{G} \qquad\qquad (8.25b)$$

其中，α 为几何形状因子，对于球形颗粒 $\alpha = 2$。当晶界与沉积物交汇时，其进一步移动受阻，会在晶界上形成一个凹坑。与不存在第二相沉积物的晶界比较，晶界移动相同的距离必须作出额外功。此额外功在形式上表现为对晶界运动阻力。当作用在晶界上的最大阻力等于晶界迁移驱动力时，晶界移动就会停止，这时的晶粒尺寸为

$$G_L = \frac{2\alpha}{3}\frac{r}{f} \qquad\qquad (8.25c)$$

其中，G_L 为极限晶粒尺寸；r 为沉积物半径；f 为沉积物体积分数。式(8.25c)即 Zener 公式。Zener 关系说明晶粒生长存在一定极限尺寸，极限尺寸大小正比于沉积物尺寸，反比于沉积物的体积分数。

在实际烧结组织中可能很难达到极限晶粒尺寸，但如果达到这个极限晶粒尺寸，只有出现在如下几个情况时晶粒才会进一步生长：① 沉积物通过 Ostwald 过程发生粗化；② 沉积物溶入基体成固溶体；③ 发生异常长大。虽然后来有若干研究对 Zener 关系进行了修正，但使用的方法基本相同而且修正的公式没有改变 G_L 和 f 的关系。

8.4.5.2　溶质拖曳模型

存在少量溶质的多晶固溶体材料中，溶质与溶剂离子尺寸不匹配引起的点阵应变能以及异价溶质引起的静电势能，会使溶质与晶界产生相互作用。造成的结果是溶质或掺杂原子、离子被吸引到晶界附近，而且在晶界上的溶质离子趋于不均匀分布。

如果晶界固定不动，溶质离子的浓度分布是对称的，见图 8.16(a)。在晶粒晶界两侧的溶质离子对晶界作用相平衡，所以溶质对晶界的净作用力等于 0。如果晶界开始移动，因为溶质离子穿过晶界的扩散率与基质中的离子不同，将造成溶质浓度分布不对称，如图 8.16(b)所示，溶质不对称分布对晶界产生拖曳力，减小了晶界运动的驱动力。如果晶界运动的驱动力足够大，晶界会摆脱溶质高浓度区域，如图 8.16(c)所示。此后晶界迁移率 M_b 按照正常晶粒生长方式移动。

Cahn 提出定量化和精确程度较高的溶质拖曳控制晶界移动模型，其最大优点是将晶界迁移率与移动过程的物理参数直接联系起来。模型主要分析了晶界按照一维方向上运动情况，假设条件是：① 溶质浓度(C)十分低，可以用基体原子的分数表示，所以溶质的化学势为 $\mu = \mu_0 + kT\ln C$；② 溶质原子与晶界之间存在一个互作用势能 U，其与晶界移动速率和掺杂浓度无关，仅是一个跟晶界

距离 x 有关的函数；③ 迁移服从 Einstein 公式：$M_b = D/kT$，M_b 为迁移率，D 为扩散系数；④ 符合稳态条件，晶界移动速率 V_b 恒定。

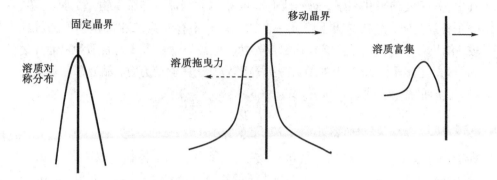

（a）晶界静止时掺杂对称分布　　　（b）晶界移动杂质分布不再对称，　　（c）晶界脱离杂质留下掺杂
　　　　　　　　　　　　　　　　　对晶界产生拖曳　　　　　　　　　组分富集区

图 8.16　在晶界上偏聚的杂质拖曳效果示意图

根据提出的假设，晶界附近区域的溶质原子化学势为

$$\mu = kT\ln C(x) + U(x) + U_0 \tag{8.26a}$$

其中，$C(x)$ 和 $U(x)$ 为 x 的函数；U_0 为常数，且 $U(\infty) = 0$。在稳态条件下，溶质成分分布满足方程

$$\frac{dC}{dt} = -V_b \frac{dC}{dx} \tag{8.26b}$$

按照原子扩散流量公式，溶质原子的扩散流量为

$$J = -\frac{D_b C}{\Omega kT} \frac{d\mu}{dx} \tag{8.26c}$$

其中，D_b 为溶质原子跨过晶界的扩散系数；Ω 为溶质原子体积，C 为浓度。结合式（8.26a）到式（8.26c），扩散流量表示为

$$J = -\frac{D_b}{\Omega} \frac{dC}{dx} + \frac{D_b C}{\Omega kT} \frac{dU}{dx} \tag{8.26d}$$

溶质的浓度分布可以通过连续方程计算：

$$\frac{dJ}{dx} + \frac{1}{\Omega} \frac{dC}{dt} = 0 \tag{8.26e}$$

其边界条件是：$\frac{dC}{dx} = 0$ 时，$\frac{dU}{dx} = 0$；$X = \infty$ 时，$C(x) = C_\infty$。C_∞ 可看作晶粒浓度，则 $C(x)$ 必须满足：

$$D_b \frac{dC}{dx} + \frac{D_b C}{kT} \frac{dU}{dx} + V_b(C - C_\infty) = 0 \tag{8.26f}$$

一个溶质原子在晶界上施加作用力为 $\dfrac{-\mathrm{d}U}{\mathrm{d}x}$，则所有溶质原子施加的作用力等于

$$F'_b = -N_V \int_{-\infty}^{+\infty} (C(x) - C_\infty) \frac{\mathrm{d}U}{\mathrm{d}x} \mathrm{d}x \qquad (8.26\text{g})$$

其中，N_V 为单位体积基质原子数。将满足式(8.26f)的 $C(x)$ 代入式(8.26g)中计算作用力 F'_b。得到对高、低晶界移动速率都有效的近似解：

$$F'_b = \frac{\alpha C_\infty V_b}{1 + \beta^2 V_b^2} \qquad (8.26\text{h})$$

其中：

$$\alpha = 4 N_V kT \int_{-\infty}^{+\infty} \frac{\sinh^2\left(\dfrac{U(x)}{2kT}\right)}{D_b(x)} \mathrm{d}x \qquad (8.26\text{i})$$

及

$$\frac{\alpha}{\beta^2} = \frac{N_V}{kT} \int_{-\infty}^{+\infty} \left(\frac{\mathrm{d}U}{\mathrm{d}x}\right)^2 D_b(x)\, \mathrm{d}x \qquad (8.26\text{j})$$

上面公式中，α 是在低的晶界移动速率区间范围内，单位速率和单位掺杂浓度下的溶质拖曳力；$1/\beta$ 是溶质原子跃过晶界时的移动速率。

作用在晶界的全部拖曳力是本征拖力 F_b 和溶质原子拖力 F'_b 的和，即

$$F = F_b + F'_b = \frac{V_b}{M_o} + \frac{\alpha C_\infty V_b}{1 + \beta^2 V_b^2} \qquad (8.26\text{k})$$

其中，M_o 为正常晶粒生长模型中确定的本征晶界迁移率。在低晶界移动速率区间范围内，$\beta^2 V_b{}^2$ 项可以忽略，所以有

$$V_b = \frac{F}{\dfrac{1}{M_o} + \alpha C_\infty} \qquad (8.26\text{l})$$

初始时，表示溶质拖曳力作用下晶界迁移率的斜率(M_b)是恒定的，随着晶界移动速率降低，晶界连续地摆脱溶质并且可以在足够高速率时脱离溶质富集区域，之后以本征速率移动。如图 8.17 所示为晶界移动速率与驱动力的理论关系。在一定驱动力作用范围内，存在从溶质拖曳限定的速率到本征速率的过渡区。实际观察表明，晶界的移动速率往往是不均匀的，在溶质拖曳与本征移动区间有过渡态。

根据式(8.26l)，晶界迁移率等于 $\dfrac{V_b}{F}$，它包括本征作用下 M_o 迁移率和外加溶质拖曳力作用下迁移率 M_b 两部分

$$M'_b = \left(\frac{1}{M_o} + \frac{1}{M_b} \right)^{-1} \tag{8.26m}$$

其中，$M_b = \frac{1}{\alpha C_\infty}$。偏聚到晶界和晶界中心溶质的贡献了大部分拖曳效果，α 可以近似为

$$\alpha = \frac{4N_V kT \delta_{gb} Q}{D_b} \tag{8.26n}$$

其中，Q 为溶质在晶界区域与晶粒体内之间的分配系数（>1），则在晶界区域溶质浓度是 QC_∞。所以溶质拖曳造成的晶界迁移率是

$$M_b = \frac{D_b}{4N_V kT \delta_{gb} Q C_\infty} \tag{8.26o}$$

根据式（8.26o），当晶界扩散系数 D_b 较低，以及偏聚在晶界附近的溶质浓度 QC_∞ 较高时，掺杂溶质对于降低晶界迁移率是最有效的。有些材料中的晶界迁移率与这个预测相同，例如在 Al_2O_3 陶瓷中掺杂 MgO 以及 Y_2O_3 陶瓷中掺杂 ThO_2 等可以有效抑制晶粒生长。

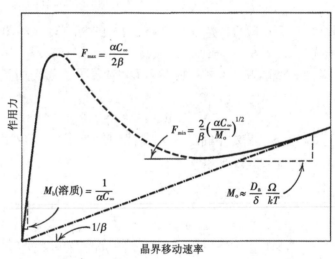

图 8.17　晶界移动时作用力与速率的关系（斜率代表晶界迁移率的倒数 M_o^{-1}）

8.5　液相烧结

8.5.1　液相烧结现象

由于初始粉体材料中经常存在杂质或者烧结助剂，陶瓷材料在烧结过程中形成液相是比较普遍的。一些陶瓷材料在普通烧结过程中也可能产生液相，例如 Al_2O_3 陶瓷在高温固相烧结过程中可能产生液态硅酸盐相，只是形成的液相量很小，难以测定。

液相烧结是有液相参与的烧结过程。陶瓷致密化处理时经常使用液相烧结，这样可以降低陶瓷烧结温度、提高烧结速率、加速晶粒生长或产生特殊的晶界性能。液相烧结的驱动力仍然是粉体表面能。但是，相对于固相烧结，在液相中流动传质比扩散传质快；液相烧结初期，与外加压力大小相当的液体毛细管力可以帮助粉体颗粒重排和互相吸引；通过溶解-传输-沉积过程能够显著提高物质传输速率，所以液相烧结致密化速率快于固相烧结。

液相烧结尤其适于较难固相烧结致密化的共价键陶瓷，例如 Si_3N_4 和 SiC 等陶瓷。对于熔点温度很高的陶瓷材料，有时烧结温度需要达到其熔点的 90% 甚至更高。降低这些高熔点陶瓷烧结温度的一个有效方法是添加烧结助剂，以在较低温度形成液相。但是液相烧结的一个缺点是促进烧结的液相往往成为晶粒间玻璃相，降低高温力学性能如高温蠕变和抗疲劳。因此，液相以及冷却后产生的固体相的分布对获得符合性能要求的烧结制品十分关键。

与液相烧结联系密切的工艺是活化烧结，一般活化烧结时少量助剂偏聚在晶界上可以显著提高沿着晶界的物质传输速率，在远远低于材料液相形成的温度前提下加速致密化。但是除了助剂数量相当少以至于很难看到液化晶界膜，许多烧结材料中活化烧结与液相烧结没有原则上区别。如果液相量充足（体积分数 25%~30%），固体颗粒重排结合液体流动可以实现烧结材料完全致密化。这些体积分数高的液相烧结主要用于传统陶瓷例如黏土类陶瓷和耐火材料、碳化物。传统陶瓷中的液相主要是熔化的硅酸盐，冷却后保持为玻璃相。因为液相烧结过程的速率与液相数量、液相黏度和表面张力、液相和固相润湿情况、固相在液相中的溶解度等有密切关系，所以它比固相烧结的过程与机制复杂。

8.5.2　液相烧结中毛细管力

液相烧结时能够促进致密化的液相一般需要满足充分润湿固相、固相对液相具有相当的溶解度、液相的黏度系数小、具有适当量的液相等几个前提。首先，产生的液相能充分润湿固体颗粒，并在固体颗粒之间形成毛细吸引力。固体颗粒间产生的吸引力来自两个方面：弯曲曲率造成的液体表面压力差以及垂直于两个表面的液-气表面能（γ_{lv}），如图 8.18 所示。两个固体平板之间的固体圆柱的半径是 x，加热圆柱发生熔化。假设存在如下 3 种情况：

① 接触角小于 90°，如图 8.18(a) 所示。液相充分润湿并沿着固体表面铺展，在两个作用力下拉近平板。一个源自负曲率半月面上的负压，$F_{吸} = \pi x^2 \Delta P$，ΔP 是弯曲表面两侧的压力差，$\Delta P = -\gamma_{lv}/\rho_2$，其中 ρ_2 是弯曲面的曲率半径。另一个是垂直于两个平板的吸引力 $F'_{吸} = -2\pi x \gamma_{lv} \sin\theta$。除了接触角是 90°，一般第二个作用力较小。

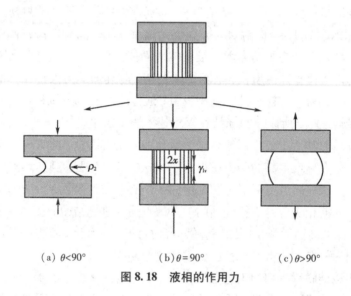

(a) $\theta < 90°$　　　　(b) $\theta = 90°$　　　　(c) $\theta > 90°$

图 8.18　液相的作用力

② 接触角等于 90°，如图 8.18(b) 所示。假设加热时圆柱保持形状不变，随着固体熔化，表面张力 γ_{lv} 会对平板产生吸引力（$F_{吸} = -2\pi x \gamma_{lv}$）。同时，因为圆柱曲率半径的作用会产生一个正压力 $\Delta P = \gamma_{lv}/x$，其在柱内产生对平板排斥力 $F_{排} = \pi x^2 (\gamma_{lv}/x) = \pi x \gamma_{lv}$，最终作用在两侧平板上的是净吸引力，$F_{净吸} = -\pi x \gamma_{lv}$。

③ 接触角大于 90°，如图 8.18(c) 所示。液相膨胀对平板产生排斥力，因此液相烧结时需要液相能够润湿固体颗粒。

从另一个角度分析，液相烧结时气孔内的负压能够把液相吸进气孔，也拉近了固体颗粒的距离。液相烧结时气孔的尺寸级别一般在 0.1~1μm，如果液体的表面张力 γ_{lv} 是 1J/m²，则作用在颗粒间的压应力达到 1~10MPa。此应力能够极大增强液相中扩散速率，加速致密化。

8.5.3　液相烧结过程与机制

多数液相烧结需要液体能够润湿并少量溶解固体，同时要求固体颗粒与液体成分之间的化学反应程度较弱。因此固-液界面能对烧结速率起到关键作用。一般把液相烧结看作一系列连续的不同致密化机制主导的阶段。当液相体积分数高时，单独的颗粒重排就可以实现完全致密化。但实际烧结过程中，多数陶瓷材料中的液相含量低，需要溶解-沉积以及最后烧结阶段实现进一步致密化。总体上，依据液相烧结中发生的现象，液相烧结过程也可以粗略地分为 3 个互相交叠的阶段，如图 8.19 所示。

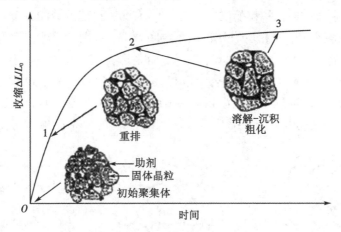

图 8.19　液相烧结的 3 个阶段

每个阶段对致密化的影响程度取决于液相体积分数，所以存在许多不同的变化。下面详细说明不同阶段的烧结特点与机制。

8.5.3.1　阶段 1：液相再分布与颗粒重排

烧结开始时产生的液相不多，润湿性良好的液相在固体颗粒表面形成液膜，并且在互相接触的颗粒之间形成颈部。高弯曲率的液膜颈部产生的毛细压力促进颗粒靠近或收缩。如果液相量继续增加（体积分数约 30%）且液相黏度很低时，颗粒间摩擦阻力大大减小。细颗粒粉末在液相烧结中产生较大的毛细管压力，很容易造成颗粒发生相对移动，颗粒快速重排同时逐渐紧密排列。伴随着颗粒重排，还可能存在另一个现象，即在毛细管压力梯度作用下，液体从大孔区域流向小孔区域，使液相重新分布。

（1）液相再分布

实验观测到液相烧结过程中液相可以发生再次分布。在细 W 粉中混合少量粗颗粒 Ni 进行液相烧结时，在微观组织内按照从小到大的顺序连续填充气孔现象。Shaw 采用二维圆形颗粒模型定量说明液相再分布。提出在组织达到平衡时，固体颗粒阵列的所有气孔中液相的化学势相等，依据这个假设确定了不同的颗粒排布中液相的平衡分布。

烧结材料组织中，液-气弯月面的曲率半径为 r，在表面下方的每个原子的化学势为

$$\mu = \mu_0 + \frac{\gamma_{lv}\Omega}{r} \tag{8.27}$$

其中，μ_0 为原子在平表面下化学势；γ_{lv} 为液-气表面能；Ω 为原子体积。

化学势相等也相当于液相弯曲面的曲率半径相等。在一个不产生收缩的颗粒规则排布阵列（如三颗粒配位的气孔）中，有两种可能的液相分布方式。在液相体积分数较小时，液相均匀分布在颗粒间颈部，见图 8.20(a)。当体积分数增大时，液相不是均匀地填充每个气孔，而是选择完全填充一定比例的气孔，一直到某个临界体积分数，而剩余液相会孤立地分布在其他颈部位置，如图 8.20(b) 所示。改变这个区域液相量，颈部的液相量不受影响，只改变被液相完全填充的气孔比例。如果提高固-液接触角，均匀分布在颈部的液体体积分数会降低。

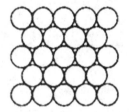 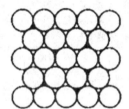 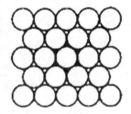

(a)液相填充孤立的颈部　　(b)部分气孔完全被液相填充　　(c)与(b)相同但是液相分布不均一

图 8.20　在密排颗粒阵列中液相平衡分布

初始分布不均匀的液相在二维颗粒排列中的重新分布方式不同。第一种是液相含量低、液相处在孤立颈部时，总有一个作用力驱动液相本身重新均匀分布。第二种方式是一定适当比例的气孔被完全填充后，如果形成如图 8.20(c) 所示的不均匀分布，液相再分布就失去了驱动力。

图 8.21 所示为一个带有三重和六重颗粒配位气孔的圆形阵列组成模型。这种颗粒几何排布更接近实际不均匀粉体堆积系统中的液相再分布情况。同样，在液相体积分数低时，液相仅仅处于颗粒之间的孤立颈部。

从能量高低角度分析，当液相体积分数增加时，先填充三重颗粒配位气孔比连续填充颗粒间颈部更有利。这时颈部之间的液相量保持不变，增加的液相

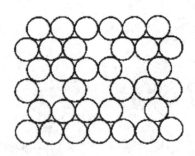

图 8.21　具有三重和六重配位孔的颗粒二维排布示意图

进入三重配位气孔。当所有三重配位气孔被填充满，增加的液相继续填充包围六重颗粒配位气孔的颈部，直到最后六重配位气孔被完全填充满。

所以，液相是按照一定顺序填充气孔的。在更复杂气孔尺寸分布的压坯中，气孔填充也采取相同的顺序。首先具有最小颗粒配位数的气孔将被填充，因为这类气孔具有最高的表面积/体积比，填充一定量的液相可以减少固-气界面的面积。如果液相量足够多，高颗粒配位数的气孔才开始被填充。但是有时液相填充气孔时会引起渗透现象，液相也可能不会完全填充所有小气孔。可能当大气孔开始填充时，也有一些小气孔还是空的。

液相烧结时同样存在固相烧结中初始粉体压坯均匀性问题。液相烧结同样需要初始颗粒分布均匀、气孔尺寸分布窄且均匀。主要成分和助剂混合良好，可以使形成的液相均匀分布，不均匀坯体会造成气孔在烧结过程中按顺序填充，较大的气孔在烧结后期才被填充。因此产生液相成分富集的区域。不均匀混合同样引起不均匀液相分布，这样会失去液相再分布的驱动力。另外，较大尺寸的助剂颗粒造成液相会留下大的气孔。当颗粒熔化时，液相也会侵蚀小颗粒，在颗粒表面预先涂液相形成助剂可以提高成分均匀性。

（2）颗粒重排

液相形成后，初始固体颗粒仅几分钟即可完成快速重排。重排能使润湿固体初步致密化，同时影响烧结坯体的微观组织结构，以及后面进一步的致密化和组织演变。对于颗粒重排已经有一些理论说明与实验研究，但是对陶瓷烧结中的颗粒重排过程的认识还比较有限。

在多晶颗粒坯体中，颗粒重排过程可以分两个步骤：初步重排和第二次重排。初步重排是液相形成之后不久，多晶颗粒在液态桥的表面张力作用下快速重排。如果 $\gamma_{SS}/\gamma_{SL}>2$，液相可以向多晶颗粒间的界面渗透，产生多晶颗粒团聚体。第二次重排是这些团聚状颗粒重排。由于受控于界面溶解消失的速率，因此第二次重排比第一次慢很多。如图 8.22 所示为两种重排过程。

液相形成后，颗粒重排阶段的收缩或致密化速率很快，它是液体烧结中最

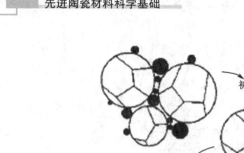

初次重排

液相渗透
及团块聚集

二次重排布

图 8.22　多晶颗粒及其团块的重新排布

短的阶段。根据表面应力驱动力与抵制颗粒重排的黏性应力平衡的原则，Kingery
推导出收缩率与时间的经验性关系为

$$\frac{\Delta L}{L_0} = \frac{1}{3}\frac{\Delta V}{V_0} \propto t^{1+x} \tag{8.28}$$

其中，$\frac{\Delta L}{L_0}$ 为线收缩率；$\frac{\Delta V}{V_0}$ 为体积收缩率；t 为时间；$1+x$ 为略大于 1 的值。

　　总体上式（8.28）是合理的，但是与实际烧结数据比较还有一定差别。随着
重排的进行，气孔逐渐排除，烧结体黏度提高将使致密化速率降低。颗粒重排
对坯体致密度的影响取决于液体的数量。液体数量少，则液体既不能完全包裹
颗粒，也不能充分填充颗粒间空隙。当液体从一个地方流到另一地方后，就会
在原来的地方留下空隙，这时虽能产生颗粒重排，但无法消除气孔。理论上，
液相量很少时，重排产生致密堆积是可能的。但是实践中发现在液相较少（体
积分数小于 2%~3%）时，颗粒重排困难，尤其是固体颗粒呈不规则形状时。

　　如果存在足够多液相，单独重排可以实现完全致密化，出现这种情况所需
固体和液体的相对数量决定于粉体固体的重排密度。单纯依靠颗粒重排完成致
密化至少需要约占总体积 35% 的液相量。如果液相体积分数小于 35%，则烧结
完全致密化还需要进入下一阶段，即溶解–沉积致密化过程。

8.5.3.2 阶段2：溶解-沉积

在溶解-沉积阶段，颗粒重排显著减少，溶解-沉积机制成为主导。该过程主要发生致密化和晶粒粗化。如果液相量少的话，此时可能伴随有晶粒形状调整。除了溶解-沉积之外，小晶粒接触大晶粒后的粗化也是整体粗化与晶形调整的原因。此阶段存在两种致密化模型，即接触平面化致密化和 Ostwald 熟化引起的致密化。

（1）接触平面化致密化

Kingery 首先提出了接触平面化致密化模型，如图 8.23 所示。按照此模型分析，经过重排阶段后，紧密堆积的颗粒被一层薄液膜隔开。由于润湿性液体产生的毛细管力压缩作用，在颗粒间接触点的溶解度比固体表面其他位置的溶解度高。液体膜越薄则颗粒受到的压力越大。溶解度差或者化学势差使物质溶解并扩散离开接触点，颗粒接触处的物质不断溶解的同时，在表面张力作用下，颗粒间中心距离接近，形成一个平面接触区域。随着接触区域半径增大，沿着相界面的应力降低而且致密化速率减慢。在这个过程中存在两种物质传输速率控制机制：首先，物质在液相中的扩散控制；其次，在固-液相界面上固体溶解进入液相或在固体颗粒表面沉积时的界面反应控制。整体致密化速率受其中较慢的一个机制控制。

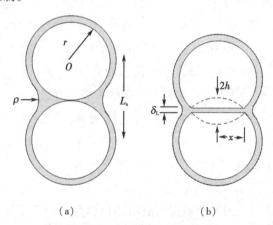

（a）　　　　　　　　（b）

图 8.23　双球接触平面化致密模型

采用两个半径 r 相同的双球颗粒模型，其几何参数与图 8.5 相同。如果两个球体沿着中心连线方向溶解掉 h 高度，形成一个半径为 x 的圆形接触面积，则

$$h \approx \frac{x^2}{2r} \tag{8.29}$$

每个球体溶解掉或排出的物质体积是 $V \approx \dfrac{\pi x^2 h}{2}$，结合式（8.29），得

$$V = \pi r h^2 \tag{8.30}$$

（2）通过液相扩散速率控制

利用 Coble 的固相烧结中期和后期的扩散流量公式。单位厚度边界扩散的流量为

$$J = 4\pi D_{\mathrm{L}} \Delta C \tag{8.31a}$$

其中，D_{L} 为溶质原子在液相中的扩散系数；ΔC 为接触面（C）和无应力平表面（C_0）之间溶质浓度差。如果液态膜厚度是 δ_L，固体溶解速率为

$$\frac{\mathrm{d}V}{\mathrm{d}t} = \delta_{\mathrm{L}} J = 4\pi D_{\mathrm{L}} \delta_{\mathrm{L}} \Delta C \tag{8.31b}$$

推导得出这一阶段的粉体坯体的线性收缩和体积收缩率为

$$-\frac{\Delta L}{L_0} = -\frac{1}{3}\frac{\Delta V}{V_0} = -\left(\frac{6k_1 D_{\mathrm{L}} \delta_{\mathrm{L}} C_0 \Omega \gamma_{\mathrm{lv}}}{k_2 kT}\right)^{1/3} r^{-\frac{3}{4}} t^{\frac{1}{3}} \tag{8.31c}$$

其中，k_1 为几何常数；k_2 为正比于球体半径（r）的恒定常数；γ_{lv} 为液-气表面张力；D_{L} 为被溶解物质在液相中扩散系数；δ_{L} 为颗粒间液膜厚度；C_0 为固相在液相中溶解度；Ω 为原子体积；r 为颗粒初始半径；t 为烧结时间。当通过液相扩散是速率控制机制时，收缩率正比于时间的 1/3 次方，反比于初始晶粒颗粒的 3/4 次方，也随着中间液态层厚度 1/3 次方而升高。

在溶解-沉积阶段，相对收缩率与时间的 1/3 次方成正比，而在颗粒重排阶段，收缩率与时间近似成一次方的关系，意味着此阶段致密化速度减慢了。但与一般固相烧结相比较，溶解-沉积阶段的扩散系数、表面张力都较大。所以此阶段还是属于液相烧结中的"加速"致密化过程。

（3）固-液相界反应的速率控制

液相烧结时，如果固体溶解进入液相的相界反应速率是速率控制机制，固体传输的体积速率正比于固-液接触面积乘以相界反应速率常数，再乘以因毛细管压力引起的固-液接触面上增加的活度，即

$$\frac{\mathrm{d}V}{\mathrm{d}t} = k_3 \pi x^2 (a - a_0) = 2\pi k_3 h r (C - C_0) \tag{8.32a}$$

其中，k_3 为反应速率常数；a 和 a_0 为活度（等于浓度）。类似上面推导扩散控制收缩率的过程，获得收缩速率为

$$-\frac{\Delta L}{L_0} = -\frac{1}{3}\frac{\Delta V}{V_0} = \left(\frac{2\,k_1\,k_3\,C_0\Omega\,\gamma_{\mathrm{lv}}}{k_2\,r^2kT}\right)^{\frac{1}{2}}t^{\frac{1}{2}} \tag{8.32b}$$

烧结收缩率正比于时间的 1/2 次方，反比于颗粒半径的平方。

（4）伴随 Ostwald 过程的致密化

当颗粒重排完成后，开始出现颗粒溶解-沉积现象。较小的颗粒在颗粒接触点产生溶解，通过液相传质在较大颗粒的自由表面上沉积。伴随溶解-沉积微观组织发生粗化和晶粒生长，实现烧结致密化。小颗粒溶解后沉积在远离接触点的大颗粒的表面上，造成大颗粒的中心距接近或收缩。液相体积分数低时伴随晶粒形状变化。在理想化模型（见图 8.24）中，这种伴随着 Ostwald 熟化的致密化过程取决于颗粒分布和许多其他因素。如果 Ostwald 熟化属于扩散控制过程，可以得到与接触平面化模型类似的结果，见式（8.33）：

$$-\frac{\Delta L}{L_0} = -\frac{1}{3}\frac{\Delta V}{V_0} = \left(\frac{48\,D_{\mathrm{L}}\,C_0\Omega\,\gamma_{\mathrm{lv}}}{r^3kT}\right)^{\frac{1}{3}}t^{\frac{1}{3}} \tag{8.33}$$

实验数据与理论预测都表明收缩率与时间成 1/3 次方关系，所以扩散是控制溶解-沉积过程的主导机制。

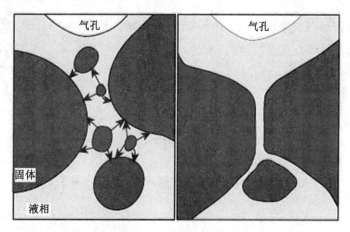

图 8.24　晶粒粗化过程

8.5.3.3　阶段 3：组织粗化

到第三阶段烧结致密化速率显著降低，固相烧结和组织粗化成为主要过程。在刚进入这个阶段时，液相中物质传输较快，溶解-沉积机制仍胜过固相扩散过程。当晶界能（γ_{ss}）/固液界面能（γ_{sl}）>2 时，晶粒被液相层完全分开，液层厚度会渐渐减小。也可能有少量液相被"挤入"气孔中。当两面角大于 0，固-固接触面增加，原来存在液相中的气孔如果被封闭在固相内则后期难于排除。

(1)液相填充气孔

刚进入第三阶段时，液相体积已经十分低，溶解-沉积和晶粒形状调整排除残余气孔的过程连续且缓慢。有时，固体晶粒组织连续地致密化可以挤压其间的液相进入气孔。当排出的液相量较多时，液相填充孤立气孔时是不连续的，而且似乎气孔的填充主要决定于晶粒长大而不是晶粒形状调整。观察发现，在气孔周围的晶粒可以沿着气孔表面侧向生长。气孔表面都是凹凸不平的，而且，物质填充气孔不是连续的。当包围气孔的颗粒半径到达一个临界值时，气孔可以被液相快速填充。

如图8.25所示，由于液相选择性润湿颗粒间颈部，大气孔始终保持不被填充。随着晶粒生长，在液-气相界半月面的曲率半径达到一个适当值(r_m)后，液相开始填充气孔。即直到晶粒生长半径增加到毛细气孔充分填充的液相半月面半径时，大气孔是稳定的，如图8.26所示。计算其中弯月面的曲率半径：

$$r_m = \frac{G}{2}\frac{1 - \cos\alpha}{\cos\alpha} \tag{8.34}$$

其中，G为球形颗粒半径；r_m为曲率半径；α为球形颗粒中心连线与颗粒表面上固-液接触点和球心点连线(球体半径)的夹角。

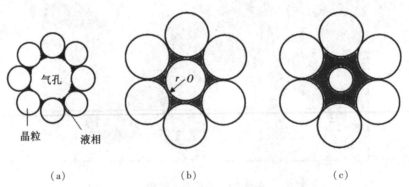

图8.25　晶粒生长过程中液相填充气孔模型

在接触角$\alpha = 0$时，液相开始填充气孔的临界点是$r_m = r$。气孔填充决定于液体半月面半径超过气孔半径，超过了这个临界点后r_m就会减小，这使得包围气孔的毛细管压下降。位于颗粒表面的弯月面内大量液相被挤压出来，因为填充气孔需要的液相体积分数较小，颗粒的半径变化很小。如果接触角大于0，则$r_m > r$时，才会发生液相填充气孔。

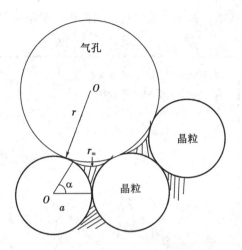

图 8.26 球形颗粒包围的气孔填充模型

液相填充气孔后，晶粒生长优先进入液体凹坑处，因此形成的晶体晶粒更接近圆形，晶粒生长渗入液体坑也可以提高微观组织均匀性。在最后致密化阶段，陷落在孤立气孔中的气体可能阻止气孔完全填充。因为烧结中不溶于液相的气体会陷落于气孔中，随着气孔收缩，内压力增加。当内压力等于外部烧结应力时，致密化停止，造成致密化不完全。如果继续延长时间则可能由于组织 Ostwald 粗化，引起气孔生长，使烧结密度降低。

（2）组织粗化

在液相烧结后期，陶瓷烧结体内形成大量的固-固界面，随着烧结继续进行，组织内逐渐形成孤立的封闭气孔。在致密化速率减慢的同时，微观组织发生连续粗化以满足系统自由能最小的要求。陷落在残余气孔中的气氛可以通过 Ostwald 粗化和气孔粗化阻止致密化或甚至引起烧结体体积膨胀，使烧结速度下降。

按照 Ostwald 粗化机制，液相烧结中微观组织中晶粒长大平均尺寸 G 与时间 t 的关系是 $G^m - G_0^m = kt$。其中 G_0 为初始晶粒尺寸，k 为与温度有关的参数，指数 m 决定于速率控制机制。当通过液相中扩散是速率控制机制时 $m=3$，界面反应是速率控制机制时 $m=2$。在许多陶瓷和金属材料中，晶粒生长指数 m 接近 3，这说明后期的组织粗化过程普遍是扩散控制的。

图 8.27 所示为 MgO 在 4 种不同成分液相中晶粒生长规律，G 和 G_0 是在时间 t 和 t_0（单位：h）的平均晶粒直径（单位：μm）。尽管液相成分不同，结果显示晶体颗粒生长指数都接近 3。固相在液相中溶解度和溶质原子在液相中的

扩散都按照阿累尼乌斯关系随着温度增加,粗化速率也随着温度增加。

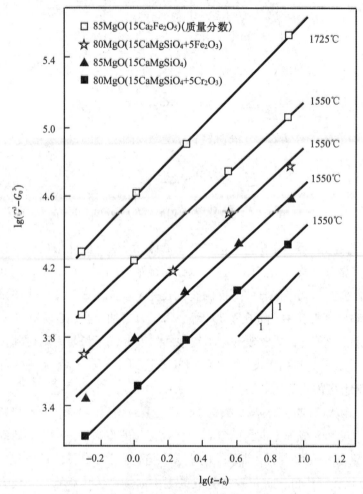

图 8.27　含方解石晶粒和液相的系统中 $\lg(G^3 - G_0^3) - \lg(t - t_0)$ 关系图

　　液相烧结时,增加固-液两面角能减少固体与液相的接触面积,增加固体晶界面积。由于物质在液相中传输速率快于固体扩散,因此,固液接触面积减少会降低溶解-沉积的物质传输速率。液相烧结 MgO 陶瓷时,随着两面角升高,晶粒长大速率常数下降,如图 8.28 所示。另外,降低液相体积分数能够提高晶粒长大速率,因为随着液相体积分数减少,扩散距离降低,物质传输较快,晶粒长大速率增加。这与通过液相扩散的速率控制机制相一致。

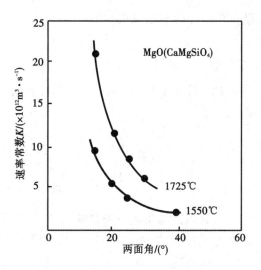

图 8.28　两面角对晶粒生长速率常数的影响

8.6　热压烧结与热等静压烧结

常压烧结后期，烧结体内残余气孔形状主要呈球形。随着气孔尺寸减小，气孔内气压增加，烧结致密化驱动力逐渐降低。物质继续填充晶粒内部的气孔时，主要是通过体积扩散进行。由于体积扩散速率相对很低，晶体颗粒内部经常残留少量气孔。普通烧结陶瓷制品中一般残余有 5% 左右的气孔。尤其是强化学键结合的材料如碳化物、硼化物、氮化物等，它们在烧结温度下的分解压力较高，但是原子扩散率较低，因此很难使其完全致密化。解决这个困难的一个方法是在陶瓷烧结过程中使用外加压力，即热压烧结。热压烧结可以提高陶瓷制品的致密化程度，降低烧结温度，使得陶瓷进行良好的烧结，以获得组织致密、性能优异的制品。例如 BN 粉体，用冷等静压在 200MPa 压力下成型后，在 2500℃ 无压烧结后相对密度为 66%，而采用 25MPa 压力、1700℃ 热压烧结后相对密度为 97%。压力烧结一般包括普通热压烧结、热等静压烧结、气压烧结等方法。

8.6.1　热压烧结模型

热压烧结时，物质致密化的驱动力是粉体表面能（或者表面曲率）结合外部施加应力两部分。Coble 提出了两个扩散传质机制控制下的热压烧结模型：一个是在外应力作用下的烧结分析模型；另一个是通过压力作用下致密固体中蠕变过程分析热压烧结，并结合粉末体系的气孔率和表面曲率变化修正蠕变方程。

8.6.1.1 热压烧结分析模型

分析模型也把热压烧结划分为 3 个阶段。假设颈部表面下的空位浓度不受外应力影响，空位浓度差为

$$\Delta C_v = C_v - C_{v0} = \frac{C_{v0}\,\gamma_{sv}\Omega}{kT}\left(\frac{1}{r_1} + \frac{1}{r_2}\right) = \frac{C_{v0}\,\gamma_{sv}\Omega K}{kT} \tag{8.35a}$$

其中，K 为气孔表面曲率。烧结初期 $K = \frac{1}{r} = \frac{4a}{x^2}$，中期 $K = 1/r$，后期 $K = \frac{2}{r}$，r 为气孔半径，a 为颗粒半径，x 为颈部半径。外加应力 P_a 作用下，在粉体晶粒上产生晶界压力 P_e。由于烧结材料内部存在气孔，所以 $P_e > P_a$。假设 $P_e = \Phi P_a$，Φ 为应力集中因了。因为在晶界上存在压应力，意味着其空位浓度低于半表面的无应力晶界上的空位浓度，即

$$\Delta C_{vb} = -\frac{C_{v0} P_e\Omega}{kT} = -\frac{C_{v0}\phi P_a\Omega}{kT} \tag{8.35b}$$

根据两球颗粒模型，烧结初期的 Φ 等于热压模具压头面积除以颗粒颈部横截面积，即 $\Phi = \frac{4a^2}{\pi x^2}$。烧结中期和后期 $\Phi = \frac{1}{\rho}$，ρ 是烧结体相对密度。

代入 K 和 Φ 参数，热压烧结时颈部表面和晶界之间空位浓度差 $\Delta C = \Delta C_{vp} - \Delta C_{vb}$。烧结初期：

$$\Delta C = \frac{4C_0\Omega a}{kT\,x^2}\left(\gamma_{sv} + \frac{P_a a}{\pi}\right) \tag{8.35c}$$

式（8.35c）表明，在烧结初期阶段，热压中的空位浓度差 ΔC 与普通烧结形式相同，只是用 $\gamma_{sv} + (P_a a)/\pi$ 替代了 γ_{sv}。因为 P_a 和 a 是恒定的，只要用 $\gamma_{sv} + (P_a a)/\pi$ 代替 γ_{sv}，即可以从无压烧结公式中得到热压烧结公式。

8.6.1.2 修正的蠕变公式

Coble 采用扩散控制蠕变及修正的固体蠕变公式，建立了热压烧结的中期和后期模型。采用适当的表面化学势和外加应力确立物质传输的微分方程，按照与无压烧结时相同的过程进行分析和推导。

分析在固体中物质发生传输和蠕变过程。对于一个具有立方结构、横截面长度为 L 的单晶固体棒，如果在棒的一侧受到垂直压力 P_a，单晶棒中产生从受压应力界面（或高化学势）到受拉应力界面（或低化学势）原子扩散，自扩散的结果引起固体蠕变，同时释放应力，如图 8.29（a）所示。如果蠕变是发生在多晶固体中，则在每个晶粒内部都会产生从受压应力界面到受拉应力界面的原子

扩散,如图 8.29(b)所示。点阵扩散产生的蠕变(一般称为 Nabarro-Herring 蠕变)速率为

$$\varepsilon_c = \frac{40}{3} \frac{D_1 \Omega P_a}{G^2 kT} \tag{8.36a}$$

其中,D_1 为点阵扩散系数;Ω 为原子体积;P_a 为外加压力;G 为晶粒尺寸;k 为玻耳兹曼常数;T 为绝对温度。

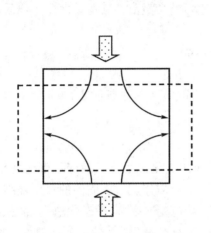

(a)单晶晶粒受到单轴应力时原子流动

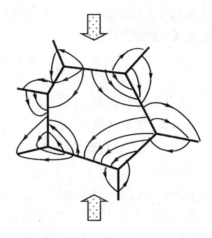

(b)多晶晶粒中沿着点阵扩散的原子流动

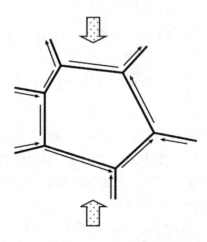

(c)多晶晶粒中沿着晶界扩散的原子流动

图 8.29 原子扩散

多晶固体中也存在通过晶界扩散发生的蠕变(一般称为 Coble 蠕变),如图 8.29(c)所示。这种机制作用下的蠕变速率为

$$\varepsilon_c = \frac{47.5 D_{gb} \delta_{gb} \Omega P_a}{G^3 kT} \qquad (8.36b)$$

其中,D_{gb} 为晶界扩散系数;δ_{gb} 为晶界宽度。式(8.36a)和式(8.36b)中蠕变速率(ε_c)与外加压力(P_a)具有相同的线性关系,只是晶粒尺寸和数字常数不同。

当外加应力足够高时,在一些陶瓷中也可能会激活位错运动而产生物质传输,此机制下的蠕变速率为

$$\varepsilon_c = \frac{AD\mu b}{kT} \left(\frac{P_a \Phi}{\mu} \right)^n \qquad (8.36c)$$

其中,A 为常数;D 为扩散系数;μ 为剪切模量;b 为伯格斯矢量值;n 为决定于位错运动机制指数,一般为 3~10。

8.6.1.3　热压烧结动力学公式

热压烧结陶瓷粉体时,分析密度对时间的变化关系可以确定致密化速率。在相当长时间内烧结坯体都存在一定气孔率,所以修正致密固体的热压烧结蠕变公式时需要考虑两个因素:① 蠕变速率(线应变速率)与致密化速率(体积应变速率)的联系;② 补偿气孔率变化。在热压烧结过程中,粉末的质量 M 和模具压头横截面积保持不变,样品厚度(L)减小,密度(D)增加,L 和 D 的联系是

$$\frac{M}{A} = LD = L_0 D_0 = L_f D_f \qquad (8.37a)$$

其中,下标 0 和 f 分别代表初始值和最终值。对时间进行微分,得

$$L \frac{dD}{dt} + D \frac{dL}{dt} = 0 \qquad (8.37b)$$

整理,得

$$-\frac{1}{L} \frac{dL}{dt} = \frac{1}{D} \frac{dD}{dt} = \frac{1}{\rho} \frac{d\rho}{dt} \qquad (8.37c)$$

其中,ρ 为相对密度。热压烧结致密化过程中,通过测量压头随着时间的移动距离可以获得体积应变速率与致密化速率的关系。总驱动力(F_T)是外加应力和表面曲率两种作用的线性之和,即

$$F_T = P_e + \gamma_{sv} K = P_c \Phi + \gamma_{sv} K \qquad (8.37d)$$

其中,K 为气孔曲率,在烧结中期等于 $1/r$;后期等于 $2/r$。将式(8.37d)中 F_T 换成致密固体蠕变公式中的外应力,即得到热压烧结修正蠕变公式,见表 8.4。

表 8.4　修正蠕变公式后的热压公式

机制	中期	后期
点阵扩散	$\dfrac{1}{\rho}\dfrac{\mathrm{d}\rho}{\mathrm{d}t}=\dfrac{40}{3}\dfrac{D_1\Omega}{G^2kT}\left(P_a\phi+\dfrac{\gamma_{sv}}{r}\right)$	$\dfrac{1}{\rho}\dfrac{\mathrm{d}\rho}{\mathrm{d}t}=\dfrac{40}{3}\dfrac{D_1\Omega}{G^2kT}\left(P_a\phi+\dfrac{2\gamma_{sv}}{r}\right)$
晶界扩散	$\dfrac{1}{\rho}\dfrac{\mathrm{d}\rho}{\mathrm{d}t}=\dfrac{95}{2}\dfrac{D_{gb}\,\delta_{gb}\Omega}{G^3kT}\left(P_a\phi+\dfrac{\gamma_{sv}}{r}\right)$	$\dfrac{1}{\rho}\dfrac{\mathrm{d}\rho}{\mathrm{d}t}=\dfrac{15}{2}\dfrac{D_{gb}\,\delta_{gb}\Omega}{G^3kT}\left(P_a\phi+\dfrac{2\gamma_{sv}}{r}\right)$
位错迁移	$\dfrac{1}{\rho}\dfrac{\mathrm{d}\rho}{\mathrm{d}t}=A\dfrac{D\mu b}{kT}\left(\dfrac{P_a\phi}{\mu}\right)^n$	$\dfrac{1}{\rho}\dfrac{\mathrm{d}\rho}{\mathrm{d}t}=B\dfrac{D\mu b}{kT}\left(\dfrac{P_a\phi}{\mu}\right)^n$

注：A 与 B 为数字常数；n 为决定于位错移动机制的指数常数。

Coble 的蠕变修正方程只提供了近似的热压烧结致密化速率。在热压烧结蠕变模型中，假设原子流动在受拉应力晶界处停止，且晶粒晶界面积保持恒定，但是实际的热压烧结时，物质流动的终点是在气孔表面上，晶界面积和扩散路径长度都增加。因此需要更深入地分析，进一步修正蠕变公式以表示实际粉末材料的变化。

8.6.2　热压烧结机制

热压烧结时增加了外应力作用，使得致密化机制更加复杂。不过在常压烧结中的致密化机制在热压烧结中也有相同的效果，只是可以忽略常规烧结中的非致密化机制，例如蒸发-凝聚、表面扩散等。热压烧结致密化过程也可大致分为 3 个连续过渡的阶段。烧结初期的颗粒重排对致密化的贡献显著增强。烧结的中期和后期，在一定温度配合作用下，组织内会发生晶界滑移，伴随着扩散，组织晶粒形状发生变化。如图 8.30 所示为二维晶粒组织横截面，在热压烧结过程中 3 个六方晶粒形状变化，晶粒沿着外加压力方向扁平。在物质扩散传输的同时，晶界发生滑移，改变了晶粒形状。在这个过程中起作用的热压烧结致密化机制主要包括颗粒重排、点阵扩散、晶界扩散、塑性变形和黏性流动。

由于热压模具几何形状与尺寸的限定，热压时粉末主要在施加作用力的方向上收缩，因此粉体晶粒会扁平化。需要通过晶粒之间调节以协同颗粒形状的变化，所以晶界滑移和物质扩散传输不是两个独立机制，它们同时发生而且整体的致密化速率受其中较慢的传输机制控制。综合起来，热压烧结过程中主要作用机制是点阵扩散、晶界扩散、位错运动引起的塑变、黏性流动、重排和晶界滑移(蠕变)。当外加应力明显大于化学势驱动力时，热压烧结速率的通用表达式为

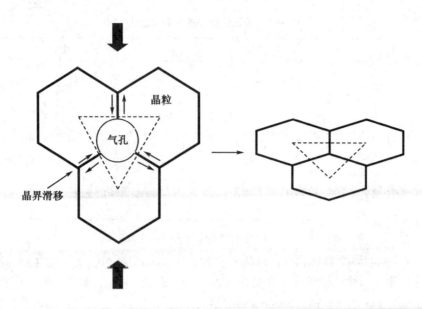

图 8.30　热压烧结时发生的晶粒形状变化示意图

$$\frac{1}{\rho}\frac{\mathrm{d}\rho}{\mathrm{d}t} = \frac{HD\ \Phi^n}{G^m kT} P_c^n \qquad (8.38)$$

其中，ρ 为密度；H 为常数；D 为速率控制机制下的扩散系数；Φ 为应力集中因子；P_c 为压力；G 为晶粒尺寸；k 为玻耳兹曼常数；T 为绝对温度；m 和 n 为指数，分别表示晶粒尺寸和施加压力的作用。表 8.5 给出不同机制的扩散系数的 m 和 n 参考数值。

表 8.5　热压烧结机制与相关指数和扩散系数

机制	晶粒尺寸指数 m	应力指数 n	扩散系数 D
点阵扩散	2	1	D_1
晶界扩散	3	1	D_{gb}
晶粒间滑移	1	1 或 2	D_1 或 D_{gb}
颗粒重排	—	—	—
塑性变形	0	$\geqslant 3$	D_1
黏性流动	0	1	—

注：D_1 为点阵扩散系数；D_{gb} 为晶界扩散系数。

　　热压烧结时促进材料致密化的机制被增强，晶粒长大也受到一定限制，所以热压是研究致密化机制的有效办法。根据式(8.38)和表 8.5，利用致密化速率与压力的作用关系求出 n 值，进而能够确定烧结致密化机制。控制性致密化机制会随着外压力、温度、晶粒尺寸而发生变化。在多数情况下，普通热压的压力范围为 10~50MPa，许多陶瓷的应力指数 $n \approx 1$，这说明致密化过程属于扩散机制控制。由于陶瓷材料具有强离子键和共价键，硬度大、塑变的强度高，而且烧结中常使用细小陶瓷粉体晶粒，因此扩散的贡献超过塑变。当粉末晶粒小、烧结温度低时晶界扩散更明显一些。晶界扩散的晶粒尺寸指数是 3，点阵扩散的晶粒尺寸指数是 2，一般晶界扩散激活能小于点阵扩散激活能。在一些陶瓷中也存在高 n 值的位错扩散传质机制。为了协调因为扩散蠕变引起晶粒形状变化，晶界需要滑移。所以，热压烧结时不同机制可能按照顺序产生作用，其中最慢的机制是动力学控制因素。如果各种机制同时作用，例如扩散和塑性流动同时作用时，则最快的机制控制整个动力学过程。

8.6.3　热等静压烧结

20 世纪 50 年代美国的 Battelle 研究所发明了热等静压烧结(hot isostatic pressing，HIP)技术。这种方法类似于冷等静压成型工艺中利用橡皮模具加压成型过程。使用 HIP 烧结粉体材料时需要预先将样品"坯体"置于一个与预先制品形状相同的容器内，经过排气，抽真空后密闭容器，再高温烧结处理。

根据处理温度的高低选择使用不同的包套材料。当处理温度较低时，例如 1100~1200℃，可以用不锈钢以及金属箔(Pt，Ni，Fe，Ti)，或者玻璃等软性材料作密封材料，材料在使用时要保证不透气而且能使包套内的粉料均匀受压。当处理温度高时，一般使用 Ta 或 W 等耐高温金属作密封材料。在热等静压烧结中，通常采用流动的 Ar，He 气体作传递压力的介质，有时也可以使用反应性气体(如 O_2)提供压力。HIP 的典型压力范围在 100~320MPa，气体压力垂直作用于烧结制品的表面上，它能提供的烧结驱动力比常规烧结大许多倍。HIP 的烧结驱动力与热压相同，但是在接触区域的烧结应力高，因此增加了扩散能力。

HIP 分为直接 HIP 和无压烧结+HIP(即烧结后 HIP 技术)。前者是在 HIP 烧结开始前，将原始粉料密封在包套材料内，然后 HIP 处理；而后者是先将坯体烧结至封闭气孔阶段，密度超过 90% 后，再 HIP 处理，所以也称为无包封 HIP 或 Sinter-HIP。在常规烧结后，烧结体内气孔的位置很重要，在晶粒内部气孔将残留下来，晶界上气孔会被排除。因为 HIP 制造的制品存在变形的可能，当压力较高时可以快速压制粉体；另一个路线是预先固结粉体，使粉体有足够强度，然后涂敷一层玻璃粉，在一定温度下玻璃粉黏滞流动后涂敷制品表面使之形成一个不透气层，这样在 HIP 时气体不会进入开气孔。表 8.6 是部分陶瓷热等静压烧结的工艺参数。

表 8.6　部分陶瓷热等静压烧结工艺参数

材料	温度/℃	压力/MPa	时间/h	工艺
BeO	1100	200	0.75	HIP*
UO_2	1150	70	2.0	HIP
Al_2O_3	1400	100	1.5	Sinter-HIP*
TiB_2	1700	200	1.5	Sinter-HIP
Si_3N_4	1700	200	2.5	Sinter-HIP
SiC	1950	200	2.3	Sinter-HIP
铁氧体陶瓷	1200	100	1.5	Sinter-HIP
TiC-Co	1325	100	0.5	HIP

注：HIP 为热等静压烧结；Sinter-HIP 为烧结+热等静压烧结。

采用 HIP 的致密化陶瓷部件可以简化为 3 个阶段：① 粉体颗粒团块和重新分布；② 颗粒接触面的变形；③ 气孔排除。第一个阶段可以看作是过渡态而且几乎对整体的致密化没有贡献。第二个阶段通过位错移动和扩散等机制，烧结体内发生塑性变形，与单轴热压烧结中的情形类似。最后是排除气孔过程。以唯象方法分析烧结收缩速率：

$$\frac{1}{\rho}\left(\frac{d\rho}{dt}\right)_i = B_i f_i(\rho) \tag{8.39}$$

其中，ρ 为相对密度；t 为时间；B_i 为与材料本身性质和 HIP 过程有关的动力学常数；$f_i(\rho)$ 为一个决定于相对密度的几何函数。烧结不同阶段都有特定的 B_i 和 $f_i(\rho)$。例如，如果 $\rho>90\%$，而且致密化过程是晶界扩散控制，则

$$B_i = \frac{270\delta D_g P}{kT R^3}$$

$$f_i(\rho) = (1-\rho)^{1/2} \tag{8.40}$$

其中，δ 为晶界宽度；D_g 为晶界扩散系数；R 为球形颗粒半径；k 为玻耳兹曼常数；T 为温度；P 为压力。

8.6.4　气压烧结方法

对于氮化硅一类高温下易分解的材料，为了保证烧结致密化和获得性能优异的陶瓷，往往采用热压和热等静压等烧结方法。但由于设备、工艺和成本等因素限制，它们都不是最理想的烧结方法。气压烧结结合了常压烧结、热压和热等静压烧结的特点，既可以在高温烧结时向炉内通入适当压力的氮气或惰性气体，达到防止被烧结陶瓷分解的目的，同时气氛可以调整烧结致密化过程，进而获得优良性能的陶瓷，一般称此为气压烧结技术。该技术主要被用于烧结氮化硅等陶瓷。表 8.7 列出部分气压烧结氮化硅陶瓷的技术条件。

表 8.7　气压烧结氮化硅陶瓷技术条件

温度/℃	压力/MPa	助剂	相对密度/%
1800~1900	2	20%CeO$_2$	100.0
1900	1	5%MgO	95.0
1950	2	15%Y$_2$O$_3$	95.0
1770	2	10%Y$_3$Al$_5$O$_{12}$	100.0
2000	2~7	7%SiO$_2$ 和 7%BeSiN$_2$	100.0
1900~2090	2.5	5.3%~8.7%SiO$_2$	100.0
2140	2.5	4%~6.3%REO 及 3.6%~4%SiO$_2$	100.0
1950~2050	10	1.13%~3.4%Al$_2$O$_3$ 和 5%~15%Y$_2$O$_3$	98.5
1800~1900	0.5~5	5%Y$_2$O$_3$ 和 2.82%Al$_2$O$_3$	99.0
1850~1900	0.3~3.5	6%Y$_2$O$_3$ 和 2%Al$_2$O$_3$	99.8
1900~1950	0.6~3.5	Y$_2$Si$_2$O$_7$	97.6
1900~1950	0.6~1.0	Sr$_2$La$_4$Yb$_4$(SiO$_4$)$_6$O$_2$	100.0

在空气中很难烧结致密的制品(透光陶瓷)和容易氧化的材料(非氧化物),可以在烧结中使用特定气体,或者在所要求的气氛中进行烧结。例如为使烧结体具有优异的透光性,必须使烧结体中残余气孔率尽量小。在空气中烧结时,很难消除烧结后期晶粒之间存在的孤立气孔,在氢气中或真空中烧结时,气孔内的气体被置换后很快地扩散,气孔容易被排除。

对于 Si$_3$N$_4$,SiC 等非氧化物陶瓷,由于高温下易被氧化,需要在氮气及惰性气体中烧结。如果陶瓷材料中含有易挥发组分,则在气压密闭烧结时,为减少低熔点组分的挥发,经常在密闭容器内放入一定量的与原料组分相近的坯体(或称气氛片),也可以使用与物料组分相近的粉料,形成较高的易挥发组分的分压,以保证烧结材料组分的稳定,达到预期的性能。

8.7　陶瓷烧结新技术

随着现代材料制备技术的发展,各种新型烧结技术在无机材料合成制备领域内得到广泛的应用。现简要介绍几种新的烧结技术方法。

8.7.1　微波烧结

微波是指波长 1mm~1m 的电磁波,对应频率范围 300MHz~300GHz。工业加热使用的微波频率包括 915MHz,2.45GHz 和 28GHz,其中使用最广泛的微波频率是 2.45GHz。微波加热是材料与微波电场耦合、吸收电磁场能量后转化为热能的过程。

微波烧结机制与传统电阻加热烧结的机制不同。微波加热本质上利用了电介质材料自身的介电损耗实现自身加热或内部加热。在微波电磁场作用下，陶瓷材料内产生一系列的介质极化，如电子极化、原子极化、偶极子转向极化和界面极化等。参加极化的微观粒子种类不同，建立或消除极化的时间周期不同。由于微波电磁场的频率很高，使材料内部的介质极化过程不能与外电场同相变化，极化强度矢量 P 总是滞后于电场 E，导致产生与电场同相的电流，从而在材料内部产生耗散。材料加热主要受吸收的能量（P）以及微波渗透深度（D）影响，它们决定了加热效率与材料受热均匀性等。

在微波波段，主要是偶极子极化和界面极化产生的吸收电流构成材料的介质耗散。被电介质吸收的能量为

$$P = 2\pi f \varepsilon_0 \varepsilon_r \tan\delta E^2 V_S \theta = 2\pi f \varepsilon'' E^2 V_S \theta \tag{8.41a}$$

其中，f 为频率；ε_0 为真空介电常数；ε_r 为相对介电常数；$\tan\delta$ 为损耗正切；E 为电场强度；V_S 为样品体积；θ 为形状因子；ε'' 为介电损耗。当 f，θ，E，V_S 为常数时，吸收能量 P 主要决定于材料介电损耗 ε''，所以微波能转换为热能加热或烧结材料的能力主要受介电损耗的影响。

另一个关键的参数是微波渗透深度 D，它决定了微波能量在加热材料中的渗透深度，微波渗透深度为

$$D = \frac{C}{2\pi f \sqrt{2\,\varepsilon'}\,\left(\sqrt{1 + \tan^2\delta}\, - 1\right)^{1/2}} \tag{8.41b}$$

在较低的频率与介电常数时，更容易完成体积性加热。微波加热非常重要的一个优势是微波加热可使所发生的化学反应远离化学平衡态。因此，利用微波烧结可以获得许多种通常的高温烧结与固相反应无法获得的反应产物。研究证实，微波烧结具有常规烧结所不具备的特殊的组织结构和性能特点，例如在一些实验中发现微波烧结时，物质传输速率得到提高；沿着微波电场矢量方向的传质扩散更加显著；烧结陶瓷组织中的气孔也被拉长；等等。一些研究者将这一现象归结为所谓"微波烧结的非热效应"。关于该效应的解释包括微波加热时产生了非平衡声子激活、晶界上特殊的热作用以及组织内产生显著的温度梯度等模型。此外，Rybakov 等提出在微波电场作用下，由于电场与磁场之间作用而使离子晶体中产生了促进空位传输的"有质"动力，因此促进了陶瓷烧结时气孔填充与致密化。

由于独特的加热机制，微波烧结时具有一些相应的特点。例如，材料与微波电磁场耦合后，材料从内部整体性加热，材料内部热应力减少，开裂、变形倾向变小。微波加热的能量利用率高，比常规烧结节能80%左右。微波烧结升

温速度快，烧结时间短。微波烧结可以降低烧结温度，缩短烧结时间，提高了物质传输能力，同时获得致密的、均匀的显微组织的制品，提高了物理与力学性能。微波烧结成为制造纳米结构陶瓷的有效方法之一。微波烧结 ZrO_2 陶瓷时，在 1360℃烧结 2min，陶瓷密度达到 97.8%，晶粒尺寸为 200～300nm。利用材料介电性质不同，对微波的吸收存在差异，可以利用微波对材料进行选择性加热，此外，微波烧结易于控制、安全、无污染。

自从微波加热引入材料处理之后，微波烧结技术已经被大量用于制备陶瓷、WC-Co 硬质合金、不锈钢、铜铁合金、钨铜合金及镍基高温合金、磁性材料、复合材料。经过几十年的研究发展，微波烧结逐渐进入产业化阶段。如今，国内外部分公司也已经开发出商业化微波烧结设备。所以微波烧结作为一种新型加热烧结技术，其在高技术陶瓷及金属陶瓷复合材料制备领域具有广阔的前景。

8.7.2　放电等离子烧结

增加烧结驱动力和烧结动力学是提高陶瓷烧结致密化的一种原则。为此，各种活化烧结工艺，例如添加烧结助剂、细化粉体颗粒、形成液相等被用以提高传质速率、降低烧结激活能。除了这些传统的活化方法，外加电流或电场也能够有效活化陶瓷粉体、降低烧结温度、缩短烧结时间、提高陶瓷烧结致密化的程度。

使用电流烧结粉体的研究开始于 1933 年 Taylor 的电流辅助烧结金属粉体。1944 年 Cremer 申请了电场辅助烧结方法的发明专利。20 世纪 50 年代已出现了火花放电烧结技术。随着烧结技术的发展，采用电流辅助烧结的技术也不断得到完善。特别是近 20 年以来，采用脉冲电流结合外压力的放电等离子烧结技术(也称为电脉冲辅助烧结)得到广泛开发与应用。

放电等离子烧结技术在烧结过程中使用高脉冲直流，同时在粉体坯体上施加轴向压力。因为电场可以净化或活化晶界面、内表面等位置，所以它被认为是将离子活化、热压、电阻加热结合为一体的新型烧结技术。因为活化的粉体、外加应力以及焦耳热同时作用，所以放电等离子烧结可以在较低温度下获得很高的致密度。

放电等离子烧结制造的陶瓷组织与性能优于普通烧结制造的产品。例如具有更细小的组织晶粒；更清洁的晶界，晶界宽度较小；陶瓷塑性、强度能够明显改善，许多功能陶瓷物理性能(如铁电陶瓷的铁电性、热电陶瓷的热电优值等)得到提高等。相对于其他烧结技术，放电等离子烧结的升温速率很快，最高可以达到 1000℃/min。尽管不同研究获得的结论尚不统一，但是，一个基本的趋势是：初始粉体在纳米级别时，高加热速率可以抑制晶粒生长，所以放电等离子烧结技术是目前最有效的制造纳米结构陶瓷的方法之一。

但是，有关放电等离子烧结的机制还存在不同观点，主要在于是否存在特殊的等离子效应。有观点认为将瞬间、断续、高能脉冲电流通入装有粉末的模具上，在粉末颗粒间即可产生等离子放电，由于等离子体是一种高活性离子化的电导气体，因此，等离子体能迅速消除粉末颗粒表面吸附的杂质和气体，并加快物质高速度的扩散和迁移，导致粉末的净化、活化、均匀化等效应。除了这种电导气体对扩散流产生影响，在离子晶体中电场还可以提高空位缺陷浓度，降低缺陷扩散迁移的活化能。但是，另一种观点认为不导电的陶瓷颗粒烧结时不会产生所谓"等离子"，电流不会在绝缘的陶瓷颗粒之间传导，所以放电等离子烧结陶瓷时致密化的主要作用来自外部压力以及石墨的传导加热。

尽管对放电等离子烧结的机制还存在不同观点，但是放电等离子烧结陶瓷的研究与应用却得到巨大发展。利用该烧结技术的升温速度快、烧结时间短、冷却迅速、外加压力和烧结气氛可控、节能环保等特点，大量的功能与结构陶瓷，以及陶瓷复合材料不断地被开发与制造。

8.7.3　选择性激光烧结

选择性激光烧结工艺是采用激光束有选择地分层烧结固体粉末，并使烧结成型的固化层叠加制造出所需形状的零件。该技术可以直接将固体粉末材料成型为三维实体零件，且零件形状复杂程度不受限制。

选择性激光烧结工艺过程包括 CAD 模型的建立及数据处理、铺粉、烧结以及后处理等。工艺装置主要由零件设计与控制部分、激光加热部分、粉末缸和成型缸部分组成。具体制造过程是：首先在计算机上设计出零件的三维 CAD 模型，再用分层软件对模型进行分层，得到每层的截面。工作时粉末缸的送粉活塞上升，铺粉辊将粉末在成型缸的工作活塞上均匀铺上一层，计算机根据原型的切片模型控制激光束的二维扫描轨迹，选择性烧结固体粉末材料，使粉末经烧结熔化、冷却、固化，形成零件的一个层面。一层粉末烧结完成后，工作活塞下降一个层厚，铺粉系统再次铺新粉，控制激光束再次扫描加热烧结新粉末层。如此循环往复，层层叠加，结果烧结固化部件就是与 CAD 三维原型一致的零件实体。然后，将未烧结的粉末回收到粉末缸中，并取出成型件，修整成品。

选择性激光烧结工艺具有一系列的优点：① 适用材料广泛。原则上受热后能够形成原子间黏结的粉末材料都可以采用选择性激光烧结工艺制造，如石蜡粉、塑料粉、金属粉和陶瓷粉等。② 特别适合制造复杂形状的零件。与普通烧结和热压烧结相比,此工艺对零件形状几乎没有限制。③ 设计灵活。可以直接按照 CAD 设计图纸制造零件。④ 制造时间短。相对于传统陶瓷制造工艺过程,此工艺的生产流程和周期短。⑤ 较低的能耗。

经过多年的研究与发展,采用选择性激光烧结工艺已经制造出包括 ZrO_2,Al_2O_3,PZT,以及陶瓷基复合材料等工业陶瓷。随着制造技术设备、材料与工艺的不断进步,陶瓷的选择性激光烧结技术在未来会不断得到开发与应用。

参考文献

[1] Kingery W D,Bowen H K,Uhlman D R.陶瓷导论[M].清华大学新型陶瓷与精细工艺国家重点实验室,译.北京:高等教育出版社,2010.

[2] 陆佩文.无机材料科学基础:硅酸盐物理化学[M].武汉:武汉理工大学出版社,1996.

[3] 舒尔兹 H.陶瓷物理及化学原理[M].黄照柏,译.北京:中国建筑工业出版社,1983.

[4] Kuczynski G C.Self-diffusion in sintering of metallic particles[J].Trans AIME,1949,185:169-178.

[5] Herring C J.Effect of change of scale on sintering phenomena[J].J Appl Phys,1950,21:301.

[6] Coble R L.Initial sintering of alumina and hematite[J].J Am Ceram Soc,1958,41:55-62.

[7] Coble R L.Sintering crystalline solids.I. Intermediate and final state diffusion models[J].J Appl Phys,1961,32:787-792.

[8] Coble R L.Intermediate-stage sintering:modification and correction of a lattice diffusion model[J].J Appl Phys.,1965,36:2327.

[9] Kingery W D,Berg M.Study of the initial stages of sintering solids by viscous flow,evaporation-condensation,and self-diffusion[J].J Appl Phys,1955,26:1205-1212.

[10] Lenel F V.Sintering in the presence of a liquid phase[J].Trans AIME,1948,175:878-896.

[11] Rhines F N,Craig K R.Mechanism of steady-state grain growth in aluminum[J].Metall Trans,1974,5A:413.

[12] Rhines F N,DeHoff R T.Channel network decay in sintering[J].Mater Sci Res,1984,16:49-61.

[13] Ashby M F.A first report on sintering diagrams[J].Acta Metall,1974,22:

275.

[14] Bross P,Exner H E.Material transport rate and stress distribution during grain boundary diffusion driven by surface tension[J].Acta Metal,1979,27:1013.

[15] 樊先平,洪樟连,翁文剑.无机非金属材料科学基础[M].杭州:浙江大学出版社,2004.

[16] Rahaman M N.Ceramic processing and sintering[M].2nd.New York:Marcel Dekker Inc,2003.

[17] German R M.Sintering theory and practice[M].New York:John Wiley and Sons Inc,1996.

[18] Kuczynski G C.Sintering and related phenomena[M].New York:Plenum Press,1973.

[19] Frenkel J.Viscous flow of crystalline bodies under the action of surface tension [J].J Phys(Moscow),1945,5:385.

[20] Coleman S C,Beere W B.The sintering of open and closed porosity in UO_2 [J].Phil Mag,1975,31(6):1403-1413.

[21] Svoboda J,Riedel H.New solutions describing the formation of interparticle necks in solid-state sintering[J].Acta Metall Mater,1995,43:1-10.

[22] Ross J W,Miller W A,Weatherly C J.Dynamic computer simulation of viscous flow sintering kinetics[J].J Appl Phys,1981,52:3884.

[23] Jagota A,Dawson P R.Micromechanical modeling of powder compacts-I.Unit problems for sintering and traction induced deformation[J].Acta Metall,1988,36:2551.

[24] Jagota A,Dawson P R.Simulation of the viscous sintering of two particles[J].J Am Ceram Soc,1990,73:173.

[25] Martinez-Herrera J I,Derby J J.An analysis of capillary-driven viscous flows during the sintering of ceramic powders[J].J Am Ceram Soc,1994,77:2357.

[26] Tikkanen M H,Makipirtti S A.A new phenomenological sintering equation [J].Int J Powder Metall,1965,1:15-22.

[27] Lvensen V A.Densification of metal powders during sintering[R].New York:Consultants Bureau,1973.

[28] Pejovnik S,Smolej V,Susnik D,et al.Statistical-analysis of the validity of sintering equations[J].Powdr Metall Int,1979,11(1):22-23.

[29] Burke J E,Turnbull D.Recrystallization and grain growth[J].Prog Metal Phys,1952,3:220.

［30］　Hellert M.On the theory of normal and abnormal grain growth［J］Acta Metall, 1965:13,227.

［31］　Barry C C,Grant N M.Ceramics materials:science and engineering［M］.Berlin:Springer,2007.

［32］　Sroloritz D J,Grest G S,Anderson M P.Computer simulation of grain growth-V.Abnormal grain growth［J］.Acta Metall,1985,33:2233.

［33］　Thompson C V,Frost H J,Spaepen F.The relative rates of secondary and normal grain growth［J］.Acta Metall,1987,35:887.

［34］　Smith C S.Introduction tograins,phases,and interfaces:an interpretation of microstructure［J］.Trans AIME,1948,175:15-51.

［35］　Cahn J W.The impurity-drag effect in grain boundary motion［J］.Acta Metall, 1962,10:789.

［36］　Yan M F,Cannon R M,Bower H K.Ceramic Microstructures '76［C］.Boulder:Westview Press,1977:276-307.

［37］　German R M.Liquid phase sintering［M］.New York:Plennum Press,1985.

［38］　Barsom M W.Fundamental of ceramics［M］.Philadelphia:IOP Publishing Ltd,2003.

［39］　Kwon O J,Yoon D N.Closure of isolated pores in liquid-phase sintering of W-Ni［J］.Int J Powder Metall & Powder Technol,1981,17:127.

［40］　Shaw T M.Preparation and sintering of homogeneous silicon nitride green compacts［J］.J Am Ceram Soc,1986,69:27.

［41］　Kingery W D.Densification during sintering in the presence of a liquid phase. I.Theory［J］.J Appl Phys,1959,30(3):301-306.

［42］　Beere W.A unifying theory of the stability of penetrating liquid phases and sintering pores［J］.Acta Metall,1975,23:131.

［43］　Yoon D N,Huppmann W J.Chemically driven growth of tungsten grains during sintering in liquid nickel［J］.Acta Metall,1984,32:107.

［44］　Vorhees P W.The dynamics of transient Ostwald ripening［J］.Ann Rev Mater Sci,1992,22:197.

［45］　Huppmann W,Riegger H.Modelling of rearrangement processes in liquid phase sintering［J］.Int J of Powder Metall & Powder Technol,1977,13:243.

［46］　Kang S-J L,Kim K H,Yoon D N.Densification and shrinkage during liquid-phase sintering［J］.J Am Ceram Soc,1991,74:425.

［47］　Park H H,Cho S J,Yoon D N.Pore filling process in liquid phase sintering

［J］.Met Trans A,1984,15A:1075.

［48］ Park H H,Kwon O J,Yoon D N.The critical grain size for liquid flow into pores during liquid phase sintering［J］.Met Trans A,1986,17A:1915.

［49］ Buist D S,Jackson C,Stephenson I M,et al.The kinetics of grain growth in a two-phase(solid-liquid)system［J］.Trans Br Ceram Soc,1965,64:173-209.

［50］ Coble R L.Sintering crystalline solids. II .Experimental test of diffusion models in powder compacts［J］.J Appl Phys,1970,41:4798.

［51］ Harmer P P.Hot pressing:technology and theory［M］//Concise encyclopedia of advanced ceramic materials.Brook R J.Oxford:Pergamon Press,1991.

［52］ Davis R F.Hot isostatic pressing［M］//Concise encyclopedia of advanced ceramic materials.Brook R J.Oxford:Pergamon Press,1991.

［53］ Terry A R.Fundamentals of ceramic powder processing and synthesis［M］. Amstredam:Elsevier Inc,1996.

［54］ Li W B,Ashby M F,Easterling K E.On densification and shape-change during hot isostatic pressing［J］.Acta Metallurgica,1987,35:2831-2842.

［55］ Biswas S K,Riley F L.Gas pressure sintering of silicon nitride:current status ［J］.Materials Chemistry and Physics,2001,67:175-179.

［56］ Oghbasei M,Mirzaee O.Microwave versus conventional sintering:a review of fundamental,advantages and applications［J］.Journal of Alloys and Compounds,2010,494:175-189.

［57］ Rybakov K I,Olevsky E A,Semenov V E.The microwave ponderomotive effect on ceramic sintering［J］.Scripta Materialia,2012,66:1049-1052.

［58］ Munir Z A,Anselmi-Tamburini U,Ohyanagi M.The effect of electric field and pressure on the synthesis and consolidation of materials:a review of the spark plasma sintering method［J］.J Mater Sci,2006,41:763-777.

［59］ Hu Y B,Cong W L.A review on laser deposition-additive manufacturing of ceramics and ceramic reinforced metal matrix composites［J］.Ceramics International,2018,44:20599-20612.